通·识·教·育·丛·书

U0194237

数学的天空

THE HEAVENS OF
MATHEMATICS

张跃辉　李吉有　朱佳俊◎著

北京大学出版社
PEKING UNIVERSITY PRESS

图书在版编目(CIP)数据

数学的天空/张跃辉，李吉有，朱佳俊著；—北京：北京大学出版社，2017.7
（通识教育丛书）
ISBN 978-7-301-28286-1

Ⅰ.①数… Ⅱ.①张… ②李… ③朱… Ⅲ.①数学–普及读物 Ⅳ.①O1-49

中国版本图书馆 CIP 数据核字（2017）第 096525 号

书　　　名	数学的天空	
	Shuxue de Tiankong	
著作责任者	张跃辉　李吉有　朱佳俊　著	
责 任 编 辑	潘丽娜	
标 准 书 号	ISBN 978-7-301-28286-1	
出 版 发 行	北京大学出版社	
地　　　址	北京市海淀区成府路 205 号　100871	
网　　　址	http://www.pup.cn　新浪微博：@北京大学出版社	
电 子 信 箱	zpup@pup.cn	
电　　　话	邮购部 62752015　发行部 62750672　编辑部 62752021	
印 刷 者	北京宏伟双华印刷有限公司	
经 销 者	新华书店	
	787 毫米×1092 毫米　16 开本　18.75 印张　350 千字	
	2017 年 7 月第 1 版　2024 年 1 月第 6 次印刷	
定　　　价	46.00 元	

内 容 提 要

大自然这本巨著是用数学语言写成的. ——伽利略

本书的蓝本是上海交通大学核心通识课程"数学的天空"的讲义,围绕历史上最负盛名的三大数学问题——费马大定理、黎曼假设、庞加莱猜想——介绍了相关数学基础、历史背景、理论方法、研究路线以及研究现状.

数学的基本构件是图与数. 勾股定理是图数交融的基石. 1637 年,费马断言勾股定理的高次类似物,即

方程 $x^n + y^n = z^n$ 当 $n \geqslant 3$ 时无正整数解.

此即所谓费马大定理. 经过 350 余年的努力,费马大定理终于在 1994 年被旅美英国数学家怀尔斯所证明. 该问题的解决被誉为 20 世纪最伟大的数学成果.

调和级数源自音乐. 黎曼在研究素数分布时将欧拉对广义调和级数的研究成果推广到复数域,并于 1859 年提出了现称为黎曼假设的著名命题:

复变函数 $\zeta(s) = \sum\limits_{n=1}^{\infty} \dfrac{1}{n^s}$ 的零点除了所有负偶数外,其余零点均在直线

$\mathrm{Re}(s) = \dfrac{1}{2}$ 上.

经过 150 余年的努力,数学家证明了黎曼假设对接近 41% 的非平凡零点成立;计算机学家验证了黎曼假设对前一百万亿亿个非平凡零点成立;而物理学家则希望通过准晶来证明黎曼假设;广大业余爱好者则试图推翻黎曼假设. 至今真假莫辨的黎曼假设被普遍认为是天下第一(数学)难题.

地球是球,庞加莱猜测宇宙也是"球". 什么是"球"? 准确描述"球"需要庞加莱建立的"代数拓扑学". 然而,3 维以上的高(维)"球"极其艰深. 1904 年庞加莱提出了关于"球"的问题:

与 n 维球面同伦的单连通 n 维闭流形必同胚于 n 维球面.

此即庞加莱猜想. 庞加莱本人将其通俗化为"像球的球必定是球"(A sphere like a sphere is a sphere). 5 维及以上的庞加莱猜想被斯梅尔于 1961 年所证明;20 年后弗里德曼证明了 4 维庞加莱猜想;3 维庞加莱猜想被俄罗斯数学家佩雷尔曼于 2004 年所证明.

本书适合数学爱好者、大中学生、数学教师以及具有理工科背景的读者等阅读.

献给煲汤凫水的利煜和码字打铁的罗除.

——张跃辉

献给诺诺, 美仑和美奂.

——李吉有

献给喜欢旅游的父亲朱维明和爱好厨艺的母亲茆占凤.

——朱佳俊

主要符号表

$\mathbb{R}, \mathbb{C}, \mathbb{Q}, \mathbb{Z}, \mathbb{N}$	实数域, 复数域, 有理数域, 整数 (环), 自然数集
$\mathrm{Re}(l)$	复数 l 的实部
$\mathrm{Im}(l)$	复数 l 的虚部
$\bar{l}$	复数 l 的共轭
$\Longleftrightarrow$	当且仅当
$\forall$	对所有 (任意)
$\exists$	存在
$\partial f(x)$	多项式 $f(x)$ 的次数
$\boldsymbol{A}^{-1}$	矩阵 $\boldsymbol{A}$ 的逆矩阵
$\boldsymbol{A} > 0$	矩阵 $\boldsymbol{A}$ 为正定矩阵或 $\boldsymbol{A}$ 为正矩阵, 即 $\boldsymbol{A}$ 的所有元素均大于零
$\boldsymbol{A} \geqslant 0$	矩阵 $\boldsymbol{A}$ 为半正定矩阵或 $\boldsymbol{A}$ 为非负矩阵, 即 $\boldsymbol{A}$ 的所有元素均非负
$|A|$	复数 A 的模或矩阵 $\boldsymbol{A}$ 的行列式或集合 A 的元素个数
C_n^r	从 n 个不同元素中取出 r 个元素的组合数
δ_{ij}	Kronecker 符号, 即 $\delta_{ij} = 1$ 如果 $i = j$; $\delta_{ij} = 0$ 如果 $i \neq j$
$\mathrm{diag}(l_1, \cdots, l_n)$	对角元为 $l_1, \cdots, l_n$ 的对角矩阵
$\mathbf{e}_i^{\mathrm{T}}$	$(0, \cdots, 0, 1, 0, \cdots, 0)$ 表示第 i 个分量为 1 的基本行向量
$\mathbf{e}_j$	$(0, \cdots, 0, 1, 0, \cdots, 0)^{\mathrm{T}}$ 表示第 j 个分量为 1 的基本列向量
$\boldsymbol{I}, \boldsymbol{I}_m$	单位矩阵, m 阶单位矩阵
$\langle \boldsymbol{x}, \boldsymbol{y} \rangle$	向量 $\boldsymbol{x}$ 与向量 $\boldsymbol{y}$ 的内积
$\boldsymbol{x} \perp \boldsymbol{y}$	向量 $\boldsymbol{x}$ 与向量 $\boldsymbol{y}$ 正交 (垂直)
$\mathbb{R}^n$	实数域上 n 维有序数组构成的线性空间
S^n	n 维单位球面
T^2	环面
$X \sharp Y$	流形 X 与 Y 的连通和
$\zeta(s)$	黎曼 ζ 函数
$\#$	集合的基数

导　　读

　　我们有谁能说出一条从 3000 年前至今仍然正确的科学命题? 不错, 勾股定理.

　　我们有谁能说出一条 3000 年后仍然正确的科学命题? 不错, 勾股定理仍然名列其中. 读完此书后, 我们还可以加上至少两条: 费马大定理和庞加莱猜想. 请注意, 千万不要将广义相对论列入此表, 因为也许 30 年后广义相对论就要被新的理论所取代了——我们可以"理性"地推测, 所有非数学的科学命题 3000 年后都将被取代!

　　本书第一章"数学的天空"将通过获得诺贝尔经济学奖的"稳定婚姻理论"与"民主选举理论"、19 世纪末的"无限理论"以及战国时期公孙龙的"白马非马论"等展示"唯有数学永恒"这一主题.

　　本书第二章"图与数——数学之源"将介绍数学大厦的基本构件. 图与数作为数学世界的最基本元素, 实际上是人类文明的真正起源. 图, 显而易见是人类模仿大自然的开始, 而数的创造开启了人类抽象思维的大门, 是人类摆脱动物性的重要一步. 本章介绍的"算术基本定理"奠定了素数为数之原子的地位, 可以看成是数学第一定理, 是数学的地球. 最简单的数学运算"加法"与"乘法"是人类创造的第一种智性武器, 这对武器初试锋芒就产生了奇偶性这种穷天地、化阴阳、类万物的思辨概念. 正是利用这对武器, 人类建立了认识世界、改造世界的有效数学模型—— 勾股定理, 实现了几何概念"距离"的代数化, 并最终产生了解析几何这个图数融合的杰出范本. 然而作为图的最简单模型, "曲线"概念的代数化出乎意料地难解, 直到两个半世纪前才被完全实现. 本章第六节"数图无间 —— 神奇的 15"为读者展示了数图合璧, 即抽象的代数学与具象的几何学相互融合这个基本的现代数学理念.

　　本书第三章"至简至美 —— 费马大定理"将介绍上世纪最重要的数学成就之一 —— 费马大定理的证明. 古希腊的毕达哥拉斯学派相信"万物皆数" —— 整数的秘密就是宇宙的秘密, 整数的法则控制世界. 对于许多数学家来说, 寻找方程的整数解即是对永恒价值的追求. 近四百年前法国法官、业余数学家费马留下了一个关于整数方程的简单注记: "方程 $x^n + y^n = z^n, n > 2$ 没有非平凡整数解, 对此我有一个绝妙的证明, 可惜空白太小而写不下." 寻找这个"绝妙"证明的历程书写了一幅曲折动人的美丽画卷. 从指点江山的费马到心细如发的欧拉, 从英年早逝的阿贝尔到才高八斗的库默尔, 从不辞万死的谷山丰到雄才大略的法尔廷斯, 与费马大定理战斗的数学家包括了各个时代的数学精英. 他们绞尽脑汁, 创造了无数精美绝伦的数学工具和理论, 包括在信息时代大放异彩的椭圆曲线和模形式. 历尽艰辛的数学界终于在三个半世纪以后的 1994 年, 由旅美英国数学家怀尔斯完成了最后一击. 怀尔斯因此被伊丽莎白女王授予爵级司令勋章 (二等, 请对照: 牛顿被授予五等勋章, 曼联前主帅弗格森被授予三等勋章).

第四章 "天籁之音 —— 黎曼假设" 将介绍这个有素数的音乐之称且至今真假莫辨的著名难题. 黎曼假设的主角 "黎曼 ζ 函数"

$$\zeta(s) = \sum_{n=1}^{\infty} \frac{1}{n^s}$$

源自调和级数, 而调和级数的源头正是音乐中的和弦. 这一点并非偶然, 因为数学乃音乐之魂. 黎曼天才地认识到理解数学之原子 —— 素数的关键在于弃实数之暗投复数之明, 于是 $\sum_{n=1}^{\infty} \frac{1}{n^s}$ 对所有 $s \neq 1$ 均有意义, 因此 ζ 函数除了 "1" 这唯一的 "坏点" 之外, 是个非常好的函数. 特别地, 黎曼证明了 ζ 函数满足对称性方程, 进而可知 ζ 函数具有无限多个零点, 包括所有的负偶数! 于是黎曼的复数世界缤纷绚烂乃至惊世骇俗 (其中 k 为正整数):

$$1^2 + 2^2 + 3^2 + \cdots + n^2 + \cdots = 0,$$

$$1^{2k} + 2^{2k} + 3^{2k} + \cdots + n^{2k} + \cdots = 0.$$

黎曼将此种现象称为 "平凡", 因为他拥有一双 "复眼" —— 复数的眼睛! ζ 函数的其他零点在哪里? 黎曼的火眼金睛也许真的透视了深不可测的秘密, 因为他断言, **"复变函数 $\zeta(s)$ 的零点除了所有负偶数外, 其余零点均在临界线 Re$(s) = \frac{1}{2}$ 上."** 这就是所谓 "黎曼假设". 经过 150 多年的人机协力, 得益于计算机之父图灵的奇妙算法, 今天我们知道至少 40% 的零点以及最前面 $10^{22} + 10^4$ (此数大于 "一百万亿亿") 个零点均在临界线上, 但所有这些艰苦努力似乎距离终点遥遥无期, 因为数学家的研究方法尚未突破黎曼一个半世纪以前的思想. 于是世界顶尖的物理学家跨界来帮助几乎走投无路的数学界同仁, 他们的武器是 20 世纪 80 年代发现的 "准晶", 他们的信念是黎曼 ζ 函数的非平凡零点构成一个 "1 维准晶" (现实世界中当然没有此种东西), 因此 1 维准晶理论的完成之日即黎曼假设的证明之时.

第五章 "大象无形 —— 庞加莱猜想" 介绍每个人都关心的问题 "宇宙是球吗". 与几千年前的类似问题 "地球是球吗" 相比, 我们永远无法验证宇宙是什么 —— 不管人类的足迹跨出多远, 我们永远在 "宇宙里", 而地球则是可以从外部观测的. 无论如何, 我们需要首先回答 "什么是球"? 漏气以致变形的足球还是球吗? 地球的表面是一个 2 维球, 庞加莱证明 2 维球的特点是其上任何一条封闭的曲线都可以沿着球面收缩成一个点 —— 这称为单连通性. 庞加莱猜想"单连通"也应该是高维球面的特征, 即单连通的闭曲面必定是球面. 然而高维球的复杂程度远远超出想象, 因此庞加莱发展了一种新数学, 即"代数拓扑学"以精确展示他的思想. 庞加莱猜想即是关于该学科最简单也是最重要的曲面——球面的命题. 为此数学家造出了几何学手术刀以便理解复杂拓扑空间 (即把复杂的拓扑空间拆成若干人们熟悉的较为简单的拓扑空间). 在试图证明 3 维庞加莱猜想的无数次失败的启发下, 美国数学家斯梅尔利用他自己发展的强大的配边理论于 1961 年率先证明了 5 维以及更高维的庞加莱猜想. 1982 年, 美国数学家弗里德曼利用同调群与二次型理论证明了 4 维庞加莱猜想. 4 维拓扑风景奇诡. 同年, 另一位杰出的美国数学家瑟斯顿猜测 3 维拓扑空间本质上与 2 维拓扑一样, 可以分类为 8 种基本结构, 这就是比 3 维庞加莱猜想远为广泛且深刻的几何化猜想. 2004 年, 俄罗斯数学家佩雷尔曼利用美国数学家哈密尔顿发明的源自高斯曲率的瑞奇流, 创造了他的好熵 ——"熵函数"以及"简化长度函数", 一举证明了瑟斯顿的几何化猜想, 从而终结了困惑人类整整一百年的庞加莱猜想. "球面"这个"最简单"的曲面终于被揭开面纱, 人类于是对其栖息地 —— 宇宙至少在心灵层面有了理性的感知. 值得国人深思的是, 佩雷尔曼见于科学预印本网站 (www.arXiv.org) 的终结庞加莱猜想的三篇论文从未正式公开发表过, 佩雷尔曼本人也在拒绝了菲尔兹奖 (数学最高奖) 之后销声匿迹.

致　　谢

我国著名数学家、教育家刘绍学先生于耄耋之年仍关心本书的进展并给予作者悉心指教, 作者在此表示衷心感谢并敬祝刘先生健康长寿!

在本书写作过程中, 我校教务处和数学科学学院的领导及同事们, 特别是章璞教授给予作者以极大鼓励和支持, 吴耀琨教授和李友林教授提供了许多有益建议, 作者一并表示衷心感谢!

本书的绝大部分参考文献来自于德国斯图加特大学图书馆、美国麻省理工学院图书馆和上海交通大学图书馆, 作者对斯图加特大学柯尼希·史提芬 (König Steffen) 教授、麻省理工学院理查德·史坦利 (Richard Stanley) 教授表示衷心感谢!

作者恳请更多朋友原谅未能提及您的姓名, 但您在本书写作和出版过程中对作者的帮助和鼓励我们铭记在心, 衷心感谢!

作者衷心感谢 (尽管有很多错误) 免费网站: http://en.wikipedia.org

本书受上海交通大学"985 工程"三期重点资助, 受国家自然科学基金项目 11271257 部分资助, 特此致谢.

作者水平有限, 谬误与不当之处必定不少, 敬请批评、指正. 来信请寄:

　　　200240　上海交通大学数学科学学院　张跃辉

或电子邮件:

zyh@sjtu.edu.cn

为方便读者查阅, 书中引用的重要原始文献均在引用处直接或以脚注列出, 书末的参考文献仅列出最重要的若干专著. 书末的汉英名词索引提供了本书出现过的部分术语的汉字词条和相应的 (一种) 英文对照, 按照字母或汉语拼音顺序排列.

本书所对应的在线课程资源可在"国家高等教育智慧教育平台"上找到.

张跃辉 李吉有 朱佳俊

2016.8

目　　录

第一章　数学的天空

■ 引言　虚室生白 —— 数学永恒

"数学是什么?"在"百度搜索"显示的条目超过一千六百万条. 尽管尝试回答该问题的古今中外圣贤不胜枚举, 但每个人 (包括本书作者) 都明白这些可贵的努力注定徒劳无功, 一个佐证是"人类历史上唯一的全才"达·芬奇[1]曾自我评价:"欣赏我作品的人, 没有一个不是数学家." 100 年后, 自然科学先驱伽利奥·伽利略[2]更是深刻地认识到, "大自然这本巨著是用数学的语言写成的." 又 100 年后, 数学大神、人类历史上的科学巨人艾萨克·牛顿[3] 果然用数学语言将大自然呈现在世人面前, 这就是科学巨著《自然哲学的数学原理》[4]. 再 100 年后, 伟大导师马克思与恩格斯几乎同时发出了"非数学无以救科学"的断言. 所以, 尽管数学依然是大多数大中学生的梦魇, 依然是大多数读者不堪回首的过去, 但本书三位作者对数学唯有无限的敬意——数学不仅是大自然的语言, 还是作者的饭碗. 然而数学远不止此. 请读者猜猜看:下图是什么?

分形图 1

---

① Leonardo di ser Piero da Vinci, 1452—1519, 意大利科学家、画家、发明家.
② Galileo Galilei, 1564—1642, 意大利数学家、物理学家、天文学家.
③ Isaac Newton, 1642—1727, 英国物理学家、数学家.
④ 原文为拉丁文: *Philosophiæ Naturalis Principia Mathematica*.

无论您认为该图是一幅抽象派作品, 还是大洋深处的连体海马, 抑或中东壁毯的图案一角, 它们都源自一个共同的母体——数学, 因为该图是由软件 FractalBlizzard2 绘制的一幅普通分形图, 其迭代方程为

$$x = x^3 - 3xy^2 - 0.121, \quad y = -y^3 + 3x^2y + 0.799,$$

初值点是 $x = 0.0237, y = 0.1737$. 在您上机一试之前, 您能再看一眼下面几幅图并再次猜猜它们是什么吗?

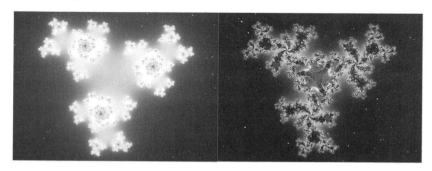

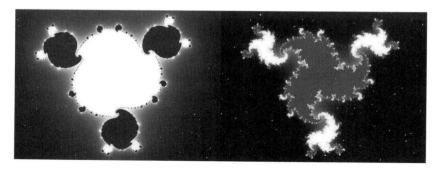

分形图 2

您也许已经得到了答案, 不错, 这新的四幅图虽然较第一幅图变化巨大, 但依然是由同一软件绘制的分形图. 然而, 大大出乎作者意料的是, 所有 5 幅图的迭代方程除了常数项的细微变化其余各项完全相同, 初始点也完全一样! 它们的迭代方程如下:

$$x = x^3 - 3y^2x - 0.444, \quad y = -y^3 + 3x^2y + 0.644;$$
$$x = x^3 - 3y^2x - 0.344, \quad y = -y^3 + 3x^2y + 0.714;$$
$$x = x^3 - 3y^2x - 0.044, \quad y = -y^3 + 3x^2y + 0.800;$$
$$x = x^3 - 3y^2x - 0.174, \quad y = -y^3 + 3x^2y + 0.868.$$

作者心中的纷扰尘世刹那间被这些美轮美奂的图画涤荡一新, 油盐柴米的繁琐, 豪车洋房的诱惑一时间烟消云散: 数学使心灵安宁, 数学让世界纯净.

第一节　智者无敌 —— 从数学到诺贝尔经济学奖

　　数学语言与数学理论似乎距离我们的生活经验无限遥远, 因为日常生活中我们涉及的不是数学, 而是"数字". 然而经济学则和每一个人的日常活动息息相关. 代表经济学最高成就的经济学诺贝尔奖的首届 (1969 年) 两个得主之一便拥有数学博士学位, 另一位则拥有数学学士学位和物理学博士学位. 迄今为止, 总共 74 位诺贝尔经济学奖得主中拥有数学学位者超过半数, 其中职业数学家约占 20%. 美国芝加哥大学是诺贝尔经济学奖的大户, 共有 28 位校友获此殊荣 (在职教师 8 人). 为了更好地理解此现象, 请读者浏览芝加哥大学经济学院推荐给本科生的一个核心课程设置 (美国大学的一个完整学年由三个学期组成):

	秋季学期	冬季学期	春季学期
第一年	数学 13100	数学 13200	数学 13300
第二年	经济学 19800	数学 19520	经济学 20000
第三年	数学 19620 经济学 19900	统计学 23400 经济学 20200 经济学 20100	经济学 20300 经济学 21000

读者一定注意到了, 在由数学、统计学和经济学构成的总计 13 门的核心课程中, 数学课程占了 5 门, 还有 1 门统计学可以认为也是数学课程!

　　时任瑞典皇家科学院院长的埃里克·伦德博格 (Erik Lundberg) 在诺贝尔经济学奖首届颁奖仪式上说:"过去四十年中, 经济科学日益朝着用数学表达经济内容和统计定量的方向发展."回想 20 年前就有人断言中国学者不久将获得诺贝尔经济学奖, 因为我国经济已经高速发展了几十年, 对此作者只能猜测此"不久"不是一百年. 因为参照彼时上海交通大学经济金融类专业可怜的 3 门极度缩水的数学与统计学课程推算, 我国培养的经济学家即使具有世界最高的经济理论水平, 其数学水准距离芝加哥大学经济学院本科生的数学水准可能仍有较大差距, 而我国培养的部分数学家对经济学的研究才刚刚起步, 形成自己的学派尚待时日. 因此在预测中国学者何时获得诺贝尔经济学奖之前, 适当的做法是把经济金融类本科生的数学课程建设到位, 将我们目前的"汉字"经济学尽快变成"数理"经济学. 可喜的是, 近年来国内顶尖大学的数学课程建设日新月异, 比如上海交通大学经济金融类专业已有 5 门数学和统计学的必修专业基础课, 选修课程中《实变函数》《泛函分析》与《拓扑学基础》等高大上的数学课程也赫然在目.

　　所以, 与很多非数学领域类似, 在经济学领域, 得数学者得天下.

　　数学究竟是怎样成为经济学的命门的? 请读者与作者一起来欣赏 1972 年与

2012 年的诺贝尔经济学奖.

1.1.1　金无赤足 ——1972 年诺贝尔经济学奖之选举制度

　　1972 年诺贝尔经济学奖得主是美国斯坦福大学经济学教授肯尼斯·约瑟夫·阿罗[①], 其获奖理由之一是 "他的不可能性定理, 按照这个定理, 在个人偏好函数范围以外不可能编制社会福利函数". 所谓 "阿罗不可能性定理" (Arrow's impossibility theorem) 是阿罗 1951 年发表的由其博士论文整理而成的名著 *Social Choice and Individual Values* (《社会选择与个人价值》, 有中译本) 中的一个著名定理, 以下我们简单介绍此定理在社会学中的一个应用.

　　我们首先解释一下符号 "$A > B$" 的意思. 1940 年在纽约市立大学获得数学学士学位的阿罗具有雄厚的数学基础和超强的逻辑能力, 因此他对社会学的研究建立在坚实的数学理论与严密的逻辑推理之上. 阿罗用大于符号 ">" 表示 "偏好", 即 "$A > B$" 表示 "偏好 A 胜于 B". 这样 "偏好" 这个生活用语就被阿罗完全数学化了, 换句话说, 阿罗为社会系统中的 "偏好" 关系建立了一个以大小关系 ">" 为核心的数学模型. 按照著名的布尔巴基学派的理论, 数学由三种基本 "结构" (structure) 构成, 即描述数字及其抽象的 **"代数结构"** (algebraic structure), 描述图形及其抽象的 **"拓扑结构"** (topological structure) 和描述大小关系及其抽象的 **"序结构"** (ordered structure). 大小关系是最简单的 "序结构", 比如我们都非常熟悉的实数的大小关系不能照搬到复数当中, 后者的序结构要复杂得多 (参见本书第四章).

　　现在请读者考查下面的例子.

　　例 1　假设甲、乙、丙三个选民对三个候选人 A, B, C 的偏好排序如下表:

甲	A > B > C
乙	B > C > A
丙	C > A > B

请读者给出最好的选举方案.

　　显而易见, 在我们要讨论的例子中, 由甲、乙、丙三人构成的 "社会" 的偏好次序包含内在的矛盾, 即社会总体在偏好 A 胜于 C 的同时又认为 A 不如 C. 本例表明, 完全无约束的选举系统是不存在的, 任何想要建立较为科学合理的选举制度的社会必须设立某种原则. "相对多数原则" (plurality rule) 与 "大多数原则" (majority rule) 是大家非常熟悉的两种通用选举原则. 在所谓 "相对多数原则" 或 "简单多数原则" 下, 所有候选人中得票或得分最高者为最终的胜者, 其中候选人的得分多采取加权法 (使用加权法的著名例子是前欧洲金球奖的评选, 其规则是对 5 位候选人

　　[①] Kenneth Joseph Arrow, 1921—2017, 罗马尼亚裔美国著名经济学家.

加权, 第一名得 5 分, 第二名得 4 分, 第三名得 3 分, 第四名得 2 分, 第五名得 1 分, 最终总分最高者获得金球奖). 而在"大多数原则"下, 超过半数的得票者方可胜出. 因此, 当只有 2 个候选人时, "相对多数原则"与"大多数原则"一致, 而当至少有 3 个候选人时, 每个候选人的得票数可能都低于半数, 因此"大多数原则"可能失效, 补救的办法多采用加权法或多轮选举法. 使用多轮选举法的著名例子是奥运会主办城市的确定, 其规则是每一轮淘汰得票最少者, 直至产生得票超过半数的候选城市. 请读者继续考查下一个例子.

例 2　假设 100 个选民对三个候选人 A, B, C 的投票结果如下:

A	B	C
40	35	25

请您决定最后的选举结果.

似乎任何合理的选举体系都应该选举 A (这也符合相对多数原则). 然而, 这 100 个选民对三个候选人 A, B, C 的排序结果如下:

第一	A	B	C
第二	B	C	B
第三	C	A	A
选民	40	35	25

您现在作何感想? 如果使用加权法, 则三位候选人的最终得分如下:

$$A \text{ 的最终得分} = 40 \times 3 + 35 \times 1 + 25 \times 1 = 180;$$
$$B \text{ 的最终得分} = 35 \times 3 + 40 \times 2 + 25 \times 2 = 235;$$
$$C \text{ 的最终得分} = 25 \times 3 + 35 \times 2 + 40 \times 1 = 185.$$

所以, 使用加权法的结果将使 B 获胜, 而在相对多数原则下获胜的 A 则敬陪末座!

两个看似差别不大的选举原则产生了相去甚远的选举结果. 2000 年的美国总统大选是一个真实的例子. 最终结果是大家都知道的, 共和党候选人乔治·布什 (George W. Bush) 战胜其他多位候选人而当选. 但布什的选民票数实际上只占 47.87%, 而失败者民主党候选人阿尔·戈尔 (Al Gore) 的选民票数占 48.38%, 即戈尔的选民票数比布什多 543 895 张, 但布什却以选举人票比戈尔多 34 张而当选. 本次选举还有另一个有趣之处, 根据最终得票数第三的绿党候选人拉尔夫·纳德 (Ralph Nader) 的回忆录, 如果纳德自己退出选举, 则最后的获胜者极可能不是布什, 而是得票数第二的民主党候选人戈尔. 因为据后来的调查统计, 如果纳德退出选举, 则投票给他的选举人中将有 25% 投票给布什, 38% 投票给戈尔, 特别是纳德在关键的佛罗里达州得到的选票将有大多数投给戈尔, 于是戈尔将以较大优势得到佛罗里达州的 29 张选举人票, 这将最终导致戈尔比布什至少多出 24 张选举人票! 纳德因此成为美国历史上最著名的政治 "搅局者".

阿罗认为, 一个合理且充分民主的选举体系应该满足下述公理:

公理 1(帕雷托公理或一致性公理, Pareto principle)   如果所有投票者支持候选人 X 胜于候选人 Y, 那么最后的获胜者不是 Y. 此公理简称为 "P 公理".

公理 2(确定性公理, universality)   有且仅有一个获胜者. 此公理简称为 "U 公理".

公理 3(第三者公理, independence of irrelevant candidates)   假定候选人 X 赢得了选举, 那么在另一个候选人 Y 退出而其他所有条件不变的情况下, X 仍然应该赢得选举. 候选人 Y 称为 "无关候选人" 或 "第三者". 简单地说, 不存在搅局者或第三者. 此公理简称为 "I 公理".

公理 4(非独裁公理, nondictatorship)   任何投票者都不能左右选举, 即不存在独裁者. 此公理简称为 "D 公理".

我们称满足上述 4 条公理的选举系统为 **PUID 选举系统**. 读者可以看出, 公理 1, 2 与 4 是非常自然的, 历史上几乎所有的公开选举系统都遵守这 3 条原则. 公理 3 即第三者公理是阿罗的首创, 故又被称为 "阿罗公理", 该公理的合理性和前瞻性被 2000 年的美国总统大选所证明. 所以今天来看, 阿罗所倡导的 PUID 选举系统是科学且理想的. 然而, 出乎意料的是, 阿罗证明了实现这样理想的选举系统完全是白日做梦! 因为, 阿罗利用他深厚的数学功底令人信服地证明了:

阿罗不可能性定理   如果选民人数与候选人个数均不小于 3, 则不存在任何 PUID 选举系统.

阿罗不可能性定理有众多让人吃惊的推论, 仅列举如下两条:

推论 1   根本不存在一种既能保证效率, 又能尊重个人偏好的多数规则的选举系统. 任何条件下的民主选择要么是强加的, 要么就是独裁的结果.

推论 2   一个社会不可能有完全的每个个人的自由——否则将导致独裁; 一个社会也不可能实现完全的自由经济——否则将导致垄断.

1.1.2   稳操胜券——2012 年诺贝尔经济学奖之稳定婚姻

2012 年诺贝尔经济学奖的两个得主分别为美国哈佛大学商学院教授阿尔文·罗思[①]和美国加州大学洛杉矶分校教授劳埃德·沙普利[②].

---

① Alvin E. Roth, 生于 1951 年, 美国著名经济学家.
② Lloyd S. Shapley, 生于 1923 年, 美国著名数学家和经济学家.

两位经济学奖得主的主要贡献是"the theory of stable allocations and the practice of market design"，即稳定匹配理论 (stable matching theory) 和市场设计. 稳定匹配理论广泛地应用于实际生活中. 例如, 如何设计高考填报志愿方法, 如何将捐献的器官分配到需要的病人, 如何将实习医生分配到各个医院等. 沙普利的主要贡献是提供了一个理论上的最优方案, 称为"盖尔–沙普利方法"(Gale-Shapley method). 以高考填报志愿为例, 该方法的基本思想是, 让分数最高的人先报, 每个大学挑选它最中意的学生, 踢掉其他候选人; 然后让分数次高的人填报, 每个大学依然挑选最中意的人; 最后直到所有学生都被录取为止. 这一机制可以确保公平和效率. 目前, 我国多数省份高考录取采用的平行志愿即是该理论的一种应用.

罗思, 哈佛商学院经济与工商管理教授. 罗思 1971 年本科毕业于哥伦比亚大学, 获得运筹学学士学位, 1974 年获斯坦福大学运筹学博士学位. 离开斯坦福之后, 罗思直到 1982 年一直在伊利诺伊大学任教. 此后他在匹兹堡大学担任经济学教授直到 1998 年, 之后加入哈佛大学至今. 罗思是美国杰出年轻教授奖"斯隆奖"的获得者、古根海姆基金会会士、美国艺术和科学院院士. 他还是美国国家经济研究局 (NBER) 和美国计量经济学学会成员. 罗思在博弈论、市场设计和实验经济学领域都曾作出重大贡献, 在很多方面印证了"盖尔–沙普利方法".

沙普利是美国杰出的数学家和经济学家, 对数理经济学、特别是博弈论理论作出过杰出贡献, 被认为是博弈论的化身. 沙普利 1943 年应征入伍, 作为美国空军士兵在中国成都服役, 并因破解苏联气象密码获得铜质勋章. 二战结束后, 沙普利重返校园并于 1948 年获得哈佛大学数学学士学位, 1953 年获得普林斯顿大学哲学博士学位. 1954 年至 1981 年, 沙普利服务于美国著名的以军事为主的综合咨询决策机构兰德公司. 自 1981 年起, 沙普利任加州大学洛杉矶分校数理经济学教授. 沙普利是 1994 年诺贝尔经济学奖得主约翰·纳什[1]的博士同学, 纳什称沙普利是自己的生活导师和朋友 (mentor and friend).《美丽心灵》的书名即由沙普利建议, 他告诉作者西尔维娅·娜莎[2], 纳什具有"敏锐的、美丽的、富有逻辑的头脑"(a keen, beautiful, logical mind).

与大多数经济学家和数学家研究经济学中的主流问题"非合作博弈论"(non-cooperative game) 不同的是, 沙普利研究的是合作博弈论 (cooperative game). 沙普利获奖的最大原因是他和大卫·盖尔[3]于 1962 年通过研究所谓"稳定婚姻"(stability of marriage) 所创的"盖尔–沙普利方法", 其核心是市场匹配的合理原则应该是"情投意合"而非"价高者得". 作者对此佩服得五体投地, 因为只有这个"情投意合"

① John Forbes Nash, Jr. 1928—2015, 美国数学家、经济学家, 1994 年诺贝尔经济学奖得主, 2015 年阿贝尔奖得主. 数学与经济学中有著名的"纳什均衡".
② Sylvia Nasar, 生于 1947 年, 德裔美国女作家、经济学家.
③ David Gale, 1921—2008, 美国著名数学家和经济学家.

而非"价高者得"的优美而英明的理论可以解释为什么有"黄金剩女"!

在解释稳定婚姻的数学理论之前, 我们先来看看博弈论中广为人知的例子, 即所谓"囚徒悖论"(prisoner's dilemma, 又称"囚徒困境").

例 3   囚徒悖论   假设两个小偷 A 和 B 联合作案被抓. 警方将 A 和 B 分别审讯, A 与 B 对对方的供词一无所知. 警方对每一个嫌疑人的政策是:"坦白从宽, 抗拒从严". 即若两个嫌疑人都坦白认罪并交出赃物, 于是证据确凿, 两人都被判有罪并领刑 5 年; 如果只有一个嫌疑人坦白, 而另一个抵赖, 则抵赖者以妨碍公务罪 (因已有证据表明其有罪) 再加刑 3 年, 而坦白者有功被立即免罪释放; 如果两个嫌疑人都抵赖, 则警方因证据不足只能以私入民宅的罪名将两人各拘留 10 天. 问两个嫌疑人的策略如何?

我们再来考查纳什在 1950 年设计的著名例子——智猪博弈 (boxed pig game).

例 4   智猪博弈   假设猪圈里有一头大猪和一头小猪. 猪圈很长, 一头有一踏板, 另一头是饲料的出口和食槽. 猪每次踏板, 会有 10 份猪食进槽, 但踏板需要付出的"劳动"相当于 2 份猪食. 另外, 如果一只猪踏板, 另一只猪就会先吃到食物. 具体规则为: 如果同时到食槽, 大猪吃 7 份, 小猪吃 3 份; 大猪先到食槽, 大猪吃 9 份, 小猪吃 1 份; 小猪先到食槽, 大猪吃 6 份, 小猪吃 4 份. 问两头猪的策略如何?

上述两个问题形式上略有差别但本质都是相同的, 即最佳策略来自于"合作". 在"囚徒悖论"一例中, 两个嫌疑人共同抗拒是群体的最佳策略, 因为这样每个嫌疑人将只得到拘留 10 天的较小惩罚. 然而, 如果某个嫌疑人采用群体的最佳策略而抗拒, 同时另一个嫌疑人却坦白了, 则抗拒的嫌疑人将得到最严厉的 8 年的刑罚, 因此"群体的最佳策略"却是个体的"最差策略", 于是"悖论"形成. 而在"智猪博弈"一例中, 小猪不可能去踏板, 否则它将倒欠 1 份猪食! 而如果大猪去踏板, 则它最终将和小猪得到同样 4 份猪食! 因此, 最佳的策略是大猪小猪"合作"即共同踏板并各付出 1 份猪食, 最终大猪得到 6 份猪食, 小猪得到 2 份猪食. 于是"合作"产生"智猪".

现在我们可以考查**稳定婚姻问题**(stable marriage problem, 简称 SMP)了. 关于婚姻, 早在大约 2500 年前苏格拉底[①] 曾有精彩绝伦的论述:

By all means marry. If you get a good wife you will become happy and if you get a bad one you will become a philosopher. (千方百计要结婚. 贤妻带你走进天堂, 悍妇造就哲学巨匠.)

约五十年前, 盖尔与沙普利引入"稳定婚姻". 该问题如下:

设有 N 个想结婚的男子和 N 个想结婚的女子, 他们每个人都对每个异性按照自己钟情的程度给予排名 (排名越靠前表示钟情的程度越深). 稳定婚姻问题的研

---

① Socrates, 公元前 469—公元前 399, 古希腊著名哲学家, 与柏拉图、亚里士多德合称古希腊三贤.

究目标是找到某种匹配, 使得每个人的婚姻都是稳定的.

什么样的婚姻才是稳定的呢? 首先, 稳定婚姻当然应该是每个人都有自己的配偶 (盖尔与沙普利也研究了男女人数不相同的情形, 此时应该使数目较小的那个性别的每个人都有配偶). 其次, 如果现有的婚姻匹配中, 某男子 A 更钟情于某女子甲而不是现在的妻子、同时该女子甲也更钟情于该男子 A 而不是现在的丈夫, 则男子 A 与女子甲极有可能 "私奔", 这样的婚姻自然是不稳定的, 称为**不稳定婚姻匹配** (unstable marriage matching). 因此, 稳定的婚姻匹配应该杜绝这样的男子和女子同时存在, 即稳定婚姻匹配应该是没有男子更钟情于非妻子的某女子, 同时该女子也更钟情于该男子. 换句话说, 对于每一个人, 其心目中比当前伴侣更好的异性, 都不会认为自己也是一个更好的选择. 请注意, 稳定婚姻未必是使每个人都最为满意的婚姻.

具有稳定婚姻的社会当然是美好而令人向往的. 苏格拉底眼中的婚姻当然都是稳定婚姻. 但问题是稳定婚姻是否必然存在呢? 答案在盖尔与沙普利的著名论文 *College Admissions and the Stability of Marriage* (《高校招生与稳定婚姻》)① 中给出:

盖尔–沙普利定理　稳定婚姻必定存在.

实际上, 盖尔与沙普利在该文中对任意匹配系统 (即男女数量不必相同) 给出了现在被称为 "盖尔–沙普利方法" 的一种算法 (见下文), 利用此算法可以找出至少一种稳定的婚姻匹配. 在最简单的非平凡情形中, 有 2 男 A, B 与 2 女甲、乙. 无论四人对异性的钟情程度如何, 都容易找出最好的婚姻匹配——当然是稳定婚姻. 比如, 若 A 与 B 均钟情于甲, 而甲与乙均钟情于 A, 则显然 A 与甲的匹配以及 B 与乙的匹配构成一个稳定婚姻, 读者不难看出这个稳定婚姻还是唯一的. 因为尽管 B 并非乙心中的白马王子, 乙也不是 B 的梦中情人, 但他们两人中的任何一个都不可能撬动 A 与甲的婚姻——人家可是情投意合、海枯石烂的一对. 于是 B 与乙的婚姻虽非完美却依然稳定.

下面我们邀请读者和作者一起讨论盖尔与沙普利设计的下述稳定婚姻的例子.

盖尔–沙普利的例子　设有 3 男 A, B, C, 3 女 1, 2, 3, 他们各自对异性的钟情程度如下表 (钟情的程度按顺序严格递减):

A(1, 2, 3)	· · · · · ·	1(C, A, B)
B(3, 1, 2)	· · · · · ·	2(B, C, A)
C(2, 3, 1)	· · · · · ·	3(A, B, C)

① 此文刊登在 *American Mathematical Monthly* (《美国月刊》) 69, 9—14, 1962. 这也许是最著名的较少涉及高深数学理论的数学刊物.

试给出最好的婚姻匹配.

分析   3 男 3 女总共有下述 6 种不同的匹配:

$$(1)\ (A, 1), (B, 2), (C, 3);\quad (2)\ (A, 1), (B, 3), (C, 2);$$

$$(3)\ (A, 2), (B, 1), (C, 3);\quad (4)\ (A, 2), (B, 3), (C, 1);$$

$$(5)\ (A, 3), (B, 1), (C, 2);\quad (6)\ (A, 3), (B, 2), (C, 1).$$

不难看出, 第 2 与第 6 种匹配都是稳定的婚姻匹配 (即稳定婚姻), 因为在第 2 种匹配中所有男子均与其梦中情人结婚, 因此每个男子都不会再与妻子之外的女子私奔; 类似地, 在第 6 种匹配中每个女子都找到了她的白马王子, 从而任何女子都不会再与丈夫之外的男子私奔. 请注意, 第 2 种匹配中所有女子的丈夫都是其心中第二好的异性, 而第 6 种匹配中所有男子的妻子却是其心中最差的异性! 所以尽管这两种匹配并非完美, 但它们仍然是稳定婚姻. 实际上容易看出, 本例中不存在使每个人都最为理想的婚姻匹配. 然而, 第 1、第 3、第 4 与第 5 种匹配却均为非稳定婚姻. 比如第 3 种匹配中, $(A, 2)$ 的女子 2 更钟情 $(C, 3)$ 中的男子 C, 而男子 C 的梦中情人即是女子 2, 因此他们必然 "私奔", 从而该匹配不是稳定婚姻. 读者可以类似地证明第 1、第 4 与第 5 种匹配的不稳定性.

问题在于, 我们如何找到 (任何) 一个稳定婚姻?

按照中国的传统, 我们假定在每一轮 "相亲" 过程中, 每个男子都向其最为钟情的女子求婚, 而每个女子都采取最佳策略, 即在任何一轮 "相亲" 中都 "暂时接受" 当前所有求婚男子中她最钟情者同时拒绝其他求婚的男子, 并继续等待她心中的白马王子出现 (随即与其订婚). 于是第一轮相亲的情形如下:

A 向 1 求婚,   B 向 3 求婚,   C 向 2 求婚.

可以看出, 没有任何一个男子是被其求婚的女子最为钟情的, 因此所有女子的策略都是 "暂时接受" 当前的求婚男子而并不与其 "订婚". 但是, 由于没有任何一个男子受到其求婚对象的拒绝, 于是每个男子都不会发起第二轮求婚, 所以第一轮相亲获得圆满成功而成为最后的匹配.

在本例中, 尽管所有女子均未等到她们的白马王子, 然而每个男子均成功地得到了各自的梦中情人 (这是上述 6 种情形中的第 2 种), 因此最终的匹配是使所有男子最为满意的稳定婚姻.

从上例可以总结出男子主动求婚的盖尔--沙普利算法如下:

第一轮   先让所有男子向自己最钟情的女子求婚, 然后让所有女子挑选最中意的, 并剔除所有其他人.

第二轮   让没有被选中的男子再次向自己第二钟情的女子求婚, 然后让所有女子挑选最中意的, 并剔除所有其他人.

第三轮　重复第二轮, 直到所有人找到配偶为止.

盖尔–沙普利算法的伪代码如下 (记 M= 男子的集合, W= 女子的集合):

```
function stableMatching
{ Initialize all m ∈ M and w ∈ W to free
while ∃ free man m who still has a woman w to propose to {
w = m′s highest ranked such woman to whom he has not yet proposed
if w is free
(m, w) become engaged
else some pair (m′, w) already exists
if w prefers m to m′
(m, w) become engaged
m′ becomes free
else
(m′, w) remain engaged }
}
```

盖尔与沙普利还证明了下面十分有趣又令人深思的结论:

结论 1　男子主动策略是男子的最佳策略! 换句话说, 每个男子的妻子是 "最佳的", 即在稳定婚姻匹配中每个男子更钟情的女子都会认为现在的丈夫更好.

结论 2　男子主动策略是女子的最差策略! 换句话说, 每个女子的丈夫是 "最差的", 即每个女子现在的丈夫是所有稳定婚姻匹配中她所最不心仪的男子.

盖尔与沙普利关于稳定婚姻的理论至少有两条价值连城的启示:

启示 1　先下手为强, 后下手遭殃! ——此条对适龄女生尤为重要, 守株待兔等不到白马王子, 主动出击方可能实现美好人生!

启示 2　通往诺贝尔经济学奖的最短路线是数学!

本节练习题

设 4 男 A, B, C, D 与 4 女 $\alpha, \beta, \gamma, \delta$ 的偏好矩阵如下:

	A	B	C	D
α	1,3	2,3	3,2	4,3
β	1,4	4,1	3,3	2,2
γ	2,2	1,4	3,4	4,1
δ	4,1	2,2	3,1	1,4

试给出最好的婚姻匹配.(本例取自 D. Gale and L. S. Shapley 1962 年的论文)

第二节　无限之坚 —— 世上有难事

世上有难事——无限. 请思考: 有理数与无理数哪个多? (答案见后)

大约 2500 年前, 古希腊的毕达哥拉斯学派——人类历史上最早的数学学派 (也是人类历史上最早的科学学派) 喊出了至今仍激动人心的信念: "万物皆数"! 洞悉"直角三角形斜边的平方等于两直角边平方之和" (即勾股定理, 西方称为毕达哥拉斯定理) 的毕达哥拉斯学派的自信源于他们相信已经理解了自然数的全部秘密. 给出任何一个自然数 n, 毕达哥拉斯学派都可以构造出以 n 为一条直角边的一个直角三角形.

然而, 自然数是无限的, 洞穿无限的秘密之艰辛超乎想象, 绝非毕达哥拉斯学派想象的那样可以一蹴而就.

1.2.1　无稽之谈 —— 正整数与正偶数哪个多?

我们从一个简单的例子开始我们的无限之旅. 请读者思考: 正整数与正偶数哪个多?

没有经过训练的读者可能和作者初次遇到该问题时的反应一样: 这不是小儿科吗? 当然是正整数多了, 因为正偶数只是正整数的一半. 如果记正整数的数量为 ∞_1, 正偶数的数量为 ∞_2, 我们的答案就是 $\infty_1 = 2\infty_2$.

然而, 如果将正整数中的每个数增加一倍 (这当然不会改变正整数的多寡) 就得到了全体正偶数! 这说明正整数的数量与正偶数的数量是相同的. 因此,

$$\infty_1 = 2\infty_2 = \infty_2.$$

部分 = 全部! 这在有限的情形断然不可能发生, 因为如果一个有限的数 x 满足上面的第二个等号 $2x = x$, 那么 $x = 0$. 无限与有限的确有天壤之别, 从有限到无限甚至比从无到有更加困难. 实际上, 早在 1638 年, 伽利略在其名著 *Discourses and Mathematical Demonstrations Relating to Two New Sciences* (《两种新科学》) 中即已指出下列事实:

不是所有的数都是平方数, 所有数的集合不会超过平方数的集合.

不过伽利略如此睿智的思想要到 19 世纪末方能够形成合乎逻辑的理论体系——现称为 "集合论". 集合论的创始人格奥尔格·康托尔①研究无限的起始

---

① Georg Ferdinand Ludwig Philipp Cantor, 1845—1918, 出生于俄国圣彼得堡的德国数学之家, 以建立集合论以及无穷大的数学理论而著名.

点非常直观. 考虑两组无穷数列

$$a_1, a_2, \cdots, a_n, \cdots \ \text{与}\ b_1, b_2, \cdots, b_n, \cdots,$$

假设每个数列中的每一项均不相同, 问哪个数列中的数字多? 估计此时读者和作者的反应也是一样的: 那当然是一样多了, 因为它们都和自然数一样多! 在这个判断中, 我们用到的数学逻辑是

$$a_1 \leftrightarrow 1, \ a_2 \leftrightarrow 2, \ \cdots, \ a_n \leftrightarrow n, \ \cdots.$$

于是每个数列的每个数都与一个自然数相对应, 因此每个数列都和自然数一样多, 所以它们的数本身也一样多. 我们的推理恰恰是康托尔 "数" 无限个元素的基本思想, 即所谓一一对应.

> **一一对应的定义**　设 A, B 是两个集合, $f: A \to B$ 是一个映射.
>
> 1. f 称为 "**单映射**" 是指如果 $f(x) = f(y)$, 则 $x = y$. 用函数的语言来说, 就是自变量不同, 则 "函数值" 也不同.
>
> 2. f 称为 "**满映射**" 是指对任意 $y \in B$, 存在 $x \in A$ 使得 $y = f(x)$, 即值域中的每个元素都是 "函数值".
>
> 特别地, 如果 f 既是单映射又是满映射, 则称 f 是 **一一对应** 或 **双射**.

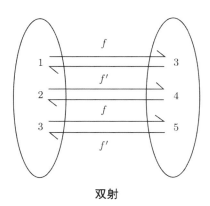

双射

例 5　考虑定义域与值域都是实数域的下列函数:

$$f_1(x) = x^3, \quad f_2(x) = e^x, \quad f_3(x) = x^3 - x, \quad f_4(x) = \sin x.$$

则 f_1 是一一对应, f_2 是单映射, f_3 是满映射, 而 f_4 既非单映射亦非满映射.

显然, 如果 $f: A \to B$ 是单映射, 则 A 中的元素个数不会比 B 中的元素个数多; 反过来, 如果 $f: A \to B$ 是满映射, 则 A 中的元素个数不会比 B 中的元素个

数少. 于是, 两个集合有一样多的元素等价于这两个集合之间存在一一对应. 所以, 一一对应不仅能判断两个 "有限集合" 元素个数是否相同, 也能判断两个 "无限集合" 元素个数是否相同, 是 "数" 无限集合元素个数的好办法! 我们在本节开始比较正整数与正偶数时用到的正是下面的一一对应:

$$n \mapsto 2n.$$

因此, 按照一一对应的办法, 全体整数和全体自然数一样多! 两个看似大相径庭的 "无穷" 居然一样大. 自然数这个 "无限" 实际上是最小的无穷 (大), 记为 $\aleph_0$(读作 "阿列夫零"). 更为出人意料的是, 康托尔宣称有理数这个无穷大也是这个最小的 $\aleph_0$! 这只需要将所有正有理数和自然数一样排成一列即可. 因为任何一个正有理数都可写成 $\frac{m}{n}$ (其中 m,n 均为正整数) 的形式, 因此康托尔先排列分母都是 1 的有理数, 顺序按照分子从小到大排列; 接下来再排分母为 2 的有理数, 顺序仍然是分子从小到大; 接下来当然是按照同样的顺序排分母为 3 的有理数; 重复直到无限, 下图即是康托尔的排列法:

$$\frac{1}{1}, \frac{2}{1}, \frac{3}{1}, \frac{4}{1}, \cdots$$

$$\frac{1}{2}, \frac{2}{2}, \frac{3}{2}, \frac{4}{2}, \cdots$$

$$\frac{1}{3}, \frac{2}{3}, \frac{3}{3}, \frac{4}{3}, \cdots$$

$$\frac{1}{4}, \frac{2}{4}, \frac{3}{4}, \frac{4}{4}, \cdots$$

$$\cdots\cdots$$

这样每一排都和自然数一样多, 即有 $\aleph_0$ 个数, 一共有 $\aleph_0$ 排. 下面是关键的一步: 从左上角的 $\frac{1}{1}$ 开始按对角线从左下向右上依次排列, 注意第一条对角线当然只有 $\frac{1}{1}$ 一个数, 第二条对角线有 $\frac{1}{2}, \frac{2}{1}$ 两个数, $\cdots\cdots$, 第 n 条对角线恰好有 n 个数, 每一条对角线上的数的特点是 "其分子与分母之和为 $n+1$", 于是康托尔将所有有理数排成了下面一排:

$$\frac{1}{1}, \frac{1}{2}, \frac{2}{1}, \frac{1}{3}, \frac{2}{2}, \frac{3}{1}, \frac{1}{4}, \frac{2}{3}, \frac{3}{2}, \frac{4}{1}, \cdots,$$

即有理数被排成了一个以自然数为指标的数列! 如果读者有兴趣检验的话, 有理数 $\frac{m}{n}$ 出现在第 $\left[\frac{(m+n-1)(m+n-2)}{2}\right]+m$ 项, 其中 $[x]$ 表示 x 的整数部分.

结论　有理数与自然数一样多!

康托尔关于无限的理论引起轩然大波, 遭受到了众多著名数学家、科学家、哲学家甚至宗教人士的公开批评. 康托尔的老师、学霸级人物雷奥伯德·克罗内克①称康托尔本人是个"科学骗子"(scientific charlatan),并对康托尔的理论大加讽刺:"我不知道是什么支配着康托尔的理论——哲学或神学,但我肯定不是数学."本书的主角之一、法国著名数学家、物理学家与哲学家亨利·庞加莱②称康托尔的理论是"不可救药的疾病".当然也有力挺康托尔的大佬,大卫·希尔伯特③就是其中一位.希尔伯特认为康托尔的理论是数学的伊甸园,"谁也不能把我们赶出康托尔为我们创造的伊甸园".为鼎力支持康托尔的无限理论,希尔伯特甚至创造了"希尔伯特的旅馆"的精彩故事:

> 我们设想有一家旅馆,内设有限个房间,且所有的房间都已客满.这时来了一位新客,想订个房间,"对不起,"旅馆主人说,"所有的房间都住满了."
>
> 现在再设想另一家旅馆,内设无限个房间,所有的房间也都客满了.这时也有一位新客,想订个房间."不成问题!"旅馆主人说.接着他就把 1 号房间的旅客移到 2 号房间,2 号房间的旅客移到 3 号房间,3 号房间的旅客移到 4 号房间 ······ 于是,新客就被安排住进了已被腾空的 1 号房间.
>
> 我们再设想一家有无限个房间的旅馆,各个房间也都住满了客人.这时又来了无穷多位要求订房间的客人."好的,先生们,请等一会儿."旅馆主人说.于是他把 1 号房间的旅客移到 2 号房间,2 号房间的旅客移到 4 号房间,3 号房间的旅客移到 6 号房间,如此等等.现在,新来的无穷多位客人可以住进已经被腾空的所有单号房间,问题解决了!

康托尔关于自然数的"无限"业已让众多世界级数学家和科学家剑拔弩张,读者想象下面的问题是否会掀起滔天巨浪.

1.2.2　蒙童问天 —— 有理数多还是无理数多？

尽管我们几乎不和无理数打交道,因为它们无理;但康托尔要告诉我们的结果还是过于惊世骇俗:

> 无理数和实数一样多!有理数的无穷大和无理数相比可以忽略不计!

两千多年前,毕达哥拉斯学派认为"万物皆数"即"万物皆有理数",发现 $\sqrt{2}$ 的学派成员被秘密处死,因为他们觉得 $\sqrt{2}, \sqrt{5}$ 一类的"无理"数只是例外与意外,保守住这些秘密就不会有别的"无理"数出现.现在,他们不必再保守秘密了,因为康托尔宣布:万物皆无理数!康托尔的证明依然巧妙,值得读者继续玩味:只需要说明开区间 (0, 1) 内的实数真的比有理数多就可以了.我们采用反证法.(0, 1) 内

---

① Leopold Kronecker, 1823—1891, 德国著名数学家.

② Jules Henri Poincaré, 1854—1912, 法国数学家、物理学家、工程师、哲学家, 对几乎所有的数学分支都作出重要贡献, 被称为数学界的最后一个全才. 法兰西学院院士 (法国文人的最高荣誉), 法国科学院院长. 他的堂弟 Raymond Poincaré 是 1913—1920 的法国总统.

③ David Hilbert, 1862—1943, 德国著名数学家, 19 世纪末和 20 世纪初最具影响力的数学家之一, 被称为数学的"无冕之王".

的有理数长相均为 (其中 x_i 是 0 至 9 这 10 个数字之一)

$$0.x_1x_2\cdots x_n\cdots.$$

如果这些实数和有理数一样多, 则它们可以排成如下一列 (因为有理数可以排成一列):

$$
\begin{aligned}
&0.x_1x_2x_3\cdots x_n\cdots, \\
&0.y_1y_2y_3\cdots y_n\cdots, \\
&0.z_1z_2z_3\cdots z_n\cdots, \\
&\cdots\cdots
\end{aligned}
\tag{1.2.1}
$$

现在康托尔要向我们炫技了. 他构造数 $a \in (0,1)$ 如下：

$$a = 0.a_1a_2a_3\cdots a_n\cdots,$$

其中 $a_1 = x_1+1, a_2 = y_2+1, a_3 = z_3+1, \cdots$, 即数 a 的小数点后第 n 位数字等于排列 (1.2.1) 中的第 n 个数小数点后第 n 位数字加 1, 如果加的结果为 10 则取 0. 这个数 a 有什么作用? 相信读者已经看出来康托尔的用意了, 这个数 "a" 不可能出现在排列 (1.2.1) 中! 因为 "a" 和排列 (1.2.1) 中的每一个数至少都有一位数字不相同! 这就是康托尔著名的 "对角线法". 康托尔用他的 "对角线法" 证明了有理数与自然数一样多, 又用 "对角线法" 证明了有理数与实数不一样多. 翻手为云, 乃因熟能生巧；覆手为雨, 不过司空见惯.

康托尔无穷的神奇层出不穷. 1877 年, 康托尔宣布：

> 平面和直线上的点一样多! 更一般地, 任意 $n(n$ 有限) 维空间中的点和直线上的点一样多! 特别地, 实数与复数一样多. 因此, 平面和直线上的点一样多!

这太不可思议了, 简直岂有此理! 无穷的世界难道都如此让人瞠目结舌?

如今, 康托尔的无限理论早已成为大学数学专业的标准教学内容, 人类思维的局限性也随之得到了极大地拓展. 然而, 在康托尔的无限理论诞生前半个世纪, 伟大的高斯认为 "数学家使用无限只是为了方便", "无限的完整概念是不属于数学的". 而在无限理论诞生后半个世纪, 仍然有著名的人物对无限理论嗤之以鼻. 针对希尔伯特对无限理论的 "伊甸园" 评价, 被诺贝尔文学奖得主贝特朗·罗素[1]称为 "天才人物的最完美范例" 的路德维希·维特根斯坦[2]反驳道："既然有人将它看作数学家的伊甸园, 为什么别人不能将它看成笑话呢?" 以维特根斯坦的睿智尚不能理解康托尔的无限, 经典格言 "世上无难事" 真的需要认真修正：

> 世上有难事, 无限逼疯人.

---

[1] Bertrand Russell, 1872—1970, 英国数学家、文学家、哲学家、逻辑学家、历史学家, 1952 年诺贝尔文学奖得主.

[2] Ludwig Wittgenstein, 1889—1951, 英国著名哲学家、数理逻辑学家, 罗素的学生.

康托尔的无穷世界尽管足够有逻辑, 却难以兼容于其时代, 因此康托尔在他的神奇创造之后, 两次被送进精神病院, 以致于连康托尔本人都认为自己疯了, 出院后即远离数学界而最终成为哲学教授. 此所谓:

　　　　若得世上无难事, 可怜有限伴一生.

───────

本节练习题

　　按照一一对应的理论, 证明:

　　(1) 小于 1 的正实数 (即区间 $(0, 1)$) 和所有正实数一样多.

　　(2) 实数与复数一样多. 因此, 平面和直线上的点一样多.

　　(3) 直线上的点与空间中的点一样多.

───────

■ 第三节　纵横天下 —— 辩术的数学原理

无限动摇信仰, 悖论颠覆人生.

1.3.1　百口莫辩 —— 芝诺悖论与白马非马

　　历史上由无限引发的 "血案" 比比皆是, 其中最著名的当属芝诺[1] 悖论中的阿基里斯与乌龟赛跑. 所谓悖论, 是指蕴涵矛盾结论的命题. 以阿基里斯与乌龟赛跑为例, 芝诺宣称, 古希腊奥运会长跑冠军阿基里斯 (Achilles, 与荷马史诗《伊里亚特》中的英雄阿基里斯同名) 永远不能追上他前面的乌龟. 芝诺的推理如下, 阿基里斯必须先跑到乌龟的起点, 而在他跑到这个点时, 乌龟又向前移动了一定距离, 于是阿基里斯又要继续跑到乌龟的新起点, 这个过程永无止境, 因此阿基里斯永远不可能追上乌龟. 芝诺的这番明显荒谬的诡辩居然难倒了与其同时代的所有圣贤. 亲爱的读者, 芝诺狡狯在何处? 假设乌龟在阿基里斯前方 10 个单位, 乌龟的移动速度是 1 个单位, 而阿基里斯的速度是乌龟的 10 倍. 按照芝诺的推理, 阿基里斯为了追上乌龟, 总共需要跑的距离为

$$10 + 1 + \frac{1}{10} + \left(\frac{1}{10}\right)^2 + \left(\frac{1}{10}\right)^3 + \cdots + \left(\frac{1}{10}\right)^n + \cdots.$$

这是一个无穷等比级数求和问题, 现在的中学生已经知道如果公比的绝对值小于 1, 则无穷等比级数的和等于 "首项除以 (1− 公比)". 对于芝诺悖论中的级数来说, 公

───────

[1] Zeno of Elea, 生于大约公元前 500 年, 古希腊著名哲学家.

比为 $\dfrac{1}{10}$，因此其和为

$$10 + 1 + \frac{1}{10} + \left(\frac{1}{10}\right)^2 + \cdots + \left(\frac{1}{10}\right)^n + \cdots = \frac{10}{1 - \dfrac{1}{10}} = \frac{100}{9}.$$

故阿基里斯只需要跑 $\dfrac{100}{9}$ 距离单位，即可追上乌龟. 如果相应的时间单位以秒计，那么阿基里斯只需要 $\dfrac{10}{9}$ 秒就已经与乌龟并驾齐驱了！然而，第一次正确处理此类问题要等到人类历史上第一个科学巨匠阿基米德[①]，这将需要芝诺的反对者们等待差不多 250 年！而对无穷级数的完全理解更是需要两千多年后的微积分理论，自然是芝诺时期闻所未闻，想都不敢想的问题，而这正是芝诺借以挑战其时代的关键. 芝诺还创造了其他类似悖论，其中最为著名的两个是"飞矢不动"与"游行队伍"，有兴趣的读者可以查阅相关材料.

当芝诺用"飞矢不动"的惊世骇俗在古希腊力证其师巴门尼德[②]"存在即一"的逆时代学说时，古老东方的公孙龙[③] 则用"飞鸟之景，未尝动也"（见《公孙龙子·通变论》）的奇诡思辨为自己治国平天下的抱负而奔走. 作为名家的代表人物，公孙龙以其代表作《公孙龙子》扬名天下，其中"白马非马论"更是公孙龙及其"离坚白"学派的名片. 公孙龙的推理如下 (见《公孙龙子·白马论》):

"马者，所以命形也. 白者，所以命色也. 命色者，非命形也，故曰白马非马."

上述论证逻辑正确，无懈可击，为什么其结论却如此"荒诞不经"？两千多年来，对"白马非马"评头论足的哲学家、逻辑学家、文学家、数学家等能人智者何止千万，早期学者多认为公孙龙"诡辩者"而已，比较有代表性的评论如《庄子·天下》："饰人之心，易人之意，能胜人之口，不能服人之心". 而当代学者的逻辑学与数学功底自然古代学者难望项背，对公孙龙的认识多为正面，比如杨俊光《惠施公孙龙评传》："坚、白、石，白马非马 …… 均不属诡辩.""中国自公孙龙才有了逻辑学." 亲爱的读者，您支持"白马非马"吗？

研究公孙龙"白马非马"的最好办法仍然是数学——这是研究世界的最好办法，概莫能外. 为此，设 M 是所有马的集合，m 是任意一匹马，B 是所有白马的集合，b 是任何一匹白马. 公孙龙"白马非马"中的"非"无外乎下面几种判断:

不是， 不属于， 不含于，

① Archimedes of Syracuse, 公元前 287 年 — 公元前 212 年，古希腊伟大的科学家、哲学家、天文学家、发明家、工程师.

② Parmenides of Elea, 约公元前 6 世纪，古希腊苏格拉底之前最重要的哲学家，命题"思维即存在"的创始人.

③ 公孙龙，公元前约 320 年 — 约公元前 250 年，赵国人，"离坚白"学派创始人.

相应的数学定义如下:

$$\neq, \quad \not\in, \quad \not\subseteq.$$

因此, 公孙龙 "白马非马" 有以下 3 种数学模型:

$$1.\ B \neq M \text{ 或 } b \neq m \text{ 或 } b \neq M; \quad 2.\ b \not\in M; \quad 3.\ B \not\subseteq M.$$

如果我们以 (常识) "白马是 (一种) 马" 作为推理的前提, 则模型 1 是正确的数学命题, 而模型 2 与 3 都是错误的数学命题. 哈哈, 这就是说公孙龙 "白马非马" 的正确概率是 33.3333%! 且慢, 公孙龙借以舌战天下的当然不会是如此简劣的机关. 公孙龙的前提是: "马者, 所以命形也". 与此大气磅礴之前提相比, 猥琐不堪如 "白马是 (一种) 马" 之小样哪有勇气登场? 公孙龙的前提暗含 "马" 具有无穷多种性质, 非无限莫名马, 特别地, 马不可能用列举的办法定义. 公孙龙使用了马的无限多个性质之一 "形状" 来支撑其论点, 于是公孙龙的 "马" 的集合为 (下面的大写字母 X 与 B 分别是形状与白色的汉语拼音首字母)

$$M' = \{m | m \text{ 是具有形状} X \text{的动物}\},$$

而其 "白马" 的集合为

$$B' = \{b | b \text{ 是具有颜色} B \text{的动物}\}.$$

所以公孙龙 "白马非马" 的更为有效的数学模型如下:

$$1.\ B' \neq M' \text{ 或 } b \neq m \text{ 或 } b \neq M'; \quad 2.\ b \not\in M'; \quad 3.\ B' \not\subseteq M'.$$

请大家注意, 上面的 3 个模型都是完全正确的数学命题! 不需要任何附加前提! "白马非马" 千真万确!

如果您多少还有一点疑问的话, 让我们回到日常生活. 大家知道, 台湾电影有一个 "金马奖", 尽管金马奖的标志是一匹金灿灿的马形奖章, 但金马不是马, 因此 "金马非马" 是天然的真命题, 而 "白马非马" 与 "金马非马" 具有完全相同的结构 (无论 "形" "色")! 如果您仍然对自己缺乏信心, 请问您的电脑安装了反木马软件吗? "木马非马"!

1.3.2 非悖莫行 —— 爱是悖论

公孙龙妙用无限这剂神药, 不仅让同时代所有鸿儒硕学百口莫辩, 也几乎让 "数质" 平庸的众多当代研究者晕头转向, 因为无逻辑难以解白马, 非数学不能辩公孙. 杨俊光先生将公孙龙视为中国逻辑学的奠基人的确独具慧眼.

公孙龙何止是中国逻辑学的奠基人, 诞生于 1901 年的"罗素悖论"几乎摧毁了整个数学大厦和逻辑基础, 然而"罗素悖论"字里行间都是两千多年前"白马非马"的英文翻译!

罗素悖论　设集合 $P = \{x | x \notin x\}$, 则 $y \in P$ 当且仅当 $y \notin P$.

罗素悖论的通俗版是所谓"理发师悖论": 某镇唯一的理发师是男性. 他宣称自己给且仅给不给自己理发的男性理发. 现假设该镇每个男性都自己理发或请该理发师理发, 问题是该理发师能否给自己理发? 答案自然就是罗素悖论, 即他必然给自己理发, 但又不能给自己理发! 罗素悖论的另一个等价形式是: 设 A 是所有集合的集合, 问 A 是否属于 A? 从该等价形式可以看出"无限"(所有的集合当然是无限的) 也是罗素悖论的决定因素. 实际上, 罗素正是在研究康托尔的无限理论的过程中创造出他的悖论的. 罗素的本意是想推翻康托尔的下述命题:

康托尔定理　不存在最大基数.

康托尔对其定理的原始证明的本质是当 X 是有限集合时, 有"$|X| < |2^X|$", 此处 $|X|$ 表示集合 X 的基数, 2^X 表示 X 的幂集, 即 X 的所有子集构成的集合. 比如设 $|X| = n$, 则利用初等组合知识可知, X 的 $k(0 \leqslant k \leqslant n)$ 元子集恰好有 C_n^k 个, 再由二项式定理即可得

$$|2^X| = \sum_{k=0}^{n} \mathrm{C}_n^k = (1+1)^n = 2^n = 2^{|X|}.$$

由于对任何自然数 n 均有 $n < 2^n$, 所以有 $|X| < |2^X|$. 但这个证明对无限集合 X 还依然有效吗? 罗素对此表示怀疑, 于是罗素构造了最大的集合 A, 即"$A =$ 所有集合的集合". 问题于是如影随形: $A \in 2^A$ 吗? 或者 $|A| < |2^A|$ 还成立吗?

事实上, 古今中外无数智者都曾创造出挑战其时代的类似悖论, 其中的奥妙都在于"无限"之坚. "无限"不仅仅困惑了 2500 年前的古代智者, 也将继续困惑芝诺、公孙龙身后 2500 年的现代人类. 悖论在浩如烟海的中外文学作品中俯拾皆是. 例如《堂吉诃德》里的小故事.

堂吉诃德的仆人桑乔·潘萨跑到一个小岛上并成为该岛的国王. 他随即颁布了一条独特的王法: 每个到达该岛的人都必须回答"你到这里来做什么". 如果回答正确, 他将被允许在该岛游玩, 否则就将被绞死. 某胆大包天的人来到该岛, 他对此问题的回答是:"我到这里来是要被绞死的." 请问桑乔·潘萨是让他在岛上玩, 还是把他绞死呢?

悖论的最有趣读本或许是美国幽默大师马克思·舒尔曼 ① 的名作《爱是悖

① Max Shulman, 1919—1988, 美国作家, 代表作包括《学府趣事》(*The Affairs of Dobie Gillis, The Many Loves of Dobie Gillis*),《温柔的陷阱》(*The Tender Trap*) 等.

论》(Love is a fallacy). 仅举两例以飨读者:

1. It is, after all, easier to make a beautiful dumb girl smart than to make an ugly smart girl beautiful.(毕竟, 将一个漂亮的笨女孩变聪明要比将一个聪明的丑女孩变漂亮容易一点.)

2. If God can do anything, can He make a stone so heavy that He won't be able to lift it? (如果上帝是万能的, 他能造一块他自己也搬不动的大石头吗?)

《爱是悖论》用一个乐趣四溢的校园爱情故事将逻辑学中的 8 种悖论 (或称佯谬) 深入浅出地展现给读者, 有兴趣用数学模型重新理解这些悖论的读者可研究本节练习题.

我们以著名的贝特朗① 悖论来结束这个足以激励人生的论题. 由庞加莱命名的贝特朗悖论是贝特朗于 1899 年给出的一个例子, 旨在说明如果定义随机变量的方式不明确, 则由此定义的概率可能出现歧义.

贝特朗悖论　在一给定圆内所有的弦中任选一条弦,求该弦的长大于圆的内接正三角形边长的概率.

解法 1　由于对称性, 可预先固定弦的一端. 仅当弦与过此端点的切线的交角在 $\frac{\pi}{3}$ 与 $\frac{2\pi}{3}$ 之间, 其长才合乎要求. 所有方向是等可能的, 则所求概率为 $\frac{1}{3}$.

解法 2　由于对称性, 可预先指定弦的方向. 作垂直于此方向的直径, 只有交直径于 $\frac{1}{4}$ 点与 $\frac{3}{4}$ 点间的弦, 其长才大于内接正三角形边长. 所有交点是等可能的, 则所求概率为 $\frac{1}{2}$.

解法 3　弦被其中点位置唯一确定. 只有当弦的中点落在半径缩小了一半的同心圆内, 其长才合乎要求. 中点位置都是等可能的, 则所求概率为 $\frac{1}{4}$.

同一个概率问题却产生了三种不同概率, 人们当然会认为至少有两种答案是错误的. 实际上, 通常谈论某事件的概率时, 人们已经不自觉地假定了某种前提, 就像计算数目等问题时, 我们已经假定正偶数以及正奇数都各占正整数的一半, 于是我们的所有推理和计算都是建立在这种先入为主的前提之下. 这就是说, 在我们处理一个实际问题前, 我们已依据自己的知识, 为该问题建立了一个可供计算的数学模型, 在此数学模型的框架下, 该问题自然最多只有一个正确答案. 中学的概率知识恰好是以所谓古典概型的模型灌输给中学生的, 绝大多数大中学生可能并不知道还可以有别的模型来描述、研究、容纳同一个涉及概率的问题. 贝特朗悖论恰好是为相应于"弦"的随机变量建立了三个不同的概率模型. 相应于解法 1 的模型假定弦的端点在圆周上均匀分布, 相应于解法 2 的模型假定弦的中心在直径上均匀分布, 相应于解法 3 的模型则假定弦被其中心唯一确定. 解法 1 与解法 2 的假定均

① Joseph Louis Bertrand, 1822—1900, 法国数学家.

是合理的 (又是先入为主), 只有解法 3 的假定有问题, 因为过圆心的弦即直径有无限多条! 然而, 这并不影响依此模型得出的结果, 因为任一条弦是直径的概率断然为 0! 所以, 贝特朗悖论并不是严格意义下的悖论, 而是不同数学模型产生的不同结果. 不难论证, 对闭区间 $[0,1]$ 中的任何数 p, 均存在概率模型使得贝特朗悖论的概率是 p! 读者可参考论文:

Diederik Aerts and Massimiliano Sassoli de Bianchi. Solving the hard problem of Bertrand's paradox.

毕竟, 概率理论本身也只是一种数学模型.

对贝特朗悖论的研究不仅奠定了现代概率论的基础, 也极大地推动了数学的各个分支以及包括量子力学在内的诸多科学分支的发展. 一百多年后的今天, 由贝特朗悖论引发的研究和争论仍然如火如荼, 有兴趣的读者可在著名学术公益网站 "http://arXiv.org" 搜索条目 "Bertrand's paradox". 需要提醒读者的是, 国内对悖论尤其是贝特朗悖论的研究鱼龙混杂, 不少担当意识薄弱的低级别刊物出于猥琐的原因发表了不少逻辑混乱、滥竽充数的关于贝特朗悖论的所谓论文, 其所包含的论证方法和结论极易使大中学生误入歧途, 读者务必提高警惕.

非悖莫行. 正是由无限引出的悖论在不断挑战人类智慧的同时, 也将人类文明不断推向新的高峰. 可以说, 人民创造历史, 悖论推动科学.

本节练习题

1. 试建立《爱是悖论》中的逻辑悖论的数学模型, 并从数学的角度说明这些悖论合理与否. 这 8 种逻辑悖论如下:

(1) Dicto Simpliciter 草率前提;

(2) Hasty Generalization 草率结论或以偏概全;

(3) Post Hoc 假性因果;

(4) Contradictory Premises 矛盾前提;

(5) Ad Misericordiam 文不对题、答非所问;

(6) False Analogy 错误类比;

(7) Hypothesis Contrary to Fact 虚假假设;

(8) Poisoning the Well 人身攻击.

2. 研究悖论中所包含的数学思想, 分析若干中西方的典故以及生活中的例子.

3. CCTV 贺岁杯围棋赛的选手是中日韩三国各一位顶尖棋手. 比赛共 3 轮, 每一轮下一盘棋. 第一轮的参赛选手由抽签决定, 胜者进入第三轮即决赛, 而负者与第一轮轮空者进入第二轮; 第二轮的负者获得第三名, 而胜者进入决赛. 2016 年的奖金分配如下: 冠军 80 万, 亚军 40 万, 季军 20 万. 2016 年的参赛者为世界三冠王、中国第一人柯洁, 日本新人王一力辽, 世界十四冠王、韩国第二人李世石. 柯洁在第一盘与一力辽的比赛中死里逃生而饱受批评, 但他在赛后接受采访时淡然回答, 第一盘棋不重要, 言下之意即使第一盘输了, 他仍然可以连胜后两盘夺冠. 请问柯洁的判断是否科学合理?

―――――――

第四节　数道同本 ―― 数学之用与无用

人生几何, 代数及格? 但得出头, 砖拍数学.

1.4.1　经天纬地 ―― 数学之用

穷天地之变幻, 料鬼神之莫测.

历尽无数峥嵘岁月的人类在今天无疑达到了其智慧的顶峰. 有智慧的人被称为智者, 人类文明史上被公认的智者大多数是科学家, 比如阿基米德、高斯[①](本书的主角之一)、爱因斯坦[②]等.

亚里士多德[③] 等众多西方智者认为, 人类历史上第一个真正的智者是米利都的泰勒斯[④], "直径上的圆周角是直角" 即是著名的泰勒斯定理. 相对而言, 我国古代对形式逻辑的研究 (记载) 不多, 有证明的数学定理很少, 成书约公元前一世纪的《周髀算经》包含勾股定理以及在天地平行模型下的一些天文计算, 但尚不能与泰勒斯学派的数学成果匹敌. 然而, 长于形象思维的我国古代圣贤的哲学思想足以与泰勒斯学派的哲学思想媲美. 泰勒斯学派哲学思想的核心是 "水生万物" 与 "万物有灵". 差不多同时代我国有老子的 "道生万物", 即《道德经》第四十二章: "道生一、一生二、二生三、三生万物". 实际上, 老子的 "道" 源于我国古代群经之首《周易》的经部《易经》(相传成书于西周初叶, 即公元前 1100 年左右) 中的阴阳二爻 "－ －" 与 "—",《易经》六十四卦的核心可以说是 "阴阳生万物". 对《易经》的研究百花齐放、众说纷纭又鱼龙混杂, 但其二元论的朴素哲学思想无可质疑, 其二进制的粗略数学模型也依稀可辨 (可参考先天八卦图, 见下图). 所以, 我国历代学者均将《周易》(含《易经》以及相传孔子及其弟子在春秋战国时期对其的注释《易传》) 视为中国哲学和科学的源泉.

――――――――――――――――――――――――――――――

① Johann Carl Friedrich Gauss, 1777—1855, 德国著名数学家, 史称数学王子, 对数学的众多分支以及统计学, 物理学、天文学、大地测量学、地理学、电磁学等有重要贡献. 所谓高斯消元法最早应出自中国的《九章算术》, 不晚于公元前 2 世纪. 牛顿是西方第一位研究此算法的人 (1670 年), 高斯使用消元法大约在 19 世纪初.

② Albert Einstein, 1879—1955, 德国著名物理学家, 相对论的建立者. 1921 年获得诺贝尔物理学奖.

③ Aristotle, 公元前 384—公元前 322 年, 古希腊科学家、哲学家和教育家, 柏拉图的学生, 亚历山大大帝的老师, 被认为是当时世界第一智者.

④ Thales of Miletus, 约公元前 624 年—约公元前 546 年, 古希腊七贤之一, 西方思想史上第一个有名字留下来的哲学家.

先天八卦图

数学对古人的重要性远远超出想象. 墨子[1] 需要数学来研究物理学、光学, 进而制造用于防御敌人攻城的器械; 帝王需要精通数学的大臣为其制定历法、祭祀以巩固自己的统治; 甚至江湖术士也需要较好的数学素养以牢记六十四卦三百八十六爻 ($= 64 \times 6 = 384$ 加乾卦"用九"与坤卦"用六"二爻).

秦九韶[2] 对衍生于《周易》的数学思想与方法有极高评价: "周教六艺, 数实成之 …… 而人事之变无不该, 鬼神之情莫能隐矣."(秦九韶《数书九章》序) 所以在秦九韶看来, "数学 = 智慧". 读者对此当然不以为然 (写本书的几个家伙就是反例). 因为通常"智慧"的量度都是"权力"与"财富"(这二者往往是同义词), 古今中外, 概莫能外.

拜金主义实际上盛行于文明史的各个时期. 伟大如泰勒斯也需要用自己的数学、天文学知识来赚取巨大的财富以证明自己的"智慧". 财富与权力的确是衡量"智慧"的很好标准, 但关键的问题是财富如何取得?

世界金融中心华尔街上的公司, 哪家拥有最高的收益率? 答案是: 文艺复兴科技公司. 在 2006 年全球排名前 25 的对冲基金经理中, 文艺复兴科技公司总裁詹姆斯·西蒙斯[3] 以 17 亿美元的年收入连续第二年高居榜首, 而华尔街收入最多的总裁——高盛集团首席执行官布兰克芬年收入为 5430 万美元. 基金规模 60 亿美元的文艺复兴科技公司的基金回报率为 84%, 西蒙斯的收益 (占总收益的 44%) 为 17 亿美元, 是迄今为止对冲基金经理人收入最高的一个, 已连续第二年排名第一, 著名的"基金大鳄"索罗斯则以 9.5 亿美元的收入屈居第四. 注意, 自 1989 年至 2009 年, 文艺复兴科技公司的平均净收益率高达 34%, 同期索罗斯的量子基金的数据为 22%, 而世界公认的"股神"巴菲特的收益率更是略逊一筹, 为 21%.

谁是詹姆斯·西蒙斯? 百度名片上的介绍如下:

西蒙斯是世界级的数学家, 也是最伟大的对冲基金经理之一. 全球收入最高的对冲基金经理, 年净赚 15 亿美元. 在华尔街, 韬光养晦是优秀的对冲基金经理恪守的准则, 西蒙斯也是如此, 即使是华尔街专业人士, 对他及其旗下的文艺复兴科技公司也所知甚少. 然而在数学界, 西蒙斯却是大名鼎鼎. 早在上个世纪, 西蒙斯就是一位赫赫有名的数学大师. 在 2007

---

① 墨子, 生卒年不详, 名翟, 战国时期著名的思想家、教育家、科学家、军事家, 墨家学派的创始人.
② 秦九韶, 1208—1268, 中国宋代著名数学家.
③ James Simons, 生于 1938 年, 美国数学家、慈善家, 文艺复兴科技公司创始人.

年"华尔街最会赚钱的基金经理"排行榜中, 这位 70 岁的数学大师以年收入 13 亿美元位列第五.

在扬名华尔街之前, 西蒙斯以另一个身份闻名于世, 那就是数学家. 1961 年, 西蒙斯获得加州大学伯克利分校数学博士学位, 一年后任教于哈佛大学数学系. 1968 年, 西蒙斯出任纽约州立石溪大学数学系主任. 在石溪大学期间, 西蒙斯与陈省身[①] 联合创立了对数学和物理学影响深远的 "陈 - 西蒙斯理论"(Chern-Simons theory). 1976 年, 西蒙斯摘得数学界的皇冠——全美维布伦 (Veblen) 奖, 达到其个人数学事业的顶峰.

西蒙斯在华尔街的成功取决于他发明的"高频交易法", 其核心思想是高速地 "积跬步以至千里, 积小流以成江海", 但如何能够保证做到此点? 聪明的读者, 您可能已经想到了, 那就是数学, 或者说是源自数学的概率理论与统计学 (更时髦的叫法是"金融数学").

1.4.2 心远地宽 —— 数学无用

绝大多数数学家是不会将自己的数学知识用于投资或算命的, 除了生计的考虑, "为数学而数学"的数学家大有人在. 因为较之"数学之用", 更让数学家倾心的是"数学无用". 我们知道 (非常容易验证), 3 不能写成 2 个自然数的平方和, 7 不能写成 3 个自然数的平方和, 因为 (不太容易验证):

费马平方和定理 奇素数 p 是两个自然数的平方和当且仅当 $p = 4k + 1$.

勒让德三平方定理 自然数 n 是三个自然数的平方和当且仅当 $n \neq 4^a(8k+7)$, 其中 a, k 是自然数.

现在, 岂止是数学家, 任何一个读者都会问, 哪个正整数不能写成四个自然数的平方和? 答案完全出乎意料: 没有, 即所有正整数都是 4 个自然数的平方和! 这就是拉格朗日 1770 年证明的著名的"四平方和定理"(详见第二章):

拉格朗日四平方和定理 任何正整数都是四个自然数的平方和, 即对任何正整数 n, 存在自然数 x, y, z, w, 使得 $n = x^2 + y^2 + z^2 + w^2$.

人类历史上最伟大的数学家之一 (大概只有数学三大神——阿基米德、牛顿和高斯可以与之比肩) 欧拉[②] 于 1748 年发现了所谓的欧拉四平方和恒等式:

$$(a^2 + b^2 + c^2 + d^2)(x^2 + y^2 + z^2 + w^2) = \alpha^2 + \beta^2 + \gamma^2 + \delta^2, \tag{1.4.1}$$

[①] Shiing-Shen Chern, 1911—2004, 美籍华裔数学家, 1975 年美国国家科学奖得主, 1983 年沃尔夫奖得主, 2004 年邵逸夫奖得主, 被誉为"微分几何之父".

[②] Leonhard Euler, 1707—1783, 瑞士数学家和物理学家, 一生大部分时间在俄罗斯.

其中

$$\alpha = ax + by + cz + dw, \quad \beta = ay - bx + cw - dz,$$

$$\gamma = az - bw - cx + dy, \quad \delta = aw + bz - cy - dx.$$

这是至为关键的一步, 因为由四平方和恒等式 (1.4.1), 欲证拉格朗日四平方和定理, 只需证明任何素数均可以写成四个平方数之和即可, 有兴趣的读者可以在网上搜到详细的证明. 所以, 有很多数学家和历史学家也将拉格朗日四平方和定理称为欧拉–拉格朗日四平方和定理.

四平方和定理当然无助于我们获取权力和财富, 是 "无用的数学", 但它的确挑战了我们的心智, 升华了人类的精神, 度量了文明的高度. 唯有无限洁净的心灵方可到达如此纯粹曼妙的人间仙境!

世间果有永恒之事么? 地心说被日心说取代, 日心说被银河系颠覆, 以太说、引力波光怪陆离, 科学永恒么?

人间果有永恒之事么? "问世间情是何物, 直教生死相许." 从男欢女爱到郎 "财" 女貌, 从闪婚到闪离, 爱情永恒么?

人世间确有永恒之事: 平方和定理永恒! 四平方和定理永恒! 亲爱的读者, 如果您希望为自己的心灵找寻一块永恒的净土, 读一本数学书 (比如您正在读的这本), 因为数学是人世间真正的永恒!

本节练习题

1. 试证明费马平方和定理.
2. 验证欧拉四平方和恒等式.

第二章　图与数——数学之源

引言　图：模拟世界，数：重塑思维

贺兰山岩画表明中华民族的祖先与世界其他民族的祖先一样，对大自然的认识和探索的第一步始于图形. 用"图"模拟世界理所当然地成为人类最早建立科学——研究图形的几何学——的原始手段. 数的出现，也许是人类思维彻底摆脱动物性的标志——蜂巢的完美让我们难言对形的理解是人类独有的. 所以，图模拟世界，数重塑思维. 图数合璧，人类终于不再恐惧天空中电闪雷鸣，也不再困惑月亮的阴晴圆缺.

第一节　素数万能 —— 算术基本定理

随着人类思维的日益发达，数字迅速成为科学的主角，当代几何学也已完全"数字化"——没有"图"的几何学著作是完全可能的，但没有"数"的几何学著作则是肯定不存在的. 本书稍后将展示此点.

2.1.1　鸿蒙初辟 —— 素数：数学的原理

数学的起点是自然数，自然数的基础是素数(prime number). 在中学，素数被称为质数，即恰好有 2 个因子 (从而大于 1) 的正整数. 换句话说，素数能且只能被 1 和自己所整除. 由于所有偶数都能被 2 所整除，所以偶素数只有 2，其余素数都是奇数. 素数的另一个更容易应用的特征是：

素数的特征　如果两个数的乘积是一个素数的倍数，则其中必有一个是该素数的倍数.

等价地，如果两个整数均非素数 p 的倍数，则它们的乘积也不是 p 的倍数. 比如, $108 = 27 \times 4$ 是两个素数 2 与 3 的倍数, 因此两个因子 27 与 4 中至少有一个是 2 或 3 的倍数. 素数对于数学的意义由下面的结论可窥一斑.

算术基本定理　任何大于 1 的自然数都可以唯一地 (不计次序) 表示为一些素数的乘积.

比如, $100 = 2 \times 2 \times 5 \times 5 = 2 \times 5 \times 2 \times 5, 108 = 2 \times 2 \times 3 \times 3 \times 3$. 中学代数学的因式分解要求将一个多项式分解成若干个不能再分解的多项式的乘积, 其意义与算术基本定理一致.

算术基本定理表明, 素数对于乘法的作用相当于"1"对于加法的作用. 如果仅考虑乘法, 素数是最小的"原子", 因为它们不能再被分解成更小的数的乘积. 作为乘法的类比, 正整数对于加法的"原子"仅有一个, 即"1", 这正是加法较之乘法大为简单的原因.

理解素数是数学中最基本的问题. 素数有多少个? 两千多年前, 伟大的数学家、"几何学之父"欧几里得[①], 给出了下面的判断:

欧几里得素数定理　素数无限.

数学名著 *Proofs from the book* (M. Aigner, G. Ziegler, 著, 中译本《数学天书中的证明》, 见本书参考文献) 对该定理给出了 6 个证明, 其中前两个和第 6 个证明可以讲给高中生听, 第 3 个证明可以讲给大学本科一年级的学生听 (使用最简单的定积分), 其余两个证明需要多一点数学知识 (群论和拓扑学). 此处展示前两个和最后一个证明.

证明 1 (欧几里得)　设 $\{p_1, p_2, \cdots, p_n\}$ 是前 n 个素数的集合, 则数

$$p_1 p_2 \cdots p_n + 1$$

必不能被任何 $p_i, 1 \leqslant i \leqslant n$ 整除. 因此, 必然存在更大的素数, 故素数无限! (这是迄今为止最精彩的证明, 请读者仔细体会其中的智慧与美妙.)

注　《几何原本》在西方国家发行量仅次于《圣经》, 其关于"素数无限"的证明仍是迄今为止最为精彩简洁的数学证明, 而其"第五平行公设"则是文明史上对人类思维的最大考验 (见本书第五章). 试比较: 从牛顿的经典力学到爱因斯坦的相对论不足 300 年, 但从欧几里得的欧氏几何到罗巴切夫斯基和鲍耶的非欧几何(本书第五章有非欧几何的介绍) 超过 2000 年!

证明 2 (哥德巴赫[②], 1730 年)　费马数 $F_n = 2^{2^n} + 1, n \geqslant 0$ 两两互素 (为什

---

① Euclid, 约公元前 330—约公元前 275 年, 古希腊数学家.

② Christian Goldbach, 1690—1764, 德国数学家, 彼得二世 (彼得大帝的孙子) 的老师, 曾任沙皇俄国的外交大臣.

么? 因为下式:

$$F_{n+1} = \prod_{k=0}^{n} F_k + 2, \quad \forall n \geqslant 0,$$

见本节练习题), 所以素数无限!

证明 3　第三个证明是埃尔德什[1] 给出的, 有一定难度, 对证明不感兴趣的读者除了关注下面的符号 $\pi(N)$ 外, 可以略去其余部分. 用符号 $\pi(N)$ 表示不超过正整数 N 的素数的个数 (此符号重要, 将在本书中多次出现), 即

$$\pi(N) = \sum_{p \leqslant N, \text{ 为素数}} 1.$$

首先, 任何正整数 N 均可表为 $N = rs^2$, 其中 r 与 s 均为正整数且 r 无平方素因子 (这种 r 称为平方自由整数). N 与 $\pi(N)$ 有什么关系呢? 显然, $s \leqslant \sqrt{N}$. r 多大呢? 由于 $r \leqslant N$ 是平方自由的, 故只需估计有多少不超过 N 的平方自由的正整数. 每个这样的正整数都是不超过 N 的不同素数的乘积, 而这样的素数共有 $\pi(N)$ 个, 因此不超过 N 的平方自由正整数不超过 $2^{\pi(N)}$ 个 (回忆: m 元集合的所有子集的个数是 2^m). 因此, 这样的正整数 N 不超过 $2^{\pi(N)}\sqrt{N}$ 个, 特别地,

$$2^{\pi(N)}\sqrt{N} \geqslant N \quad \text{或} \quad 2^{\pi(N)} \geqslant \sqrt{N}.$$

故

$$\pi(N) \geqslant \frac{\log_2 N}{2}.$$

埃尔德什的上述证明较之前面两个证明复杂很多, 因为该证明的含金量更高: 不超过 N 的素数至少有 $\dfrac{\log_2 N}{2}$ 个! 比如, 按此估计, 100 以内的素数至少有 $\dfrac{\log_2 100}{2}$ ≈ 3 个! 这个估计当然比较粗糙, 但它确是一个简单有效的下界.

2.1.2　踏破铁鞋 —— 素数, 你在哪里?

能否找到这无限个素数的某种规律, 比如是否可以知道第 n 个素数是什么? 或者更一般地问, 是否存在一个有效的表达素数的公式? 伟大的欧拉在 1740 年左右对该问题的看法是: "数学家们试图在素数序列中找到某种规律, 但迄今一无所获, 我们有理由相信, 这是人类永远无法看穿的秘密. "

欧拉确实对其身后人类智慧的增长过于悲观了. 1798 年, 安德里·勒让德[2] 猜想素数的分布如下 (其中符号 "～" 表示等价的无穷大, log 总是指以 e 为底的自然对数, 即中学数学或高等数学中的 ln):

$$\pi(x) \sim \frac{x}{A \log x + B}, \quad x \to \infty.$$

---

[1] Paul Erdös, 1913—1996, 匈牙利著名数学家, 1983 年与陈省身同获沃尔夫奖.

[2] Adrien-Marie Legendre, 1752—1833, 法国著名数学家.

1808 年, 勒让德将其猜想中的常数分别固定为 $A = 1, B = -1.08366$. 该猜想的严格证明几乎要等到 100 年以后, 其极限形式现归功于高斯, 因为高斯在 1849 年一封著名的信中说他 1792 年或者 1793 年 (即 15 岁左右) 即得到了下面的素数分布, 即现在俗称的"简化版素数定理":

素数定理 $\pi(n) \sim \dfrac{n}{\log n}$,   **或** $\lim\limits_{x \to \infty} \dfrac{\pi(x)}{\dfrac{x}{\log x}} = 1.$

显然, 勒让德猜想的最终版本与高斯 15 岁时的猜想是等价的. 简单地说, 素数定理告诉我们:

(1) 从不大于 x 的自然数中随机选一个, 它是素数的概率大约是 $\dfrac{1}{\log x}$;

(2) 不大于 x 的连续两个素数的平均距离大约是 $\log x$.

素数定理有多种不同的形式, 我们将在"黎曼假设"中遇到如下一种:

素数定理的等价形式   设

$$\Lambda(x) = \begin{cases} \log p, & \text{若} \quad x = p^k, \\ 0, & \text{若} \quad x \neq p^k \end{cases}$$

是冯·曼格尔特[1] 函数, 其中 p 表示任何素数, 则

$$\psi(x) := \sum_{n \leqslant x} \Lambda(n) \sim x, \quad \text{当} \quad x \to \infty.$$

高斯觉得这个结果太粗糙了, 他相信自己一定能够找到一个更好的函数来表达素数的分布. 功夫不负有心人, 从小以计算素数为休闲并将素数手算至 3 000 000 (三百万) 的高斯, 果然发现了一个更好的函数 $Li(x)$——对数积分函数(L=Logarithmic, i=integral), 有人开玩笑说高斯具有穿越功能而崇拜身后一百余年的"功夫之王"李小龙, 故将此函数以其姓氏的汉语拼音命名 (李小龙的英文姓为"Lee"):

$$Li(x) = \int_2^x \frac{\mathrm{d}t}{\log t}.$$

对数积分函数 $Li(x)$ 和简化版素数定理中的函数 $\dfrac{x}{\log x}$ 的关系如下:

---

[1] Von Mangoldt, 1854—1925, 德国数学家.

高斯

$$Li(x) \approx \frac{x}{\log x} \sum_{n=0}^{\infty} \frac{n!}{(\log x)^n}$$

$$= \frac{x}{\log x} + \frac{x}{(\log x)^2} + \frac{2!x}{(\log x)^3} + \cdots + \frac{(n-1)!x}{(\log x)^n} + \cdots$$

因此, 对数积分函数 $Li(x)$ 比素数定理中的函数 $\frac{x}{\log x}$ 大很多. 高斯首先发现了较素数定理更为精确的改进版素数定理, 其形式如下:

改进版素数定理　　$\pi(x) \sim Li(x) = \int_2^x \frac{\mathrm{d}t}{\log t}, \quad x \to \infty.$

不过, 素数定理的证明超出高斯的时代——纵使无敌于天下, 断不能无敌于未来. 1896 年, 雅克·阿达玛[1] 和查尔斯·普桑[2] 利用我们将在 "黎曼假设" 一章中介绍的黎曼 ζ 函数先后独立证明了素数定理. 由于阿达玛和普桑分别颐享天年至 97 岁与 95 岁, 故在他们去世后产生了著名的数学界传说:

数学界传说 1　证明素数定理者将长命百岁.

我们将其命名为 "数学界传说 1" 当然是因为数学界的传说远不止此.

然而, 阿达玛与普桑证明的素数定理只是表明函数 $\pi(x)$ 与 $Li(x)$ 的相对误差为 0, 即

$$\lim_{x \to \infty} \frac{\pi(x)}{Li(x)} = 1.$$

但并没有指出 $\pi(x)$ 与 $Li(x)$ 的绝对误差, 即

$$\pi(x) - Li(x) = ?$$

这个绝对误差将给出素数分布最精确的描述, 换言之, 只有得到 $\pi(x) - Li(x)$ 的精确表达我们才能洞察素数的全部秘密. 然而, 一个多世纪以来, 没人能够给出正确答案. 比欧拉离我们更近的数学大师埃尔德什对此显然比欧拉更有信心: "至少还得再过 100 万年, 我们才可能理解素数."

---

[1] Jacques Hadamard, 1865—1963, 法国著名数学家.

[2] Charles Jean de la Vallée-Poussin, 1866—1962, 比利时数学家.

思考题
   费马数为什么两两互素? 试利用归纳法证明之.

2.1.3　咫尺天涯 —— 素数今日

进入 21 世纪, 人类对于素数的认识当然有了长足的进步, 华裔数学家是一支非常重要的力量, 张益唐[①] 和陶哲轩[②] 是其中的佼佼者.

张益唐定理 (2013 年)　存在无穷多对素数, 其差小于 7000 万.

张益唐定理引起轰动的原因在于它将 "孪生素数猜想" (即存在无限对素数 p_n, p_{n+1}, 使得其差 $p_{n+1} - p_n = 2$) 中的差值由之前的无限变为有限 (7000 万, 利用张益唐的方法得到的最新结果为 246), 所以张益唐的贡献是 "从 ∞ 到 70 000 000"! 不过, 有人认为张益唐的方法似乎不足以证明 "孪生素数猜想", 因为张益唐的方法可以将 7000 万缩小到 246, 甚至更小, 但极不可能缩小到孪生素数猜想所要求的 2.

陶哲轩与其合作者的一个研究成果如下 (中国科学院院士王元对此结果的评价为: "我不敢想象天下会有这样伟大的成就."):

格林–陶哲轩定理 (2004 年)　存在任意长度的素数等差数列. 确切地说, 对于任意正整数 K, 存在 K 个成等差数列的素数.

例如, 对 $K = 3$, 有素数序列 3, 5, 7 (每两个差 2); $K = 10$, 有素数序列 199, 409, 619, 829, 1039, 1249, 1459, 1669, 1879, 2089 (每两个差 210).

之前已知的这样的数列, 其最长的长度为 23, 即数列

$$56\,211\,383\,760\,397 + 44\,546\,738\,095\,860k, \quad k = 0, 1, \cdots, 22;$$

已知长度为 22 的这样的数列为

$$11\,410\,337\,850\,553 + 4\,609\,098\,694\,200k, \quad k = 0, 1, \cdots, 21.$$

我们不必为自己未能发现这些等差数列而悲伤, 因为这些素数对人脑来说确实太大了, 所以它们都是由计算机发现的.

[①] 张益唐, 生于 1955 年, 华裔美国数学家, 现为加州大学圣芭芭拉分校数学教授.
[②] Terence Tao, 生于 1975 年, 出生在澳大利亚, 父亲上海人, 母亲广东人. 现任教于美国加州大学洛杉矶分校 (UCLA), 2006 年菲尔兹奖得主. 1996 年陶哲轩获得博士学位, 时年 20 岁. 同年, 陶哲轩加盟 UCLA, 并于 1999 年 24 岁时晋升为正教授, 为 UCLA 有史以来最年轻的正教授.

思考题

试求 5 个素数构成的等差数列.

张益唐和陶哲轩可以看成是数学家的两个"极端". 张益唐一生默默无闻却从不放弃, 终于在年近花甲时一鸣惊人, 跻身于世界级数学家之列 (美国新汉诗尔大学 (University of New Hampshire) 于 2014 年擢升 59 岁的讲师张益唐为该校讲座教授——教授的最高等级); 而陶哲轩作为当今世界首屈一指的数学天才, 幼年即已名扬天下, 但仍然耕耘不辍而成为数学界的领军人物. 两个人的经历都再次证明一个颠扑不破的真理: 坚持就是胜利!

第二节   开天辟地 —— 什么是加法

加法开启思维之门.

算术基本定理可以看成是一个关于正整数的乘法性质的结论. 自然数还有一个更为简单的基本运算, 即大家非常熟悉的加法. 如果没有加法, 一切更为高级的运算都变成了无源之水. 正如本章引言中所述, 数的诞生使人类摆脱动物性, 而"加法"作为数的第一个运算, 则使人类思维能够率性穿梭于天上人间, 也能够自由翱翔于宇宙星空. 但究竟"什么是加法? 更进一步, 什么是减法? 什么是乘法, 除法? ……"

2.2.1   熟视无睹 —— 和璧隋珠之结合律与交换律

仅就加法而言, 我们在中学就至少学过实数或复数的加法 ($1+\sqrt{2}+2-3\sqrt{2}=3-2\sqrt{2}$), 函数的加法 ($\sin^2 x+\cos^2 x=1$), 向量的加法 ($(1,2)+(2,-1)=(3,1)$), 等等. 这些均被称为"加法"的运算究竟是什么呢? 假如我们规定 $1+1=3, 1+2=5, 2+2=8$ 之类, 这还是加法吗?(请对照本节思考题 2) 仔细分析可以得到下面一些关于加法的结论 (英语中加法为 addition, 所以下面的几条性质以大写字母 A 标记):

A0. 加法是一个非空集合 S 上的二元运算, 即同类的两个元素才可以作"加法", 比如 $\sin x+\cos x$, 而 $\sin x+(1,2)$ 就是非法的; 加法的结果称为"和", 和依然属于 S.

A1. 加法满足"结合律", 即 $(a+b)+c=a+(b+c)$.

作者和读者一样, 都已经对数字加法的结合律熟视无睹, 但请读者注意: 本条的意思是加法与先后顺序无关! 这个解释恐怕远非显然, 因为现实世界中与先后顺序无关的事情实在太少了! (如果您对此条仅略有敬意, 请看完下一段.)

A2. 加法满足"交换律", 即 $a + b = b + a$.

和 A1 一样, 本条即使对自然数的加法也远非显然, 虽然交换律比结合律看起来更为简单 (少了一项以及一对括号). 比如, 可能只有极少数读者能够证明最著名的两个无理数 e 与 π 的加法是交换的: $e + \pi = \pi + e$. 实际上, 如果读者能够证明两个自然数的加法是交换的, 那作者要恭喜您, 因为您已经很好地掌握了数学归纳法和结合律! 读者依然可以利用数学归纳法对自然数的加法证明结合律. 但要证明实数的加法也满足结合律与交换律, 需要学习大学数学系的专门课程, 粗略地说, 实数本身不是自然的, 而是"人为的". 对康托尔的无限理论极力打压的德国大数学家克罗内克说: "上帝创造了自然数, 其余均是人的作品", 即是此意. 满足结合律或交换律的事情极其罕见 (比较: "考完试老师开始公布答案"与"公布完答案老师开始考试"), 不啻和璧隋珠, 值得大家倍加珍惜!

> **加法的定义**   设 "+" 是非空集合 S 上的 (二元) 运算, 如果 "+" 满足条件 A1 与 A2, 则称 "+" 为 S 上的一个**加法**.

一个集合上可以有很多不同的加法, 比如我们通常使用的加法 "+" 与乘法 "×" 都是自然数集合 $\mathbb{N}$ 上的 "加法", 因为它们均满足上面 3 条! 亲爱的读者, 您甚至可以自己再 "创造" 一个自然数的新 "加法". 按照现在的国家标准, 自然数集合 $\mathbb{N}$ 包含 0, 因此如果定义任何两个自然数的和均为 0, 即

$$m \clubsuit n = 0, \quad \forall m, n \in \mathbb{N},$$

则这个运算 "♣" 的确满足 A0, A1 与 A2 这 3 个条件, 因此这是一个自然数的 "加法"! 读者可以考虑将任意两个自然数的和定义为固定的某个自然数 a 如何?

思考题 1

"创造" 一个自然数集合 $\mathbb{N}$ 上的新 "加法".

有了上面关于 "加法" 的分析, 读者可以尝试分析我们熟悉的几种乘法, 比如实数的乘法、函数的乘法、复数的乘法 (将复数 $a + b\sqrt{-1}$ 看成平面向量 (a, b) 再来作乘法可能会更有趣), 以及大学线性代数中的 "矩阵乘法", 我们能得出什么结论? (英语中乘法为 multiplication, 所以下面的几条性质以大写字母 M 标记):

M0. 乘法是一个非空集合上的二元运算, 乘法的结果称为 "积".

M1. 乘法满足 "结合律", 即 $(a \times b) \times c = a \times (b \times c)$.

注意, 我们所熟悉的自然数的乘法是由自然数的"加法"定义的, 即

$$m \times n = \underbrace{n + n + \cdots + n}_{m \text{个}},$$

因此自然要求"乘法"与"加法"相互和谐, 这就是所谓"分配律":

M2. 乘法关于加法满足"分配律", 即

$$a \times (b+c) = a \times b + a \times c, \quad (b+c) \times a = b \times a + c \times a.$$

乘法的定义　设"×"是非空集合 S 上的 (二元) 运算, "+"是 S 上的一个加法. 如果"×"满足条件 M1 与 M2, 则称"×"为 S 上的一个**乘法**.

和"加法"相比, 乘法不要求交换律, 比如矩阵的乘法不满足交换律.

如果只涉及一种运算, 数学家们经常将仅满足结合律 M1 的二元运算也称为乘法. 换句话说, 满足结合律的运算叫"乘法", 而既满足结合律又满足交换律的运算叫"加法". 如此一来, "加法"都是乘法! 当然, 满足交换律的乘法也是"加法". 函数的复合运算自然满足结合律 M1, 因此也是一种"函数乘法", 不过与通常的函数乘法 $\left(\text{比如} \sin x \cos x = \dfrac{\sin 2x}{2}\right)$ 相比, 这个新"乘法"不满足交换律, 因此不是加法.

需要强调的是: 放弃"结合律"或"交换律"或"分配律"也是可以的, 比如我们熟悉的实数的"减法"与"除法"既不满足结合律, 又不满足交换律, 相互之间也不满足分配律. 再比如向量的内积 (也称为数量积) 不满足加法或乘法的最基本条件 A0 与 M0, 因此不是我们这里定义的"乘法"; 而向量的外积 (又称为向量积) 也不满足结合律与交换律, 但并不妨碍我们的研究与应用 —— 这些例子都是其他类型的"乘法". 放弃经常意味着更大的空间, 正所谓退一步海阔天空: 白昼一无所有的蓝天方能黑夜群星璀璨. 本书仅限于讨论最为常见的加法与乘法.

在上述"加法"与"乘法"的定义中, 我们并没有涉及其逆运算"减法"与"除法". 首先, 自然数集合 $\mathbb{N}$ 上通常的"加法"没有自然的逆运算, 欲引进其逆运算必须将自然数集合"扩大"为整数集合 $\mathbb{Z}$; 其次, 既然是逆运算, "减法"就必须由"加法"来定义 (从而"加法"与"减法"相互定义); 再次, 一个特殊的元素出现了, 这就是所谓"零元素", 简称为"零"且一般记为"0"; 最后, 每个元素都和这个特殊的元素"0"密切相关, 因为自己与自己作"减法"的结果是"0". 归纳起来, 我们可以给"加法"与"减法"一个统一的定义.

> **加减法的定义**　设 G 是非空集合, "$+$" 是其上一个二元运算. 如果 "$+$" 满足条件 A1, A2 以及下面的条件 A3 与 A4:
>
> A3. 存在 "零元素", 即存在 $0 \in G$, 使得对任何元素 $a \in G$, 有 $a + 0 = a$.
>
> A4. 存在 "负元素", 即对任何元素 $a \in G$, 存在元素 $-a \in G$, 使得 $a + (-a) = 0$.
>
> 则称 "$+$" 是 G 上的**加法运算**, $(G, +)$ 是**加法群**, 或**加群**, **阿贝尔**①**群**, **交换群**. 此时, 对于任意 $a, b \in G$, 规定 "$a - b = a + (-b)$", 即可得到加法 "$+$" 的逆运算减法 "$-$". 减法的结果称为"**差**".

思考题 2

在自然数集合 $\mathbb{N}$ 上定义运算 "♣" 如下:

$$a♣b = a + b + ab,$$

其中 "$+$" 与乘法是通常的. 证明: "♣" 既是 $\mathbb{N}$ 上的加法, 也是整数集合 $\mathbb{Z}$、(非负) 偶数集合 $(2\mathbb{N})$ $2\mathbb{Z}$ 以及有理数集合 $\mathbb{Q}$ 上的加法. 求与此加法 "和谐" 的乘法.

2.2.2　双剑合璧 —— 负负得正: 加法与乘法的关系

零元素 "0" 在加法中扮演 "王子" 的角色, 因为 "他" 将自己 "奉献" 给每个元素; 每个元素的负元素则成为该元素的 "公主", 因为 "她" 使你 (与你的和) 成为 "王子". 这个原理就是加法与减法的运算技巧.

加法与减法是最简单, 也是最基本的数学运算, 因此阿贝尔群是最简单的数学结构, 我们熟悉的整数集 $\mathbb{Z}$, 有理数集 $\mathbb{Q}$, 实数集 $\mathbb{R}$ 以及复数集 $\mathbb{C}$ 在普通加法下均构成阿贝尔群. 复平面上的单位圆周 $S^1 = \{z \in \mathbb{C} \mid |z| = 1\}$ 关于复数的乘法运算也是一个阿贝尔群——此例表明阿贝尔群与几何有着天然的密切联系. 当然, 我们也可以讨论更广泛的群, 即不满足交换律 A2, 而仅满足条件 A1, A3 与 A4 的群, 此时的群运算一般称为 "乘法" (因为不满足交换律), 比如 2 阶 "正交矩阵" (orthogonal matrix), 即满足条件 $A^{\mathrm{T}}A = I$ (其中 A^{T} 表示矩阵 A 的转置, I 是单位矩阵) 的全体 2 阶实矩阵在矩阵的乘法下构成一个群 (称为平面 $\mathbb{R}^2$ 的正交群), 该群不是阿贝尔群. 我们将在后续章节看到阿贝尔群以及一般的群理论的巨大作用.

如果一个阿贝尔群 $(G, +)$ 还有 (与其加法和谐的) 乘法 "$\cdot$", 则称 $(G, +, \cdot)$ 是**环**. 简单地说, 环就是有加减乘的系统. 按照英文的习惯, 数学家一般将环记为 R. 在环中, 负数 (= 负元素) 乘负数就有了意义, 但为什么 "负负得正" 呢?

例 1　本节思考题 2 中定义的运算 "$a♣b = a + b + ab$" 也是不等于 -1 的全体有理数集 $\mathbb{Q}' = \mathbb{Q} - \{-1\}$ 上的加法运算, 此时的零元素仍然是通常的 "0", 但对

---

① Niels Henrik Abel, 1802—1829, 挪威著名数学家, 与伽罗华齐名的数学天才.

任意 $a \in \mathbb{Q}'$, 其负元素为 $-a = -\dfrac{a}{1+a}$. 因此除了 0, 其他元素的"负元素"不再是通常意义下的相反数了, 比如 1 的负元素 $-1 = -\dfrac{1}{2}$, 而 (当然) $-\dfrac{1}{2}$ 的负元素为 $-\left(-\dfrac{1}{2}\right) = 1$! (请读者注意此处的负号 "−" 与我们所熟悉的负号 "−" 的区别.)

思考题 3

(1) 请定义上面例 1 中加法的逆运算"减法".

(2) 结合思考题 2, 请说明上面的运算作为自然数集合 $\mathbb{N}$ 上的"加法"没有逆运算"减法". (逆运算 (此处是"减法") 需要更大的空间.)

(3) 试证明 $(-1) \times (-1) = 1$ 并由此解释"负负得正"的合理性.

按照上述思路, 读者可以尝试亲自定义具有逆运算"除法"的乘法. 此时, 比不考虑逆运算"除法"的乘法需要多几个要求: 首先, 和加法中的零元素一样, 除法将产生一个特殊的元素"单位元", 常常记为"1", 他是乘法中的"王子", 即

M3. $1 \times a = a \times 1 = a$;

其次, 每个非零元素 a 都有自己的"公主", 记为 a^{-1}, 使得

M4. $a \times a^{-1} = a^{-1} \times a = 1$;

最后, 利用非零元素的"公主"们定义乘法的逆运算"除法"为: $a \div b = a \times b^{-1}$, 其中 $b \neq 0$. 除法的结果称为"商". 于是, 具有逆运算"除法"的"乘法"即是满足条件 M1~M4 的二元运算. 就整数而言, "乘法"可以看成是"扩张"(比如 3×2 的一种实际意义可以是有 2 个盘子, 每个盘子都盛有 3 只苹果), 而其逆运算"除法"即是"收缩"(比如 $6 \div 2$ 可以看成是 6 只苹果被平分在了两个盘子中). 这样的解释赋予乘法和除法某种几何直观, 对今后理解更复杂的现象有很大的帮助. (您一定记得达·芬奇的名画蒙娜丽莎的形状, 但您是否还记得那幅画的尺寸? 数字彰显理性, 图像启迪心灵.)

下面是一个绝大多数读者不熟悉的"乘法"的经典例子.

例 2 (奇怪的加法与数乘) 设 $S = \{$ 所有正实数$\}$. 定义 S 中的运算为 $x \diamond y = xy$ (即通常的实数乘法). 容易验证"$\diamond$"确为 S 上的加法. (问题: 零元素是什么?) 请读者再次验证, S 中的二元运算 $k \heartsuit x = x^k$ (通常的幂运算) 是与加法"$\diamond$"和谐的"乘法"!

与整数加法的"简单"(因为加法的原子只有"1"或"−1") 相比, 乘法大为复杂 (因为乘法的原子是素数, 而素数无限!), 而其逆运算除法可以说是使数学变得"恐怖"的罪魁祸首. 将数学引向"深渊"的第一步来自整数相除而产生的"有理

数". 有理数较之整数的复杂性在于每个有理数 $\dfrac{b}{a}$ 都有无穷多种表达, 即

$$\frac{b}{a} = \frac{2b}{2a} = \frac{3b}{3a} = \cdots = \frac{nb}{na} = \cdots.$$

比如, $\dfrac{1}{2} = \dfrac{2}{4} = \dfrac{3}{6} = \cdots = \dfrac{n}{2n} = \cdots$. 因此, 每个有理数都有无穷多张 "脸孔", 每张脸孔在不同的地方神出鬼没. 数学家将这些代表同一个有理数的不同脸孔称为 "等价" 的 (脸孔), 因此每一个有理数实际上是所有这些等价的 "脸孔" 构成的无限集合 (称为 "等价类"), 正是这个无限集合将整数的 "单纯" 变为有理数的 "繁芜"——将两个有理数相加时, 我们实际上在加两个等价类, 即加两个无限集合. 如计算 $\dfrac{1}{2} + \dfrac{1}{3}$, 此时我们需要从 $\dfrac{1}{2}$ 与 $\dfrac{1}{3}$ 的无穷多个脸孔中分别拿出适当的一个, 比如 $\dfrac{3}{6}$ 与 $\dfrac{2}{6}$, 从而得到结论 $\dfrac{1}{2} + \dfrac{1}{3} = \dfrac{5}{6}$. 如果有人拿出了另外两张不同的脸孔, 比如 $\dfrac{6}{12}$ 与 $\dfrac{4}{12}$, 将得到结论 $\dfrac{1}{2} + \dfrac{1}{3} = \dfrac{10}{12}$——这只不过是 $\dfrac{5}{6}$ 的另一张脸孔.

除法当然也带来诸多便利 (否则除法就失去存在的理由了), 通常所说的 "分类" 本质上就是除法. 比如, 奇偶性实际上是利用除法将整数分为奇数与偶数两类, 也就是将所有偶数看成一样的, 所有奇数也看成一样, 但任何偶数与任何奇数都不一样. 使用上面提到的 "等价类" 是达到此目的的一个更简洁的办法: 记 $2\mathbb{Z}$ 是所有偶数的集合. 对任意整数 m, n, 如果 $m - n \in 2\mathbb{Z}$, 则称 m 与 n 等价, 记作 $m \sim n$. 将与 m 等价的所有整数构成的集合记为 $[m]$, 称为 m 的等价类. 于是全体整数被分成了两个等价类——全体偶数的类 $[0]$ 与全体奇数的类 $[1]$ (当然 $[0] = [2] = [-4] = \cdots, [1] = [7] = [-9] = \cdots$). 因此所谓奇偶性就是集合 $\{[0], [1]\}$. 由于此集合是利用整数集合 $\mathbb{Z}$ 的特殊子集 $2\mathbb{Z}$ 得到的 ($2\mathbb{Z}$ 相当于一杆秤), 故一般将此集合记为 $\mathbb{Z}/2\mathbb{Z}$(数学家将此读作 "$\mathbb{Z}$ 模 $2\mathbb{Z}$", 我们可以读此为 "$\mathbb{Z}$ 除以 $2\mathbb{Z}$"), 称为 $\mathbb{Z}$ 关于 $2\mathbb{Z}$ 的商.

如果一个环 R 的每个非零元素都有逆元, 则称 R 是 "**除环**". 简单地说, 除环就是加减乘除都有的系统. 比如有理数全体, 实数全体以及复数全体. 乘法满足交换律的除环又称为 "**域**". 不满足乘法交换律的除环非常珍稀, 作者不推荐读者尝试寻找, 当然如果您能够在少于 15 年的时间内构造一个例子, 您绝对要引以为豪, 我们将在第五章第五节 "雷霆万钧" 中回顾人类历史上的第一个不满足乘法交换律的除环的例子.

加法与乘法是最简单的数学运算, 是人类开始模拟自然并研究自然从而走向物质文明与精神文明的第一步, 可以看成是人类智慧的第一个结晶. 数千年的文明史表明, 加法与乘法精确有效地把握住了大自然和人类自身的脉搏, 是人类区别于其他动物并保证自身可持续发展的逻辑基础.

本节练习题

1. 证明: 在有理数集合 $\mathbb{Q}$ 上, 通常的乘法是唯一与通常的加法 "和谐" 的乘法. 因此, 在自然数集合 $\mathbb{N}$ 和整数集合 $\mathbb{Z}$ 上, 通常的乘法也是唯一与通常的加法 "和谐" 的乘法.

2. 设 $\mathbb{Q}(\sqrt{2}) = \{a + b\sqrt{2} | a, b \in \mathbb{Q}\}$. 请问在 $\mathbb{Q}(\sqrt{2})$ 上, 通常的乘法是否是唯一与通常的加法 "和谐" 的乘法?

第三节　万物皆数 —— 鬼神之情莫能隐

数有加减双飞翼, 物莫奇偶天地间.

2.3.1　奇偶永恒 —— 从阴阳八卦到人工智能

根据第二节练习题 1 可知, 我们熟悉的自然数或整数的乘法是唯一与自然数或整数的加法和谐的 "乘法" 运算, 这两个和谐运算将自然数或整数分成了大家熟悉的两个类型, 奇数与偶数, 或者说自然数与整数都有非常好的 "奇偶性". 读者可能想到一个自然的问题: 为什么我们从来不谈有理数或实数的 "奇偶性"? 为此, 我们首先需要明确究竟什么是 "奇偶性"?

分析自然数或整数的奇偶性可知, 所谓 "奇偶性" 是指奇数与偶数关于 "加法" 与 "乘法" 满足下面的运算表 (其中 "奇" 与 "偶" 分别代表任何奇数与偶数):

奇偶运算表

+	偶	奇		×	偶	奇
偶	偶	奇		偶	偶	偶
奇	奇	偶		奇	偶	奇

因此, 只要是具有和谐加法与乘法的集合 S 均可以讨论奇偶性的存在性. 确切地说, 如果存在 S 的两个子集合 O (其中的元素称为 "奇数" 或 "奇元素") 与 E (其中的元素称为 "偶数" 或 "偶元素") 使得 $O \neq \varnothing, E \neq \varnothing$ (即至少有一个奇元素和一个偶元素), 且

$$S = O \bigcup E, \quad O \bigcap E = \varnothing$$

(即每个元素或奇或偶, 但任何元素不能既奇又偶), 并且奇偶元素满足上面的奇偶运算表, 则集合 S 具有奇偶性.

现在我们可以尝试研究有理数 (以及实数等) 的奇偶性了. 首先乘法中的"王子"1 只能是奇数, 因为一旦 1 是偶数, 则所有有理数都是偶数 (因为 $r = 1 \times r$, 而任何数与偶数的乘积都是偶数)! 现在, 请问 $\frac{1}{2}$ 是奇数还是偶数? 其实, 不论 $\frac{1}{2}$ 是奇数还是偶数, 均有 $1 = \frac{1}{2} + \frac{1}{2}$ 是偶数! 矛盾! 所以, 有理数不存在"奇偶性"; 类似地, 实数与复数也不存在"奇偶性". 这就是我们不在整数之外谈奇偶性的原因.

然而, 奇偶性作为男与女的抽象, 从洪荒远古的阴阳八卦到人工智能的神经网络, 无处不在. 计算机、手机、数码照相机等使用的"数"的集合一般记为 GF(2) 或 $\mathbb{F}_2$, 该集合只有 2 个"数", 一般记为 0 与 1, 其"加法"与"乘法"运算称为"二进运算", 具体的运算表如下:

二进运算表

+	0	1		×	0	1
0	0	1		0	0	0
1	1	0		1	0	1

比较二进运算表与奇偶运算表可知, 二进运算中的 1 与 0 恰好就是奇偶运算中的奇与偶: 计算机的二进运算就是奇偶运算, 就是阴阳运算! 所以莱布尼兹发现的二进制确与我国古老的《易经》非常相似. 请注意, 二进运算的"加法"与"乘法"都是存在逆运算的, 这与有理数、实数和复数类似, 数学家称这样的集合为"域". 因此, 除了我们熟悉的有理数域、实数域和复数域外, 还有只含 2 个元素的域——二元域 $\mathbb{F}_2 = \mathrm{GF}(2)$, 其中字母 G 是法国数学天才伽罗华[①] 姓氏的第一个字母.

伽罗华大约在 18 岁时, 解决了当时最古老、最著名的数学问题: 五次及五次以上的代数方程的公式解问题, 即讨论仅利用方程的系数作加减乘除以及开方运算而形成的求根公式. 一次方程 $ax + b = 0$ 的求根公式非常简单, 小学生即可熟练掌握. 被编进初中数学课本的二次方程 $ax^2 + bx + c = 0$ 的求根公式在公元前 2000 年即已被古巴比伦人得到 (当然需要避免负数开方等问题), 这是当今几乎所有人 (包括数学专业的本科生和研究生) 都知道的最高次 (二次) 的求根公式了. 因为找到三次方程 $ax^3 + bx^2 + cx + d = 0$ 的求根公式花费了人类大约 3500 年的时间, 所以三次方程的求根公式非常有名, 也非常繁复 (因此未被编进任何中学数学教材), 称为卡尔丹公式, 由意大利数学家卡尔丹发表于 1545 年, 但更为符合历史的名字应该是塔塔利亚公式, 有兴趣的读者可以通过维基百科等了解这段历史. 卡尔丹同时发表了归功于其学生费拉里的四次方程的求根公式.

然而在接下来的两个半世纪里, 五次以及五次以上高次方程的求根公式难倒了

① Évariste Galois, 1811—1832, 法国数学家, 被誉为科学史第一天才.

包括高斯在内的所有人. 在伽罗华之前, 人们已经知道五次以及五次以上高次方程**不存在**统一的求根公式, 该结论称为阿贝尔–卢菲尼定理. 但显而易见, 阿贝尔–卢菲尼定理 (Abel-Ruffini theorem) 的结论远远不能令人满意, 因为很多高次方程是可以用公式解的, 比如 8 次方程 $x^8 - 1 = 0$. 伽罗华横空出世, 在其不足 21 岁的短暂人生中以一种惊天地泣鬼神的方式悲壮地为此问题画上了完美的句号, 他给出了代数方程求根公式的终结定理, 如下 (用现代数学的语言):

伽罗华定理 (1829 年)　设

$$f(x) = a_n x^n + a_{n-1} x^{n-1} + \cdots + a_1 x + a_0, \quad n \geqslant 1.$$

则代数方程 $f(x) = 0$ 存在根式解的充分必要条件是 $f(x)$ 的伽罗华群 $\mathrm{G}(f)$ 可解.

次数不超过 4 的多项式, 其伽罗华群均可解, 因此相应的代数方程存在根式解. 而对于 $n \geqslant 5$, 存在次数为 n 的多项式, 其伽罗华群不可解, 所以五次或五次以上的代数方程不存在 (统一的) 根式解. 通俗地说, 五次或五次以上的代数方程不存在求根公式!

在其身后差不多两个世纪的今天回看, 伽罗华以其 18 岁的青涩居然洞穿困惑世界数百年的难题的秘密在于 "简单"——大道至简, 如爱因斯坦的质能公式 $E = mc^2$ 就是另一个良好的佐证. 伽罗华的数学理论究竟有多简单? 代数方程 $f(x) = 0$ 的根可以看成是多项式曲线 $y = f(x)$ 与直线 $y = 0$ 的交点. 在伽罗华之前, 许多数学家已经观察到了多项式方程的所有根的集合具有 "神秘" 的对称性. 比如, 设二次方程

$$ax^2 + bx + c = 0 (a \neq 0)$$

的两个根为 x_1, x_2, 则有大家所熟知的韦达定理:

$$x_1 + x_2 = -\frac{b}{a}, \quad x_1 x_2 = \frac{c}{a},$$

其中左端 $x_1 + x_2$ 与 $x_1 x_2$ 均为两个根 x_1, x_2 的对称多项式 (即将两个根互换不改变该多项式). 揭开这种 "神秘" 对称性的面纱需要将几何与代数高度融合的革命性的新思想, 这就是伽罗华理论——数学史上最深刻, 也是最简洁的理论之一. 让我们一起来看看伽罗华理论的基础之一——有限域. 最基本, 也是最简单的有限域为我们上文提到过的二元域 $\mathrm{GF}(2) = \mathbb{F}_2 = \{0, 1\}$. 在 $\mathbb{F}_2$ 中, 成立:

$$(a + b)^2 = a^2 + b^2. \tag{2.3.1}$$

这是因为在 $\mathbb{F}_2$ 中恒成立 $2x = x + x = 0$! 或者, 直观地说, 如果 a, b 同奇偶, 则

$$a + b, \quad (a + b)^2, \quad a^2 + b^2$$

均为偶, 所以为 0 (回忆偶即是 0); 而若 a, b 一奇一偶, 则

$$a + b, \quad (a+b)^2, \quad a^2 + b^2$$

均为奇, 所以为 1 (回忆奇即是 1). 因此公式 (2.3.1) 恒成立!

思考题

研究整系数多项式环 $\mathbb{Z}[x]$ 中的奇偶性, 并将此推广至 n 元整系数多项式环 $\mathbb{Z}[x_1, \cdots, x_n]$.

2.3.2　独具慧眼 —— 伽罗华的神奇世界

因为公式 (2.3.1), 伽罗华的世界近乎无限透明. 亲爱的读者, 请和作者一起来领略伽罗华的透明世界吧! 在伽罗华的 $\mathbb{F}_2$ 平面上 (请对照, 解析几何中实平面的两条坐标轴都是实数域 $\mathbb{R}$, 因此 $\mathbb{F}_2$ 平面的两条坐标轴都是二元域 $\mathbb{F}_2$), 一共只有 4 个点:

$$(0,0), \ (1,0), \ (0,1), \ (1,1).$$

请问: $\mathbb{F}_2$ 平面上有多少条直线呢? 由于 $\mathbb{F}_2$ 平面的几何和我们现实世界的几何以及从小学到大学学过的几何都有很大差别 (我们熟悉的几何通常都有无限个点), 因此所谓直线用代数语言描述最为准确, 那就是适合方程

$$ax + by + c = 0 (a, b, c \in \mathbb{F}_2)$$

的所有点的集合, 其中 a, b 不同时为 0. 于是, 容易算得 $\mathbb{F}_2$ 平面上的直线共 6 条, 且每条直线上恰好有 2 个点, 过任意 2 点恰好有唯一一条直线, 如下图所示:

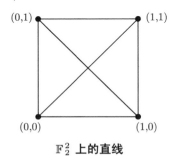

$\mathbb{F}_2^2$ 上的直线

下一类曲线自然是圆. 因为我们还不知道 $\mathbb{F}_2$ 平面上的距离是什么, 所以和直线类似, 所谓以 (a, b) 为圆心、以 r 为半径的圆即是满足代数方程

$$(x-a)^2 + (y-b)^2 = r^2$$

的所有点的集合, 其中 $a, b, r \in \mathbb{F}_2$. 那么, $\mathbb{F}_2$ 平面上的圆共有多少个呢? 心急的读者从条件 $a, b, r \in \mathbb{F}_2$ 出发可能会立即得到 $2 \times 2 \times 2 = 8$, 但且慢, $\mathbb{F}_2$ 中的运算还有一个我们梦寐以求的真理:

$$(a+b)^2 = a^2 + b^2!$$

因此,

$$x^2 = x, \quad \forall x \in \mathbb{F}_2.$$

所以圆

$$(x-a)^2 + (y-b)^2 = r^2,$$

就是

$$(x-a) + (y-b) = r,$$

即

$$x + y = c, \quad c \in \mathbb{F}_2.$$

所以, $\mathbb{F}_2$ 平面上的圆有且仅有 2 个! 它们都是直线!

首先, 以 $(0,0)$ 为圆心、半径为 0 的圆有一个, 即

$$x^2 + y^2 = 0,$$

该圆包含两个点, $(0,0)$ 与 $(1,1)$. 这与我们熟悉的实平面上的半径为 0 的圆不同! 所以这个圆不是别的, 恰恰就是直线 $x + y = 0$! 圆即直线! 其次, 该圆的方程还可以写为

$$(x-1)^2 + (y-1)^2 = 0,$$

即 $(1,1)$ 也是圆心! 圆周上的每个点都是圆心! 进一步, 该圆的方程还可以写为

$$(x-1)^2 + (y-0)^2 = 1, \quad \text{或} \quad (x-0)^2 + (y-1)^2 = 1,$$

即 $(1,0)$ 与 $(0,1)$ 也是圆心. 圆周外的每个点也是圆心, 此时半径为 1. 该圆的半径有两个: 0 和 1. 所以, $\mathbb{F}_2$ 平面上的每个点都是任何一个圆的圆心 (每个圆都有 4 个圆心), $\mathbb{F}_2$ 中的每个元素都是任何一个圆的半径 —— 每个圆都有两个半径 0 与 1!

有兴趣的读者可以亲自体验一下伽罗华的 $\mathbb{F}_2$ 空间 $\mathbb{F}_2^3$(即三个坐标轴均为 $\mathbb{F}_2$) 中的美景: 8 个点、28 条直线、14 张平面——有些平面的形状可能出乎意料; 与平面上的圆的情形类似, $\mathbb{F}_2$ 空间中的球面只有 2 个, 且它们都是平面! 每个球 (或球面) 都有 8 个球心 (即所有的点都是球心), 2 个半径 (0 与 1)! 我们把 $\mathbb{F}_2$ 空间中的圆的情况留给有兴趣的读者, 请注意, 空间中的圆可以理解为球面与平面的交线,

因此, 与 $\mathbb{F}_2$ 平面的情形类似, $\mathbb{F}_2$ 空间中的圆也是直线. 实际上, 由于公式 (2.3.1), $\mathbb{F}_2$ 上的曲线都是直线, 曲面都是平面!

伽罗华的发现远不只此. 将整数按照奇偶划分为 "两" 类的 "分类" 思想可以自然地推广. 在我国就有 "1, 4, 7", "2, 5, 8", "3, 6, 9" 的分类方式. 一般地, 设 $n \geqslant 2$ 为正整数, 把除 n 余数为 r 的整数全体记为

$$[r], \quad 0 \leqslant r < n-1.$$

集合 $\{[0], [1], \cdots, [n-1]\}$ 记为 $\mathbb{Z}/n\mathbb{Z}$ 或 $\mathbb{Z}_n$. 让我们试着定义 $\mathbb{Z}_n$ 上的加法 (运算符号仍然记作 "+") 与乘法 (仍然省略运算符号) 运算:

$$[a] + [b] = [\widehat{a+b}], \quad [a][b] = [\widehat{ab}],$$

其中 $\hat{x}$ 表示 x 除以 n 的余数 (因为如果 $x \geqslant n$, 则 $[x]$ 不是集合 $\mathbb{Z}_n$ 中的元素). 有兴趣的读者可以检验一下 (很直接), 上面的运算确是 $\mathbb{Z}_n$ 上的加法与乘法 (满足交换律) 运算. 简单地说, $\mathbb{Z}_n$ 和 $\mathbb{Z}$ 一样可以作加法与乘法, 加法就是余数加余数, 乘法就是余数乘余数, 只不过运算结果要求还是 "余数", 即 $[x]$ 中的 x 要小于 n. 其中加法与乘法的 "王子" 分别为 $[0]$ 与 $[1]$, 这是因为

$$[0] + [a] = [a], \quad [1][a] = [a].$$

为方便起见, 一般将 $\mathbb{Z}_n$ 中的元素 $[r]$ 的方括号略去, 即

$$\mathbb{Z}_n = \{0, 1, \cdots, n-1\}.$$

此时 $\mathbb{Z}_n$ 中的加法与乘法的规则就是 "逢 n 变 0", 因此 $\mathbb{Z}_n$ 和 $\mathbb{Z}$ 有重大差别, 因为对任意 $r \in \mathbb{Z}_n, nr = 0$.

例 3   (1) 在 $\mathbb{Z}_6 = \{0, 1, \cdots, 5\}$ 中, 有

$$2 \times 3 = 0, \quad 3 \times 3 = 3, \quad 5 \times 5 = 1, \quad r+r+r+r+r+r = 0, \text{ 其中 } r \in \mathbb{Z}_6;$$

(2) 在 $\mathbb{Z}_5 = \{0, 1, 2, 3, 4\}$ 中, 有

$$2 \times 3 = 1, \quad 3 \times 3 = 4, \quad 4 \times 4 = 1, \quad r+r+r+r+r = 0, \text{ 其中 } r \in \mathbb{Z}_5.$$

但如果 $a \neq 0, b \neq 0$, 则 $ab \neq 0$. 因此 $\mathbb{Z}_5$ 中的每一个非零元素 a 均有逆, 即存在 $b \in \mathbb{Z}_5$, 使得 $ab = 1$. 换句话说, $\mathbb{Z}_5$ 中除法也畅通无阻. 一般地, 不难证明: 对任意素数 p, $\mathbb{Z}_p$ 中的除法均可以进行! 此时的数学术语是 "$\mathbb{Z}_p$ 是特征为 p 的素域". 同 $\mathbb{Z}_2$ 一样, $\mathbb{Z}_p(p$ 为素数) 是最简单的一类伽罗华有限域. 设 p 是素数, 一般将素域 $\mathbb{Z}_p$

记为 $\mathbb{F}_p$. 这是伽罗华钟爱并广泛应用的"数",我们已经看到,这些数和我们习惯的整数、有理数、实数、复数有巨大的差别.

思考题

　　对照公式 (2.3.1),分别在 $\mathbb{Z}_3, \mathbb{Z}_4$ 与 $\mathbb{Z}_5$ 中,证明或否定下列等式:

$$(a+b)^2 = a^2 + b^2, \quad (a+b)^3 = a^3 + b^3, \quad (a+b)^4 = a^4 + b^4. \tag{2.3.2}$$

　　有兴趣的读者可能已由上面的思考题以及公式 (2.3.1) 得出了一个愉快的结论,即若 p 是素数,则在 $\mathbb{F}_p$ 中也成立公式 (2.3.1) 的类似物:

$$(a+b)^p = a^p + b^p. \tag{2.3.3}$$

　　实际上有下面惊人的等式:

$$(a+b)^{p^n} = a^{p^n} + b^{p^n}, \tag{2.3.4}$$

其中 n 是任意自然数. 这是因为当 p 是素数时,二项式系数 C_p^r 除去 $r = 0, p$ 外均是 p 的倍数,因此在 $\mathbb{F}_p$ 中等于 0!

　　$\mathbb{F}_p$ 中最古老的神奇之一是著名的"**费马小定理**".

　　费马小定理(1680 年)　设 p 是素数,$a \in \mathbb{F}_p, a \neq 0$,则 $a^{p-1} = 1$.

　　费马小定理有巨大的优越性,比如,在 $\mathbb{Z}_7$ 中不容易直接看出 5^{49} 是多少,但利用费马小定理可知,

$$5^{49} = 5 \times (5)^{48} = 5 \times ((5)^6)^8 = 5 \times 1 = 5.$$

　　对照公式 (2.3.1) 可知,公式 (2.3.4) 导致 $\mathbb{Z}_p$ 上的几何比我们在高中和大学遇到的任何几何都大为简化,这使得伽罗华洞察他的有限域世界成为可能,这也使得伽罗华能够在代数方程的根式解的研究中独辟蹊径,成为至高无上的终结者.

　　伽罗华的视野无限深远;伽罗华的世界大道至简.

2.3.3　曲径通幽 —— 几何之本: 曲线

　　我们已经看到,伽罗华世界里的直线、圆与我们通常熟悉的直线、圆大相径庭.可以想象,伽罗华世界里的其他曲线也会大大出乎我们的意料. 实际上,我们从来都没有深究过一个问题,那就是作为几何之根的"曲线"到底是什么? 无论何种科学,总要使用若干不加定义约定俗成的概念,比如"白马非马"中的马,再比如"人人平等"中的人. 数学中不加定义的概念就有"集合". 几何学中不加定义的概念

就是最为基本也最为常用的"点". 但, 由点构成的曲线再不加定义数学家就该脸红了. 为此, 我们先来考查大家最为熟悉的平面曲线. 最简单的平面曲线除了有两个端点外, 最重要的特征是"连续性"(此名称的严格定义要等到第五章). 您还能指出平面曲线有什么别的特征吗? 没有了, 两个端点加上连续性就是平面曲线乃至所有曲线的全部特征. 我们不必内疚, 因为尽管"曲线"的概念被使用了两千多年, 然而"曲线"的第一个合理定义, 即曲线的代数化描述迟至 1880 年左右, 方由第一个将伽罗华的理论展现给世人的法国大数学家马力·约当[①] 引入, 因此被称为**"约当曲线"**.

> **平面曲线的定义**(约当, 1880 年)   设 $I = [0, 1], A, B \in \mathbb{R}^2$. 平面 $\mathbb{R}^2$ 上以 A, B 为端点的一条曲线是一个连续映射
>
> $$\gamma : I \longrightarrow \mathbb{R}^2,$$
>
> 使得 $\gamma(0) = A$, $\gamma(1) = B$.

简单地说, 曲线就是连续映射. 约当的上述定义当然可以推广到任意 n 维欧氏空间 $\mathbb{R}^n$, 甚至任何别的几何体. 比如, 我们可以谈球面或圆柱面上的曲线. 如果映射 γ 是单映射, 则该曲线 γ 被称为**简单曲线**. 注意, 如果一条曲线的两个端点 A 与 B 相同, 则该曲线就没有端点了, 称为**"闭曲线"**(closed curve). 如果该闭曲线自身不相交, 就称为**"约当曲线"**或**"简单闭曲线"**. 读者千万不要被"简单"一词所蒙蔽, 因为平面上的简单闭曲线就可以让我们焦头烂额, 想想迷宫图吧. 还有, 平面上的约当曲线既然是封闭的, 那么每一条约当曲线 γ "当然"将整个平面分割成"里""外"两个拥有相同边界 γ 的不相交的部分, 您认为是吗? 这就是历史上引起过巨大争议的

> **约当曲线定理**(1887 年)   平面上的任何简单闭曲线都把这平面分成内部和外部两个区域.

既然曲线是几何之本, 关于曲线的奇闻异事自然不胜枚举.

历史上第一个真正让人大跌眼镜的曲线是算术系统 (或自然数系统) 的奠基人朱塞佩·皮亚诺[②] 于 1890 年创造的所谓**"皮亚诺曲线"**. 1889 年, 皮亚诺出版了《算术原理的新表述》(原文为拉丁文), 书中以公理形式严格定义了我们今天仍在使用的自然数 (比如, 我们熟悉的自然数 1 到底是什么?) 及其算术系统 (比如, 数学归纳法, 于是我们可以证明自然数的加法与乘法都满足交换律与结合律).

作为康托尔无限理论的坚定支持者, 皮亚诺希望能够构造出一个具体的例子,

---

① Marie Ennemond Camille Jordan, 1838—1922, 法国著名数学家. 矩阵理论中的约当标准型即以其命名.

② Giuseppe Peano, 1858—1932, 意大利著名数学家、逻辑学家.

说明曲线上的点与平面上的点是一样多的 (从而实数与复数也一样多). 为此, 皮亚诺破天荒地构造了一条可以填满一个正方形的曲线, 即皮亚诺曲线——该曲线并不满足约当的定义, 实际上是无穷多个由数学归纳法构造出的曲线的极限. 虽然皮亚诺曲线的确填满了一个正方形区域, 但由于皮亚诺给出的构造方法比较复杂, 因此康托尔的另一个铁杆粉丝、数学的无冕之王希尔伯特在 1891 年简化了皮亚诺的思想, 仍然利用迭代法构造了所谓的 "希尔伯特曲线". 迭代法的起点是任何一个正方形. 第一次迭代将一个正方形等分为四个小正方形, 依次从左上方正方形中心出发向下到左下方正方形中心, 再向右到右下角正方形中心, 最后向上到右上角正方形中心; 然后对每个小正方形重复上述迭代, 直至无穷, 最终得到的曲线就是希尔伯特曲线, 见下图:

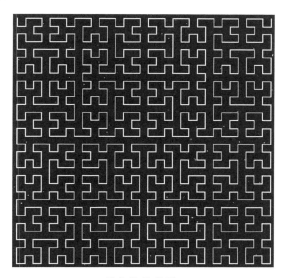

希尔伯特曲线

　　希尔伯特曲线有什么特别吗? 当然, 因为它通过了最初正方形中的每一个点! 换句话说, 希尔伯特曲线填满了整个正方形! 因此希尔伯特曲线包围的 "内部" 面积是 0!

　　与希尔伯特曲线异曲同工的是黑格·冯·科赫[1] 1904 年发现的所谓 **"科赫雪花"**, 其构造如下: 给定一个正三角形, 以所有边的中间三分之一再作正三角形并去掉原有的这三分之一 (如下图 (b)), 然后以所有边的中间三分之一再做正三角形并去掉原有的这三分之一 (如下图 (c)), 不断重复上述过程所得的每个图形均称为 "科赫雪花".

---

① Helge von Koch, 1870—1924, 瑞典数学家.

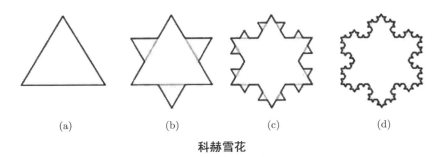

(a)   (b)   (c)   (d)

科赫雪花

每一条科赫雪花都是一条非常有趣的封闭曲线, 具有所谓的 "自相似性", 即科赫雪花的任何两段都是相似的. 与希尔伯特曲线不同的是, 科赫雪花所围成的面积是一个 (有限) 正数, 然而, 如果我们计算其周长, 就会大吃一惊: 因为我们得到了无穷大!

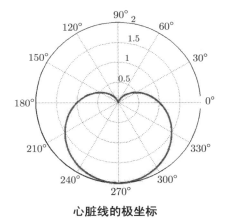

心脏线的极坐标

不过, 历史上最让人难以释怀并为之动容的曲线或许来自于 "我思故我在" 的勒内·笛卡尔[①]. 传说笛卡尔给瑞典公主克里斯蒂娜的第十三封情书只有一行字:

$$r = a(1 - \sin\alpha).$$

对解析几何尤其是参数方程一无所知的国王当然认为笛卡尔只是在教女儿数学, 因此未如既往扣留此信, 他哪里知道笛卡尔寄给克里斯蒂娜的是他的 "心"! 因为 "情书" 是心脏线的极坐标方程!

该故事 (历史上没有发生的概率更大) 的创作者深谙数学史, 因为正是笛卡尔发明了解析几何学——笛卡尔因此被尊称为解析几何学之父, 从而将最古老的两个数学分支 "几何" 和 "代数" 联系了起来. 如果这个世界上真有这样一封毫无 "诗情" 但充满 "画意" 的完全属于解析几何范畴的 "情书", 那作者非笛卡尔莫属.

本节练习题

1. $\mathbb{F}_2$ 空间 $\mathbb{F}_2^3$ 中有多少个圆?(提示: 可利用球面与平面的交线计算)

2. 设初始 (= 第 0 个) 正三角形的边长为 1, 求第 n 个科赫雪花的长度与面积. 研究当 $n \to \infty$ 时科赫雪花的长度与面积的变化.

---

① René Descartes, 1596—1650, 法国著名哲学家、数学家, 现代西方哲学之父, 解析几何学之父.

■ 第四节　万物皆图 —— 相由心生或心由像生

数学本质上是现实世界的模型或再现. 如果说将几何带到代数之巅的伽罗华理论过于精妙而使众多读者难以体会此间乐趣, 那么每位读者都耳熟能详的古老的勾股定理所展现出的数学与世界的紧密联系, 则早已成为常识而让我们终身难忘.

勾股定理　如果以 a, b, c 分别记直角三角形的两个直角边与斜边的长, 则有 $a^2 + b^2 = c^2$. 换言之, 直角三角形的两直角边的平方和等于斜边的平方.

勾股定理也称为商高定理 (内容是 "勾三股四弦五" 这一特例), 我国最早记载于《周髀算经》(约公元前 1 世纪) 中的陈子 (约公元前 7 世纪) 测日法: "若求邪至日者, 以日下为勾, 日高为股, 勾股各自乘, 并而开方除之, 得邪至日者". 西方称勾股定理为毕达哥拉斯 (Pythagoras) 定理, 也被谑称为 "百牛定理", 或 "驴桥定理" (Asses' Bridge), 其时代大约在公元前 570 年至公元前 495 年. 现有记载中最早发现相同结果的是古巴比伦, 大约在公元前 2000 年至公元前 1700 年.

勾股定理是世界上被证明次数最多的命题 (没有之一), 证明者包括美国前总统加菲尔德[1], 其在 1876 年给出的证明如下图所示:

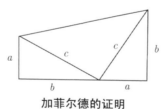

加菲尔德的证明

我国古代数学家赵爽[2] 利用弦图的证明 (见下图) 被认为是最简洁的. 此图被用作中国数学会的会标和 2002 年在北京举行的第 22 届国际数学家大会的会标. 沉睡千年的古人支撑起泱泱大国的数学.

赵爽弦图

---

① James A. Garfield, 1831—1881, 美国第 20 任总统.
② 赵爽, 又名婴, 字君卿, 约公元 3 世纪, 三国时期吴国人.

2.4.1 宁静致远 —— 什么是距离?

勾股定理建立了最基本的两个数学概念"图"与"数",及相应的两个数学领域"几何"与"代数"之间的有机联系. 在勾股定理之前,人类文明处于求生存、尚不足以谋发展的初级阶段,因此数学仅局限于"数字"——计算猎物、俘虏等的个数. 勾股定理可以说是人类为宇宙及其组成部分建立的第一个数学模型,宣告人类认识宇宙、利用宇宙并试图改造宇宙的进程开始了. 更精确地说,勾股定理是人类认识世界的重要概念——距离的第一个有效的数学模型.

"距离"是我们熟视无睹的概念,但什么是距离? 作为例子,请读者尝试定义北京 (B)、上海 (S) 和西安 (X) 三座城市间的一种"合理"距离. 比如,作者试图定义三座城市间的距离都是 1! 这个定义可能出乎大多数读者的预料,看起来不像是"合理"的. 但细想一下,该定义不过是将三个城市构成的三角形看成是等边三角形而已,因此并非特别离谱 (稍后我们会看到,任意三角形都可以变成某种数学模型下的"等边三角形"). 实际上,这确是一个"合理"的距离. 首先,两个不同城市间的距离应该是正数;其次,距离应该是"对称"的,即从 A 城市到 B 城市与从 B 城市到 A 城市的距离应该相等;最后,从 A 城市到 B 城市的距离应该不超过从 A 城市到 C 城市再到 B 城市的距离. 再比如,利用立体几何容易证明,球面上两点间 (在该球面上) 的最短距离是通过该两点的大圆劣弧. 请读者思考,圆柱面上两点间的最短距离是什么?

将城市抽象为点,则城市间的距离实际上是一个集合 (城市的集合) 上的满足一定条件的函数. 距离的一种定义如下:

> **距离的定义** 设 X 是非空集合,$d: X \times X \to \mathbb{R}$ 是二元 (实) 函数. 如果 d 满足下列条件:
> (1) (正定性) $d(x,y) \geqslant 0$ 且 $d(x,y) = 0$ 当且仅当 $x = y$;
> (2) (对称性) $d(x,y) = d(y,x)$;
> (3) (三角不等式) $d(x,y) + d(y,z) \geqslant d(x,z)$,
> 则称 d 是 X 上的一个**距离** (函数).

按照这个距离的定义,最简单的"距离"概念即是规定任意两点间的距离均为给定的正数 a,此时所有三角形均是"等边三角形"!

一个向量 x 的长度为其起点与终点间的距离,常将该长度记为 $\|x\|$. 下面介绍平面 $\mathbb{R}^2$ 上的几种常用距离. 为了简单起见,我们只定义点 $x = (x_1, x_2) \in \mathbb{R}^2$ 到原点的距离,即向量 x 的长度 $\|x\|$,由此即可得到任意两点 x, y 的距离 $\|x - y\|$.

最大距离(也称为 ℓ_∞ 距离) $\|\boldsymbol{x}\|_\infty = \max\{|x_1|, |x_2|\}$.

曼哈顿距离(也称为 ℓ_1 距离) $\|\boldsymbol{x}\|_1 = |x_1| + |x_2|$. (请读者了解并解释一下该名称的来历.)

欧几里得距离(也称为 ℓ_2 距离) $\|\boldsymbol{x}\|_2 = \sqrt{x_1^2 + x_2^2}$. (这是我们最熟悉的距离,实际生活中也许用得不像学得那么多.)

思考题

请比较下图中的三个单位圆 (它们都是 "圆"!), 并分别计算单位圆 $\|\boldsymbol{x}\|_1 = 1$ 与单位圆 $\|\boldsymbol{x}\|_\infty = 1$ 的直径.

三种单位圆

关于距离的命题中, 勾股定理当然是最著名的一个. 勾股定理实际上是使用欧几里得距离的结果, 此时, 平面 ($\mathbb{R}^2$) 上两点 $\boldsymbol{x} = (x_1, x_2), \boldsymbol{y} = (y_1, y_2)$ 的距离为

$$d(\boldsymbol{x}, \boldsymbol{y}) = \sqrt{(x_1 - y_1)^2 + (x_2 - y_2)^2}.$$

所以单位圆 $\|\boldsymbol{x}\|_2 = 1$ 的方程是

$$x_1^2 + x_2^2 = 1.$$

通常将平面上点的坐标记为 (x, y), 因此单位圆的方程写为

$$x^2 + y^2 = 1.$$

空间 ($\mathbb{R}^3$) 中两点 $\boldsymbol{x} = (x_1, x_2, x_3), \boldsymbol{y} = (y_1, y_2, y_3)$ 的距离为

$$d(\boldsymbol{x}, \boldsymbol{y}) = \sqrt{(x_1 - y_1)^2 + (x_2 - y_2)^2 + (x_3 - y_3)^2}.$$

上面的公式可以看成是 3 维空间中的勾股定理, 比如由此公式可知, 3 维空间中的单位球 (面) 的方程是

$$x_1^2 + x_2^2 + x_3^2 = 1.$$

通常将空间中点的坐标记为 (x, y, z), 因此单位球的方程写为

$$x^2 + y^2 + z^2 = 1.$$

比 3 维空间更 "大" 的空间 (高维空间) 已经超出人类的感官了. 不过根据直线、平面和 3 维空间这些 "简单" 的几何模型, 不难建立所谓 n 维空间的模型, 记为 $\mathbb{R}^n$, 其中由勾股定理定义的任意两点 $\boldsymbol{x} = (x_1, x_2, \cdots, x_n), \boldsymbol{y} = (y_1, y_2, \cdots, y_n)$ 间的距离为

$$d(\boldsymbol{x}, \boldsymbol{y}) = \sqrt{(x_1 - y_1)^2 + (x_2 - y_2)^2 + \cdots + (x_n - y_n)^2}.$$

所以 n 维空间 $\mathbb{R}^n$ 中的单位球 (面) 的方程是

$$x_1^2 + x_2^2 + \cdots + x_n^2 = 1.$$

思考题

勾股定理反映了直角三角形三条边长之间的关系, 试研究面积的勾股定理.

勾股定理的纯代数抽象是所谓毕达哥拉斯数组. 如果正整数 $a \leqslant b \leqslant c$ 满足条件:

$$a^2 + b^2 = c^2,$$

则称 (a, b, c) 为一个毕达哥拉斯三元组(Pythagorean triple). 比如, (3, 4, 5), (5, 12, 13) 是毕达哥拉斯三元组. 如果一个毕达哥拉斯三元组中的整数 a, b, c 两两互素, 则称其为本原的 (primitive). 比如, (3, 4, 5), (5, 12, 13) 均是本原毕达哥拉斯三元组, 但 (6, 8, 10) 不是本原毕达哥拉斯三元组.

有兴趣的读者可以尝试找到一组最小数大于 100 的本原毕达哥拉斯三元组, 然后再尝试找一组更大的 $\cdots\cdots$ 问题随之而来: 是否与素数一样, 也存在无限多个本原毕达哥拉斯三元组呢? 此问题与下面的解析几何问题密切相关.

思考题

1. 单位圆周 $x^2 + y^2 = 1$ 上有多少个有理点 (即两个坐标都为有理数的点)?

2. 圆周 $x^2 + y^2 = 3$ 上有多少个有理点? 请比较上面的思考题.

2.4.2 巧夺天工 —— 描述距离之内积

我们最常用的空间是 $\mathbb{R}^n$, 数学家们有一个描述 $\mathbb{R}^n$ 中的距离的巧妙方法, 即引进 "内积"(inner product). 我们先以平面 $\mathbb{R}^2$ 为例说明这个方法. 对 $\mathbb{R}^2$ 中任意两

向量 $\boldsymbol{x}=(x_1,x_2),\boldsymbol{y}=(y_1,y_2)$, 规定它们的内积为

$$< \boldsymbol{x},\boldsymbol{y} >= x_1y_1 + x_2y_2.$$

这样做的优点非常突出. 首先, 每个向量的长度即该向量的终点与原点的距离恰好是

$$\|\boldsymbol{x}\| = \sqrt{<\boldsymbol{x},\boldsymbol{x}>} = \sqrt{x_1^2 + x_2^2}.$$

其次, 我们熟悉的任意两点 $\boldsymbol{x}=(x_1,x_2),\boldsymbol{y}=(y_1,y_2)$ 的距离 (公式) 恰好是向量 $\boldsymbol{x}-\boldsymbol{y}$ 的长度

$$d(\boldsymbol{x},\boldsymbol{y}) = \|\boldsymbol{x}-\boldsymbol{y}\| = \sqrt{<\boldsymbol{x}-\boldsymbol{y},\boldsymbol{x}-\boldsymbol{y}>} = \sqrt{(x_1-y_1)^2 + (x_2-y_2)^2}.$$

最后, 由内积非常容易判定向量间的位置关系. 比如,

$$\boldsymbol{x} \perp \boldsymbol{y} \iff < \boldsymbol{x},\boldsymbol{y} >= 0.$$

平面上的内积可以自然推广到一般情形. 对 $\mathbb{R}^n$ 中任意两点 $\boldsymbol{x}=(x_1,x_2,\cdots,x_n)$, $\boldsymbol{y}=(y_1,y_2,\cdots,y_n)$, 规定它们的内积为

$$< \boldsymbol{x},\boldsymbol{y} >= x_1y_1 + x_2y_2 + \cdots + x_ny_n.$$

仍然定义每个向量的长度为

$$\|\boldsymbol{x}\| = \sqrt{<\boldsymbol{x},\boldsymbol{x}>} = \sqrt{x_1^2 + x_2^2 + \cdots + x_n^2}.$$

以此即可得到任意两点间的距离公式:

$$d(\boldsymbol{x},\boldsymbol{y}) = \|\boldsymbol{x}-\boldsymbol{y}\| = \sqrt{<\boldsymbol{x}-\boldsymbol{y},\boldsymbol{x}-\boldsymbol{y}>} = \sqrt{(x_1-y_1)^2 + (x_2-y_2)^2 + \cdots + (x_n-y_n)^2}.$$

上面定义的内积称为通常内积, 它引出的度量正好是我们熟悉的欧几里得度量. 请读者思考, 能否也用内积引出上面看到的另外两种度量 $\|\boldsymbol{x}\|_1$ 与 $\|\boldsymbol{x}\|_\infty$ 呢? 或者更一般地, 能够引导度量的内积, 其最普遍的形式是什么呢? 根据距离定义中的三条公理, 我们可以如下定义 n 维空间 $\mathbb{R}^n$ 上的内积.

内积的定义 对任意 $\boldsymbol{x},\boldsymbol{y},\boldsymbol{x}'\in\mathbb{R}^n, a,b\in\mathbb{R}$, 定义数 $<\boldsymbol{x},\boldsymbol{y}>\in\mathbb{R}$, 使得下列条件被满足:

(1) (**正定性**) $<\boldsymbol{x},\boldsymbol{x}>\geqslant 0$ 且 $<\boldsymbol{x},\boldsymbol{x}>=0$ 当且仅当 $\boldsymbol{x}=\boldsymbol{0}$,

(2) (**对称性**) $<\boldsymbol{x},\boldsymbol{y}>=<\boldsymbol{y},\boldsymbol{x}>$,

(3) (**双线性**) $<a\boldsymbol{x}+b\boldsymbol{x}',\boldsymbol{y}>=a<\boldsymbol{x},\boldsymbol{y}>+b<\boldsymbol{x}',\boldsymbol{y}>$,

则称实数 $<\boldsymbol{x},\boldsymbol{y}>$ 是 $\boldsymbol{x}$ 与 $\boldsymbol{y}$ 的内积. 非负实数 $<\boldsymbol{x},\boldsymbol{x}>$ 的算术平方根 $\sqrt{<\boldsymbol{x},\boldsymbol{x}>}$ 称为向量 $\boldsymbol{x}$ 的 (由内积 $<\cdot,\cdot>$ 诱导的) **长度** (或**模**、**范数**), 记为 $\|\boldsymbol{x}\|$.

上述定义中的正定性条件保证由内积诱导的向量长度有意义, 并且保证非零向量的长度一定是正数. 如果我们再定义两个向量 x 到 y 的距离为 $\|x - y\|$, 则对称性条件不过是说 x 到 y 的距离与 y 到 x 的距离相同. 所以内积的正定性条件与对称性条件都是从常识得出的自然条件. 最后, 对内积的双线性要求是为了使内积足够简单, 以便能够利用 $\mathbb{R}^n$ 中的线性运算 "加法" 与 "数乘". 比如, 由于双线性, 只要知道平面上 2 个不共线的向量的内积以及它们之间的内积, 就可以知道平面上所有向量的内积, 进而知道所有向量的长度与距离! 而在空间 $\mathbb{R}^3$ 中, 只要知道 3 个不共面的向量的内积以及它们之间的内积, 就可以知道所有向量的内积! 在高维空间 $\mathbb{R}^n$ 中也有类似的结论. 具体计算见下例.

例 4 如下定义 $\mathbb{R}^2$ 中向量 $i = (1,0)$ 与 $j = (0,1)$ 的内积:

$$< i, i >= 1, \quad < i, j >= 1, \quad < j, j >= 4.$$

则 i 的长度仍然是 1, 而 j 的长度就是 2 了. 此时任何两个向量 $\alpha = (x, y)$ 与 $\beta = (x', y')$ 的内积可以通过双线性得到, 即

$$\begin{aligned}
< \alpha, \beta > &=< xi + yj, x'i + y'j > \\
&= xx' < i, i > +(xy' + yx') < i, j > +yy' < j, j > \\
&= xx' + (xy' + yx') + 4yy'.
\end{aligned}$$

于是

$$< \alpha, \alpha >= x^2 + 2xy + 4y^2.$$

所以 $\alpha = (x, y)$ 的长度为 $\|\alpha\| = \sqrt{x^2 + 2xy + 4y^2}$. 例如, 向量 $(1,1)$ 的长度是 $\sqrt{7}$, 而不是通常的 $\sqrt{2}$. 另外, 此时单位圆的方程自然是

$$x^2 + 2xy + 4y^2 = 1.$$

(千万别说它不是圆哦!)

我们在上一节已经知道, 平面 $\mathbb{R}^2$ 上至少有三种不同的距离, 即 "最大距离" "欧几里得距离" 以及 "曼哈顿距离", 满足条件 $\|i\| = \|j\| = 1$, 因此即使再假定 x 轴与 y 轴是垂直的, 一般依然不能确定平面上所有向量的长度. 所以, 双线性是非常方便且有力的武器, 而由内积诱导的距离则是最为便捷且易于计算的. 内积的另一个性质是满足柯西–施瓦茨不等式:

$$\left| \frac{< x, y >}{\|x\| \|y\|} \right| \leqslant 1. \tag{2.4.1}$$

柯西–施瓦茨不等式不难证明但非常著名 (因此值得读者一显身手), 因为由此即可引入 "角度" 的概念, 从而使花花世界的多彩多姿在数学的天空中依然缤纷绚烂.

角度的定义 设 $x, y \in \mathbb{R}^n$ 是非零向量, 则其**夹角** θ 为

$$\theta = \cos^{-1} \frac{<x, y>}{\|x\|\|y\|}. \tag{2.4.2}$$

由此定义即可得到读者熟知的向量垂直的简单准则: 两个向量垂直当且仅当它们的内积为 0! 再比如, 本节例 4 中向量 $i = (1, 0)$ 与 $j = (0, 1)$ 的夹角是

$$\theta = \cos^{-1} \frac{<i, j>}{\|i\|\|j\|} = \cos^{-1} \frac{1}{2} = \frac{\pi}{3}.$$

换句话说, 此时, x 轴与 y 轴的夹角是 $\frac{\pi}{3}$, 而不是我们习惯了一辈子的 $\frac{\pi}{2}$! 实际上, 任何两条相交的直线都可以定义是垂直的或成任何非零的锐角! 和距离一样, 角度只存在于我们的心中.

思考题

定义平面 $\mathbb{R}^2$ 上两个向量 $\alpha = (x, y)$ 与 $\beta = (x', y')$ 的内积为

$$<\alpha, \beta> = xx' - (xy' + yx') + 2yy'.$$

求 x 轴与 y 轴的夹角以及以原点为圆心的单位圆方程.

2.4.3 捭阖纵横——数学核武之矩阵

我们当然要问, $\mathbb{R}^n$ 上能够定义多少种不同的内积 (以及由此诱导的距离)? 当 n 较大时, 回答此问题的最好办法是通过一个强大的数学工具——矩阵. 矩阵的英文是 "matrix", 本意为子宫、母体、孕育生命的地方, 美国影片《黑客帝国》的英文名即是 "The Matrix". 矩阵的数学理论产生并逐渐成熟于 19 世纪中叶, 于 20 世纪 20 年代进入中国, 最初译为 "纵横阵", 颇为形象. 随着计算机技术的日新月异, 矩阵越来越成为现代科学技术不可或缺的重要工具.

矩阵可以理解成普通数字的推广, 其原型来自线性方程组. 一元一次方程 $ax = b$ 的系数是数字 a, 考虑两个二元一次方程构成的方程组:

$$\begin{cases} ax + by = f, \\ cx + dy = g. \end{cases} \tag{2.4.3}$$

此时系数是 4 个与顺序有关的数字, 记录它们的办法就是矩阵: $\begin{pmatrix} a & b \\ c & d \end{pmatrix}$, 称为方程组 (2.4.3) 的系数矩阵. 如果将系数矩阵记为 A, 常数项 (也是一个矩阵) 记为

$\boldsymbol{\beta} = \begin{pmatrix} f \\ g \end{pmatrix}$, 未知数 (还是一个矩阵) 记为 $\boldsymbol{X} = \begin{pmatrix} x \\ y \end{pmatrix}$, 则方程组 (2.4.3) 可以方便地写成

$$\boldsymbol{AX} = \boldsymbol{\beta}. \qquad (2.4.4)$$

这样多元线性方程组也具有和一元一次方程同样简洁的表达形式, 当然我们需要引入合适的矩阵加法与乘法. 当线性方程组中的未知数个数较多时, 矩阵不仅是表达方程组的简便方法, 也是判断方程组有没有解以及求解的最有力的工具.

一个 $m \times n$ 矩阵 $\boldsymbol{A} = (a_{ij})$ 是 $m \times n$ 个数排成的 m 行 n 列的矩形数阵:

$$\boldsymbol{A} = \begin{pmatrix} a_{11} & a_{12} & \cdots & a_{1n} \\ a_{21} & a_{22} & \cdots & a_{2n} \\ \vdots & \vdots & \cdots & \vdots \\ a_{m1} & a_{m2} & \cdots & a_{mn} \end{pmatrix} = \boldsymbol{A}_{m \times n},$$

其中元素 a_{ij} 位于第 i 行第 j 列. 行标 i 与列标 j 相同的元素即 a_{ii} 称为**对角元素**, 全体对角元素称为**主对角线 (元素)**. 行数与列数相等的矩阵称为**方阵**. 将矩阵 $\boldsymbol{A}$ 的行与列互换得到的矩阵称为 $\boldsymbol{A}$ 的**转置 (矩阵)**, 记为 $\boldsymbol{A}^{\mathrm{T}}$, 即 $\boldsymbol{A}^{\mathrm{T}}$ 的第 i 行第 j 列元素恰好是 $\boldsymbol{A}$ 的第 j 行第 i 列元素. 矩阵可以自然地定义加减法, 就是将两个 $m \times n$ 矩阵 $\boldsymbol{A}$ 与 $\boldsymbol{B}$ 相同位置的元素相加减, 即

$$\boldsymbol{A}_{m \times n} \pm \boldsymbol{B}_{m \times n} = (a_{ij}) \pm (b_{ij}) = (a_{ij} \pm b_{ij}).$$

我们也可以类似地定义矩阵的乘法. 但最常用、最"自然"的矩阵乘法却多少有点怪异: 首先, 矩阵 $\boldsymbol{A}_{m \times n}$ 与矩阵 $\boldsymbol{B}_{p \times q}$ 作乘法要满足条件 $n = p$, 即第一个（或左边）矩阵的列数要等于第二个（或右边）矩阵的行数. 比如, 两个同阶的方阵可以作乘法.

> **矩阵乘法的定义**　设 $\boldsymbol{A}_{m \times p} = (a_{ij}), \boldsymbol{B}_{p \times n} = (b_{kl})$, 则它们的**乘积** $\boldsymbol{C}_{m \times n} = \boldsymbol{AB} = (c_{ij})$ 的第 i 行第 j 列的元素 c_{ij} 等于
>
> $$c_{ij} = a_{i1}b_{1j} + a_{i2}b_{2j} + \cdots + a_{ip}b_{pj} = \sum_{k=1}^{p} a_{ik}b_{kj}.$$

所以矩阵乘法的规则是"**左行右列**", 即用左边矩阵的"行"乘右边矩阵的"列",

可图示为

$$\sum_{k=1}^{p} a_{ik}b_{kj} = \begin{pmatrix} a_{i1} & a_{i2} & \cdots & a_{ip} \end{pmatrix} \begin{pmatrix} b_{1j} \\ b_{2j} \\ \vdots \\ b_{pj} \end{pmatrix}.$$

按照读者已熟悉的语言, 两个矩阵的乘积实际上是左边矩阵的行与右边矩阵的列作内积. 因此矩阵的"乘法"实际上不是通常的 (数字) 乘法, 而是数字乘法与加法的混合体. 读者可以通过下面的例子熟悉矩阵的加法与乘法运算.

例 5 (1) $\begin{pmatrix} 1 & 0 \end{pmatrix} \begin{pmatrix} 0 \\ 1 \end{pmatrix} = 0$, 但 $\begin{pmatrix} 0 \\ 1 \end{pmatrix} \begin{pmatrix} 1 & 0 \end{pmatrix} = \begin{pmatrix} 0 & 0 \\ 1 & 0 \end{pmatrix}$.

(2) 两个同阶的方阵的乘积:

$$\begin{pmatrix} 0 & 0 \\ 1 & 0 \end{pmatrix} \begin{pmatrix} 1 & 0 \\ 0 & 0 \end{pmatrix} = \begin{pmatrix} 0 & 0 \\ 1 & 0 \end{pmatrix}, \quad \begin{pmatrix} 1 & 0 \\ 0 & 0 \end{pmatrix} \begin{pmatrix} 0 & 0 \\ 1 & 0 \end{pmatrix} = \begin{pmatrix} 0 & 0 \\ 0 & 0 \end{pmatrix}.$$

因此, 矩阵的乘法不满足交换律. 这里最主要的原因是矩阵的乘法本质上是"映射或函数的复合".

(3) $ax^2 + by^2 = \begin{pmatrix} ax & by \end{pmatrix} \begin{pmatrix} x \\ y \end{pmatrix} = \begin{pmatrix} x & y \end{pmatrix} \begin{pmatrix} a & 0 \\ 0 & b \end{pmatrix} \begin{pmatrix} x \\ y \end{pmatrix}$.

作矩阵加法时最简单的矩阵是零矩阵 $\boldsymbol{0}_{m\times n}$(常省略下标), 即所有元素均为 0 的矩阵, 因为 $\boldsymbol{A} + \boldsymbol{0} = \boldsymbol{A}$. 作乘法时最简单的矩阵有 2 个, 一个还是$\boldsymbol{0}$, 因为 $\boldsymbol{A0} = \boldsymbol{0B} = \boldsymbol{0}$; 还有一个是类似于数字 1 的矩阵, 称为**单位矩阵** (identity matrix 或者 unit matrix), 记为 $\boldsymbol{I}$ (线性代数中常常记为 $\boldsymbol{E}$), 其形式如下 (其中的 diag 是英文单词 diagonal 的缩写, 表示对角矩阵):

$$\boldsymbol{I}_n = \boldsymbol{I}_{n\times n} = \begin{pmatrix} 1 & 0 & \cdots & 0 \\ 0 & 1 & \cdots & 0 \\ \vdots & \vdots & \ddots & \vdots \\ 0 & 0 & \cdots & 1 \end{pmatrix} = \mathrm{diag}(1, 1, \cdots, 1).$$

单位矩阵的性质 $\boldsymbol{A}_{m\times n}\boldsymbol{I}_n = \boldsymbol{A}, \boldsymbol{I}_n\boldsymbol{B}_{n\times q} = \boldsymbol{B}$. 特别地, 若 $\boldsymbol{A}$ 是 n 阶方阵, 则 $\boldsymbol{AI} = \boldsymbol{IA} = \boldsymbol{A}$.

矩阵是现代科学的核武器, 此处仅以计算斐波那契[①] 数列的通项公式来向读者展示其举世无双的威力. 众所周知, 斐波那契数列为

$$F_0 = 1, \quad F_1 = 1, \quad F_{n+1} = F_{n-1} + F_n, \quad n \geqslant 1.$$

---

① Leonardo Fibonacci, 1170—1250, 意大利著名数学家.

由矩阵乘法可得下述递推公式:

$$\begin{pmatrix} F_{n+1} \\ F_n \end{pmatrix} = \begin{pmatrix} F_{n-1} + F_n \\ F_n \end{pmatrix} = \begin{pmatrix} 1 & 1 \\ 1 & 0 \end{pmatrix} \begin{pmatrix} F_n \\ F_{n-1} \end{pmatrix}.$$

故有下述矩阵等式:

$$\begin{pmatrix} F_{n+1} \\ F_n \end{pmatrix} = \begin{pmatrix} 1 & 1 \\ 1 & 0 \end{pmatrix}^n \begin{pmatrix} F_1 \\ F_0 \end{pmatrix} = \begin{pmatrix} 1 & 1 \\ 1 & 0 \end{pmatrix}^n \begin{pmatrix} 1 \\ 1 \end{pmatrix}. \tag{2.4.5}$$

于是, 计算斐波那契数列的通项公式等价于计算矩阵的高次幂——这可能唤醒了很多读者的美好记忆, 因为线性代数最精彩的部分就是利用特征值与特征向量将矩阵对角化, 从而使其高次幂唾手可得! 具体地说, 矩阵 $\boldsymbol{A} = \begin{pmatrix} 1 & 1 \\ 1 & 0 \end{pmatrix}$ 的特征方程为

$$\lambda^2 - \lambda - 1 = 0. \tag{2.4.6}$$

因此, 矩阵 $\boldsymbol{A}$ 的两个特征值分别为

$$\lambda_1 = \frac{1 + \sqrt{5}}{2}, \quad \lambda_2 = \frac{1 - \sqrt{5}}{2}.$$

故存在可逆矩阵 $\boldsymbol{P} = \begin{pmatrix} \lambda_1 & \lambda_2 \\ 1 & 1 \end{pmatrix}$, 使得

$$\boldsymbol{P}^{-1}\boldsymbol{A}\boldsymbol{P} = \begin{pmatrix} \lambda_1 & 0 \\ 0 & \lambda_2 \end{pmatrix} = \mathrm{diag}(\lambda_1, \lambda_2).$$

极易求得 $\boldsymbol{P}$ 的逆矩阵 $\boldsymbol{P}^{-1} = \dfrac{1}{\lambda_1 - \lambda_2} \begin{pmatrix} 1 & -\lambda_2 \\ -1 & \lambda_1 \end{pmatrix}$, 于是,

$$\boldsymbol{A}^n = \boldsymbol{P} \begin{pmatrix} \lambda_1^n & 0 \\ 0 & \lambda_2^n \end{pmatrix} \boldsymbol{P}^{-1} = \frac{1}{\lambda_1 - \lambda_2} \begin{pmatrix} \lambda_1^{n+1} - \lambda_2^{n+1} & \lambda_1\lambda_2^{n+1} - \lambda_1^{n+1}\lambda_2 \\ \lambda_1^n - \lambda_2^n & \lambda_1\lambda_2^n - \lambda_1^n\lambda_2 \end{pmatrix}.$$

将上式代入 (2.4.5) 式, 并注意 $\lambda_1 + \lambda_2 = 1$, 即可得

$$\begin{pmatrix} F_{n+1} \\ F_n \end{pmatrix} = \begin{pmatrix} 1 & 1 \\ 1 & 0 \end{pmatrix}^n \begin{pmatrix} 1 \\ 1 \end{pmatrix} = \frac{1}{\lambda_1 - \lambda_2} \begin{pmatrix} \lambda_1^{n+2} - \lambda_2^{n+2} \\ \lambda_1^{n+1} - \lambda_2^{n+1} \end{pmatrix}. \tag{2.4.7}$$

于是, 斐波那契数列的通项公式为 $(\forall n \geqslant 0)$

$$F_n = \frac{1}{\lambda_1 - \lambda_2}(\lambda_1^{n+1} - \lambda_2^{n+1}) = \frac{1}{\sqrt{5}}\left[\left(\frac{\sqrt{5}+1}{2}\right)^{n+1} - \left(\frac{1-\sqrt{5}}{2}\right)^{n+1}\right]. \tag{2.4.8}$$

计算古老的斐波那契数列的通项, 对矩阵而言实在是不值一提, 矩阵创造的奇迹在当今信息时代更加光彩夺目. 众所周知, 手机照片是以数字矩阵形式储存的. 假如您使用一款 500 万像素的手机 (像素与作者的国产手机相同), 并将一张自拍照发送给您的朋友, 您知道通讯公司如何传输这张照片吗? 如果通讯公司将这张包含约 500 万数字的照片原封不动地全部传输, 那这个公司已经不存在了, 它早就破产了. 通讯公司当然不会做这种傻事, 它首先将这张照片的全部数据存储为一个 2560×1920 阶矩阵 $\boldsymbol{A}$ (该矩阵实际包含 4 915 200 个数字, 比号称的 500 万略少一些). 每个矩阵都有一个所谓 "奇异值分解" (singular value decomposition), 假设矩阵 $\boldsymbol{A}$ 的奇异值分解是

$$\boldsymbol{A} = \boldsymbol{U}\boldsymbol{D}\boldsymbol{V}^{\mathrm{T}},$$

其中 $\boldsymbol{U}, \boldsymbol{V}$ 是正交矩阵, $\boldsymbol{D}$ 是非负对角矩阵 (即非对角元素均为 0 的矩阵). 设 $\boldsymbol{U} = (\boldsymbol{u}_1, \cdots, \boldsymbol{u}_m), \boldsymbol{V} = (\boldsymbol{v}_1, \cdots, \boldsymbol{v}_n), \boldsymbol{D} = \mathrm{diag}(d_1, \cdots, d_n), m = 2560, n = 1920,$ 于是

$$\boldsymbol{A} = d_1\boldsymbol{u}_1\boldsymbol{v}_1^{\mathrm{T}} + d_2\boldsymbol{u}_2\boldsymbol{v}_2^{\mathrm{T}} + \cdots + d_r\boldsymbol{u}_r\boldsymbol{v}_r^{\mathrm{T}}.$$

由于人脸的特征较为集中 (眉眼鼻口颊), 大多数 "奇异值" d_i 都比较小, 只有 (比如说) 50 个较大的, 于是通讯公司将 "压缩" 您的照片如下:

$$\boldsymbol{A} = d_1\boldsymbol{u}_1\boldsymbol{v}_1^{\mathrm{T}} + d_2\boldsymbol{u}_2\boldsymbol{v}_2^{\mathrm{T}} + \cdots + d_{50}\boldsymbol{u}_{50}\boldsymbol{v}_{50}^{\mathrm{T}}.$$

您的朋友收到了这张依然为 500 万 (实际为 4 915 200) 像素的照片, 只不过通讯公司仅仅传输了 50 个奇异值, 50 个 2560 维向量, 50 个 1920 维向量, 总共 224 050 个数字, 这仅仅是 500 万像素的二十分之一! (通讯公司不该降价吗?)

矩阵无所不能!

2.4.4 遥相呼应 —— 内积与正定矩阵

利用矩阵, 我们可以将例 4 中定义的内积

$$< \boldsymbol{\alpha}, \boldsymbol{\beta} > = < x\boldsymbol{i} + y\boldsymbol{j}, x'\boldsymbol{i} + y'\boldsymbol{j} > = xx' + (xy' + yx') + 4yy'$$

重新表示为 (本书此后的向量将默认为列向量, 故向量的转置是行向量)

$$< \boldsymbol{\alpha}, \boldsymbol{\beta} > = < x\boldsymbol{i} + y\boldsymbol{j}, x'\boldsymbol{i} + y'\boldsymbol{j} > = \begin{pmatrix} x & y \end{pmatrix} \begin{pmatrix} 1 & 1 \\ 1 & 4 \end{pmatrix} \begin{pmatrix} x' \\ y' \end{pmatrix} = \boldsymbol{\alpha}^{\mathrm{T}} \begin{pmatrix} 1 & 1 \\ 1 & 4 \end{pmatrix} \boldsymbol{\beta}.$$

由此内积诱导的长度平方当然也可以用矩阵表示为 (记 $\boldsymbol{A} = \begin{pmatrix} 1 & 1 \\ 1 & 4 \end{pmatrix}$)

$$< \boldsymbol{\alpha}, \boldsymbol{\alpha} > = x^2 + 2xy + 4y^2 = \begin{pmatrix} x & y \end{pmatrix} \begin{pmatrix} 1 & 1 \\ 1 & 4 \end{pmatrix} \begin{pmatrix} x \\ y \end{pmatrix} = \boldsymbol{\alpha}^{\mathrm{T}}\boldsymbol{A}\boldsymbol{\alpha}.$$

注意上面的矩阵 $\boldsymbol{A} = \begin{pmatrix} 1 & 1 \\ 1 & 4 \end{pmatrix}$ 关于主对角线是"对称的", 即 $\boldsymbol{A}^{\mathrm{T}} = \boldsymbol{A}$ (也即 $a_{ij} = a_{ji}$), 这样的矩阵称为**对称矩阵**.

不难证明 (可参见张跃辉《矩阵理论与应用》第一章), $\mathbb{R}^n$ 上的所有内积均具有上述形式, 即设 $\boldsymbol{x} = (x_1, x_2, \cdots, x_n)^{\mathrm{T}}, \boldsymbol{y} = (y_1, y_2, \cdots, y_n)^{\mathrm{T}}$, 则存在对称矩阵 $\boldsymbol{A} = (a_{ij})_{n \times n}$ 使得 $\boldsymbol{x}$ 与 $\boldsymbol{y}$ 的内积为

$$< \boldsymbol{x}, \boldsymbol{y} > = \sum_{i=1}^{n} \sum_{j=1}^{n} a_{ij} x_i y_j = \boldsymbol{x}^{\mathrm{T}} \boldsymbol{A} \boldsymbol{y}. \tag{2.4.9}$$

由内积 (2.4.9) 诱导的向量 $\boldsymbol{x}$ 的长度平方为

$$\|\boldsymbol{x}\|^2 = < \boldsymbol{x}, \boldsymbol{x} > = \sum_{i=1}^{n} \sum_{j=1}^{n} a_{ij} x_i x_j = \boldsymbol{x}^{\mathrm{T}} \boldsymbol{A} \boldsymbol{x}.$$

表达式 $\sum_{i=1}^{n} \sum_{j=1}^{n} a_{ij} x_i x_j = \boldsymbol{x}^{\mathrm{T}} \boldsymbol{A} \boldsymbol{x}$ 称为关于 (未知数) $x_1, \cdots, x_n$ 的 n 元**二次型** (quadratic form, 即每一项都是二次的 n 元多项式). 由内积的正定性条件可知, 若 $\boldsymbol{x} = (x_1, x_2, \cdots, x_n)^{\mathrm{T}} \neq \boldsymbol{0}$, 则二次型 $\boldsymbol{x}^{\mathrm{T}} \boldsymbol{A} \boldsymbol{x} > 0$, 这样的对称矩阵 $\boldsymbol{A}$ 称为**正定矩阵**, 相应的二次型 $\boldsymbol{x}^{\mathrm{T}} \boldsymbol{A} \boldsymbol{x}$ 称为**正定二次型**. 请注意, 二次型的矩阵表达是不唯一的, 比如,

$$ax^2 + 2bxy + cy^2 = \begin{pmatrix} x & y \end{pmatrix} \begin{pmatrix} a & b \\ b & c \end{pmatrix} \begin{pmatrix} x \\ y \end{pmatrix} = \begin{pmatrix} x & y \end{pmatrix} \begin{pmatrix} a & 2b \\ 0 & c \end{pmatrix} \begin{pmatrix} x \\ y \end{pmatrix}.$$

幸运的是, 在表示一个二次型的无穷多个矩阵当中, 对称矩阵只有一个! 该对称矩阵称为该二次型的矩阵.

一般地, 将公式 (2.4.9) 中的表达式 $\boldsymbol{x}^{\mathrm{T}} \boldsymbol{A} \boldsymbol{y} = \sum_{i=1}^{n} \sum_{j=1}^{n} a_{ij} x_i y_j$ 称为**双线性型** (bilinear form), 因为该式对每个变量 $\boldsymbol{x}$ 或 $\boldsymbol{y}$ 都是线性的. 类似于二次型, 如果对称矩阵 $\boldsymbol{A}$ 是正定矩阵, 则称双线性型 $\boldsymbol{x}^{\mathrm{T}} \boldsymbol{A} \boldsymbol{y}$ 是正定双线性型. 因此可以说, 内积即正定双线性型, 即正定矩阵.

例 6 最简单的二元正定二次型 $x^2 + y^2$ 是向量 $(x, y)^{\mathrm{T}} \in \mathbb{R}^2$ 的长度平方, 可表示为 $\begin{pmatrix} x & y \end{pmatrix} \begin{pmatrix} x \\ y \end{pmatrix}$, 也可以写成 $\begin{pmatrix} x & y \end{pmatrix} \boldsymbol{I} \begin{pmatrix} x \\ y \end{pmatrix}$. 二次型 $ax^2 + 2bxy + cy^2$ 可表示为 $\begin{pmatrix} x & y \end{pmatrix} \begin{pmatrix} a & b \\ b & c \end{pmatrix} \begin{pmatrix} x \\ y \end{pmatrix}$. 何时该二次型是正定的 (从而能够表示向量 $(x, y) \in \mathbb{R}^2$ 的长度平方), 即对任何非零向量 $(x, y)^{\mathrm{T}} \in \mathbb{R}^2$ 均有 $ax^2 + 2bxy + cy^2 > 0$? 此时一元二次方程 $a \left(\dfrac{x}{y} \right)^2 + 2b \left(\dfrac{x}{y} \right) + c$ 无实数解, 因此由一元二次方程的判别式

(或者二元函数的极值判别法) 易知系数 a, b, c 必须且只需满足条件:

$$a > 0, \quad ac - b^2 > 0. \tag{2.4.10}$$

上式中的数字 $ac - b^2$ (这就是中学学过的一元二次方程判别式的相反数) 称为矩阵 $\boldsymbol{A} = \begin{pmatrix} a & b \\ b & c \end{pmatrix}$ 的行列式, 一般用绝对值符号记为 $|\boldsymbol{A}| = \begin{vmatrix} a & b \\ b & c \end{vmatrix} = ac - b^2$. 当矩阵的阶数较大时, 计算矩阵的行列式往往非常困难.

正定二次型或正定矩阵既然可以用来研究长度, 自然也可以用来研究几何图形. 请读者研究下面的例子.

例 7 $ax^2 + 2bxy + cy^2 = 1$ 是哪种二次曲线?

分析 由于曲线方程不是标准形式, 不容易直接分辨曲线的种类. 但是利用二次型 $ax^2 + 2bxy + cy^2$ 的矩阵

$$\boldsymbol{A} = \begin{pmatrix} a & b \\ b & c \end{pmatrix}$$

可知, 曲线是椭圆当且仅当 $\boldsymbol{A}$ 是正定矩阵 (即 $a > 0, ac - b^2 > 0$); 曲线是双曲线当且仅当 $\boldsymbol{A}$ 是不定矩阵 (即 $ac - b^2 < 0$). (此处需要一点矩阵的特征值知识, 有兴趣的读者可以参看任何一本《线性代数》.)

我们已经看到, 在 $\mathbb{R}^n$ 上存在大量距离 (比如曼哈顿距离、最大距离, 实际上 $\mathbb{R}^n$ 上的距离数量远多于其中的元素个数). 而由内积诱导的度量与正定矩阵遥相呼应, 使得矩阵理论成为连接图的疆域与数的世界的最为快捷而便利的桥梁.

如果二次型 $ax^2 + 2bxy + cy^2$ 没有交叉项 (即 $b = 0$), 则例 7 中的问题就是显然的了. 非常幸运的是, 任何一个二次型 $\boldsymbol{x}^{\mathrm{T}}\boldsymbol{A}\boldsymbol{x} = \sum_{i=1}^{n}\sum_{j=1}^{n} a_{ij}x_i x_j$ 总可以通过变量代换将交叉项消去而化成一个仅有平方项的新二次型 $\boldsymbol{z}^{\mathrm{T}}\boldsymbol{D}\boldsymbol{z}$, 其中 $\boldsymbol{D} = \mathrm{diag}(d_1, d_2, \cdots, d_n)$ 是对角矩阵, 即

$$\boldsymbol{x}^{\mathrm{T}}\boldsymbol{A}\boldsymbol{x} = \sum_{i=1}^{n}\sum_{j=1}^{n} a_{ij}x_i x_j \xrightarrow{\text{变量代换}} \boldsymbol{z}^{\mathrm{T}}\boldsymbol{D}\boldsymbol{z} = d_1 z_1^2 + d_2 z_2^2 + \cdots + d_n z_n^2. \tag{2.4.11}$$

(正如平面解析几何中的二次曲线 $xy = 1$ 可以通过转轴 $\dfrac{\pi}{4}$, 即作变量代换 $x = \dfrac{x' - y'}{\sqrt{2}}, y = \dfrac{x' + y'}{\sqrt{2}}$, 而变成 $x'^2 - y'^2 = 2$.) 这个新二次型 $\boldsymbol{z}^{\mathrm{T}}\boldsymbol{D}\boldsymbol{z}$ 称为与原二次型 $\boldsymbol{x}^{\mathrm{T}}\boldsymbol{A}\boldsymbol{x}$ 等价的二次型. 新二次型 $\boldsymbol{z}^{\mathrm{T}}\boldsymbol{D}\boldsymbol{z}$ 的正系数 (即 $d_i > 0$) 的个数与负系数 (即 $d_i < 0$) 的个数之差称为原二次型 $\boldsymbol{x}^{\mathrm{T}}\boldsymbol{A}\boldsymbol{x}$ (当然也是二次型 $\boldsymbol{z}^{\mathrm{T}}\boldsymbol{D}\boldsymbol{z}$) 的**符号差** (signature). n 元正定二次型的符号差当然是 n, 反之亦然. 如果知道了一个二次型

的符号差, 则判断该二次型对应哪种曲线或曲面易如反掌. 比如, $x^2 - 2xy + 2y^2$ 的符号差为 2, 因此 $x^2 - 2xy + 2y^2 = 1$ 表示椭圆; 而 $x^2 - 6xy + 2y^2$ 的符号差为 0, 因此 $x^2 - 6xy + 2y^2 = 1$ 表示双曲线.

二次型及其符号差将在攻克庞加莱猜想的历程中留下浓墨重彩的一笔, 见第五章.

本节练习题

1. 试利用矩阵求下列卢卡斯数列的通项公式:

(1) $L_0 = 0, L_1 = 1, L_{n+1} = 3L_n - 2L_{n-1}, \ n \geqslant 1$;

(2) $L_0 = 1, L_1 = 1, L_2 = 1, L_{n+2} = L_{n-1} + L_n + L_{n+1}, \ n \geqslant 1$.

2. 设 $A = \begin{pmatrix} 2 & -2 \\ -2 & 5 \end{pmatrix}$.

(1) 验证 A 是正定矩阵.

(2) 求 A 对应的度量以及圆心在原点的单位圆方程.

第五节   数图无间 —— 神奇的 15

数依图则名, 图循数则灵.

2.5.1   数图无间 —— 正定二次型与晶格

与正定二次型或正定矩阵密切关联的是晶体. 大家知道, 固体可分为晶体、非晶体与准晶体三大类. 晶体中原子的空间架构称为晶格, 位于同一平面的原子则构成晶面. 从几何学的观点看, 晶格与晶面分别是空间中与平面上的 "格点" 或简称为 "格", 英文为 lattice, 故一般将一个格记为 "L".

例 8 (直线上的格 = 等差数列)   直线上的格 L 就是距离为定值 $d > 0$ 的点集, 即公差非 0 的等差数列, 故直线上的格的一般形式为

$$L = \{a + nd \,|\, n \in \mathbb{Z}\},$$

其中 $a, d \neq 0$ 是任何给定的实数. 如下图:

例 9(平面格 $\mathbb{Z}^2$) 平面上最简单的格 L 是所有整数点(即横纵坐标均为整数的点)形成的集合 $L = \{(x,y)^{\mathrm{T}}|x,y \in \mathbb{Z}\}$,一般将其记为 $\mathbb{Z}^2$,或者写成

$$\mathbb{Z}e_1 + \mathbb{Z}e_2 = \{me_1 + ne_2|m,n \in \mathbb{Z}\},$$

其中 $e_1 = (1,0)^{\mathrm{T}}, e_2 = (0,1)^{\mathrm{T}}$.

这两个向量 e_1, e_2 称为 L 的**基**(basis). 此时,L 中的每个向量 $\boldsymbol{\alpha} = (x,y)^{\mathrm{T}}$ 可被唯一写成 $\boldsymbol{\alpha} = xe_1 + ye_2$. 如果定义向量 $\boldsymbol{\alpha}$ 的范数 $N(\boldsymbol{\alpha})$ 是其坐标的平方和 (故范数 = 长度的平方),则

$$N(\boldsymbol{\alpha}) = x^2 + y^2.$$

这恰好是一个正定二次型,其矩阵是单位矩阵 $\boldsymbol{I}$. 一个格的基不必唯一,比如 $\mathbb{Z}^2$ 还有基 $\boldsymbol{v}_1 = (-1,-2)^{\mathrm{T}}, \boldsymbol{v}_2 = (1,1)^{\mathrm{T}}$,即 $\mathbb{Z}e_1 + \mathbb{Z}e_2 = \mathbb{Z}\boldsymbol{v}_1 + \mathbb{Z}\boldsymbol{v}_2$,见下图. 此时向量 $\boldsymbol{\alpha} = (x,y)^{\mathrm{T}}$ 可被唯一写成 $(x-y)\boldsymbol{v}_1 + (2x-y)\boldsymbol{v}_2$,此时向量 $\boldsymbol{\alpha} = (x,y)^{\mathrm{T}}$ 的范数是

$$N(\boldsymbol{\alpha}) = (x-y)^2 + (2x-y)^2 = 5x^2 - 6xy + 2y^2.$$

这仍是一个正定二次型,其矩阵是 $\begin{pmatrix} 5 & -3 \\ -3 & 2 \end{pmatrix}$. 请注意,该数值 $5x^2 - 6xy + 2y^2$ 正好是向量 $x\boldsymbol{v}_1 + y\boldsymbol{v}_2$ 的范数! 因此,在不同的基下,同一个向量的范数具有不同的表达.

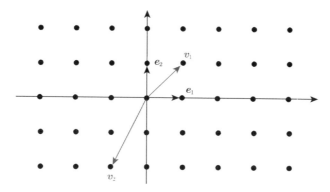

例 10 考查平面上的另一个格 $L = \mathbb{Z}\boldsymbol{v}_1 + \mathbb{Z}\boldsymbol{v}_2$,其中 $\boldsymbol{v}_1 = (1,0)^{\mathrm{T}}, \boldsymbol{v}_2 = \left(-\dfrac{1}{2}, \dfrac{\sqrt{3}}{2}\right)^{\mathrm{T}}$,见下图. 由于每个格点的纵坐标必然为 $\dfrac{m\sqrt{3}}{2}, m \in \mathbb{Z}$,因此格 L 中的点未必是整数点. 但 L 中的每个点 $x\boldsymbol{v}_1 + y\boldsymbol{v}_2$ 的范数是

$$x^2 + y^2 - xy.$$

这仍是一个整系数正定二次型.

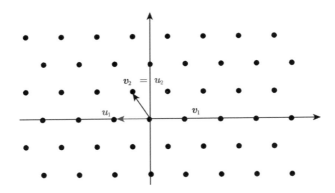

注意, $\boldsymbol{u}_1 = (-1,0)^{\mathrm{T}}, \boldsymbol{u}_2 = \left(-\dfrac{1}{2}, \dfrac{\sqrt{3}}{2}\right)^{\mathrm{T}}$ 也是一组基, 此时点 $x\boldsymbol{u}_1 + y\boldsymbol{u}_2$ 的范数是正定二次型

$$x^2 + y^2 + xy.$$

根据上面的例子, 我们可以一般地定义 n 维空间 $\mathbb{R}^n$ 中的格. 为此, 我们先介绍基的定义.

基的定义   设 $\boldsymbol{v}_1, \boldsymbol{v}_2, \cdots, \boldsymbol{v}_n$ 是 $\mathbb{R}^n$ 的一组向量, 如果对任何向量 $\boldsymbol{\alpha} = (a_1, a_2, \cdots, a_n)^{\mathrm{T}} \in \mathbb{R}^n$, 均存在 $x_1, x_2, \cdots, x_n \in \mathbb{R}$, 使得

$$\boldsymbol{\alpha} = x_1\boldsymbol{v}_1 + x_2\boldsymbol{v}_2 + \cdots + x_n\boldsymbol{v}_n,$$

则称 $\boldsymbol{v}_1, \boldsymbol{v}_2, \cdots, \boldsymbol{v}_n$ 是 $\mathbb{R}^n$ 的一组基, $x_1, x_2, \cdots, x_n$ 为向量 $\boldsymbol{\alpha}$ 在该基下的**坐标**.

由基的定义可知, 数轴 $\mathbb{R}$ 上的任何一个非零向量 (= 非零数) 均是 $\mathbb{R}$ 的一组基; 平面 $\mathbb{R}^2$ 上的任何一对不共线的向量均是 $\mathbb{R}^2$ 的一组基; 而 $\mathbb{R}^3$ 中的任何三个不共面的向量均是 $\mathbb{R}^3$ 的一组基.

格的定义   设 $\boldsymbol{v}_1, \boldsymbol{v}_2, \cdots, \boldsymbol{v}_n$ 是 $\mathbb{R}^n$ 的一组基, 则称集合

$$L = \mathbb{Z}\boldsymbol{v}_1 + \mathbb{Z}\boldsymbol{v}_2 + \cdots + \mathbb{Z}\boldsymbol{v}_n = \{x_1\boldsymbol{v}_1 + x_2\boldsymbol{v}_2 + \cdots + x_n\boldsymbol{v}_n | x_i \in \mathbb{Z}, 1 \leqslant i \leqslant n\}$$

为 $\mathbb{R}^n$ 的一个格, $\boldsymbol{v}_1, \boldsymbol{v}_2, \cdots, \boldsymbol{v}_n$ 为 L 的一组**基**.

$\mathbb{R}^n$ 中最简单的格是 $\mathbb{Z}^n = \mathbb{Z}\boldsymbol{e}_1 + \mathbb{Z}\boldsymbol{e}_2 + \cdots + \mathbb{Z}\boldsymbol{e}_n$, 即所有整数格点构成的集合, $\boldsymbol{e}_1, \boldsymbol{e}_2, \cdots, \boldsymbol{e}_n$ 是 $\mathbb{Z}^n$ 的最简单的一组基. 在该组基下, 向量 $(x_1, x_2, \cdots, x_n)^{\mathrm{T}} = x_1\boldsymbol{e}_1 + x_2\boldsymbol{e}_2 + \cdots + x_n\boldsymbol{e}_n$ 的范数恰好是最简单的 n 元正定二次型 $x_1^2 + x_2^2 + \cdots + x_n^2$. 正如我们在例 9 与例 10 中看到的, 向量的范数在不同的基下有不同的表达形式, 因此表达同一个格 L 的范数实际上有无限多种正定二次型, 相应地也有无限多个

正定矩阵. 这些正定二次型或正定矩阵称为格 L 的二次型或矩阵. 对应于同一个格的二次型或矩阵称为等价的二次型或矩阵, 比如 $x^2 + y^2$ 与 $5x^2 - 6xy + 2y^2$ 是等价的二次型, 而单位矩阵与 $\begin{pmatrix} 5 & -3 \\ -3 & 2 \end{pmatrix}$ 是等价的矩阵. 因此可以认为几何上的格与等价的正定二次型 (或等价的正定矩阵) 是一回事. 研究正定二次型等价于研究格, 也等价于研究正定矩阵! 这正是约翰·康威[1] 证明 "神奇的 15"——现代版拉格朗日 "四平方和定理" 的思想.

　　回忆第一章最后一节, 拉格朗日四平方和定理是指四元多项式 $x^2 + y^2 + z^2 + w^2$ 可以表达任何正整数 n, 即方程 $n = x^2 + y^2 + z^2 + w^2$ 存在自然数解. 我们当然要问, 还有哪些四元多项式可以表示任何正整数? 这样的多项式称为**万能多项式**. 因此, 拉格朗日四平方和定理等价于说四元多项式 $x^2 + y^2 + z^2 + w^2$ 是万能多项式. 按照第一章费马平方和定理以及勒让德三平方和定理, 二元多项式以及三元多项式都不可能是万能多项式.

思考题

　　设 a, b, c, d 均为正整数. 是否存在无限多个形如 $ax^2 + by^2 + cz^2 + dw^2$ 的万能多项式?

　　以下将四元多项式 $ax^2 + by^2 + cz^2 + dw^2$ 简记为 $[a; b; c; d]$. 历史上第一个给出 "所有" 形如 $[a; b; c; d]$ 的万能多项式的学者是印度数学家斯里尼瓦萨·拉玛努金[2]. 拉玛努金 1916 年宣称共有如下 55 个这样的万能多项式:

$[1; 1; 1; 1]$, $[1; 1; 1; 2]$, $[1; 1; 1; 3]$, $[1; 1; 1; 4]$, $[1; 1; 1; 5]$,

$[1; 1; 1; 6]$, $[1; 1; 1; 7]$, $[1; 1; 2; 2]$, $[1; 1; 2; 3]$, $[1; 1; 2; 4]$,

$[1; 1; 2; 5]$, $[1; 1; 2; 6]$, $[1; 1; 2; 7]$, $[1; 1; 2; 8]$, $[1; 1; 2; 9]$,

$[1; 1; 2; 10]$, $[1; 1; 2; 11]$, $[1; 1; 2; 12]$, $[1; 1; 2; 13]$, $[1; 1; 2; 14]$,

$[1; 1; 3; 3]$, $[1; 1; 3; 4]$, $[1; 1; 3; 5]$, $[1; 1; 3; 6]$, $[1; 2; 2; 2]$,

$[1; 2; 2; 3]$, $[1; 2; 2; 4]$, $[1; 2; 2; 5]$, $[1; 2; 2; 6]$, $[1; 2; 2; 7]$,

$[1; 2; 3; 3]$, $[1; 2; 3; 4]$, $[1; 2; 3; 5]$, $[1; 2; 3; 6]$, $[1; 2; 3; 7]$,

$[1; 2; 3; 8]$, $[1; 2; 3; 9]$, $[1; 2; 3; 10]$, $[1; 2; 4; 4]$, $[1; 2; 4; 5]$,

$[1; 2; 4; 6]$, $[1; 2; 4; 7]$, $[1; 2; 4; 8]$, $[1; 2; 4; 9]$, $[1; 2; 4; 10]$,

$[1; 2; 4; 11]$, $[1; 2; 4; 12]$, $[1; 2; 4; 13]$, $[1; 2; 4; 14]$, $[1; 2; 5; 5]$,

$[1; 2; 5; 6]$, $[1; 2; 5; 7]$, $[1; 2; 5; 8]$, $[1; 2; 5; 9]$, $[1; 2; 5; 10]$.

---

① John Horton Conway, 生于 1937 年, 英国–美国数学家.

② Srinivasa Ramanujan, 1887—1920, 印度著名数学天才, 由 Springer 出版的国际数学期刊 The Ramanujan Journal 即以其名字命名. 从 2011 年始, 每年的 12 月 22 日 (其生日) 是印度的法定国家假日, 2012 年被印度政府确定为印度的国家数学年. 印度的数学奖 SASTRA Ramanujan Prize 和国际数学奖 The Ramanujan Prize 以其名字命名. 前者获奖年龄限制为 32 岁以下, 后者 45 岁以下.

然而, 下面将看到, [1; 2; 5; 5] 不是万能多项式! 但是, 全世界的人都相信拉玛努金的万能多项式的列表是正确的! 因为, 拉玛努金的合作者、剑桥大学教授高德菲·哈罗德·哈代[①] 对其的评价是:

哈代 =25 分, 利特伍德[②]=30 分, 希尔伯特 =80 分, 拉玛努金 =100 分!

要知道哈代是其时代英国最伟大的数学家; 利特伍德是 1905 年剑桥三一学院的 Senior Wrangler(被认为是天下第一难考试 Mathematical Tripos——数学学士荣誉考试的第一名) 以及哈代一生的合作者; 而希尔伯特则是全世界数学家公认的数学 "无冕之王"! 哈代眼中的拉玛努金就是数学界的神!

1909 年, 拉玛努金的第一篇论文发表在 *Journal of Indian Mathematical Society* (印度数学会杂志) 上. 在该论文中, 他提出了以下征解问题:

$$\sqrt{1+2\sqrt{1+3\sqrt{1+\cdots}}} = ?$$

大概没人会想到拉玛努金的这个公式会在一百多年后出现在中国广州恒大足球俱乐部的海报之中 (见下图)!

拉玛努金公式与广州恒大足球俱乐部的海报

然而拉玛努金苦等了六个月, 没有人能够给出正确答案, 所以他只好亲自动手: 答案是 3! 因为, 拉玛努金发现了下面的恒等式:

$$x+n+a = \sqrt{ax+(n+a)^2 + x\sqrt{a(x+n)+(n+a)^2+(x+n)\sqrt{\cdots}}}.$$

于是取 $x=2, n=1, a=0$ 即可.

1913 年, 拉玛努金受哈代邀请访问剑桥大学. 期间, 哈代去医院看望拉玛努金. 哈代回忆说:

---

① Godfrey Harold Hardy, 1877—1947, 英国著名数学家, 华罗庚、拉玛努金的老师.
② John Edensor Littlewood, 1885—1977, 英国数学家.

I had ridden in taxi cab number 1729 and remarked that the number seemed to me rather a dull one, and that I hoped it was not an unfavorable omen. "No," he replied, "it is a very interesting number; it is the smallest number expressible as the sum of two cubes in two different ways." ("我乘坐的出租车的车牌号是 1729," 哈代给 (躺在病床上的) 拉玛努金说, "这个数好像没什么意思, 非常无趣." "不", 拉玛努金答道, "这是一个非常有趣的数, 它是能够用两种方式写成两个立方和的最小正整数.")

可以想象, 哈代是何等震惊, 这小子果然是不世出的天才啊! 不过哈代是老江湖, 传说他强按自己内心的激动故作平静地继续问道: "哦, 那恰好能以两种方式写成两个四次方和的最小正整数是什么呢?" 拉玛努金在病床上欠身想了想, "嗯, 这数有点大, 让我想想 …… 哦, 应该是 635 318 657." 作为大不列颠头号数学家的哈代这回被彻底折服, 从此对拉玛努金的天才坚信不疑, 于是有了那个惊世骇俗的数学家评分.

拉玛努金一生发现或创造了数千个公式, 绝大部分都是已被其他数学家证明或证伪的, 但仍然有相当部分是他本人的创造. 下面的公式可以管窥拉玛努金的天才:

$$\left[1 + 2\sum_{n=1}^{\infty}\frac{\cos(n\theta)}{\cosh(n\pi)}\right]^{-2} + \left[1 + 2\sum_{n=1}^{\infty}\frac{\cosh(n\theta)}{\cosh(n\pi)}\right]^{-2} = \frac{2\Gamma^4\left(\frac{3}{4}\right)}{\pi}.$$

所以, 整个世界有理由相信拉玛努金的万能多项式表, 尽管三十余年后人们发现此表包含那个错误 [1; 2; 5; 5], 有兴趣的读者可查看下面的论文:

J.H. Conway, Universal quadratic forms and the fifteen theorem. In "Quadratic forms and their applications", 1999. Contemp. Math. 272. Providence, RI: Amer. Math. Soc. pp. 23—26.

思考题

1. 请将 1729 以两种方式表示成两个正整数的立方和. 为什么这是仅有的两种表达?

2. 请将 635 318 657 以两种方式表示成两个正整数的四次方和. 为什么这是仅有的两种表达?

2.5.2　举轻若重 —— 神奇的 15 定理

判断拉玛努金给出的万能多项式表中 [1; 2; 5; 5] 不是万能多项式并不难, 只需要验证 $15 = x^2 + 2y^2 + 5z^2 + 5w^2$ 无 (自然数) 解即可. 但是, 要证明 $[1; 1; 1; 1] = x^2 + y^2 + z^2 + w^2$ 是万能多项式已经需要伟大的拉格朗日联合使用大王费马的平方和定理以及大神欧拉的四平方和恒等式, 找出 "全部" 万能多项式岂非需要开天辟地的鬼斧神工?! 然而, 在四平方和定理被提出的 220 年后的 1993 年, 大牛康威在为普林斯顿大学研究生开设的二次型理论课堂上说, 应该存在一个正整数 "C", 一旦某个整系数正定二次型可以表示从 1 到 C 的所有正整数, 则该二次型必是万能二次型. 康威本以为这个 "C" 可能非常大, 然而他班上的学生威廉·史尼伯格 (William Schneeberger) 等人利用计算机发现此 "巨大的" 数出乎意料地小, 极可能就是 "15"! 康威与史尼伯格快马加鞭, 一举证明了 "15 定理". 名师出高徒, 果然放之四海而皆准.

> **15 定理** (C-S 定理)　设 $X^{\mathrm{T}} = (x_1, x_2, \cdots, x_n)$, A 是正定整数矩阵, 则
>
> n 元整系数二次型 $X^{\mathrm{T}} A X$ 是万能多项式 $\Longleftrightarrow$ 它能表示 15 以内的所有正整数
>
> $\Longleftrightarrow$ 它能表示 1,2,3,5,6,7,10,14,15.
>
> 特别地, $ax^2 + by^2 + cz^2 + dw^2$ 是万能多项式 $\Longleftrightarrow$ $[a; b; c; d]$ 属于拉玛努金表, 但 $[a; b; c; d] \neq [1; 2; 5; 5]$.

请读者注意一个细节, 如果 A 是对称整数矩阵, 则形如 $X^{\mathrm{T}} A X$ 的二次型的交叉项必然是偶数, 但一个整系数二次型所对应的矩阵未必是整数矩阵, 比如 $x^2 + xy + y^2$ 的矩阵是 $\begin{pmatrix} 1 & \frac{1}{2} \\ \frac{1}{2} & 1 \end{pmatrix}$. 所以, 15 定理中的二次型一般称为 "整数矩阵二次型", 而整系数二次型对应的矩阵的元素是 "半整数".

尽管 "15 定理" 的原始证明从未公开发表, "神奇的 15" 仍然引起了广泛关注和巨大反响. 2000 年, 普林斯顿大学的博士研究生、费马大定理终结者怀尔斯的高足、2014 年菲尔兹奖得主曼竺·巴加瓦[①] 利用 "格" "正定矩阵" 与 "正定二次型", 给出了 "15 定理" 一个异常简洁的证明.

巴加瓦的证明思想正是我国著名数学家华罗庚所倡导的: 从 1, 2, 3 到无穷大. 也就是说, 为了研究万能四元多项式 $ax^2 + by^2 + cz^2 + dw^2$, 巴加瓦首先考查正整数系数的一元多项式 ax^2, 按照我们上面的讨论, 该多项式对应 1 维格 $L = \mathbb{Z}\sqrt{a}$. 而欲使 $1 \in L$, 显然需要 $a = 1$, 相应的二次型为 $f(x) = x^2$, 相应的对称矩阵为 1 阶单位矩阵 $A = (1)$. 该二次型恰好表示了所有平方数. 以此为基础考虑二元多项式

$$f(x, y) = x^2 + 2axy + by^2,$$

相应的对称矩阵为

$$A = \begin{pmatrix} 1 & a \\ a & b \end{pmatrix}.$$

---

① Manjul Bhargava, 生于 1974 年, 加拿大–美国数学家, 普林斯顿大学教授.

由正定性可知 $a^2 < b$. 欲使 $f(x,y) = x^2 + 2axy + by^2$ 能够表达 2, 可知 $b \leqslant 2$, 因此 $a = 0, \pm 1$. 即有下述四种情形:

$$\begin{pmatrix} 1 & 0 \\ 0 & 1 \end{pmatrix}, \quad \begin{pmatrix} 1 & 0 \\ 0 & 2 \end{pmatrix}, \quad \begin{pmatrix} 1 & 1 \\ 1 & 2 \end{pmatrix}, \quad \begin{pmatrix} 1 & -1 \\ -1 & 2 \end{pmatrix}.$$

此时格与正定矩阵的对应关系将发挥巨大作用, 因为第三个矩阵与第四个矩阵对应的是同一个格, 因此它们对应的二次型是等价的. 故实际上能够表达整数 1 与 2 的格 (等价地, 二次型) 只有三种:

$$\begin{pmatrix} 1 & 0 \\ 0 & 1 \end{pmatrix}, \quad \begin{pmatrix} 1 & 0 \\ 0 & 2 \end{pmatrix}, \quad \begin{pmatrix} 1 & 1 \\ 1 & 2 \end{pmatrix}.$$

对应的二次型分别为

$$x^2 + y^2, \quad x^2 + 2y^2, \quad x^2 + 2xy + 2y^2.$$

例 7 与例 8 给出了第一个与第三个格, 而第二个格与第一个格类似, 只是最简单的一组基为 $\boldsymbol{\alpha}_1^{\mathrm{T}} = \boldsymbol{e}_1^{\mathrm{T}} = (1,0), \boldsymbol{\alpha}_2^{\mathrm{T}} = (0, \sqrt{2})$. 注意, 上述三个 2 维格的第一个与第三个不能表示 3, 第二个不能表示 5.

类似地, 以上述三个 2 维格为基础推广至 3 维格, 可得如下对称矩阵 (再次利用格与矩阵的对应关系):

$$\begin{pmatrix} 1 & 0 & a \\ 0 & 1 & b \\ a & b & c \end{pmatrix}, \quad \begin{pmatrix} 1 & 0 & a \\ 0 & 2 & b \\ a & b & c \end{pmatrix}, \quad \begin{pmatrix} 1 & 1 & a \\ 1 & 2 & b \\ a & b & c \end{pmatrix}.$$

此处我们与读者一起考虑第一个格 (其余情形留给有兴趣的读者自己研究或查阅相关资料). 首先, 正定性要求 $c > a^2 + b^2$; 进而, 欲使该格能够表示 3, 必须 $c \leqslant 3$, 因此 $a, b = 0, 1; c = 1, 2, 3$. 于是可得下述 7 种矩阵:

$$\begin{pmatrix} 1 & 0 & 0 \\ 0 & 1 & 0 \\ 0 & 0 & 1 \end{pmatrix}, \quad \begin{pmatrix} 1 & 0 & 0 \\ 0 & 1 & 0 \\ 0 & 0 & 2 \end{pmatrix}, \quad \begin{pmatrix} 1 & 0 & 0 \\ 0 & 1 & 0 \\ 0 & 0 & 3 \end{pmatrix}, \quad \begin{pmatrix} 1 & 0 & 1 \\ 0 & 1 & 0 \\ 1 & 0 & 2 \end{pmatrix},$$

$$\begin{pmatrix} 1 & 0 & 0 \\ 0 & 1 & 1 \\ 0 & 1 & 2 \end{pmatrix}, \quad \begin{pmatrix} 1 & 0 & 1 \\ 0 & 1 & 0 \\ 1 & 0 & 3 \end{pmatrix}, \quad \begin{pmatrix} 1 & 0 & 0 \\ 0 & 1 & 1 \\ 0 & 1 & 3 \end{pmatrix}.$$

第四个格显然与第五个格等价, 第六个格显然与第七个格等价, 于是由最简单的 2 维格的二次型 $x^2 + y^2$ 扩充得到的 3 维格 (等价的认为是同一个) 有 5 个, 相应的二次型分别为

$$x^2 + y^2 + z^2, \quad x^2 + y^2 + 2z^2, \quad x^2 + y^2 + 3z^2,$$

$$x^2 + y^2 + 2yz + 2z^2, \quad x^2 + y^2 + 2yz + 3z^2.$$

上述二次型不能表示的最小正整数 (康威用一个有趣的词 "truant" 表示此数, 意为 "逃学者") 分别为 7, 14, 6, 7, 14.

现在, 我们距离神奇的 15 仅一步之遥, 当然是最大的一步: 我们需要将上面得到的 3 维格统统扩充到 4 维. 从 2 维格到 3 维格需要添加 3 个未知数 (因为 3 阶对称矩阵比 2 阶对称矩阵多 3 个不同的元素), 从 3 维格到 4 维格需要添加 4 个未知数, 难度大幅增加. 所以我们仍然仅扩充最简单的 3 维格 $x^2 + y^2 + z^2$ (相应的 "逃学者" 为 7) 至对角形式

$$x^2 + y^2 + z^2 + mw^2, \quad 1 \leqslant m \leqslant 7.$$

这 7 个二次型都是万能的——因为勒让德的三平方和定理!

这样, 巴加瓦不但找出了所有 204 个四元万能多项式, 并且更加深刻地认识到 "15" 的神奇:

神奇的 15   如果整数矩阵正定二次型能够表示所有小于 15 的正整数, 则它也能够表示所有大于 15 的正整数.

希望详细理解上述精彩证明的读者请查看巴加瓦的原始论文:

Manjul Bhargava, On the Conway-Schneeberger Fifteen Theorem. In "Quadratic forms and their applications", 1999. Contemp. Math. 272. Providence, RI: Amer. Math. Soc. pp. 27—37.

万物皆数, 万数皆图, 图数无间. 通过二次型、对称矩阵与格的相互转化, 康威、史尼伯格与巴加瓦等人用神奇的 "15", 将四平方和定理推上了其辉煌的顶峰.

尽管任何正整数都可以写成四个自然数的平方和, 然而, 早在 1637 年, 费马却断言, 任何正整数的立方不可能写成两个正整数的立方和! 任何正整数的四次方不可能写成两个正整数的四次方和! ⋯⋯ 这就是下一章的主题:

费马大定理   方程 $x^n + y^n = z^n (n \geqslant 3)$ 无正整数解.

本节练习题

1. 验证二次型 $x^2+y^2+z^2, x^2+y^2+2z^2, x^2+y^2+3z^2, x^2+y^2+2yz+2z^2, x^2+y^2+2yz+3z^2$ 的 "truant" (最小正整数) 分别为 7, 14, 6, 7, 14.

2. 证明 $x^2 + y^2 + z^2 + mw^2 (1 \leqslant m \leqslant 7)$ 都是万能的 (利用勒让德的三平方和定理).

第三章　至简至美 —— 费马大定理

引言　一个方程引发的故事

方程 $x^3 + y^3 + z^3 = 29$ 有整数解吗? 是的, 读者很快就能发现一个.

方程 $x^3 + y^3 + z^3 = 30$ 有整数解吗? 答案极不平凡, 但也是肯定的 (见后).

方程 $x^3 + y^3 + z^3 = 33$ 有整数解吗? 迄今为止无人知晓!

本章的主题也是一个方程是否存在整数解的问题.

> **费马大定理**[①]　对于任意大于 2 的正整数 n, 方程
>
> $$x^n + y^n = z^n$$
>
> 没有 $xyz \neq 0$ 的整数解[②].

在费马[③] 提出此问题的 350 余年后, 时任普林斯顿大学数学系教授的英国数学家安德烈·怀尔斯在无数前人工作的基础上完成了费马大定理的最后证明. 这也成为了数学史上具有划时代意义的一个事件.

看上去如此"简单初等"的方程为何会有如此魔力, 引无数英雄竞折腰?

就请读者和我们一起来看一看整数世界中的秘密吧!

费马

[①] Fermat's Last Theorem, 更恰当的翻译应为"费马最后的定理". 本书沿用传统的译法, 称为费马大定理.

[②] 也称为非平凡整数解.

[③] Pierre De Fermat, 1601—1665, 法国著名数学家, 被称为"业余数学家之王".

第一节 大海捞针 —— 寻找方程整数解的千年历史

3.1.1 众里寻她——丢番图和他的方程

古希腊数学家丢番图[①] 著有重要数学名著《算术》, 该书主要研究代数方程和代数方程组的整数或有理数解问题. 简单来说, 多项式是关于加法和乘法的有限运算之复合, 而所谓代数方程 (组), 即为由一个 (多个) 系数是整数的多项式所定义的方程 (组).

许多伟大人物都拥有独特的墓志铭, 然而极少有人像丢番图这样, 以一个代数方程来描述自己的一生.

"这里长眠着丢番图, 一位传奇的人物! 一个代数方程将告诉你他的生平: 上帝给予他的童年时光是他生命的六分之一; 又过了十二分之一, 他已近成年, 两颊长须; 再过七分之一, 他与爱人步入了婚姻殿堂. 五年之后, 孩子诞生了, 活泼又可爱. 不幸! 在年龄仅为父亲一半的时候, 他早早离开人世, 进入了冰冷的墓. 悲伤只能用数论的研究来弥补. 四年之后, 丢番图告别数学, 长眠此地." 由此可以推断他享年 84 岁 (见本节练习题).

为了纪念这位伟大的智者, 我们把主要研究其整数解的代数方程称为**丢番图方程**. 丢番图方程求解是数论历史最为悠久的一个主要分支, 也是数学的中心问题之一——本章的主题费马大定理即是一例.

任给一个丢番图方程 $f(x_1, \cdots, x_n) = 0$, 人们想知道三个不同层次的答案:

1. 方程是否**存在**一个 (非平凡) 整数解?

2. 如果有解, 它们之间的**关系**是什么?

3. 是否存在一个算法可以**列出**这些解?

不幸的是, 即便是第一个判定问题[②]也已极为困难. 是否存在一个一致算法, 使得其对任何一个输入的丢番图方程都可以判断其是否有解, 此即为丢番图方程的可解性判定问题. 1900 年, 希尔伯特在第二届世界数学家大会上把它列为著名的 23 问题中的第 10 个. 70 年后, 借助于数理逻辑的理论, 苏联数学家马蒂雅谢维奇[③]在前人工作的基础上证明了:

丢番图方程不可判定定理 丢番图方程的可解性不可判定.

[①] Diophantus, 生于约公元 200 年到 214 年之间, 逝于约公元 284 年到 298 年之间, 古希腊时期居住于亚历山大港的著名数学家, 被称为"代数之父"(波斯数学家花拉子米也常被称为"代数之父").

[②] 这样需要回答是或者不是的问题称为判定问题.

[③] Yuri Matiyasevich, 生于 1947 年, 俄罗斯数学家.

换句话说, 不存在一个图灵机[①] 能够判定任意一个丢番图方程是否有解. 我们甚至可以在任何相容于皮亚诺算术的系统中具体构造出一个丢番图方程, 没有任何算法可以判断它是否有解.

回到本章引言的介绍, 方程 $x^3 + y^3 + z^3 = 30$ 的一个整数解是

$$(-283\,059\,965, \quad -2\,218\,888\,517, \quad 2\,220\,422\,932).$$

它于 1999 年被数学家鄂尔科斯[②] 指导的几名学生发现[③].

请读者注意, 丢番图最先考虑的多是方程的有理数解问题. 考虑整数解和考虑有理数解, 两个不同的问题之间有密切联系, 也有本质差异, 请读者想想看哪个更难? 例如, 人们至今仍然不知道, 一个任意的丢番图方程是否存在有理数解可否判定. 除非另加说明, 本章在提到丢番图方程时, 一般是指考虑整数解的不定方程.

对丢番图方程的研究至少在公元前 250 年就已经开始了. 人类早期研究的丢番图方程数目众多, 各不相同, 解法差异巨大. 大致说来, 数学家仅仅掌握和理解了极少数的丢番图方程. 现在仅仅知道次数不超过 2 的丢番图方程的判定问题是完全可解的. 超过 2 次的丢番图方程已经没有一般算法了.

3.1.2　见微知著——韩信点兵与中国剩余定理

《孙子算经》是我国古代重要的数学著作, 被列为唐朝数学 "高考" 标准教材《算经十书》之一. 其中的卷下第 26 题写到: "今有物不知其数, 三三数之剩二, 五五数之剩三, 七七数之剩二, 问物几何? 答曰: '二十三'." 题目后面不仅提供了答案, 而且还给出了解法 (见右图). 亲爱的读者, 您理解书中解法的根本原理吗? 如果把题目中的三, 五, 七分别换作三十一, 五十三, 七十九, 您还会解吗?

汉语中有个成语叫 "盲人摸象", 讽刺那些只能见局部不能观整体的人. 可是上面的题目却告诉我们, 盲人可以观象——"局部" 决定 "整体"! 那么, 数学里的这种现象, 其根本原因是什么? 让我们从整数和同余开始, 去寻找一条由局部决定整体的根本法则.

孙子算经内页

---

① 粗略地说, 图灵机 (Turing machine) 是一个精确定义的计算模型, 读者不妨简单将其理解为可以在计算机上运行的一种强大的机器语言.

② N. Elkies, 生于 1966 年, 美国数学家, 是迄今为止哈佛大学历史上最年轻的教授——26 岁获得哈佛大学正教授职位, 也是极具才华的音乐家和国际象棋高手.

③ 作者包括: E. Pine, K. Yarbrough, W. Tarrant 以及 M. Beck. 详情请参考: B. Poonen, Undecidability in number theory, Notices Amer. Math. Soc. 55 (2008), 344—350.

我们首先回忆一下整除的基本概念. 设 a,b 是整数, 如果 $a = b \cdot c$, 则称 a 被 b 整除, b 是 a 的因子, a 是 b 的倍数, 记为 $b \mid a$. 由定义可以看出, 一个变元的一次丢番图方程 $ax = b \ (a \neq 0)$ 有解当且仅当 $a \mid b$, 且解为 $x = \dfrac{b}{a}$.

a 与 b 的最大公因子定义为那些同时整除 a 和 b 的所有自然数中的最大者, 记为 (a, b). 特别地, 若 $(a, b) = 1$, 则称 a 与 b 互素. 自然数可以比较大小, 而且还可以列成一排, 因此可以想象 (等价于数学归纳法) 任意一个自然数的非空子集都有最小的元素. 自然数的这种关于大小的完美性质, 称为良序性原理. 利用自然数集的良序性原理可以证明:

带余除法　对任意整数 a, b, 且 $b \neq 0$, 存在唯一的整数 q, r, 使得 $a = qb + r$, 且 $0 \leqslant r < |b|$.

由以上定义, 同时整除 a 和 b 的自然数的集合与同时整除 b 和 r 的自然数的集合是相同的. 进而可得到最大公因子的一个重要性质: 若 $a = qb + r$, 则

$$(a, b) = (a - qb, b) = (r, b).$$

例如, $(200, 45) = (20, 45) = (20, 5) = 5$.

实际上, 我们有计算最大公因子的精确高效的算法——辗转相除算法, 也是算术世界中最基本和最重要的算法之一.

欧几里得辗转相除算法　若 $a, b \neq 0$ 均是整数, 且

$$
\begin{aligned}
&a = qb + r_1, \quad 0 < r_1 < |b|;\\
&b = q_1 r_1 + r_2, \quad 0 < r_2 < r_1;\\
&r_1 = q_2 r_2 + r_3, \quad 0 < r_3 < r_2;\\
&\cdots\cdots\\
&r_{n-2} = q_{n-1} r_{n-1} + r_n, \quad 0 < r_n < r_{n-1};\\
&r_{n-1} = q_n r_n,
\end{aligned}
$$

则 r_n 即为 a 与 b 的最大公因子. 进一步, 由回溯法可求出 x, y, 使得 $(a, b) = r_n = xa + yb$. 因此有:

最大公因子定理　存在整数 x, y, 使得 $(a, b) = xa + yb$.

例 1　由于 $2016 = 1 \times 1896 + 120, 1896 = 15 \times 120 + 96, 120 = 1 \times 96 + 24, 96 = 4 \times 24$. 因此, $(2016, 1896) = 24$. 进一步可得,

$$24 = 120 - 1 \times 96$$
$$= 120 - 1 \times (1896 - 15 \times 120)$$
$$= 16 \times 120 - 1 \times 1896$$
$$= 16 \times (2016 - 1986) - 1 \times 1896$$
$$= 16 \times 2016 - 17 \times 1896.$$

这样, 我们把 24 写成了 2016 和 1896 的整线性组合: $24 = 16 \times 2016 - 17 \times 1896$.

二元一次丢番图方程的通解公式　方程 $ax + by = c$ 有解当且仅当 $(a, b) \mid c$, 且若方程有一组整数解 x_1, y_1, 则所有通解为

$$x = x_1 + [b/(a, b)]t, \quad y = y_1 - [a/(a, b)]t, \quad t \in \mathbb{Z}.$$

根据最大公因子定理, 不难得到二个变元的丢番图方程 $ax + by = c$ 的一个解法: 首先利用欧几里得辗转相除算法, 用递归的办法求出 $ax + by = (a, b)$, 然后两边乘以 $\dfrac{c}{(a, b)}$, 得到一个特解 x_1, y_1, 再由以上通解公式即可得到方程的所有解. 由此我们还知道: 一次不定方程若有解, 则必有无穷多个解. 同样, 用递归的办法可以证明, 多个变元的一次丢番图方程 $a_1 x_1 + a_2 x_2 + \cdots + a_n x_n = c$ 有整数解的充分必要条件为: $(a_1, \cdots, a_n) \mid c$.

整数之间可以定义各种各样的关系, 比如大小关系; 也可以定义不同的运算, 比如加法和乘法. 但是有一种关系却是整数所独有的: 由整除得到的同余关系.

同余的定义　设 n, a, b 为整数. 如果 $n \mid (b - a)$, 则称 a **模** n **同余于** b, 或称 a, b **模** n **同余**, 记为 $a \equiv b (\mathrm{mod}\ n)$.

奇偶性是最简单的同余关系: 所有的偶数都模 2 同余于 0; 所有的奇数都模 2 同余于 1.

在我们生活的世界中, 处处都有同余的例子. 例如, 人们使用的时钟就是模 12 或者模 24 的同余算术. 因此, 同余算术也被称为时钟算术. 在音乐中 (参看本书第四章第一节), 音符的空间可以看成是模 8 的同余算术, 原因是两个相差八度的音常被视为同一个音. 如果再考虑到半音阶和十二平均律, 当前主流的音乐理论使用了模 12 的同余算术.

容易验证, 同余是一种等价关系. 在模 n 的所有同余类构成的集合上还可以定义加法和乘法的运算 (由整数的加法和乘法诱导), 构成一个交换环, 并且在 n 是素数的时候形成一个域.

若 $f(x)$ 是整系数多项式, 关于未知数 x 的同余式 $f(x) \equiv b (\mathrm{mod}\ n)$ 称为一个**同余方程**. 若 $f(x)$ 是一次多项式, 则该同余式称为**线性同余方程**. 关于 x 的一组

同余方程称为一个**同余方程组**.

由于线性同余方程组的线性性, 用类似于求解线性方程组的基本办法, 可以证明一个关于同余方程的重要的定理——**中国剩余定理** (Chinese Remainder Theorem, CRT). 这个以中国命名的基本定理, 在数学的各个领域都有大量的重要应用, 是我国古代先贤们留下的珍贵财富.

> **中国剩余定理**   若 $m_1, m_2, \cdots, m_s$ 为两两互素的正整数, $a_1, a_2, \cdots, a_s$ 为任意整数, 且 $M = m_1 m_2 \cdots m_s$, 则下列关于变元 x 的线性同余方程组:
>
> $$\begin{cases} x \equiv a_1 (\mathrm{mod}\ m_1); \\ x \equiv a_2 (\mathrm{mod}\ m_2); \\ \cdots\cdots \\ x \equiv a_s (\mathrm{mod}\ m_s), \end{cases}$$
>
> 有使得 x 落在区间 $[0, M)$ 中的唯一整数解 x. 进一步, x 可表示为
>
> $$x \equiv \sum_{i=1}^{s} a_i \cdot \frac{M}{m_i} \cdot y_i (\mathrm{mod}\ M),$$
>
> 其中 y_i 满足方程 $y_i \cdot \dfrac{M}{m_i} \equiv 1 (\mathrm{mod}\ m_i), \forall 1 \leqslant i \leqslant s$.

关于这个定理的很多生动例子都存在于民间传说中. 例如, 传说名将韩信曾应用中国剩余定理的思想快速计算士兵人数. 设想韩信想要得到士兵的精确人数, 他令士兵列成不同长度的队形, 进而得到如下信息 (士兵列阵通常极为快速高效): 若每队列 10 人, 则余 6 人; 若每队列 11 人, 则余 3 人; 若每队列 13 人, 则余 1 人. 由中国剩余定理的解法可知, 士兵人数为 $2016 + 1430 \cdot k$.

历史上, 我国南宋时期的重要数学家秦九韶基于《孙子算经》, 在其著作《数书九章》中第一次明确系统地叙述了求解一次同余方程组的一般计算步骤. 为纪念中国数学家在这一工作中的卓越贡献, 现在西方数学界将这一定理称为 "Chinese Remainder Theorem" (中国剩余定理).

中国剩余定理是研究丢番图方程的强大利器. 应用中国剩余定理, 大量数学问题转化成了更加简单的 "局部" 问题. 比方说, 如果我们知道了 n 的素因子分解 $n = \prod_{i=1}^{t} p_i^{s_i}$, 则由中国剩余定理可知, 一个模 n 的同余方程 $f(x) \equiv 0 (\mathrm{mod}\ n)$ 完全等价于一组模 $p_i^{s_i}$ 的同余方程组 $f(x) \equiv 0 (\mathrm{mod}\ p_i^{s_i}), i = 1, 2, \cdots, t$. 而后者要简单许多, 并且在大多数情况下可以归结为更加简单的模素数 p_i 的同余方程组的研究. 因此, 在同余的世界里, 见微的确可以知著!

3.1.3 见著知微——哈塞-闵可夫斯基局部-整体原则

二次丢番图方程的世界异常丰富, 例如勾股方程、平方和定理、拉格朗日四平方和定理以及万能多项式等. 即使对于二元二次型, 也有诸如高斯猜想[①] 这样的未知问题.

幸运的是, 至少对于一般二次型的丢番图方程, 基于强大的同余理论, 我们已经有完整的求解算法.

回顾集合 X 上的距离 d, 作为 $X \times X \to \mathbb{R}$ 上的非负函数, 其最根本的一个性质是三角不等式: $d(x,y) + d(y,z) \geqslant d(x,z)$. 我们自然要问, 对于两个整数而言, 除了我们已经熟知的作为实数的普通距离之外, 还有其他定义距离的方式吗?

譬如, 请读者想一想, 您能够在整数上定义满足

$$d(2,3) = 1, \quad d(2,4) = \frac{1}{2}, \quad d(2,5) = 1, \quad d(2,6) = \frac{1}{4}, \quad \cdots$$

的距离吗?

亨泽尔[②] 在 20 世纪初给出了肯定的回答. 令 $v_2(x)$ 为整除 x 的 2 的最高方幂, 请读者验证

$$d(x,y) = 2^{-v_2(x-y)}$$

是一个满足上述条件的距离!

看上去这么奇怪的距离究竟从何而来?

答案是同余. 整数的同余性质告诉我们可以构造无穷多种完全不同于欧氏距离的距离!

人有十指, 因此人类更多地选择了十进制. 在人类社会活动中, 周期越长的, 特别是 10 的方幂的纪念日会被着重纪念——两个时间刻度的差是 10 的方幂是更加完美和不平凡的事情. 同理, 固定一个素数 p, 如果两个整数的差被 p 的高次幂整除, 则可认为其关系更加"亲密". 特别地, 如果一个整数被 p 的高次幂整除, 则可认为其更接近于 0, 如下图所示.

一般地, 任意非零整数 n 总可以写为 $n = p^i m, (m,p) = 1$ 的形式, 称 i 为 n 关于 p 的指数赋值, 记为 $v_p(n) = i$. 例如, $v_2(100) = v_5(100) = 2$. 特别规定 $v_p(0) = \infty$. 容易验证对任意整数 x,y, 指数赋值函数 v_p 满足:

[①] 这里是指高斯关于二次域理想类数三个猜想的最后一个: 存在无穷多类数为 1 的实二次域.
[②] Kurt Wilhelm Sebastian Hensel, 1861—1941, 生于哥尼斯堡的德国著名数论学家.

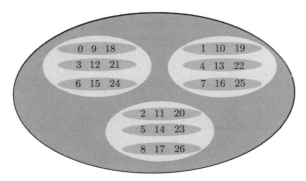

圆越小数越亲密

(1) $v_p(x) = \infty$ 当且仅当 $x = 0$;

(2) $v_p(xy) = v_p(x) + v_p(y)$;

(3) $v_p(x + y) \geqslant \min\{v_p(x), v_p(y)\}$.

对于有理数 $\dfrac{a}{b}(a, b \in \mathbb{Z})$, 定义 $v_p\left(\dfrac{a}{b}\right) = v_p(a) - v_p(b)$. 例如, $v_2\left(\dfrac{25}{16}\right) = -4$,

$v_3\left(\dfrac{25}{16}\right) = 0$.

p 进赋值的定义 对任意有理数 x, 定义其 p 进赋值 $|x|_p$ 如下:

$$|x|_p = p^{-v_p(x)}.$$

p 进距离的定义 对任意有理数 x, y, 定义其 p 进距离 $d_p(x, y) = |x - y|_p$, 称为由 p 进赋值 $|x|_p$ 诱导的距离.

读者可以验证由 $|x|_p$ 诱导的距离 $d_p(x, y)$ 满足三角不等式 $d_p(x, y) + d_p(y, z) \geqslant d_p(x, z)$.

接下来, 让我们按照这个距离从有理数来构造新的"数". 我们首先回忆如何从有理数构造实数. 一个有理数域上的数列 $\{a_n\}_{n \in \mathbb{N}}$, 若满足对任意 $\epsilon > 0$, 存在自然数 N, 使得对任意 $m, n > N$, 都有

$$|x_m - x_n| < \epsilon,$$

则称数列 $\{a_n\}_{n \in \mathbb{N}}$ 为 $\mathbb{Q}$ 上的柯西序列. 例如, $\sqrt{2}$ 对应于序列

$$\{1, 1.4, 1.41, 1.414, 1.4142, 1.41421, 1.414213, 1.4142135, \cdots\}.$$

这里 $|\cdot|$ 指有理数的绝对值. 两个柯西序列可以自然按分量定义一个差序列, 如果此差序列的极限为 0, 则称这两个柯西序列是等价的. 例如序列

$$\{100, 1.4, 1.41, 1.414, 1.4142, 1.41421, 1.414213, 1.4142135, \cdots\}$$

同样对应于 $\sqrt{2}$. 定义所有有理数域上的柯西序列的等价类的全体为实数域 $\mathbb{R}$. 此过程称为 $\mathbb{Q}$ 关于欧氏距离的完备化, 直观上可以把 $\mathbb{R}$ 理解为有理数域 $\mathbb{Q}$ 添加了所有其上的柯西序列的极限得到的完备域.

　　类似地, p 进域是在 $\mathbb{Q}$ 关于由 p 进赋值诱导的距离下的完备化域, 记作 $\mathbb{Q}_p$. 由上述构造可知有理数域 $\mathbb{Q}$ 在实数 $\mathbb{R}$ 中稠密, $\mathbb{Q}$ 在 $\mathbb{Q}_p$ 中也稠密.

　　把无穷 ∞ 视为无穷远的素数, 我们习惯上把实数域 $\mathbb{R}$ 也记为 $\mathbb{Q}_\infty$. 这样我们得到了无穷多个和 $\mathbb{R}$ 具有相同地位 (但是使用的距离不一样) 的数系, 称为 $\mathbb{Q}$ 关于素数 p (包含无穷) 的局部化完备域. 由下面定理可知, $\mathbb{Q}$ (关于非平凡赋值) 的完备化域本质上只有这些.

　　奥斯特洛夫斯基定理　$\mathbb{Q}$ 上的所有赋值或者等价于绝对值[①] 或为平凡赋值, 或等价于某素数 p 的 p 进赋值.

　　与普通的绝对值赋值大不相同的是, $|\cdot|_p$ 还满足更强的 "超距" 不等式 (这可由 p 进指数赋值的第三条性质得到):

$$d_p(x,z) \leqslant \max\{d_p(x,y), d_p(y,z)\}.$$

　　我们把满足上述不等式的距离称为非阿基米德距离, 以区别于我们熟悉的阿基米德 (欧氏) 距离. 由超距不等式还可以得出, 在 $\mathbb{Q}_p$ 的世界中, 所有的三角形都是等腰三角形! 任取 $x, y, z \in \mathbb{Q}_p$, 由于 $d_p(x,z) \leqslant \max\{d_p(x,y), d_p(y,z)\}$, 若 $d_p(x,y) = d_p(y,z)$, 则它已是等腰三角形. 若不然, 不妨假设 $d_p(x,y) > d_p(y,z)$, 则 $d_p(x,z) \leqslant d_p(x,y)$. 又由于 $d_p(x,y) \leqslant \max\{d_p(x,z), d_p(y,z)\}$, 因此若 $d_p(x,z) \neq d_p(x,y)$, 则必有 $d_p(x,y) \leqslant d_p(y,z)$, 矛盾! 因此 $d_p(x,z) = d_p(x,y)$.

　　可以证明, 任何一个 $\mathbb{Q}_p$ 中的元素都可以写为

$$\sum_{i=m}^{\infty} a_i p^i, \quad a_i \in \mathbb{Z}, 0 \leqslant a_i \leqslant p-1.$$

因此, 在某种意义上, 一个 p 进数包含了它模所有 p 的方幂的同余信息.

　　如果定义所有 p 进整数为所有形如

$$\sum_{i=0}^{\infty} a_i p^i, \quad a_i \in \mathbb{Z}, 0 \leqslant a_i \leqslant p-1$$

的元素全体, 记为 $\mathbb{Z}_p$, 则可证明 $\mathbb{Z}_p$ 构成 $\mathbb{Q}_p$ 的子环, 且是 $\mathbb{Z}$ 在 $\mathbb{Q}_p$ 中的闭包. 还可以证明, $\mathbb{Z}_p$ 中的所有可逆元形如:

$$\sum_{i=0}^{\infty} a_i p^i, \quad a_i \in \mathbb{Z}, 0 \leqslant a_i \leqslant p-1, a_0 \neq 0.$$

---

① 设 $|\cdot|_1, |\cdot|_2$ 是 $\mathbb{Q}$ 上两个绝对值, 若存在常数 $c > 0$, 使得对任意 $x \in \mathbb{Q}$, $|x|_1 = (|x|_2)^c$, 则称 $|\cdot|_1, |\cdot|_2$ 等价.

通常将 $\mathbb{Z}_p$ 中所有这样的可逆元全体记为 $\mathbb{Z}_p^*$.

和普通实数加法不同的是, $\mathbb{Q}_p$ 中的加法和乘法运算是从左向右进位的. 作为对比, 回忆任何一个实数可以进行十进制展开, 例如,

$$\frac{100}{9} = 1 \cdot 10^1 + 1 \cdot 10^0 + \frac{1}{10} + \frac{1}{10^2} + \frac{1}{10^3} + \cdots.$$

我们简单记为 $\frac{100}{9} = 11.111111111\cdots$, 小数点后越向右, 每个数字代表的实数就越小. 若小数点后第 i 位是数字 a, 则其代表的实数为 $a \cdot 10^{-i}$. 类似地, 小数点后越向右, 每个数字代表的 p 进数就越小. 由于 $\frac{199}{5} = 5^{-1}(4 \cdot 5^0 + 4 \cdot 5^1 + 2 \cdot 5^2 + 1 \cdot 5^3)$, 因此 $\frac{199}{5}$ 的五进制展开为 $4.421\dot{0}$. 这里数字上方的点表示循环位, 通常也把 0 的循环节省略.

为了得到 $-\frac{1}{3}$ 的五进制展开, 考虑

$$\begin{aligned}-\frac{1}{3} &= \frac{5^2 - 1 - 5^2}{3} = 3 \cdot 5^0 + 1 \cdot 5^1 + \left(-\frac{1}{3}\right) \cdot 5^2 \\ &= 3 \cdot 5^0 + 1 \cdot 5^1 + \left(3 \cdot 5^0 + 1 \cdot 5^1 + 5^2\left(-\frac{1}{3}\right)\right) \cdot 5^2.\end{aligned}$$

因此, $-\frac{1}{3}$ 的五进制展开为 $0.313131\cdots$ 由此也可知 $-\frac{1}{3}$ 是 p 进整数! 这样我们还得到了 $\frac{2}{3} = 1 + \left(-\frac{1}{3}\right)$ 的五进制展开为 $0.413131\cdots$

类似地, $\frac{1}{3} = \frac{1+5-5}{3} = 2 \cdot 5^0 + 5\left(-\frac{1}{3}\right) = 2 \cdot 5^0 + 5^1 \cdot 0.313131\cdots = 0.2313131\cdots$ 读者可以直接验证 $0.2313131\cdots + 0.313131\cdots = 0$.

$\mathbb{Q}_p$ 上可以建立完整的更有特色 (多数时候也更简单) 的分析学, 称为 p 进分析, 是数论中的重要工具. 例如, $\mathbb{Q}_p$ 上的级数, 其收敛性判别更加简单. p 进分析在最终彻底征服费马大定理的战役中起到了关键作用.

我们现在可以叙述一般二次齐次丢番图方程解的判定方法了.

哈塞–闵可夫斯基局部–整体原则 一个二次型定义的方程 $f(x_1, \cdots, x_n) = 0$ 有非平凡的有理数解当且仅当其有非平凡的实数解, 并且对任意素数 p, 其在局部域 $\mathbb{Q}_p$ 上都有非零解.

从计算上看, 验证一个二次型在 $\mathbb{Q}_p$ 上是否有非零解相对比较容易, 并且可以证明在很多时候可归结为模素数 p 和模素数方幂 p^k 的同余式的求解问题. 由此还可知任意一个不少于 5 个变元的非正定整二次型 $f(x_1, \cdots, x_n) = 0$ 必定有非平凡的有理数解!

注意 对非齐次方程, 或者高次齐次方程, 上述定理通常未必成立. 举例如下:

例 2 非齐次方程

$$(x^2 - 2)(x^2 + 7)(x^2 + 14) \equiv 0 \pmod{m}$$

对所有 m 都有解[1], 而且显然 $(x^2 - 2)(x^2 + 7)(x^2 + 14) = 0$ 也有实数解, 但是容易看出 $(x^2 - 2)(x^2 + 7)(x^2 + 14) = 0$ 没有有理数解.

例 3 3 次齐次方程

$$3x^3 + 4y^3 + 5z^3 \equiv 0 \pmod{p}$$

对所有 p 都有解[2], 而且显然 $3x^3 + 4y^3 + 5z^3 = 0$ 也有实数解, 但是塞尔默 (Ernst S. Selmer) 于 1957 年证明了 $3x^3 + 4y^3 + 5z^3 = 0$ 没有非平凡的有理数解!

3.1.4 一锁双钥——素数在公钥密码学之应用

安全地传递信息而不被敌方知晓, 是在人类社会活动中自古以来就存在的强烈需求, 尤其是在军事、政治、经济等领域. 无论是发生在几百年前的英国宫廷政变[3], 还是距离我们不到一个世纪的两次世界大战, 密码学都起到了举足轻重的作用. 如今, 我们每天在互联网上提交的巨量订单, 都有密码学在背后保驾护航!

早期的加密方法极为简单. 从密码棒到凯撒的单代换密码, 再到维热纳尔代换密码为代表的古典密码, 甚至直到 20 世纪 70 年代蓬勃发展的分组密码与流密码, 主要的加密方案仍然是基于 "代换" 和 "置换" 思想的对称加密, 让我们先来简单看一看代换密码的历史, 以及一个密码破译从而改变人类战争格局的故事.

例 4 (凯撒密码) 凯撒在他的著作《高卢战记》中记录了一种加密方案, 如下: 把每个字母用按照字母顺序间隔三位后的字母替代 (如果数到了字母 z 的后面, 则后面继续从字母 a 循环). 例如, "MATH SKY" 就加密为 "PDWK VNB". 人们把这样的加密方法称为单代换密码. 它是所有代换密码的基础, 也是有记载的首次应用于军事的代换密码.

凯撒的加密方案的密钥就是数字 "3"! 解密的时候只要把每个字母往前顺序数三个间隔就可以得到原始消息. 凯撒密码的密钥空间只有 26.

一个真正安全的密码系统首先要假设敌人完全知道你所用的加密方案. 因此, 至少密钥空间的增大可以提高破译的难度. 让我们来尝试改进凯撒的方案. 首先, 显

---

① 应用二次互反律可以证明.

② 证明并非平凡, 需要对 p 进行适当的分类讨论, 读者不妨尝试.

③ 1578 年, 苏格兰女王玛丽陷入一场宫廷政变, 她和同党们传递信息的办法是把消息塞到啤酒桶的木塞里, 被伊丽莎白女王的大臣所识破并被处死.

然密钥空间太小了. 我们可以编造一个字典 (称为密码本), 让每个字母都对应于另外一个字母, 这样密钥空间的大小变成了大约 4×10^{26}. 敌人哪怕一秒检查一个钥匙, 也需要约一千亿亿年时间.

而新问题又随之而来, 这样的密码本使用起来并不方便, 且不利于己方同伴记忆, 而记录在纸上进行传递又会遭遇新的安全问题! 因此, 安全地交换密码本成为新的难题! 对此问题请参见本章第四节第一小节.

例 5 (维热纳尔代换密码)   用一个有意义的单词来替换一组字母. 选定一个密钥, 比如 "Monkey" (也可以毫无意义), 将明文按照 6 个字母间隔分组, 每组都加上 "Monkey" 这个字符串.

维热纳尔代换密码相比恺撒密码有明显的优势, 它既容易操作, 又具有大小为 26^6 (约为 3 亿) 的密钥空间, 这在没有计算机的时代已非常可观.

代换密码的破解   9 世纪的时候, 阿拉伯的著名哲学家金迪描述了神学家们从校对可兰经里穆罕默德启示录的过程中获得了灵感和经验, 进而发展了利用字母使用频率统计的办法来破解代换密码. 请读者回忆下, 哪些英文字母和组合用得最多 (参见下图)?

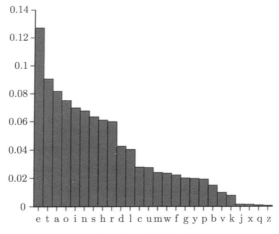

一般文献中英文字母使用频率表

到了文艺复兴时期, 艺术、科学和学术的发展为密码学提供了广阔的空间, 当然也包括了政治上尔虞我诈的斗争所产生的需求. 总之密码学开始快速蓬勃发展.

例 6 (谜[①])   德军在一战中因为密码系统被破译吃了大亏, 因此二战的时候建立了强大的加密系统, 发明了强大的机器, 以机械和电子方法代替了手工的加密方法. 这就是战争史和密码史上著名的密码机 "谜" (如下图如示).

[①] 英文名字叫 Enigma.

"谜"的基本原理和构造　　如下图所示,"谜"主要由转子、键盘、插线板和灯板组成. 这些装置加上其他附件, 最少提供了一百亿亿种不同的编码方式.

谜 (图片引自维基百科)

1925 年,"谜"开始批量生产. 直到战争结束的 20 年间, 德国军方购入了 3 万多台"谜", 并且机器本身的复杂性也一直在增加, 使得其破译的难度也越来越大. 因此"谜"难倒了包括"40 号房"[①] 在内的众多情报分析机构, 成为德军在二战中的重要利器.

"谜"的破解　　三位波兰数学家雷耶夫斯基、罗佐基和佐加尔斯基根据"谜"机的原理初步破译了当时的"谜"的结构. 1939 年中期, 波兰政府将此破译方法告知了英国和法国. 英国得到了波兰的解密技术后, 在其情报分析机构"40 号房"的基础上, 组织了包括数学家、工程师、语言学家等大约 7000 人的密码分析团队. 到了 1941 年, 英国海军捕获德国 U-110 潜艇, 得到了"谜"的机器和密码本. 在其帮助下, 最终成功破译了大量的德军密码. 其中图灵[②] 等数学家制造的计算机起到了关键作用.

"谜"的破译使得纳粹海军对英美商船与补给船的大量攻击失效. 人们普遍认为"谜"的成功破译使得第二次世界大战的结束时间至少提前了两年.

有趣的是, 当时盟军能够破译"谜"的另外一个重要原因是德军的情报人员在

---

① 英国一战时期建立的重要情报分析机构.

② Alan Turing, 1912—1954, 英国著名数学家, 以发明图灵计算模型闻名于世. 作者向读者推荐基于图灵生平改编的两部电影: 1997 年上映的《破译密码》(Breaking the Code) 以及 2015 年上映的《模仿游戏》(The Imitation Game).

操作使用机器加密的时候犯了一些低级错误. 例如, 加密操作员重复使用密钥的失误, 操作步骤错误, 明文消息中使用了例如"元首万岁"这样的常用信息, 以及机器或密码本被缴获, 等等. 当然, 无论成败, "谜"的发明者德国电气工程师雪毕伍斯都没有见到这一天.

对称密码学的基本模型　把上面的加密方案的共同点抽象出来, 可以用下图表示:

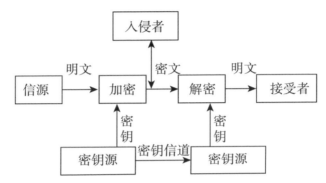

对称密码方案的基本模型

请读者注意, 对称密码学的一个致命弱点就是加密和解密使用的钥匙本质是相同的. 因此, 要么我们建立足够安全的密钥信道, 要么我们就得发明一种加密钥匙和解密钥匙本质不同的密码方案.

公钥密码学 (非对称密码学) 的出现改变了这一切! 整数再一次发挥了它的无穷威力.

最简单的"公钥"

许多读者家里使用的单活门锁① 就是一个"平凡"的非对称加密方案. 再比如美国大学的体育馆流行的一种如左图所示的数字密码锁, 在锁是打开的情况下, 任何人都可以把它锁上, 这就意味着加密的钥匙是平凡的, 我们称之为公钥. 只有锁的拥有者可以通过顺时针或者逆时针旋转依次到适当的刻度来打开②, 这些刻度由只有自己知道的密钥——三个 0 到 30 之间数字确定, 我们称之为私钥. 密钥空间的大小约为 $40^3 = 64000$.

① 单活门锁无需钥匙就可以关上, 但是要有钥匙才能打开.

② 笔者使用过的一把锁打开方式如下: 1. 顺时针旋转至少完整的三圈后停在刻度 4 处; 2. 逆时针旋转停在刻度 6 处; 3. 顺时针停到 24 处打开.

RSA 加密算法   RSA 加密算法[1] 是 1977 年由当时在麻省理工学院工作的李维斯特 (Rivest)、萨莫尔 (Shamir) 和阿德曼 (Adleman) 共同提出的一种非对称加密算法, 在现代信息安全领域获得了广泛应用. 他们也因此 (以及大量其他重要工作) 获得了计算机领域的最高奖——图灵奖. 后来人们知道, 1973 年在英国政府通讯总部工作的数学家柯克斯 (Cocks) 在一个内部文件中提出了一个等价算法, 但他的发现当时被列入最高机密, 直到 1997 年才被公开.

我们首先简要介绍 RSA 加密算法, 然后简要说明 RSA 算法的可靠性依赖于对大整数进行因子分解及对其破解的困难程度. 迄今为止, 世界上还没有任何高效可靠的攻击 RSA 算法的方案, 因此理论上只要 RSA 密码系统的钥匙长度足够长, 用 RSA 加密的信息实际上是不能被破解的. 例如, 目前使用 300 位以上的整数作为密钥仍然被相信是安全的.

公钥与私钥的产生   假设艾丽丝想要通过一个不安全的信道接收来自 鲍勃的一条私密消息. 可用以下的方式来产生一个公钥和一个只有自己知道的私钥.

钥匙的产生   随机选取两个较为接近的相异大素数 p 和 q, 计算 $N = pq$. 计算欧拉函数[2]$\phi(N)$, 可得 $\phi(N) = (p-1)(q-1)$(请读者思考这是为什么?). 然后选择一个小于 $\phi(N)$ 的正整数 e, 使得 $(\phi(N), e) = 1$. 最后求得 d 满足 $ed \equiv 1 \pmod{\phi(N)}$. 现在, 鲍勃可以对外宣布, (N, e) 是他的公钥, 自己秘密保存 (p, q, d) 作为私钥.

加密运算 E 假设艾丽丝想给鲍勃发送一条消息 m, 她知道鲍勃的公钥 (N, e), 首先将消息 m 转化为一个比 N 小的数字 (学过计算机基础知识的读者都容易理解这一点), 我们仍然记为 m. 艾丽丝计算

$$m^e \equiv c \pmod{N}.$$

然后把得到的答案 c 传递给鲍勃.

解密运算 D 鲍勃得到艾丽丝的消息 c 后就可以利用她的密钥 d 来解密. 他可以用以下公式

$$c^d \equiv m \pmod{N}$$

来将 c 转换为 m.

解密原理   应用初等数论中的欧拉定理可以证明

$$E \circ D = D \circ E = I \pmod{N},$$

这里 I 表示恒等映射.

安全性分析   假设偷听者伊芙截获了鲍勃的公钥 (N, e) 以及艾丽丝加密之后的消息 c, 但她无法直接获得艾丽丝的密钥 d. 要获得 d, 必须要计算 $\phi(N)$ (回想 d

---

[1] RSA 取自于三位发明者的名字首字母.

[2] $\phi(N)$ 为欧拉函数, 定义为介于 1 到 N 之间的与 N 互素的整数个数, 例如 $\phi(4) = 2$, $\phi(5) = 4$.

是怎么来的), 然后解出 d, 一个明显的办法是将 N 分解为 p 和 q 的乘积①, 然后代入解密公式

$$m \equiv c^d (\mathrm{mod}\ N).$$

在多项式时间内对一个大整数进行因子分解, 这个算法迄今为止还没有人能找到, 同时也还没有人能够证明这种算法是否存在. 因此目前一般认为只要 N 足够大, RSA 加密算法体制就是安全的. 目前已知最快的算法也来自于数论的方法——数域筛法, 但需要量级为

$$e^{\left(\frac{64}{9}\log N\right)^{\frac{1}{3}}(\log\log N)^{\frac{2}{3}}}$$

的运算步骤. 因此, 随着 N 的增长, 需要的时间呈亚指数型增长.

例如, 若 N 的二进制长度小于或等于 256 位, 那么笔者目前使用的个人电脑几分钟就可以得到它所有的因子. 1999 年, 数百台电脑合作分解了一个二进制长度为 512 位的 N. 今天对 N 的二进制长度的要求是它至少有 1024 位.

有趣的是, 1994 年来自麻省理工学院的彼得·秀尔 (Peter Shor) 教授证明了大数分解在量子计算机模型下有多项式时间算法.

RSA 加密算法的实例　取素数 $p = 376\ 133$, $q = 363\ 271$, 因此 $N = pq = 136\ 638\ 211\ 043$, $\phi(N) = 136\ 637\ 471\ 640$. 取 $e = 17$, 容易验证 $(e, \phi(N)) = 1$, 并且可求得 e 关于 $\phi(N)$ 的逆 $d = 104\ 487\ 478\ 313$.

现在假设我们要发送的秘密消息是 AMATHSKY, 首先按照如下规则:

$$
\begin{array}{ccccccccc}
0 & 1 & & 25 & 26 & 27 & & 31 \\
| & | & \cdots, & | & | & | & \cdots, & | \\
A & B & & Z & a & b & & f
\end{array}
$$

将 AMATHSKY 编码为 0　12　0　19　7　18　10　24, 写为二进制的形式:

$$00000\ \ 01100\ \ 00000\ \ 10011\ \ 00111\ \ 10010\ \ 01010\ \ 11000.$$

为简单计, 不妨假定我们需要传送的消息 m 就是具有 40 个二进位的整数

$$m = 0000011000000010011001111100100101011000$$

(实际应用中必须将信息进行分组和规范化处理使之与 N 的大小匹配). 进行加密运算得到密文 $c = m^e (\mathrm{mod}\ N) = 12\ 905\ 072\ 984^{17} (\mathrm{mod}\ 136\ 638\ 211\ 043) = 71\ 689\ 495\ 574$. 写为二进制为

$$c = 0001000010110001000001101110010000010110.$$

---

① 理论上, 人们至今不知道有没有完全避免分解 N 的计算 $\phi(N)$ 的方法.

(若少于 40 位, 左边补零), 将其五五分块为

$$00010\ 00010\ 11000\ 10000\ 01101\ 11001\ 00000\ 10110.$$

其对应整数分别为 2　2　24　16　13　25　0　22, 即得到密文 "CCYQNZAW".

本节练习题

1. 证明 (a, b) 是可以写成形如 $xa + yb, x, y \in \mathbb{Z}$ 的整线性组合的最小的自然数.

2. 计算有理数 $1/7, -25/7$ 的五进制展开.

3. 假设我们使用一个编码和分块规则与本节例子完全一样的 RSA 密码方案, 设公钥为 $(e, N) = (65, 148\,947\,793\,117)$, 密文 c 为 CdbFWTTS, 试求明文 m (读者需要借助计算机的帮助, 或使用某个数学软件).

第二节　穿越时空 —— 费马大定理

　　如本章第一节所述, 古希腊学者丢番图所著的《算术》一书是在文艺复兴后期 (1621 年) 才被翻译成拉丁文的. 1637 年, 法国数学家费马在阅读《算术》的时候, 几乎重新完成了全书命题的所有证明, 并且在书的空白处留下了大量精彩的注释和新的猜想. 特别有趣的一个注解出现在第 11 卷第 8 题旁边的空白处——一个关于数的新命题: "另一方面, 不可能将一个立方数拆成两个立方数之和, 或将一个四次方幂的数拆成两个四次方幂的数之和, 或者一般地将一个高于二次的方幂数拆成两个同次幂数之和. 对于这个问题, 我已发现了一种异常美妙的证法, 可惜这里空白的地方太小, 写不下." 然而, 直到现在人们也没有见到过这个美妙的证明. 我们可以把费马的问题描述为当整数 $n > 2$ 时, 费马方程

$$x^n + y^n = z^n$$

没有非平凡解. 容易看出这也等价于平面代数曲线方程

$$x^n + y^n = 1$$

没有非平凡有理数解.

　　到了 18 世纪末期, 人们已经完成了费马在《算术》的注解中提出的除上述问题之外所有猜想的证明. 因此上述问题一般被称为 "费马最后的定理", 中文常译为 "费马大定理". 为简便记, 本文采取后一种译法.

3.2.1　无尽传说——费马大定理的那些故事

关于费马大定理有数不清的传说. 其中费马本人在第一时间写下了他的传世名言:"我确信已找到了一个绝妙的证明, 但书的空白太窄, 写不下". 这句话一直被无数的数学爱好者调侃, 以至于三百年后它再次出现在了纽约地铁站:"我确信已找到了费马大定理的一个绝妙证明, 可惜我没有时间写下来, 因为我乘坐的地铁已经开来. "

与此同时, 历史上有无数的数学爱好者宣称证明了费马大定理. 当然, 这些证明都是错的. 哥廷根大学数学系主任爱德蒙·兰道① 甚至印制了一批专门的卡片以对付各种费马大定理的证明:"亲爱的 ＿＿＿, 谢谢你寄来的关于费马大定理的证明. 该证明的第一处错误出现在第 ＿＿＿ 页第 ＿＿＿ 行, 这使得证明无效."(兰道的另一个常常被提及的名言是:"不记得不懂微积分的日子了. ")

1908 年, 德国商人保罗·沃尔夫斯凯尔 (Paul Wolfskehl) 设立了十万马克的奖金, 价值大致相当于 1997 年的一千万元人民币, 用于奖励第一个费马大定理的证明者. 虽然这个奖金很快随着一战时期德国经济的通货膨胀而大幅缩水, 但当时依然引起了欧洲大量公众的强烈兴趣. 1997 年 6 月 27 日, 奖金最终由费马大定理的终结者怀尔斯收入囊中. 不过, 这笔奖金的价值缩水到了约三十万元人民币.

关于沃尔夫斯凯尔奖还有一个动人的故事. 保罗是来自德国达姆施塔特的实业家, 出生于一个非常富裕的热心于赞助艺术的犹太银行家家庭. 保罗最开始成为了一名医生, 后来转学了数学. 虽然相比数学而言他在商业上取得了更大的成功, 但他最终却因为一个数学定理被人们所铭记.

传说保罗年轻时爱上了一位美丽姑娘, 可她却无情拒绝了他的无数次表白. 这打击驱使无比沮丧和痛苦的保罗决定在午夜钟声敲响的时候结束自己的生命. 作为一个细致、有条理和精确的人, 他安排好了一切后事, 包括写信给他最好的朋友. 完成这些工作后, 保罗为了打发最后的等待午夜的这段时间, 漫步到附近的一个图书馆翻阅起了数学杂志. 奇迹在凌晨之前发生了! 他认为自己发现了当时大名鼎鼎的数学家库默尔② 文章中的一个漏洞——一个未经证实的假设! 库默尔在那篇文章中证明了柯西关于费马大定理的证明方法是行不通的.

保罗兴奋地工作了一整夜, 终于成功地证明了那个假设是对的, 他因此认为库默尔错了, 柯西的证明是可以弥补的. 保罗感到异常激动, 因为他竟然纠正了伟大的库默尔的工作! 这时午夜早已过去, 重获信心的保罗放弃了自杀的念头. 他立即又写了一份新的遗嘱, 把将来他的大部分遗产赠给任何第一个证明费马大定理的人. 当然, 保罗的补充证明并不正确, 实际上库默尔的工作才是正确的.

---

① Edmund Landau, 1877—1938, 德国数学家, 曾任哥廷根大学数学系主任.
② Ernst Eduard Kummer, 1810—1983, 德国数学家, 在费马大定理的证明上取得伟大成就, 并因此发明了"理想数"和"类数"的概念, 开创了代数数论的基本理论.

　　哥廷根的皇家科学院自 1908 年开始承担验证费马大定理证明和管理这份名为沃尔夫斯凯尔奖的工作. 很快在欧洲有成千上万的证明被送到了皇家科学院. 当然, 很遗憾这些证明都是错误的, 专业的数学家深知证明费马大定理的困难程度. 感谢沃尔夫斯凯尔, 这份特殊的奖金无疑对扩大费马大定理在公众中的影响起到了巨大作用.

　　有趣的是, 就连大哲学家罗素也曾在他的《幸福之路》中说: "青春时代, 我厌恶生活, 一度徘徊于自杀的边缘. 而我之所以终于抑制了自尽的念头, 只是因为想多学些数学!"

　　数学家证明费马大定理的历程是一个不断失败、不断进步、不断创新的历史, 在这个屡战屡败的过程中, 诞生了无数新颖深刻的数学理论. 20 世纪初, 费马大定理的证明尚看不到任何希望, 有人问当时世界上最伟大的数学家、哥廷根大学的希尔伯特为什么不去证明费马大定理, 这位数学 "无冕之王" 的回答是: "为什么要杀死一只下金蛋的母鸡呢?"

3.2.2　无穷递降——费马的利器

　　上文已经提到, 求解一个任意或者随机的丢番图方程, 一般来说都是极为困难的. 费马大定理就是一个很好的例子: 它的形式非常简单, 只有三个变元, 表面上看仅仅是勾股方程 $x^2 + y^2 = z^2$ 的简单 "高次" 类比. 然而, 理解它却至少花费了人类将近四百年的时间! 自费马大定理提出以来的几个世纪里, 费马方程以其简洁、优美和神秘吸引了无数优秀数学家为之奋斗, 谱写了一支精彩绝伦的交响曲, 堪称人类心智的辉煌篇章.

　　可以说, 相当大的一部分近现代数论都是因为费马大定理而产生的.

　　我们首先介绍最简单的情形即 $n = 4$ 时费马大定理的证明, 其思想是费马发明的无穷递降法, 这种方法在数论里广泛使用. 费马可能认为对一般的 n, 无穷递降法也适用.

　　费马关于 $n = 4$ 的证明　　费马实际上证明了更强的结论: 一个三条边长都是整数的直角三角形, 其面积不可能是平方数. 这等价于方程

$$x^4 - y^4 = z^2$$

没有非平凡整数解 (请读者验证). 而这足以导出费马大定理对 $n = 4$ 成立.

　　假设 $x^4 - y^4 = z^2$ 有一个使得 z 是最小正整数的本原解 (x, y, z), 意即 x, y, z 两两互素. 注意到 x^2, y^2, z 是一个勾股三元组 (也被称为毕达哥拉斯三元组), 由 x, y 的 "对称性", 我们不妨假设 x 是奇数. 因此存在互素的正整数 a, b, 使得

$$x^2 = a^2 + b^2, \quad y^2 = 2ab, \quad z = a^2 - b^2.$$

因为 x 是奇数, 所以 a, b 不能同时为奇数. 注意到上面第一式 $x^2 = a^2 + b^2$, 故存在不同时为奇数且互素的正整数 m, n, 使得

$$x = m^2 + n^2, \quad b = 2mn, \quad a = m^2 - n^2.$$

将 $b = 2mn$ 代入 $y^2 = 2ab$, 可得

$$y^2 = 4amn.$$

读者不难验证 a, m, n 两两互素, 由算术基本定理可知它们都必须是平方数. 因此存在自然数 A, M, N, 使得

$$a = A^2, \quad m = M^2, \quad n = N^2.$$

最后我们得到

$$M^4 - N^4 = A^2.$$

显然可以看出 $A \leqslant a < z$, 这与 z 的极小性矛盾.

与椭圆曲线的关系　　假使我们利用椭圆曲线的知识证明了 (本质上仍然是费马的无穷递降法) 如下事实: 椭圆曲线

$$y^2 = x^3 - x$$

的有理数解只有满足 $y = 0$ 的平凡解. 假设存在使得 $xyz \neq 0$ 的非平凡解 (x, y, z), 满足

$$x^4 + y^4 = z^4.$$

两边除以 y^6, 再乘以 z^2, 可得

$$\left(\frac{x^2 z}{y^3}\right)^2 = \left(\frac{z^2}{y^2}\right)^3 - \frac{z^2}{y^2}.$$

这说明 $(z^2/y^2, x^2 z/y^3)$ 是 $y^2 = x^3 - x$ 的一个非平凡解, 这与该椭圆曲线只有平凡解的事实矛盾.

3.2.3　唯一分解——欧拉 $n = 3$ 的证明

对任意 $n \geqslant 3$, n 或者至少有一个奇素因子 p, 或者至少被 4 整除. 若费马方程 $x^n + y^n = z^n$ 有非平凡解, 则立即可以得到 $x^p + y^p = z^p$ 或者 $x^4 + y^4 = z^4$ 的非平凡解. 因此, 在有了 $n = 4$ 的证明后, 只需要对指数为素数的情况证明费马大定理就可以了. 然而, 在接下来的整整两个世纪中 (1637—1839), 数学家们仅仅给出了 3 个情形的证明, 而且都用到了无穷递降的思想!

$n = 3$ 的证明首先于 1770 年由欧拉给出. 欧拉的证明有一个漏洞, 但是这个漏洞被欧拉在别的地方补上了.

$n = 5$ 的证明首先由勒让德和狄利克雷[①] 在 1825 年左右得到.

$n = 7$ 的证明首先由拉美 (Lamé) 在 1839 年给出.

我们这里较为详细地给出 $n = 3$ 的证明. 理解这些细节需要一些数论和代数的知识, 读者完全可以大致浏览一下甚至跳过去.

欧拉关于 $n = 3$ 的证明　记复数 $\zeta_3 = \mathrm{e}^{2\pi i/3}$ 为三次本原单位根, 其满足方程 $x^2 + x + 1 = 0$, $\zeta_3^3 = 1$. 记 $\mathbb{Q}(\zeta_3)$ 为由所有有理数和 ζ_3 所生成的域, 这是一个有理数域的扩域. 记 $\mathbb{Z}[\zeta_3]$ 为 $\mathbb{Q}(\zeta_3) = \mathbb{Q}(\sqrt{3}i)$ 中形如 $\{a\zeta_3 + b, a, b \in \mathbb{Z}\}$ 的元素构成的集合, 这是 $\mathbb{Q}(\zeta_3)$ 中的所有 "整数", 它相对于 $\mathbb{Q}(\zeta_3)$ 正如 $\mathbb{Z}$ 之相对于 $\mathbb{Q}$. 我们要用到的一个重要的事实是, 在 $\mathbb{Z}[\zeta_3]$ 里面, 算术基本定理仍然成立: 任意 "整数" 唯一分解成为若干个不能分解的 "素数" 之积. 这也正是欧拉在他的 "不完整" 证明中假定的条件.

现在把 $n = 3$ 的费马方程改写为

$$(x + y)(x + \zeta_3 y)(x + \zeta_3^2 y) = z^3,$$

并且假设 x, y, z 是一个使得 $\max\{|x|, |y|, |z|\}$ 最小的本原解. 此外, 不妨假设 y 和 z 是奇数. (为什么?)

我们只需要讨论两种情况:

情形 I　$3 \nmid z$;

情形 II　$3 \mid z$.

由于篇幅的限制, 我们只讨论情形 I 的证明, 情况 II 的证明基本类似.

首先, 如果 $3 \nmid z$, 我们可以证明 $x + y, x + \zeta_3 y, x + \zeta_3^2 y$ 两两互素. 例如, 假设 $\mathbb{Z}[\zeta_3]$ 中有一个素元 π (如同整数中的素数一样, 素元具有如下的根本性质: 如果一个素元整除两个数的乘积, 则必整除其中一个) 整除 $x + y$ 和 $x + y\zeta_3$, 则 π 必整除两者之差 $(1 - \zeta_3)y$, 以及整除两者乘积的倍元 z^3, 因此 $\pi \mid z$. 容易验证 $(1 - \zeta_3)(1 - \zeta_3^2) = 3$, 这就意味着 $\pi \mid (1 - \zeta_3)y(1 - \zeta_3^2) = 3y$. 这说明 $z, 3y$ 有公因子 π, 矛盾于情形 I (这里我们假设了 x, y, z 在 $\mathbb{Z}[\zeta_3]$ 中是本原解). 另外几种情形完全类似.

唯一分解定理告诉我们, 如果三个两两互素的自然数之积是一个立方数, 则每个数都是立方数. 这样的性质在 $\mathbb{Z}[\zeta_3]$ 的世界也成立! 因此, 由唯一分解定理可知, 存在元素 $\alpha, \beta, r \in \mathbb{Z}[\zeta_3]$, 使得

$$x + y = \alpha^3, \quad x + \zeta_3 y = r\beta^3, \quad x + \zeta_3^2 y = \bar{r}\bar{\beta}^3,$$

[①] Johann Peter Gustav Lejeune Dirichlet, 1805—1859, 德国著名数学家.

其中 r 是可逆元. 稍加分析可以说明 $\mathbb{Z}[\zeta_3]$ 中的可逆元只有 $\pm 1, \pm\zeta_3, \pm\bar{\zeta}_3^2$, 进一步可看出 $\alpha \in \mathbb{Z}, r = \zeta_3^2$, 即

$$x + y = \alpha^3, \quad x + \zeta_3 y = \zeta_3^2 \beta^3, \quad x + \zeta_3^2 y = \zeta_3 \bar{\beta}^3,$$

其中 $\alpha \in \mathbb{Z}, \beta \in \mathbb{Z}[\zeta_3]$.

假设 $\beta = b + c\zeta_3$, 代入上式, 整理可得

$$y = -b^3 - c^3 + 3bc^2, \quad x = -b^3 - c^3 + 3b^2 c.$$

再代入 $x + y = \alpha^3$, 可得

$$\alpha^3 = -2b^3 - 2c^3 + 3bc^2 + 3b^2 c = (c - 2b)(b - 2c)(b + c).$$

同样, 可以证明整数 $c - 2b, b - 2c, b + c$ 两两互素, 因此由整数环的唯一分解定理可知, 存在 X, Y, Z, 使得

$$c - 2b = X^3, \quad b - 2c = Y^3, \quad b + c = Z^3.$$

这样, 我们得到了一个比 x, y, z 更 "小" 的解 $X, Y, -Z$, (为什么?) 满足

$$X^3 + Y^3 = (-Z)^3.$$

这就证明了费马方程在 $n = 3$ 的时候没有非平凡的整数解.

$n = 3$ 时与椭圆曲线的关系   也可以用椭圆曲线的方法证明 $n = 3$ 情形的费马大定理. 由于塞尔默[1]于 1951 年证明了椭圆曲线

$$y^2 = x^3 - 432$$

没有非平凡有理点, 并且它与 $u^3 + v^3 = 1$ 等价 (严格说来, 称为双有理等价), 因此, $x^3 + y^3 = z^3$ 不能有非平凡解. 为了看出来两者是等价的, 只需令

$$u = \frac{-6x}{y - 36}, \quad v = \frac{y + 36}{y - 36},$$

或者等价地, $$x = \frac{12u}{v - 1}, \quad y = \frac{36(v + 1)}{v - 1}.$$

注意到 $p = 3$ 时我们用到了 $\mathbb{Q}(\zeta_3)$ 中的唯一分解性. 后面我们将说明, 如果能够证明 $\mathbb{Q}(\zeta_p)$ 也具有唯一分解性, 那么费马大定理对相应的素数 p 成立.

让我们重新回到两个世纪前. 对于 $p > 3$ 的情形该如何处理? 19 世纪中叶以前, 在许多数学家的努力下, 对于 $p = 5$ 和 $p = 7$ 的情形, 费马大定理也被证明是正

---
[1] E.Selmer, 1920—2006, 挪威数学家.

确的. $p = 5$ 的情形首先分别由勒让德和狄利克雷于 1825 年各自独立证明, 证明者的名单还包括高斯、勒贝格、拉美等著名数学家; $p = 7$ 的情形首先由拉美于 1839 年证明. 所有这些证明的共同点是, 都使用了费马的无穷递降法! 可惜的是, 这些办法又各不相同, 无法推广到其他素数的情形. 人们期待新的想法和新的数学工具. 有趣的是, 拉美和大名鼎鼎的柯西还给出过费马大定理一般情形的错误证明.

在费马大定理一般情形的证明问题上取得重大进展的是法国女数学家玛丽·索菲·热尔曼[1]. 她第一次对无穷多个指数部分地证明了费马大定理.

索菲的工作 索菲发展了一些异乎寻常的对所有指数都可能有效的证明费马大定理的办法. 对每个指数 p, 索菲引入了一个适当的辅助素数 $\theta = 2kp + 1$, 此处 k 不被 3 整除. 她证明了, 假如方程有解 x, y, z, 且若不存在两个整数使得其 p 次幂模 θ 之后相邻 (我们把这个条件简称为不相邻条件), 则 θ 一定要整除 xyz! 这样, 如果我们可以证明有无穷多个 θ 都满足不相邻条件, 则可以推出矛盾, 因为 xyz 是有限数! 索菲为此发展了很多技巧, 尽管她本身并没有完全证明她的目标, 但是不久, 人们沿着她的思路已经可以证明费马大定理的第一种情形对指数小于 100 的素数是正确的. 一直到了 1985 年, 阿曼德 (就是 RSA 公钥体系发明者之一的 "A"), 参见本章最后一节的详细介绍, 以及合作者希思·布朗 (Roger Heath-Brown)、弗吾埃 (Étienne Fouvry) 才证明了费马大定理的第一种情形对无穷多个素数成立.

3.2.4 理想之光——库默尔的理想数

证明费马大定理的下一个突破归功于库默尔. 库默尔最初的主要目的并不是直接证明费马大定理, 他是想推广高斯的二次互反律.

大名鼎鼎的柯西曾经好几次误以为自己证明了费马大定理. 然而在多次尝试失败后, 粗心的他终于意识到问题比他想象得还要困难很多, 他因此放弃了进一步的努力. 柯西实际上假设了一般分圆域上整数环的唯一分解性, 而我们现在知道这个假设是错误的.

一开始库默尔同样被难住柯西的问题给缠住了, 不同之处在于他发明了理想数和类数的概念. 这些环中的整数未必有唯一分解, 但是其 "理想数" 必定是唯一分解的! 基于此发现, 沿着拉美的思路, 库默尔对很多 "正则" 的素数证明了费马大定理. 由于正则素数有无穷多个, 因此库默尔已经对无穷多个本质上不同的指数证明了费马大定理. 只要注意到 100 以下只有 37, 59 和 67 不是正则的, 就可以想象他取得了多么了不起的成就. 实际上, 沿着库默尔的思路, 人们在 1850 年代终于证明了费马大定理对 $n < 100$ 是成立的.

法兰西科学院于 1850 年设立奖项, 计划给第一个完全证明费马大定理的人奖励 3000 法郎. 到了 1856 年, 这个奖项被取消, 因为当时人们已经有理由相信在短

---

[1] Marie Sophie Germain, 1776—1831, 法国著名女数学家.

时间内不太有可能会出现完全的证明. 有趣的是, 不久法兰西科学院把这份奖励给了库默尔.

库默尔的新发现不仅限于费马大定理, 实际上, "理想数"的概念影响了整个数学领域, 特别是由戴德金等数学家发展起来的代数数论, 在怀尔斯完成费马大定理的证明中起到了重要作用.

理想与单位群的基本知识   环的理想是一个子环, 并且环中任意元素与理想中元素的乘积也在理想中. 由一个元素 a 生成的理想称为主理想, 记为 $<a>$. 例如, 在整数环 $\mathbb{Z}$ 中, 所有 3 的倍数构成一个主理想, 记为 $<3>$, 它由元素 3 生成.

另外, R 中的所有可逆元构成一个乘法群, 称为环的单位群, 通常记为 $U(R)$. 例如, 环 $\mathbb{Z}$ 的单位群是由 $\{1, -1\}$ 构成的 2 阶循环群; 环 $\mathbb{Z}[i]$ 的单位群是由 $\{1, -1, i, -i\}$ 构成的 4 阶循环群.

正则素数 p 的证明   我们现在考虑费马方程

$$x^p + y^p = z^p,$$

其中 $p > 3$ 是一个正则素数. 假设 x, y, z 是一个本原解, 稍加分析可知, 我们只需讨论两种情况:

情形 I $p \nmid xyz$;

情形 II p 恰好整除 x, y, z 中的一个元素.

我们只讨论情形 I 的证明. 情形 II 可参考冯克勤所著《代数数论》第 308 页.

若 $x \equiv y \equiv z (\text{mod } p)$, 则可得 $x^p + y^p \equiv -2z^p (\text{mod } p)$, 这样加上费马方程可得 $3z^p \equiv 0 (\text{mod } p)$, 矛盾于情形 I. 因此, 或有 $x \not\equiv y (\text{mod } p)$, 或有 $x \not\equiv -z (\text{mod } p)$. 而后一种情形 (即 $x \not\equiv -z (\text{mod } p)$) 可以考虑方程 $x^p + (-z)^p = (-y)^p$. 因此接下来我们不妨假设 $x \not\equiv y (\text{mod } p)$.

引理 1   设 p 是奇素数, 设 $\zeta_p = e^{2\pi i/p}$ 为 p 次本原单位根. 若 $x^p + y^p = z^p$ 有一本原解 x, y, z, 则存在 $\mathbb{Z}[\zeta_p]$ 中的理想 I 使得 $\langle x + y\zeta_p \rangle = I^p$.

证明   由 p 次本原单位根的定义, $\zeta_p^p = 1$, 并且所有 $\zeta_p^i, 0 \leqslant i \leqslant p-1$ 都满足方程 $x^p - 1 = 0$. 因此不难得到等式

$$(x+y)(x+y\zeta_p)\cdots(x+y\zeta_p^{p-1}) = z^p.$$

现在, 让我们和欧拉一样, 先假定 $\mathbb{Z}[\zeta_p]$ 是唯一分解整环, 因此我们可以大致沿用 $p = 3$ 的证明思路.

假设 $\mathbb{Z}[\zeta_p]$ 中有一个素元 π 整除 $(x+y\zeta_p)$, 则 π 也必整除 z. 假设对某个 $k \neq 1$, 素元 π 也整除 $(x+y\zeta_p^k)$, 则 π 也整除两者之差 $y(\zeta_p - \zeta_p^k)$. 这意味着 $\pi \mid yp$. 这说明 z, yp 有公因子, 矛盾于情形 I (这里我们假设了 x, y, z 在 $\mathbb{Z}[\zeta_p]$ 中是本原解).

这意味着 $x + y\zeta_p = ua^p$, u 是一个单位, $a \in \mathbb{Z}[\zeta_p]$. 同样, 接下来得到矛盾的过程非常类似于 $p = 3$ 的情形.

可惜的是, $\mathbb{Z}[\zeta_p]$ 并不总是唯一分解整环! 实际上情况更糟糕, $p \geqslant 23$ 时, $\mathbb{Z}[\zeta_p]$ 都不是唯一分解整环! (这也是库默尔的猜想, 直到 1976 年才被马斯理 (J. Masley) 和蒙哥马利 (H. Montgomery) 证明).

尽管 $\mathbb{Z}[\zeta_p]$ 未必是唯一分解整环, 但库默尔巧妙地利用 "理想数" 的概念解决了这个困难, 整环 $\mathbb{Z}[\zeta_p]$ 中的元素有可能不是唯一分解的, 但是它的每个理想是唯一分解的! $\mathbb{Z}[\zeta_p]$ 中的每个理想都可以唯一 (不计顺序) 分解成一些素理想的乘积 (读者不妨将素理想想象成具有素数性质的 "原子" 理想). 我们因此可以把上面的讨论 "复述" 一遍, 类似地得到

$$\langle x + y \rangle \langle x + y\zeta_p \rangle \cdots \langle x + y\zeta_p^{p-1} \rangle = \langle z \rangle^p.$$

如此简单的等式闪耀着库默尔的理想之光! 当然, 接下来验证这些理想两两互素以及进一步得到引理 1 中的结论就顺理成章了. 理想数的概念后来又由戴德金加以确切定义, 现在称为 "理想".

现在我们已经知道 $\langle x + y\zeta_p \rangle = I^p$, I 是某个理想. 如果 p 是正则的, 可以证明此时 I 一定是由一个元素生成的主理想! 因此依然有元素 a, 使得 $\langle x + y\zeta_p \rangle = I^p = \langle a \rangle^p = \langle a^p \rangle$, 也就是 $x + y\zeta_p = ua^p$.

我们来简要说明为什么上式中的 I 一定是主理想. 定义 $\mathbb{Z}[\zeta_p]$ 上的所有理想之间的关系 $\sim$ 如下: 两个理想 I, J 满足 $I \sim J$ 当且仅当存在元素 $a, b \in \mathbb{Z}[\zeta_p]$, 使得 $aI = bJ$. 易证这是个等价关系, 并且只有有限个等价类. 我们称这样的等价类的个数为 $\mathbb{Z}[\zeta_p]$ 的或者 p 的类数, 记为 h_p.

实际上, 这些等价类在理想的 "乘法" 运算下构成一个群, 通常记为 $\mathrm{Cl}(\mathbb{Q}(\zeta_p))$, 其单位元就是所有的主理想构成的等价类. 因此, $h_p = |\mathrm{Cl}(\mathbb{Q}(\zeta_p))|$. 现在, 如果 $p \nmid h_p$ 是正则的, 那么由拉格朗日定理[1], 它的理想类群不含有 p 阶元素. 因此, 如果 I^p 是主理想, 那么 I 也是主理想!

库默尔的证明　整数环上多项式的基本知识告诉我们, $f(t) = t^{p-1} + \cdots + t + 1$ 是不可约多项式 (爱森斯坦因判别法). 由 $\mathbb{Z}[\zeta_p]$ 的定义, 其每个元素都可以写为 $a_0 + a_1\zeta_p + \cdots + a_{p-2}\zeta_p^{p-2}$, 其中 $a_i \in \mathbb{Z}$ (实际上, 我们说域 $\mathbb{Q}[\zeta_p]$ 是有理数域 $\mathbb{Q}$ 的一个 $p - 1$ 次扩张).

注意到, p 整除 $\alpha = a_0 + a_1\zeta_p + \cdots + a_{p-2}\zeta_p^{p-2}$ 当且仅当 p 整除所有 a_i, 我们现在考虑模理想 $<p> = p\mathbb{Z}[\zeta_p]$ 的运算, 简记作 $= \mathrm{mod}\ p$ (以区别整数中模 p 的同余). 首先注意到 $\beta = \gamma (\mathrm{mod}\ p)$ 等价于 $\bar{\beta} = \bar{\gamma} (\mathrm{mod}\ p)$. 同理可以验证 $(\beta + \gamma)^p = \beta^p + \gamma^p (\mathrm{mod}\ p)$, 以及存在整数 $a \in \mathbb{Z}$, 使得 $\alpha^p = a (\mathrm{mod}\ p)$.

---

[1] 拉格朗日定理断言一个有限群的阶被其任意子群的阶整除.

现在假设 $x + y\zeta_p = u\alpha^p(\bmod\ p)$. 一般来说, 由于 $\mathbb{Z}[\zeta_p]$ 的单位群很大, 因此像 $p = 3$ 的证明中那样把 u 写出来的办法就不可行了. 库默尔的办法是利用分圆域中单位的结构.

库默尔引理   如果一个整数 $\alpha \in \mathbb{Z}[\zeta_p]$ 是单位, 则存在整数 i, 使得

$$\frac{\alpha}{\bar\alpha} = \zeta_p^i.$$

现在, 注意到 $\alpha^p \in \mathbb{Z}(\bmod\ p)$, 以及 $\bar\zeta_p = \zeta_p^{-1}$. 将 $x + y\zeta_p = u\alpha^p(\bmod\ p)$ 两边分别除以其共轭元, 应用库默尔引理可知, 存在整数 k, 满足

$$x + y\zeta_p = (x + y\zeta_p^{-1})\zeta_p^k(\bmod\ p).$$

由于 ζ_p 的极小多项式的度是 $p - 1 > 3$, 因此 $k = 1(\bmod\ p)$. 事实上, 由于 $\zeta_p^p = 1$, 这里 k 只能为 1. 因此 $(x-y)+(y-x)\zeta_p = 0(\bmod\ p)$, 也就是 $x = y(\bmod\ p)$, 不难看出此方程限制在整数中也成立, 也就是 $x \equiv y(\bmod\ p)$, 而这与开始的假设矛盾!

让我们总结一下库默尔关于费马大定理的工作:

1. 费马大定理对正则的 p 成立;

2. p 是正则的当且仅当 p 不整除伯努利[①] 数 $B_2, B_4, \cdots, B_{p-3}$ 的分子, 其中 B_i 由以下生成函数所定义:

$$\frac{x}{\mathrm{e}^x - 1} = \sum_{n=0}^{\infty} \frac{B_n}{n!}x^n.$$

有多少个正则素数? 100 以内的不正则素数只有 37, 59, 67. 遗憾的是, 不正则的素数也很多! 人们普遍相信大约有 39% 的素数不是正则素数. 也就是说, 费马大定理对大约一半多一些的素数成立. 因此, 当时的人们距离费马大定理的完全解决依然非常遥远.

直到 20 世纪 80 年代, 人们已经知道费马大定理对所有 $n < 125\,000$ 都成立. 谁将披荆斩棘, 再次摘得人类心智的桂冠?

第三节   奇妙对称 —— 从椭圆曲线到模形式

简单来说, 一条椭圆曲线[②] E 是由一个系数为有理数的代数方程 $y^2 = x^3 +$

[①] Jacob Bernouli, 1654—1705, 伯努利家族代表人物之一, 瑞士著名数学家.

[②] 严格说来, 一条椭圆曲线是定义了零元素的亏格为 1 的光滑射影代数曲线.

$ax+b$ 定义的光滑[1] 代数曲线. 若考虑其在有理数域 $\mathbb{Q}$ 中的全体解所形成的集合 $E(\mathbb{Q})$, 则其有理系数 a,b 应满足条件 $-16(4a^3+27b^2) \neq 0$. 从数论的角度而言, 许多问题归结于考虑 $E(\mathbb{Q})$ 的相关问题.

例 1 (同余数问题)　　自古希腊时期就有的一个问题是: 哪些自然数恰好是一个边长都为有理数的直角三角形的面积? 这样的自然数称为同余数. 不难看出 6 是一个同余数. 可以证明, 一个自然数 d 不是同余数当且仅当椭圆曲线 $y^2 = x^3 - d^2x$ 只有平凡的有理数解 $(0,0), (\pm d, 0)$. 例如, $y^2 = x^3 - x$ 只有平凡有理数解 $(0,0), (\pm 1, 0)$, 因此 1 不是同余数.

例 2 (费马大定理)　　一类椭圆曲线的 "模性" (谷山–志村–韦伊猜想) 可以导出费马大定理, 这也是本章的故事核心.

例 3 (公钥密码学)　　人们发现利用椭圆曲线构造的安全方案往往具有更高的效率和更好的安全性, 参见本节末的详细介绍.

让我们首先走进椭圆曲线的迷人世界, 然后介绍椭圆函数、模形式等基本概念. 这一切都是理解费马大定理证明的基础.

3.3.1　变化莫测——椭圆曲线的神秘世界

椭圆曲线的第一个迷人之处是我们还可以将它放在许多不同的域中去考虑. 下面两张图便是不同的几条椭圆曲线在实数域 $\mathbb{R}$ 中的图像 $E(\mathbb{R})$ (想一想它们的差别在哪里).

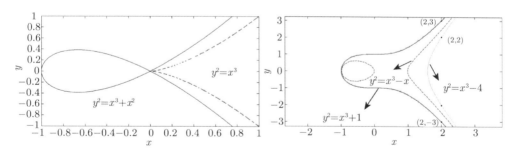

$y^2=x^3+x^2$ 与 $y^2=x^3$ 分别有一个自相交点和一个尖点　　　三条光滑的椭圆曲线 $y^2=x^3-x$, $y^2=x^3+1$, $y^2=x^3-4$

巴切特[2] 翻译了丢番图的《算术》, 并且添加了一个附录. 在附录里有斐波那契关于同余数的一些工作和巴切特自己发现的一个关于椭圆曲线的有趣规律: 如果 (x,y) 是椭圆曲线 $y^2 = x^3 + c$ (注: 现在人们把这样的椭圆曲线叫作巴切特曲线) 上

---

[1] 光滑意味着曲线没有尖点和自相交点, 且在其每一点都可以定义切线.

[2] Claude Gaspard Bachet de Méziriac, 1581—1638, 法国数学家、语言学家、诗人、古典文学家. 因翻译丢番图的《算术》而著称.

的一个有理点, 那么

$$\left(\frac{x^4 - 8cx}{4y^2}, \frac{-x^6 - 20cx^3 + 8c^2}{8y^3}\right)$$

也是其上的一个点.

牛顿利用解析几何的工具发现上述点的坐标是某条特殊的直线和椭圆曲线的交点坐标. 在此基础上, 人们发现在许多域上, 一般的椭圆曲线上的点都可以定义运算, 形成一个交换群. 我们首先考虑有理数域的情形.

几何上, 椭圆曲线上两点 P 与 Q 的和 $P+Q$ 定义为过这两点的直线与椭圆曲线 E 的另一个交点关于 x 轴的对称点. 如果 $P=Q$, 取椭圆曲线在点 P 处的切线. (这一定存在, 为什么?)

换句话说, 如果我们规定零元素 0 是椭圆曲线上的无穷远点, 则三点 P, Q, R 满足 $P+Q+R=0$ 当且仅当它们都是椭圆曲线和某条直线的交点 (包含重数), 见下图.

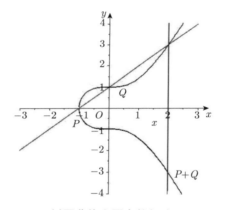

椭圆曲线上两点的加法

用初等几何的知识可以把上面定义的两点加法的解析公式写出来. 假设 $P \neq Q$ 且 P, Q 的坐标分别为 (x_1, y_1), (x_2, y_2). 易知过 P, Q 两点的直线方程为

$$y = \frac{y_2 - y_1}{x_2 - x_1}(x - x_1) + y_1.$$

将此直线方程代入椭圆曲线方程中, 得到交点的坐标:

$$x_4 = \left(\frac{y_2 - y_1}{x_2 - x_1}\right)^2 - x_1 - x_2, \quad y_4 = \frac{y_2 - y_1}{x_2 - x_1}x_4 - \frac{y_2 x_1 - y_1 x_2}{x_2 - x_1}.$$

由此可得到 $P+Q$ 的坐标为

$$x_3 = \left(\frac{y_2 - y_1}{x_2 - x_1}\right)^2 - x_1 - x_2, \quad y_3 = -\frac{y_2 - y_1}{x_2 - x_1}x_3 + \frac{y_2 x_1 - y_1 x_2}{x_2 - x_1}.$$

当 $P = Q$ 时, 点 $2P$ 的坐标仍然记为 (x_3, y_3), 同理可验证:

$$x_3 = \left(\frac{3x_1^2 - a}{2y_1}\right)^2 - 2x_1, \quad y_3 = y_1 + \frac{3x_1^2 - a}{2y_1}(x_3 - x_1),$$

也可简化为

$$x_3 = \frac{1}{4y_1^2}(x_1^4 - 2ax_1^2 - 8bx_1 + a^2),$$

$$y_3 = \frac{1}{8y_1^3}(x_1^6 + 5ax_1^4 + 20bx_1^3 - 5a^2x_1^2 - 4abx_1 - a^3 - 8b^2).$$

从以上公式可以看出, 如果 P, Q 的坐标都是有理数, 则 $P + Q$ 的坐标也是有理数. 如果我们把椭圆曲线上的坐标都在有理数域 $\mathbb{Q}$ 中的点称为有理点, 那么上述加法运算就是封闭的, 即为定义在有理点上的加法. 验证此运算满足结合律极不平凡. 相比较而言, 交换律是显然的. 零元素是椭圆曲线上的无穷远点, 记为 0. 如上图所示.

我们称上面得到的群为椭圆曲线上的有理点群, 仍然记为 $E(\mathbb{Q})$. 由于有结合律, 可以定义 nP 为 n 个 P 点相加的和.

例如, $P = (2, 3)$ 是椭圆曲线 $E : y^2 = x^3 + 1$ 上的一个有理点, 可以计算得到

$$2P = P + P = (0, 1), \quad 3P = (-1, 0), \quad 4P = (0, -1), \quad 5P = (2, -3), \quad 6P = 0.$$

因此 P 是一个阶为 6 的有理点 (习题验证).

再举一例, $P = (3, 6)$ 是椭圆曲线 $E : y^2 = x^3 + x + 6$ 上的一个有理点, 可以计算得到

$$2P = \left(\frac{-5}{9}, \frac{62}{27}\right), \quad 3P = \left(\frac{-87}{64}, \frac{-747}{512}\right), \quad 4P = \left(\frac{11\ 131}{8649}, \frac{-2\ 468\ 546}{804\ 357}\right), \quad \cdots.$$

可以证明 P 没有有限阶, 这时候我们称有理点 P 的阶为无穷.

读者很快会注意到随着 n 的增加, nP 的分母与分子增长都很快, 这是一种普遍现象, 也是下面证明莫代尔[1] 定理的重要途径. 莫代尔定理告诉我们有理点群具有非常简单的结构 (但要决定它究竟是什么可非常不容易), 这也是大量椭圆曲线应用的基础.

莫代尔定理　有理数域上椭圆曲线在 $\mathbb{Q}$ 上的加法群 $E(\mathbb{Q})$ 是有限生成的.

同理可以看出, 将椭圆曲线放在另外一个适当的域中, 也可以得到一个交换群. 比如实数域、复数域、代数数域和绝大多数有限域. 例如, 椭圆曲线在实数域 $\mathbb{R}$ 中的解集 $E(\mathbb{R})$ 也是一个加法群, 并且群同构于 $\mathbb{R}/\mathbb{Z}$ 或者 $\mathbb{R}/\mathbb{Z} \times \mathbb{Z}_2$.

---

[1] Louis J. Mordell, 1888—1972, 英国著名数学家, 在数论领域有许多开创性工作.

3.3.2　众目难窥——从迪菲–赫尔曼密钥交换协议到椭圆曲线密码学

如本章第二节所述, 在 20 世纪 70 年代之前, 几乎所有的加密方案可以归结为一个简单的模型: 发送方把信息 M 装入一个箱子 C 里面, 用一把钥匙 K 锁上箱子, 然后分别传输箱子 C 和钥匙 K. 接收方用钥匙 K 打开箱子 C 得到 M.

现在, 请读者穿越时空, 来到某个朝代的古代战场. 不妨设想自己是一名正在指挥一场重要战役的将军. 现在军情紧急, 你必须要向远在数百里之外的部队传递合围进攻的地点、时间、方向等秘密指令. 你有哪些办法? 请注意, 敌人越来越狡猾, 隐文术对他们来说都太小儿科了. 除此之外, 烽火传不了那么远, 而信鸽又极不可靠.

假定你可以制造一个装有秘密信息的坚不可破的箱子 (请读者注意这是比喻, 实际上大箱子很可能仅仅是一段加密文字), 以及一把足够结实的大锁 (很可能是一条看上去足够随机的字符串, 比如某本寻常图书的某一段文字), 接下来可以派人把箱子运到友军那里, 即使箱子被劫走问题也还不算太大, 因为除了你的钥匙, 世界上无人可以打开!

一个重要的问题随之产生, 怎样才能把钥匙安全送到友军手里? 如果距离很近, 你甚至可以骑马当面传达命令, 可惜在战场上这极不现实. 一般来说, 钥匙的传递总有风险, 帮你传送钥匙的信使可能会被拦截、搜查甚至被严刑逼供. 即使到了上个世纪无线通讯飞速发展的时期, 人类面对的还是同样的挑战 —— 钥匙的传递并不安全. 根本的原因是: **开锁和解锁的钥匙都是相同的!**

这就涉及对称密码学领域的一个重大问题: 如何在不安全的信道中安全地交换钥匙?

也许你还有一个办法, 可以再造一个同样坚固的箱子来传递你的钥匙, 不过你不得不需要一把新的钥匙, 一直这样下去, 无止无休.

相当长的时间内, 人们觉得安全地交换钥匙是一件很困难的事情. 直到迪菲[①]与赫尔曼[②]的合作改变了这一切. 这一次, 整数和同余的威力再次显现!

取一个适当的大素数 p, 高斯首先证明了在模 p 的意义下, 那些模 p 不为 0 的剩余类都可以写成某个剩余类 g 的幂次. 也就是说, 对任意整数 a 满足 $1 \leqslant a \leqslant p-1$, 存在 i 使得 $g^i \equiv a \pmod{p}$. 我们称 g 为模 p 的原根. 例如, 读者可以验证, 在模 5 的世界里 2 是一个原根.

迪菲–赫尔曼密钥交换协议　假设 g 是模 p 的一个原根, 并且假定 g 和 p 对攻击者都是公开的! 艾丽丝随机选择一个自然数 a, 并将 $g^a \bmod p$ 发送给鲍勃, 此时, 鲍勃也随机选择一个自然数 b, 并将 $g^b \bmod p$ 发送给艾丽丝. 接下来, 艾丽丝计

---

① Bailey Diffie, 生于 1944 年, 美国密码学家, 2015 年图灵奖获得者.
② Martin Hellman, 生于 1945 年, 美国密码学家, 2015 年图灵奖获得者.

算 $(g^b)^a \bmod p$, 鲍勃计算 $(g^a)^b \bmod p$, 得到同样的一个整数 g^{ab}. 示意图如下. 这里我们利用了数的乘法运算的交换性. 将 g^{ab} 当作两人共享的秘密钥匙. 相比较而言, 请读者仔细想想, 现实世界里一个箱子用这样的方式加上两把锁, 打开却未必具有交换性!

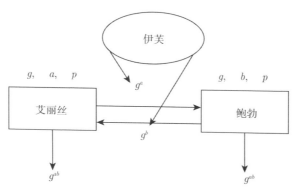

交换协议示意图

如何破解? 如果伊芙想知道 g^{ab}, 一个办法是去计算 ab, 因此也需要知道 a 和 b, 可是在伊芙知道 g^a 和 g^b 的情况下, 求出 a 和 b 是一个较为困难的问题——我们称为 **离散对数问题**. 当然和 RSA 的破解一样, 人们至今也不知道有没有完全避免使用离散对数的攻击方法.

迄今为止, 关于模 p 的离散对数问题最好的算法需要的运算次数量级为亚指数时间

$$e^{(c \log p)^{\frac{1}{3}} (\log \log p)^{\frac{2}{3}}}.$$

请读者注意, 这和大数分解所需的时间是一致的, 其根本原因是其使用的算法都是数论中的数域筛法.

有限域上椭圆曲线有理点群与离散对数 注意到, 在迪菲–赫尔曼的密钥交换方案中, 实际用到了模 p 的非零剩余类构成一个循环群的事实. 这意味着如果考虑椭圆曲线有理点群上的离散对数问题, 则同样可以得到类似的密钥交换方案. 现在的研究表明, 基于椭圆曲线离散对数的密码方案更加安全和高效. 这再次显示了椭圆曲线世界不可思议的神秘之处.

3.3.3 举世有双——从椭圆函数到椭圆曲线

让我们尝试考虑椭圆曲线 E 在复数域 $\mathbb{C}$ (这是一个代数封闭域, 任何一个非平凡代数方程在其中都有根) 中的解集 $E(\mathbb{C})$. 不幸的是, 由于 $\mathbb{C}$ 是实的 2 维空间, 因而 $\mathbb{C}^2$ 是实的 4 维空间, 这意味着我们不能直接在 3 维空间中把 $E(\mathbb{C})$ 画出来. 我们确切知道的是 $E(\mathbb{C})$ 的图像是一个实 2 维的几何图形.

令人惊讶的是, $E(\mathbb{C})$ 同构于一个亏格为 1 的紧黎曼面——拓扑上等价于一个只包含一个洞的甜甜圈. 严格说来, $E(\mathbb{C})$ 同构于复数域 $\mathbb{C}$ 对于一个格点子群 Δ 的商群. 而实现该同构依赖的就是接下来出场的椭圆函数.

设 $f(x,y)$ 是二元有理函数. 考虑积分

$$\int f(x,y)\mathrm{d}x.$$

如果 x,y 满足二次多项式方程 (例如 $x^2+y^2=1$), 则微积分的基本知识告诉我们可利用反三角函数来进行积分. 可是, 如果 x,y 由一个三次或者四次多项式所定义, 这样的积分就没法写成初等函数的形式! 勒让德最初在计算椭圆弧长的时候遇到了几类无法用初等函数来表达的积分, 譬如 (这里 $0<k<1$)

$$z=\int_0^\phi \frac{\mathrm{d}t}{\sqrt{1-k^2\sin^2 t}}.$$

阿贝尔将其变换为

$$F(u)=\int_0^u \frac{\mathrm{d}t}{\sqrt{(1-t^2)(1-k^2t^2)}}.$$

大自然有许多周期现象, 人们用周期函数来描述周期现象. 读者都很熟悉的正弦函数 $\sin y$ 就是一个周期为 $2\pi\mathbb{Z}$ 的周期函数, 并且还可以将其定义域扩展到复数域上, 也就是对任意整数 n, $\sin(z+2\pi n)=\sin z, \forall z\in\mathbb{C}$. 周期函数是最基本和重要的函数. 复函数 $\sin(2\pi z)$ 的周期为 $\mathbb{Z}$, 因此 $\mathrm{e}^{2\pi i z}$ 也是周期为 $\mathbb{Z}$ 的周期函数. 一个自然的问题是: 是否存在具有独立双周期的函数?

阿贝尔注意到了一个重要的现象: 可以将

$$y=f(x)=\int_0^x \frac{\mathrm{d}t}{\sqrt{(1-t^2)}}$$

视为正弦函数 $x=f^{-1}(y)=\sin y$ 的反函数 $y=\arcsin x$ 的定义.

类似地, 雅可比把椭圆积分 $F(u)$ 的反函数定义为一个新的"三角"函数 $\mathrm{sn}\,y$. 他证明了这样的函数具有双周期: 对任意 $\alpha,\beta\in\mathbb{C}$ 满足 $\frac{\alpha}{\beta}\notin\mathbb{R}$, 以及任意整数 m,n, 有

$$\mathrm{sn}(y+\alpha m)=\mathrm{sn}(y+\beta n)=\mathrm{sn}\,y.$$

接下来, 雅可比还证明了非平凡的单变元半纯函数不可能具有三个以上的独立周期, 而具有双周期的单值半纯函数① 必定具有上面的形式, 我们现在称之为椭圆函数. 因此, 椭圆函数就是由椭圆积分定义的函数的反函数.

① 粗略地说, 一个区域内的全纯函数是在其内每点都可微的复函数, 而亚纯函数是在孤立奇点之外全纯的复函数.

回忆格 (lattice) 的概念. 我们称 $\Delta = \{m\omega_1 + n\omega_2 | m, n \in \mathbb{Z}\}$ 为一个由 ω_1 和 ω_2 生成的格, 它是复平面 $\mathbb{C}$ 中的一个离散子群. 例如, 复平面上实部和虚部都是整数的点构成一个由 1 和 i 生成的同构于 $\mathbb{Z}^2$ 的格. 格的基本区域定义为

$$\Delta = \{a\omega_1 + b\omega_2 | a, b \in [0,1)\}.$$

椭圆函数的定义　设 Λ 是 $\mathbb{C}$ 中的格. 若亚纯函数 f 满足对每个 $z \in \mathbb{C}, \ell \in \Lambda$, 成立

$$f(z + \ell) = f(z),$$

则称其为周期是 Λ 的**椭圆函数**.

爱森斯坦[1] 首先利用另外一种办法——无穷级数来构造椭圆函数. 首先他注意到

$$\sum_{n=-\infty}^{\infty} \frac{1}{(z + n\pi)^2} = \frac{1}{\sin^2 z}.$$

当然, 我们略去这个等式需要的严格证明[2]. 读者至少可以验证等式的两边都以 π 的整数倍为周期, 并且在 z 取 π 的整数倍的那些点处取值都是无穷的 (这样的点称为极点).

在此基础上, 爱森斯坦利用无穷级数构造了以他名字命名的椭圆函数:

$$\sum_{m,n=-\infty}^{\infty} \frac{1}{(z + m\omega_1 + n\omega_2)^2}.$$

根据复分析的极值原理, 有界全纯的椭圆函数只能是常值函数, 故不是常函数的椭圆函数必有极点.

进一步, 魏尔斯特拉斯[3] 构造了如下定义的, 以 Δ 为周期的椭圆函数 $\wp(z)$:

$$\wp(z, \Delta) = \wp(z; \omega_1, \omega_2) = \frac{1}{z^2} + \sum_{\substack{m,n \in \mathbb{Z} \\ m^2 + n^2 \neq 0}} \left[\frac{1}{(z + m\omega_1 + n\omega_2)^2} - \frac{1}{(m\omega_1 + n\omega_2)^2} \right].$$

[1] Ferdinand Gotthold Max Eisenstein, 1823—1852, 德国著名数学家, 在数论和分析学方面有重要贡献.

[2] 两边作差, 证明其是全纯函数, 然后应用刘维尔定理可得其为常数, 再证明该常数为 0.

[3] Karl Theodor Wilhelm Weierstrass, 1815—1897, 德国数学家, 因其为分析奠定了坚实基础而被誉为"现代分析之父".

人们称之为魏尔斯特拉斯椭圆函数. 记 $\wp'(z)$ 是 $\wp(z)$ 的导函数, 容易验证 $\wp'(z)$ 也是椭圆函数, 并且任意一个椭圆函数都可以写为 $\wp(z)$ 和 $\wp'(z)$ 的有理函数.

考虑 $\mathbb{C}/2\pi\mathbb{Z}$ 到 $\mathbb{C}^2$ 的映射

$$z \mapsto (a\cos z, b\sin z).$$

不难看出其像为一个复椭圆. 几何上, $\mathbb{C}/2\pi\mathbb{Z}$ 是一个由直线 $x = -\pi$, $x = \pi$ 围成的带状区域 (参见下图), 将正无穷和负无穷看作一个点[①], 我们就得到了一个亏格为 0 的复球面. 因此可以说, $\mathbb{C}^2$ **中的椭圆就是球面!** 如下图所示 (图的右边是实图像):

复椭圆是亏格为 0 的紧黎曼面

同理, 爱森斯坦首先发现了椭圆函数和椭圆曲线的联系: **椭圆函数可以给出复椭圆曲线的一个参数化.**

定义一个从商群 $\mathbb{C}/\Delta$ 到 $\mathbb{C}^2$ 的映射

$$z \mapsto (\wp(z), \wp'(z)).$$

由于魏尔斯特拉斯椭圆函数是以 Δ 为周期的双周期亚纯函数, 因此上述定义是合理的.

进一步, 上述映射是可逆的, 因此是群同构, 并且有

$$\wp'(z)^2 = 4\wp(z)^3 - g_2\wp(z) - g_3,$$

其中 $\wp(z) = \wp(z, \Delta)$, g_2, g_3 可以看作关于格 Δ 的函数 (g_2, g_3 关于 z 是常数). 这表明, 上述映射的像是 $\mathbb{C}^2$ 中的一条椭圆曲线! 如下图所示 (图的右边是实图像).

注意到 $\mathbb{C}/\Delta$ 是一个亏格为 1 的复环面, 我们也可以说, $\mathbb{C}^2$ **中的椭圆曲线就是环面.** 读者容易想象复环面与球面的差异, 因此我们可以说: **椭圆和椭圆曲线有本质区别!**

---

① 这样的紧化过程是合理的, 因为复椭圆是一个紧集.

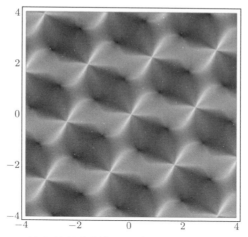

$\wp'(z)$ 的部分图像 (图片引自维基百科)

复椭圆曲线是亏格为 1 的紧黎曼面

3.3.4　奇异关联——有限域上的黎曼假设

让我们回到有理数域上的椭圆曲线 E 上来. 不难说明 E 可以等价于一条系数都是整数的椭圆曲线, 因此不妨假设椭圆曲线 E 的方程系数都是整数. 高斯首先注意到了一个重要的问题: 对任意素数 p, 考虑椭圆曲线 E 模 p 的解 $E(\mathbb{F}_p)$ 的集合. 人们想知道, 如果我们得到了很多个这样的在 p 处的局部信息, 那么是否可以得到 E 在 $\mathbb{Q}$ 中足够多的信息呢? 直观上, 如果对很多 p, E 模 p 都有很多解, 那么 $E(\mathbb{Q})$ 也应该很大.

因此, 我们可以在每个模 p 的世界里研究 E 中解的分布. 这样的解也称为有限域 $\mathbb{F}_p$ 上的有理点. 由于模 p 的剩余类的有限性, 有理点所在的空间一下子从无穷降到了 p^2, 这从计算上带来了极大的方便.

如果 E 在模 p 后的方程右边仍然无重根 (这意味着约化得到的曲线仍然是光滑的), 则称 E 在素数 p 处具有好约化. 否则, 称其为坏约化, 且将其重根称为奇点. 粗略地说, 如果对任意素数 p, E 模 p 的约化都是好约化, 或者虽然 E 模 p 的约化是坏约化, 但是其奇点至多为二重点, 则称 E 是一条半稳定的椭圆曲线.

同理, 我们还可以进一步猜测, 椭圆曲线 E 在有限域 $\mathbb{F}_p$ 及其扩张上的信息可以告诉我们在其他域, 例如复数域或者有理数域中的信息? 首先韦伊猜想把有限域上的算术和复数域中的代数几何联系了起来.

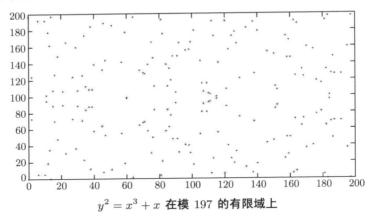

$y^2 = x^3 + x$ 在模 197 的有限域上

设 V 为定义在有限域 $\mathbb{F}_p$ 上的 d 维不可约射影簇. 对每个整数 n, 令 $\#V(p^n)$ 为 V 在有限域 $\mathbb{F}_{p^n}$[1] 上的射影空间中的解 (有理点) 的个数, 定义

$$\zeta_V(T) = \mathrm{e}^{\sum\limits_{n=1}^{\infty} \frac{\#V(p^n)T^n}{n}}.$$

韦伊[2] 首先对 V 是代数曲线的情形证明了 $\zeta_V(T)$ 是一个有理函数, 即为两个多项式的商. 粗略而言, 一个组合序列构成的生成函数是有理函数意味着该序列满足一个递归方程, 该序列中所有元素的值由最初的一些初始值确定.

进一步, 韦伊猜想这个函数的零点和极点形状决定了 V 的复拓扑形状. 这已经很令人惊奇和感到不可思议了, 并且它还满足函数域上的黎曼假设——满足适当的函数方程, 且其零点的阶正规化以后也是 $\frac{1}{2}$!

韦伊本人利用代数几何方法证明了曲线的情况. 而高维代数簇的韦伊猜想, 其有理性部分由迪沃克[3] 所证明, 其函数方程部分由格罗森迪克[4] 所证明, 其黎曼假设部分由德利涅[5] 所证明. 整个韦伊猜想是 20 世纪最令人激动和漂亮的数学定理之一.

谷山–志村–韦伊猜想 (以及 BSD 猜想) 可以视为在另外一个角度下更加精确

①有限域 $\mathbb{F}_{p^n}$ 是素域 $\mathbb{F}_p$ 的有限代数扩张.

②André Weil, 1906—1998, 法国著名数学家, 在数论和代数几何领域做出了奠基性的重要工作, 成为 20 世纪具有重要影响的数学家之一, 也是布尔巴基学派的创始人之一.

③Bernard Morris Dwork, 1923—1998, 美国著名数学家. 曾获科尔 (Cole) 奖.

④Alexander Grothendieck, 1928—2014, 法国著名数学家, 1966 年菲尔兹奖得主, 现代代数几何的鼻祖, 布尔巴基学派的核心成员, 其主持的代数几何讨论班的笔记简称 "EGA" 与 "SGA", 被誉为代数几何的圣经, 对 20 世纪的数学有重要影响, 其数学以 "语不抽象死不休" 而闻名.

⑤Pierre Deligne, 生于 1944 年, 比利时当代著名数学家, 曾获阿贝尔奖、沃尔夫奖和菲尔兹奖, 格罗森迪克的学生.

化的描述, 我们把椭圆曲线在不同素数下约化的组合信息收集起来, 去寻找它们蕴涵的秘密! 谷山–志村–韦伊猜想相当于说, 这些数也来自于某种具有超强对称性的函数, 因而本身也含有某种内在的完美对称性! 这种对称性用我们熟悉的四则运算不足以简单描述. 一类新的数学对象——模形式 (modular form) 为我们提供了有力武器!

3.3.5   周期之魅——模群、模函数与模形式

为了叙述模函数、模形式和模曲线, 我们先介绍模群及其子群的概念和记号. 完全模变换群 Γ 定义为那些形如

$$z \mapsto \frac{az + b}{cz + d},$$

作用在复上半平面 $\mathbb{H}$ 上的分式线性变换所构成的变换群, 其中 a, b, c, d 都是整数, 并且满足 $ad - bc = 1$.

如果将满足 a, b, c, d 都是整数, 且 $ad - bc = 1$ 的全体矩阵 $\begin{pmatrix} a & b \\ c & d \end{pmatrix}$ 构成的乘法群称为特殊线性群, 记为 $\mathrm{SL}(2, \mathbb{Z})$, 则可看出完全模变换群 Γ 同构于 $\mathrm{SL}(2, \mathbb{Z})$ 商去 $\{I, -I\}$, 这里 I 指二阶单位矩阵. 换句话说, 在模变换群里面, $\boldsymbol{A}$ 和 $-\boldsymbol{A}$ 对应于同一个变换. 由于

$$\mathrm{PSL}(2, \mathbb{Z}) \simeq \mathrm{SL}(2, \mathbb{Z}) / \{I, -I\},$$

因此 $\Gamma \simeq \mathrm{PSL}(2, \mathbb{Z})$.

$\mathrm{PSL}(2, \mathbb{Z})$ 与 $\mathrm{SL}(2, \mathbb{Z})$ 两者都被称为模群或完全模群. 两者差别很小 (前者强调变换, 后者强调群结构, 作为变换是一样的).

线性变换分解 (这里等价于矩阵乘法分解) 的基础知识告诉我们, 完全模群可由两个非常简单的变换

$$T: z \mapsto z + 1 \quad \text{和} \quad S: z \mapsto -\frac{1}{z}$$

组合生成. 几何上看, T 就是沿着实数轴方向的单位平移, S 是沿着单位圆盘的 "反演" (inversion) 复合上关于原点的对径反射 (如果设 $z = r e^{\mathrm{i}\theta}$, 则 $-\frac{1}{z} = -\frac{1}{r} e^{-\mathrm{i}\theta}$).

容易验证, 完全模群保持上半复平面 $\mathbb{H}$ 不变, 并且 $\frac{az + b}{cz + d}$ 的虚部是 $\frac{\mathrm{Im}(z)}{c^2 + d^2}$, 这里 $\mathrm{Im}(z)$ 是 z 的虚部.

设 N 是一个正整数. $\mathbb{Z}$ 模 N 的剩余类环 $\mathbb{Z}/N\mathbb{Z}$ 的自然满同态诱导了矩阵群上的自然同态:

$$\mathrm{SL}(n, \mathbb{Z}) \to \mathrm{SL}(n, \mathbb{Z}/N\mathbb{Z}).$$

一般来说, 包含主同余子群的完全模群的子群称为**同余子群** (congruence subgroup). 一个极为重要和常用的, 并且与模曲线密切相关的同余子群 $\Gamma_0(N)$ 定义为

$$\Gamma_0(N) = \left\{ \begin{pmatrix} a & b \\ c & d \end{pmatrix} \in \mathrm{SL}(2,\mathbb{Z}) : c \equiv 0 \,(\mathrm{mod}\,N) \right\}.$$

另外一个重要的同余子群 $\Gamma_1(N)$ 定义为

$$\Gamma_1(N) = \left\{ \begin{pmatrix} a & b \\ c & d \end{pmatrix} \in \mathrm{SL}(2,\mathbb{Z}) : c \equiv 0 \,(\mathrm{mod}\,N), a,d \equiv 1\,(\mathrm{mod}\,N) \right\}.$$

粗略地说, $\Gamma_1(N)$ 是 $\Gamma(N)$ 添加上了所有的"平移" $\begin{pmatrix} 1 & b \\ 0 & 1 \end{pmatrix}(\mathrm{mod}\,N)$ 而得到的群. 而 $\Gamma_0(N)$ 则在 $\Gamma_1(N)$ 中添加了更多的矩阵.

椭圆函数是复平面上的双周期半纯函数. 类似地, 模函数是上半复平面 $\mathbb{H}$ 上的在完全模群 (或某个同余子群) 作用下保持不变的半纯函数. 可以看出, 模函数需要满足的对称性比椭圆函数要强!

尖点的定义 $\mathbb{Q} \cup \{+\mathrm{i}\infty\}$ 在 $\Gamma_0(N)$ 作用下的轨道称为**尖点**. 例如当 $N=1$ 时, $+\mathrm{i}\infty$ 代表了唯一的尖点. 尖点的计算参看 3.4.1 节.

模函数的定义 一个复函数 $f(z)$ 若满足如下 3 个条件:

1. $f(z)$ 限制在上半复平面 $\mathbb{H}$ 上是半纯函数;
2. 对任意完全模群 Γ 里的元素 $\begin{pmatrix} a & b \\ c & d \end{pmatrix}$,

$$f\left(\frac{az+b}{cz+d}\right) = f(z);$$

3. $f(z)$ 在尖点处也是半纯的,

则称其为**模函数**. 进一步, 如果在第 2 个条件中我们把周期限制在同余子群 $\Gamma_0(N)$ 上, 则可类似定义水平为 N 的"广义"模函数.

粗略地说, 模函数是研究以矩阵群为周期现象的工具.

例如, 函数 $j(\tau) = \dfrac{1728g_2^3}{g_2^3 - 27g_3^2}$ 是模函数, 其中 g_2, g_3 由爱森斯坦级数给出:

$$g_2 = 60 \sum_{(m,n)\neq(0,0)} \frac{1}{(m+n\tau)^4}, \quad g_2 = 140 \sum_{(m,n)\neq(0,0)} \frac{1}{(m+n\tau)^6}.$$

容易证明所有 j 函数的有理函数都是模函数, 反过来, 任何模函数也一定是 j 不变量的有理函数. j 函数在唯一的尖点之外解析, 并且满足 $j\left(\mathrm{e}^{\frac{2}{3}\pi\mathrm{i}}\right) = 0, j(\mathrm{i}) = 1728$

的模函数. 模函数与模形式有密切联系. 为了精确构造模函数, 模形式是基本的工具.

模形式的定义　设 k 为正整数, 若定义在上半复平面 $\mathbb{H}$ 上的一个全纯函数 f 满足: 对任意 $\begin{pmatrix} a & b \\ c & d \end{pmatrix} \in \Gamma_0(N)$ 及任意 $z \in \mathbb{H}$, 有

$$f\left(\frac{az+b}{cz+d}\right) = (cz+d)^k f(z),$$

并且 f 在尖点处是全纯函数, 则称 f 为权 k 的水平为 N 的**模形式** (也称**全纯自守形式**). 此处模形式在尖点 p 处全纯是指当 $z \to p$ 时 f 有界.

由于 f 是周期为 1 的函数, 则其尖点为 $+\mathrm{i}\infty$ 等价于 f 有傅里叶展开式:

$$f(z) = \sum_{n=0}^{\infty} a_n \mathrm{e}^{2\pi \mathrm{i} n z} = \sum_{n=0}^{\infty} a_n q^n,$$

其中 $q = \mathrm{e}^{2\pi \mathrm{i} z}$. 对于其他尖点, 同样可应用坐标变换得到傅里叶展开. 若对每个尖点都有 $a_0 = 0$, 则称为**尖点形式**. 使得 $a_n \neq 0$ 的最小 n 称作 f 在该尖点的**阶**.

模形式的例子 1　当 $k > 1$ 时, 将爱森斯坦级数

$$\sum_{(m,n) \neq (0,0)} \frac{1}{(z + m\omega_1 + n\omega_2)^{2k}}$$

视为上半复平面的函数, 其中 $\{1, \tau\} = \{\omega_1, \omega_2\}$, 即可得权为 $2k$ 的模形式 $G_k(\tau)$.

模形式的例子 2　函数 $\Delta(z) = q \prod_{n=1}^{\infty} (1 - q^n)^{24}$, $q = \mathrm{e}^{2\pi \mathrm{i} z}$ 是一个权为 12 的模形式. $\Delta(z)$ 恰好是椭圆曲线

$$y^2 = 4x^3 - g_2 x - g_3$$

的判别式 $\Delta = g_2^3 - 27 g_3^2$, 故也被称为**模判别式**. 如果我们将 $\Delta(z)$ 在 $q = 0$ 处展开到前 6 项, 则可得

$$\Delta = q - 24q^2 + 252q^3 - 1472q^4 + 4830q^5 - 6048q^6 + O(q^7).$$

$\Delta(z)$ 的部分图像如下图所示:

$\Delta(z)$ 在单位圆盘上的实部 (图片引自维基百科)

△ 系数的神奇公式　令 $\Delta(q) = \sum\limits_{k=1}^{\infty} \tau(k)q^k$, 麦克唐纳德[1] 与戴森[2] 发现了一个不可思议的连接模对称 (来自数学) 与仿射对称 (来自物理) 的麦克唐纳德等式:

$$\tau(k) = \sum_{\substack{a_1, a_2, a_3, a_4, a_5 \in \mathbb{Z} \\ (a_1, a_2, a_3, a_4, a_5) \equiv (1,2,3,4,5)(\mathrm{mod}\ 5) \\ a_1 + a_2 + a_3 + a_4 + a_5 = 0 \\ a_1^2 + a_2^2 + a_3^2 + a_4^2 + a_5^2 = 10k}} \frac{\prod\limits_{1 \leqslant i < j \leqslant 5}(a_i - a_j)}{1!2!3!4!}.$$

由定义可以看出, 模形式是一种具有强烈对称性的全纯函数. 模形式是算术世界的基本对象, 它可以用来产生许多非凡的整数序列. 举例而言, 整数的分拆数的估计利用模形式的基础理论轻易就可以得到. 模形式还被用来产生漂亮的恒等式, 例如:

$$\sum_{n=1}^{\infty} \frac{n^5}{\mathrm{e}^{2\pi n} - 1} = \frac{1}{7 \times 8 \times 9}.$$

和模形式一样, 模形式的推广——自守形式更是一个具有非常多对称性的美丽世界. 自守形式以及自守表示理论是现代数学中联系多个数学分支的核心内容之一.

模形式空间与赫克算子　全体权为 k 的模形式构成一个复数域上的有限维线性空间, 记为 $M_k(\Gamma_0(N))$. 若 $N = 1$, 则 $\Gamma = \Gamma_0(1) = \mathrm{SL}(2, \mathbb{Z})$, 可以证明 $M_k(\Gamma)$ 由

$$\{G_2^a G_3^b : 4a + 6b = k, a, b \geqslant 0\}$$

---

[1] Ian Grant Macdonald, 生于 1928 年, 当代著名数学家.
[2] Freeman John Dyson, 生于 1923 年, 英裔美籍著名物理学家和数学家.

生成. 容易看出, 当 $k < 0, k = 2$ 或者 k 为正奇数时, $\dim(M_k(\Gamma)) = 0$. 而当 $k = 0, 4, 6, 8, 10$ 时, $\dim(M_k(\Gamma)) = 1$. 实际上,

$$M_0 = \mathbb{C}, \ M_2 = 0, \ M_4 = \mathbb{C}G_2, \ M_6 = \mathbb{C}G_3, \ M_8 = \mathbb{C}G_2^2, \ M_{10} = \mathbb{C}G_2G_3.$$

当 $k \geqslant 12$ 且为偶数时, 若 $k \equiv 2 (\mathrm{mod}\ 12)$, 则 $\dim(M_k(\Gamma)) = \lfloor k/12 \rfloor$; 否则

$$\dim(M_k(\Gamma)) = \lfloor k/12 \rfloor + 1,$$

其中 "$\lfloor\ \rfloor$" 表示取整函数.

同样, 全体权为 k 的尖点形式构成一个 $M_k(\Gamma)$ 的子空间, 记为 $S_k(\Gamma)$.

适当选取线性空间的基有助于问题的解决, 对此读者在线性代数的学习中都深有体会. 同样, 当模形式空间维数大于 1 时, 选取一组 "系数" 很好的基就特别重要.

为了证明 $\Delta(z)$ 的 L 函数 (见后面的定义) 有欧拉积, 莫代尔首先对一类模形式 $\Delta(z)$ 应用了一种能够对其系数取 "平均" 的算子, 后来经由赫克[①] 所推广, 称为 **赫克算子**.

$M_k(\Gamma)$ 上的赫克算子 T_m 定义如下: 设任意模形式 f 有傅里叶展开 $f(z) = \sum\limits_{n=0}^{\infty} a_n q^n$, 则

$$T_m(f) = \sum_{n=0}^{\infty} \sum_{d|(m,n)} d^{k-1} a_{\frac{nm}{d^2}} q^n.$$

易验证 $T_m(f) \in M_k(\Gamma)$, 并且

$$T_m T_n = T_n T_m = \sum_{d|(m,n)} d^{k-1} T_{\frac{nm}{d^2}}.$$

如果 $(m, n) = 1$, 则 $T_m T_n = T_{mn}$.

由线性代数理论以及希尔伯特空间理论可知, 存在特征函数 $f \in M_k(\Gamma)$, 使得对所有 $m \in \mathbb{Z}, m \geqslant 1$, 有

$$T_m(f) = \lambda_m f.$$

f 也称为 **赫克模形式**.

由此可以定义 f 的 L 函数

$$L(s, f) = \sum_{m=1}^{\infty} \lambda_m m^{-s} = \prod_p (1 - \lambda_p p^{-s} + p^{k-1-2s})^{-1}.$$

———————————————

[①] Erich Hecke, 1887—1947, 德国著名数学家.

第四节　随风而去 —— 谷山–志村猜想

为了描述谷山–志村猜想, 我们首先介绍模曲线的基本概念.

3.4.1　神奇世界——模曲线

什么是模曲线? 简单说来, 模曲线是椭圆曲线的参数空间, 并且本身带有某些代数和拓扑结构.

> **模曲线的定义**　完全模群 $\Gamma = \mathrm{SL}(2, \mathbb{Z})$ 通过分式线性变换作用在上半复平面 $\mathbb{H}$ 上. 我们把商集合 $\mathbb{H}/\Gamma$, 亦即 $\mathbb{H}$ 在 Γ 作用下的轨道称为一条**模曲线**, 记为 $Y(1)$. 一种轨道代表元的取法是如下的基本区域 (如下图所示的阴影部分, 两边垂直的平行线视为等同):
>
> $$\mathcal{F} = \left\{ z \in \mathbb{H} : \text{当} |z| \geqslant 1, \mathrm{Re}(z) \in \left(-\frac{1}{2}, \frac{1}{2} \right), \text{当} \mathrm{Re}(z) > 0, |z| > 1 \right\}.$$

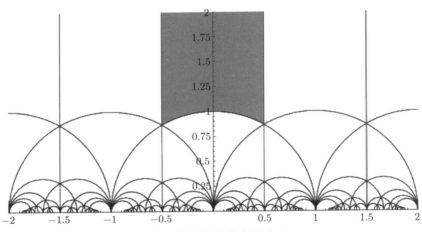

$\mathbb{H}$ 在 Γ 作用下的基本区域 $\mathcal{F}$

读者可能会奇怪为什么我们把这样一个基本区域叫作一条曲线呢? 一个基本的事实是, j 函数把上述基本区域 $\mathcal{F}$ 全纯且一对一地映射到复平面 $\mathbb{C}$. 不仅如此, 还可以进一步证明 $Y(1)$ 与 $\mathbb{C}$ 作为复流形是同构的. 而 $\mathbb{C}$ 当然是一条代数曲线, 实际上, $f(x, y) = y = 0$ 的解空间就同构于 $\mathbb{C}$.

基本区域不是紧集 (它是无界的), 这会带来一些不方便. 为了解决这个问题,

可以在上半复平面 $\mathbb{H}$ 上添加无穷远点 ∞. 注意到, 无穷远点在 Γ 的作用下恰好产生所有的有理数, (为什么?) 因此我们定义扩充上半复平面如下:

$$\mathbb{H}^* = \mathbb{H} \cup \mathbb{Q} \cup \{\infty\}.$$

把 $\mathbb{Q} \cup \{\infty\}$ 称为尖点 (cusps). 稍后我们说明这些尖点都是等价的. 把商集合 $\mathbb{H}^*/\Gamma$ 定义为模曲线 $X(1)$. 进一步, 可以证明 $X(1)$ 实际上是一个紧黎曼面.

由于 $E(\mathbb{C})$ 同构于 $\mathbb{C}/\Delta$. 因此, 不同构的格给出不同的椭圆曲线. 而上半复平面 $\mathbb{H}$ 中的每个点 τ 对应于一个格 $\Delta = \{1, \tau\}$, 因此 $\mathbb{H}$ 在模群下的每一条轨道就决定了一条不等价的椭圆曲线. 模曲线的点可以参数化椭圆曲线的等价类, 或者一些添加了与同余子群有关的适当结构的椭圆曲线等价类. 从这里已经可以看出模曲线与椭圆曲线有密切的关系.

同样可以看出, 椭圆函数就是可以定义在模曲线 (包括尖点) 上的半纯函数.

常见的模曲线是 $X(N)$, $X_0(N)$, 以及 $X_1(N)$, 其对应的同余子群分别为 $\Gamma(N)$, $\Gamma_0(N)$, 以及 $\Gamma_1(N)$. 我们已经知道, 模曲线 $X(1)$ 参数化所有的椭圆曲线. 大致来说, 模曲线 $X(N)$ 参数化附带一个有特殊子群结构的椭圆曲线, $X_1(N)$ 参数化附带一个 N 阶点的椭圆曲线, $X_0(N)$ 则参数化附带一个循环 N 阶子群的椭圆曲线.

因此, $N = 1$ 的时候, 模曲线 $X_0(1)$ 参数化所有的椭圆曲线. 对大的 N, 情形稍微有所不同. $X_0(N)$ 参数化偶对 (E, C), 其中 E 是一条椭圆曲线, C 是一个同构于 $\mathbb{Z}/N\mathbb{Z}$ 的 E 的子群.

对于椭圆曲线来说, $X_0(N)$ 尤为重要. 一方面, 这是谷山-志村猜想的主要对象; 另一方面, 在计算上, 它的特殊性质可以用来计数有限域上椭圆曲线 E 中的有理点.

事实上, $X_0(N)$ 可以借由 j 函数的方法来表达. 由于 j 函数有如下展开:

$$j(\tau) = \mathrm{e}^{-2\pi\mathrm{i}\tau} + 744 + 19\,688\mathrm{e}^{2\pi\mathrm{i}\tau} + \cdots.$$

映射 $\tau \mapsto (j(\tau), j(N\tau))$ 将 $X_0(N)$ 映射到 $\mathbb{C}^2$ 之中, 成为一条代数曲线. 我们因此可以谈论 $X_0(N)$ 上的有理点.

一个"整数"的故事　　请读者停下来, 用手上的计算器或者计算机算一下 $\mathrm{e}^{\pi\sqrt{163}}$ 的值, 请至少精确到小数点后 12 位. 答案如下, 几乎是个整数! 这是巧合吗? 为什么 $\mathrm{e}^{\pi\sqrt{163}}$ "是" 整数?

$$\mathrm{e}^{\pi\sqrt{163}} = 262\,537\,412\,640\,768\,743.999\,999\,999\,999.$$

如果 τ 是一个代数次数[①] 为 2 的无理数, 则 $j(\tau)$ 是一个阶为 $|\mathrm{Cl}(\mathbb{Q}(\tau))|$ 的代数整

[①] 若复数 x 满足某个整系数方程, 则称其为代数数, 且其最小多项式的次数称为代数数的次数.

数, 其中, $|\mathrm{Cl}(\mathbb{Q}(\tau))|$ 为 $\mathbb{Q}(\tau)$ 的类数[1]. 因此, 如果 $\mathbb{Q}(\tau)$ 有唯一分解性, 亦即其类数为 1 (若此时 $\tau = \dfrac{1+\sqrt{-d}}{2}$, 我们称 d 为一个辛格 (Heegner) 点), 则 $j(\tau)$ 是一个整数.

我们已经知道 163 是一个辛格点, 因此 $j\left(\dfrac{1+\sqrt{-163}}{2}\right)$ 是整数. 将 $\dfrac{1+\sqrt{-163}}{2}$ 代入 j 函数的展开式, 可得

$$\mathrm{e}^{\pi\sqrt{163}} = n + 744 + O(\mathrm{e}^{-\pi\sqrt{163}}),$$

这里 n 是整数 (实际上, $n = 640\,320^3$). 由于 $\mathrm{e}^{-\pi\sqrt{163}} \sim 3.81 \times 10^{-18}$, 这就解释了为什么 $\mathrm{e}^{\pi\sqrt{163}}$ 如此接近一个整数! 人们把它称作拉玛努金常数.

拉玛努金常数的来历　拉玛努金常数实际上早在 1859 年就由查尔斯·埃尔米特[2] 发现. 之所以称为拉玛努金数, 是因为在 1975 年愚人节那天, 《科学美国人》杂志的数学游戏专栏作家加德纳 (Martin Gardner) 跟读者开了一个恶作剧玩笑, 他宣称拉玛努金常数本身就是整数, 并且由印度天才数学家拉玛努金所断言!

模曲线的尖点　模曲线的紧化过程告诉我们, 计算尖点往往是不平凡的事情. 让我们首先把最简单的情形——$\mathbb{Q}$ 在完全模群 $\Gamma = \mathrm{SL}(2,\mathbb{Z})$ 作用下的尖点计算出来[3]. 首先仔细观察如下的法里[4] 序列:

$$\frac{0}{1}\ \frac{1}{1}$$

$$\frac{0}{1}\ \frac{1}{2}\ \frac{1}{1}$$

$$\frac{0}{1}\ \frac{1}{3}\ \frac{1}{2}\ \frac{2}{3}\ \frac{1}{1}$$

$$\frac{0}{1}\ \frac{1}{4}\ \frac{1}{3}\ \frac{1}{2}\ \frac{2}{3}\ \frac{3}{4}\ \frac{1}{1}$$

$$\frac{0}{1}\ \frac{1}{5}\ \frac{1}{4}\ \frac{1}{3}\ \frac{2}{5}\ \frac{1}{2}\ \frac{3}{5}\ \frac{2}{3}\ \frac{3}{4}\ \frac{4}{5}\ \frac{1}{1}$$

$$\frac{0}{1}\ \frac{1}{6}\ \frac{1}{5}\ \frac{1}{4}\ \frac{1}{3}\ \frac{2}{5}\ \frac{1}{2}\ \frac{3}{5}\ \frac{2}{3}\ \frac{3}{4}\ \frac{4}{5}\ \frac{5}{6}\ \frac{1}{1}$$

---

[1] 类数的定义参见本章 3.2.4 节.

[2] Charles Hermite, 1822—1901, 法国著名数学家, 证明了 e 是超越数.

[3] 我们当然有更简单的办法. 例如, 容易证明在完全模群的作用下, 每个有理数和 $\mathrm{i}\infty$ 都在同一个轨道, 因此所有有理数等价. 本文的例子有助于考虑一般模曲线的尖点.

[4] John Farey Sr., 1766—1826, 英国地质学家, 因发现了以其命名的法里序列而闻名于世.

$$\frac{0}{1}\ \frac{1}{7}\ \frac{1}{6}\ \frac{1}{5}\ \frac{1}{4}\ \frac{2}{7}\ \frac{1}{3}\ \frac{2}{5}\ \frac{3}{7}\ \frac{1}{2}\ \frac{4}{7}\ \frac{3}{5}\ \frac{2}{3}\ \frac{5}{7}\ \frac{3}{4}\ \frac{4}{5}\ \frac{5}{6}\ \frac{6}{7}\ \frac{1}{1}$$

$$\frac{0}{1}\ \frac{1}{8}\ \frac{1}{7}\ \frac{1}{6}\ \frac{1}{5}\ \frac{1}{4}\ \frac{2}{7}\ \frac{1}{3}\ \frac{3}{8}\ \frac{2}{5}\ \frac{3}{7}\ \frac{1}{2}\ \frac{4}{7}\ \frac{3}{5}\ \frac{5}{8}\ \frac{2}{3}\ \frac{5}{7}\ \frac{3}{4}\ \frac{4}{5}\ \frac{5}{6}\ \frac{6}{7}\ \frac{7}{8}\ \frac{1}{1}$$

我们可以得到如下性质:

基本性质 1　任意一行中, 假设 $\frac{a}{b}$ 与 $\frac{c}{d}$ 相邻, 则 $|ad-bc|=1$. 反之, 若 $bc-ad=1$, 对于任意满足 $a<b, c<d$ 的正整数 a,b,c,d, $\frac{a}{b}$ 与 $\frac{c}{d}$ 必定在第 $\max\{b,d\}$ 行中是邻居.

基本性质 2　给定某行中三个相邻的有理数 $\frac{a}{b}, \frac{c}{d}, \frac{e}{f}$, 则 $\frac{c}{d}=\frac{a+e}{b+f}$. 换句话说, 任何三个连续分式, 中间项等于两边项的中位数.

基本性质 3　模群里的元素保持法里序列的相邻性.

基本性质 4　任何 0 到 1 之间的有理数都必定在某个序列里出现.

如何构造这样的序列? 应用基本性质 2, 如果已知第 n 行, 只需要用分子分母直接对应相加的方法添加那些分母不超过 $n+1$ 的分式. 这些性质告诉我们有理数 $\mathbb{Q}\cup\{\infty\}$ 在完全模群 $\mathrm{SL}(2,\mathbb{Z})$ 的作用下只有一个轨道. (为什么? 回想法里序列中每个有理数是怎么样来的.) 也就是说, 任何两个分式 $\frac{a}{b}, \frac{c}{d}$, 一定存在 $\tau\in\mathrm{SL}(2,\mathbb{Z})$, 使得 $\tau\left(\frac{a}{b}\right)=\frac{c}{d}$.

注　一个有趣的事实是黎曼假设 (详见本书第四章) 有一个关于法里序列的等价命题. 简单说来, 黎曼假设等价于说法里序列中各元素的出现是"规则"的. 如果令 F_n 表示法里序列的第 $n-1$ 行, 则黎曼假设等价于: 对任意 $\epsilon>0$,

$$\sum_{i=1}^{m}\left|F_n(i)-\frac{i}{m}\right|=O(n^{\frac{1}{2}+\epsilon}),$$

这里 $m=\sum_{i=1}^{n}\phi(i)\sim\frac{3n^2}{\pi^2}$.

有一种更加直观的描述方法, 可以把这些有理数排列在庞加莱圆盘的边界. 与法里序列稍微不同的是我们把其他的有理数都画出来, 并且用 $\frac{1}{0}$ 表示无穷的有理数. 如果两个有理数在某个法里序列中相邻出现 (我们现在知道, 这意味着它们在 Γ 的同一个轨道), 则连接一条边, 当然, 这里我们用的是庞加莱圆盘上的"直线". 因此, 任意两个有理数如果在一个三角形里, 它们也必然在另外一个三角形里. 回忆完全模群的两个生成元 S, T——反射和平移, 读者会发现所有这些三角形都是"模等价"的, 它们构成了庞加莱圆盘的一个划分. 这样我们就说明了: 尖点只有一个!

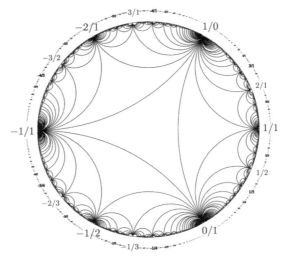

庞加莱圆盘

对于一般的模群, 尖点的计算要复杂一些, 但总体上可以从上述的描述开始. 让我们尝试先熟悉 $X(N)$. 考虑模 N 的世界. 一个矩阵的每个元素都模 N. $\frac{1}{0}$ 映到 $\frac{1}{0} \pmod{N}$, $\begin{pmatrix} 1 & 0 \\ 1 & 1 \end{pmatrix}$ 映到 $\begin{pmatrix} 1 & 0 \\ 1 & 1 \end{pmatrix} \pmod{N}$. 注意到加 1 运算 N 次回到原点. 这意味着 $\frac{1}{0}$ 至多有 N 个邻居 (作为对比, 前面有理数的情形有无穷个顶点). 再由齐次性, 每个顶点将都有 N 个邻居. 取其对偶, 我们可以得到相应的正多面体.

例如, $X(5)$ 的亏格为 0, 也就说, 它是黎曼球面, 有 12 个尖点:

$$\left\{ \frac{1}{0}, \frac{0}{1}, \frac{2}{0}, \frac{0}{2}, \frac{1}{1}, \frac{2}{1}, \frac{1}{2}, \frac{2}{2}, \frac{3}{1}, \frac{3}{2}, \frac{4}{1}, \frac{4}{2} \right\},$$

恰构成一个正 20 面体的顶点. 又比如, $X_0(5)$ 有 12 个尖点, 其亏格也为 0.

3.4.2　解析之力——L 函数的强大威力

接下来, 我们通过熟悉 L 函数的定义来感受解析方法的强大威力. 首先看看素数定理的另外一个证明.

欧拉关于素数无穷的证明　由算术基本定理可得

$$\sum_{n=1}^{\infty} \frac{1}{n^s} = \prod_p (1 - p^{-s})^{-1},$$

等式右边的乘积中, p 取遍所有的素数. 取 $s = 1$, 等式左边是调和级数, 而在高等数学课上我们证明过调和级数是发散的, 因此等式右边也必然发散, 进而等式右边的乘积必然有无穷多项. 这就证明了素数有无穷多个.

我们把等式的左边称为黎曼 ζ 函数, 也是最简单的 L 函数. 上述解析的方法由狄利克雷推广和发展, 用于成功证明等差数列 $\{b, a+b, 2a+b, \cdots\}$ 在 a 和 b 互素的情形含有无穷多个素数. 上述证明开启了利用解析方法探索素数奥秘的新纪元, 也是黎曼伟大发现的前奏曲! 参见本书第四章.

一般地, 设 $\chi(n)$ 是一个狄利克雷 (乘法) 特征, 则可以定义狄利克雷 L 函数

$$L(s, \chi) = \sum_{n=1}^{\infty} \frac{\chi(n)}{n^s} = \prod_p (1 - \chi(p)p^{-s})^{-1}.$$

什么是 L 函数? 简单说来, L 函数是利用某些特殊数论函数构造的形式幂级数[1], 往往在某个复半平面收敛. 因此对于 L 函数来说, 最重要的性质包括: 是否有解析延拓; 零点和极点的分布; 所满足的函数方程以及在特殊整点的取值. 读者不妨以黎曼 ζ 函数为例, 熟悉并了解研究 L 函数的基本路线.

首先, 给定一条椭圆曲线 E, 可以按照如下方式定义其 L 函数:

椭圆曲线的 L 函数的定义

$$L(s, E) = \prod_{p:\ E\ \text{模}\ p\ \text{是好约化}} (1 - a_p p^{-s} + p^{1-2s})^{-1} \prod_{p:\ E\ \text{模}\ p\ \text{是坏约化}} (1 - a_p p^{-s})^{-1},$$

这里, 当 E 模 p 是好约化时,

$$a_p = p + 1 - \#E(\mathbb{F}_p),$$

其中 $\#E(\mathbb{F}_p)$ 表示 E 在模 p 的世界里的有理点集 $E(\mathbb{F}_p)$ 的大小; 当 E 模 p 是坏约化时,

$$a_p = \pm 1.$$

注意到, 椭圆曲线的 L 函数的定义考虑了 E 在模每个素数 p 处的局部信息, 因此其 L 函数包含了 E 的绝大多数重要信息.

设

$$L(s, E) = \sum_{n=1}^{\infty} \frac{a_n}{n^s},$$

并定义

$$f_E(z) = \sum_{n=1}^{\infty} a_n q^n.$$

由莫代尔定理, 椭圆曲线在有理数域 $\mathbb{Q}$ 上的加法群 $E(\mathbb{Q})$ 是有限生成的. 因此

---

[1] 往往也称为狄利克雷级数.

确定其结构尤为重要. 著名的克雷数学所的七个千年问题之一的 BSD 猜想就是将 $E(\mathbb{Q})$ 与椭圆曲线的 L 函数联系起来的重要猜想:

伯奇–斯维纳–戴尔猜想 (Birch-Swinnerton-Dyer conjecture)[①]   一条椭圆曲线 E 的 L 函数 $L(s,E)$ 在零点 $s=1$ 处的阶等于其有理点群的秩[②].

模形式的 L 函数   回忆关于模形式的基本知识, 对于完全模群 Γ, 存在同时特征函数 $f \in M_k(\Gamma)$, 使得对所有 $m \in \mathbb{Z}, m \geqslant 1$,

$$T_m f = \lambda_m f.$$

并由此定义 f 的 L 函数为

$$L(s,f) = \sum_{m=1}^{\infty} \lambda_m m^{-s} = \prod_p (1 - \lambda_p p^{-s} + p^{k-1-2s})^{-1}.$$

现在, 假设我们有一个权为 2、水平为 N 的赫克形式 $f(z)$, 并且假定经过适当的正则化可以将其写为

$$f(z) = \sum_{n=1}^{\infty} a_n q^n, \quad a_1 = 1, a_i \in \mathbb{Z}, i = 2, 3, \cdots.$$

此时, 由于 $a_m = \lambda_m a_1 = \lambda_m$, 因此可以类似地直接定义 f 的 L 函数为

$$L(s) = \sum_{n=1}^{\infty} \frac{a_n}{n^s},$$

且有欧拉乘积

$$L(s,f) = \prod_{p:p|N} (1 - a_p p^{-s} + p^{1-2s})^{-1} \prod_{p:p\nmid N} (1 - a_p p^{-s})^{-1}.$$

3.4.3   模之幻者——谷山丰和他们的猜想

人们已经知道由适当的赫克模形式可以构造一条相应的椭圆曲线, 其系数恰为该模形式的傅里叶系数, 称为模椭圆曲线. 换句话说, 模椭圆曲线来自于一个对称的世界.

谷山丰[③] 在 1955 年的一个学术会议上向与会者展示了一些例子, 这些例子显示了椭圆曲线的 L 函数的展开系数和某些模形式的傅里叶系数有惊人的一致性.

[①] 通常简称为 BSD 猜想, 以两位英国数学家 Bryan John Birch 和 Peter Swinnerton-Dyer 命名.
[②] 秩是一个交换群中作为自由部分的循环群 $\mathbb{Z}$ 的个数.
[③] Yutaka Taniyama, 1927—1958, 日本著名数学家, 谷山–志村–韦伊猜想的主要发现者.

他首先注意到这件事反过来也可能是对的: 数域上椭圆曲线的 L 函数也具有某种自守性. 于是, 在与志村五郎[①]的合作研究中, 提出了著名的谷山-志村猜想, 有关有理数域上椭圆曲线的 L 函数的模性问题. 后来, 鉴于韦伊对该猜想有重要发展, 现在一般称之为谷山-志村-韦伊猜想.

正当数学风采蓬勃发展的时候, 谷山丰却于 1958 年 11 月 17 日突然自杀了. 毫无疑问是某种抑郁的心理因素导致了他决断的选择. 从留下的遗嘱中我们可以看出他自杀的主要原因是对生活失去信心. 就这样, 那个时代最为杰出和极具开创性的数学家在离他 31 岁的生日还有 5 天的时候结束了自己的生命历程. 但是他对数学作出的贡献为他的同辈以及后人留下了永恒的激励.

令人更加惋惜和感动的是, 同年 12 月清冷的一天, 谷山丰的未婚妻铃木美沙子在他们原本准备作为新房的公寓中自杀了. 她说: "我们曾相互承诺, 无论到哪里我们都会永远在一起. 现在他离开了, 我也要随他而去."

谷山-志村-韦伊猜想　所有椭圆曲线来自于模形式的对称世界.

谷山-志村-韦伊猜想有许多不同形式的描述. 这些描述本质上都是等价的, 其核心可以解释为所有有理数域上的椭圆曲线来自于某个模形式. 但是这些描述所使用的语言与工具各不相同, 却又相互关联. 我们叙述其中的几个, 读者可以选择自己相对较为容易理解的描述阅读. 请读者注意, 即使完全没有在费马大定理上的应用, 谷山-志村-韦伊猜想仍然是数学里非常漂亮和深刻的定理之一!

有了上面的准备知识, 我们已经可以大致了解第一个描述: 粗略说来, 谷山-志村-韦伊猜想告诉我们椭圆曲线也可以被模函数参数化.

谷山-志村-韦伊猜想描述 1——模函数的参数化　有理数域上的椭圆曲线 E 可以被一个 N 级的模函数参数化, 这里 N 是由 E 确定的一个正整数.

换句话说, 如果 E 由 $y^2 = x^3 + ax + b$ 给出, 则存在不是常数的水平为 N 的模函数 $f(z), g(z)$, 使得 $f(z)^2 = g(z)^3 + ag(z) + b$.

模函数具有很好的周期性. 为了理解上述断言, 可以再举个简单的例子: 代数曲线 $x^2 + y^2 = 1$ 是一个圆. 读者在中学就知道它的解还可以写为

$$x = \cos t, \quad y = \sin t.$$

而我们知道 $\cos t, \sin t$ 是最小正周期为 2π 的周期函数. 这就是最简单的模性.

谷山-志村-韦伊猜想描述 2——算术　椭圆曲线的 L 函数来自于某个模形式的 L 函数. 确切地说, 椭圆曲线 E 构造的函数 $f_E(z)$ 是权为 2 的关于主同余子群 $\Gamma_0(N)$ 的模形式.

---

① G. Shimura, 1930—2019, 日本著名数学家.

下面给出一非凡的经典例子, 可以向我们展示什么是谷山–志村–韦伊猜想. 请读者仔细品味其中的奥妙.

艾希勒[①] **的例子**　对于正整数 $n > 0$, 设 a_n 是幂级数

$$q \prod_{n=1}^{\infty} (1-q^n)^2 (1-q^{11n})^2 = q - 2q^2 - q^3 + 2q^4 + q^5 + 2q^6 - 2q^7 + \cdots$$

$$= \sum_{n=1}^{\infty} a_n q^n$$

展开式的系数, 则对于 $p \neq 11$, 方程

$$y^2 + y = x^3 - x^2$$

模 p 的解数为 a_p. 可以证明而上述幂级数是权为 2、水平为 11 的模形式.

谷山–志村–韦伊猜想相当于说, 所有这些 a_n 都来自于某个适当模形式的 L 函数的傅里叶系数.

由赫克模形式的定义, 比较两个"不同领域"的 L 函数, 我们马上可以得到:

谷山–志村–韦伊猜想描述 3——代数　椭圆曲线的计数序列来自于某个模形式空间上赫克算子的谱, 或者等价地, 存在赫克形式 $\sum_{n=1}^{\infty} a_n \mathrm{e}^{2\pi i n z}$, 使得对几乎所有素数 q, 都有

$$a_1 = q + 1 - \#(E(\mathbb{F}_q)).$$

谷山–志村–韦伊猜想描述 4——模曲线　椭圆曲线是模曲线, 或者说, 存在 (精确的) 从 $X_0(N)$ 到 E 的满的态射. 这里 N 是某个由椭圆曲线决定的整数, 称为"导子".

例如, 存在从 $X_0(15)$ 到椭圆曲线 $y^2 = x(x-4^2)(x+3^2)$ 的满同态.

本节练习题

　1. 构造更多的法里序列.

　2. 证明关于法里序列的基本性质 1, 2, 3.

　3. 求出第 n 行的法里序列的长度.

---

① Martin Eichler, 1912—1992, **德国著名数学家**.

第五节　七年铸剑 —— 终结者怀尔斯

在费马问题提出的 357 年之后, 也就是 1993 年 6 月, 旅美英国数学家, 普林斯顿大学教授怀尔斯[①] 在自己 40 岁生日的那天, 在母校剑桥大学宣布了费马大定理的一个证明. "当怀尔斯放下粉笔的那一刻, 整个报告厅沸腾了[②]."

怀尔斯 10 岁的时候在图书馆里的一本名叫《最后问题》的书里读到了关于费马大定理的故事, 他立即就被费马大定理那简洁漂亮的结论迷住了. 为什么这样一个连中学生都很容易理解的猜想现在还没有解答? 年幼的他觉得这个问题看起来如此简单, 其证明也应该不会太难, 但为什么数百年来人类都不能证明或否定它呢? 小小的怀尔斯决心成为第一个证明费马大定理的人. 于是他开始了第一次证明的尝试. 显然, 他以失败告终了, 这使得他很快意识到问题没有想象得那么简单, 他的知识远远不足以完成这个证明, 必须学习大量更多的数学. 但是, 少年的他却藏起了成为费马大定理终结者的光辉梦想!

3.5.1　几何重器——莫代尔猜想

在怀尔斯之前, 破解费马大定理的另外一个重要成就归功于法尔廷斯[③]. 在 19 世纪 20 年代, 莫代尔[④] 提出了一个关于曲线上的有理点个数的著名猜想.

> **莫代尔猜想**　令 C 是一条由具有有理系数的代数方程 $Q(x,y)=0$ 所定义的代数曲线, 若 C 的亏格 $g>1$, 则 C 至多有有限多个有理解.

亏格的严格定义相对复杂. 简单来说, 一条 "好的" 代数曲线在复数域中的解集是一个实的 2 维曲面, 并且可以定义适当的拓扑和复结构, 同时可以紧化使其成为一个紧黎曼面. (这件事反过来也几乎成立: 任何一个紧的黎曼面可以是一条至多有有限个二重点的代数曲线在 2 维复射影空间中的像.) 如亏格为 0 的球面或者亏格为 1 的环面都是较为简单的黎曼面. 关于拓扑和流形的知识请读者参看第五章第三节.

一个 n 维复流形是一个有复结构的拓扑空间, 其每个点的局部都同胚于欧氏空间 $\mathbb{C}^n$. 紧黎曼面是紧的光滑 1 维复流形. 按照拓扑的定义, 一条代数曲线的亏格就

---

① Andrew John Wiles, 生于 1953 年, 英国数学家, 本章第一主角, 曾为普林斯顿大学教授, 现为牛津大学教授.

② 此句摘自《素数的音乐》.

③ Gerd Faltings, 生于 1954 年, 德国著名数学家, 菲尔兹奖获得者, 现任马克思・普朗克数学研究所教授.

④ Louis Joel Mordell, 1888—1972, 著名英裔美籍数论学家.

定义为其对应的紧黎曼面的亏格 ("洞的个数"). 至少对于由费马方程 $x^n + y^n = 1$ 定义的光滑代数曲线来说, 其亏格 $g = (n-1)(n-2)/2$. 容易验证当 $n > 3$ 时, $g > 1$. 因此如果上述莫代尔猜想成立, 则意味着每个 $n > 3$ 的费马方程都至多有有限多个解.

莫代尔猜想于 1983 年被法尔廷斯用深刻的代数几何方法证明.

> **法尔廷斯定理**   令 $\mathcal{C}$ 是一条由具有有理系数的代数方程 $Q(x, y) = 0$ 所定义的代数曲线. 若 $\mathcal{C}$ 的亏格 $g > 1$, 则 $\mathcal{C}$ 至多有有限多个有理解.

法尔廷斯的证明将费马大定理的破解向前推进了重要的一步: 所有 $(n > 2)$ 的费马方程至多有有限个解! 他也因此在 32 岁的时候获得了 1986 年度的菲尔兹奖. 当然, 这还远没有结束, 我们的目标是证明每个费马方程的解数是 0. 幸运的是, 这距离怀尔斯取得最终的胜利已经不远了!

这一切都开始于 20 世纪 80 年代的某一天, 一名叫弗雷[①] 的年轻人指出了费马大定理和谷山猜想之间的神奇联系. 为了说明这种联系, 我们首先向读者简要介绍表示的基本概念.

3.5.2   殊途同归——从椭圆曲线的伽罗华表示到模形式的伽罗华表示

给了一个有理数域 $\mathbb{Q}$ 的扩域 K, 定义伽罗华群 $\mathrm{Gal}(K/\mathbb{Q})$ 为那些所有 K 到 K 的保持 $\mathbb{Q}$ 中元素不动的域同构所构成的群. 例如, 设 $K = \mathbb{Q}(\sqrt{2})$, 则 $\mathrm{Gal}(K/\mathbb{Q})$ 包含两个元素: 恒等变换和由把 $\sqrt{2}$ 映到 $-\sqrt{2}$ 所确定的同构.

数论中的一个基本研究对象是绝对伽罗华群 $\mathrm{Gal}(\overline{\mathbb{Q}}/\mathbb{Q})$, 这里 $\overline{\mathbb{Q}}$ 是 $\mathbb{Q}$ 在 $\mathbb{C}$ 中的代数闭包[②]. 伽罗华群的表示称为伽罗华表示. 因此也可以说, 数论中的一个基本研究对象是伽罗华表示.

什么是群表示? 设 V 为域 $\mathbb{F}$ 上的向量空间. V 上的所有可逆线性变换构成一般线性群 $\mathrm{GL}(V)$. 一个群 A 的表示是指从 A 到 $\mathrm{GL}(V)$ 的保持群运算的同态. 粗略地说, 一个表示将抽象的群通过作用在更为具体的对象 (集合或者线性空间) 上表达出来. 等价地, 一个有限维表示就是将群的每个元素对应到适当的矩阵, 并且群中任意两个元素的运算对应于相应矩阵的乘法.

例如, 读者熟悉的置换群可以看成是群在集合上的表示. 又比如, 复数域中的乘法子群单位圆 $S^1 = \{e^{i\theta}, \theta \in \mathbb{R}\}$ 有实 2 维表示:

$$e^{i\theta} \mapsto \begin{pmatrix} \cos\theta & -\sin\theta \\ \sin\theta & \cos\theta \end{pmatrix}.$$

[①] Gerhard Frey, 生于 1944 年, 德国数学家, 因为发现了弗雷曲线与费马大定理的关系而闻名于世.
[②] 意即 $\mathbb{Q}$ 上添加了所有整系数多项式的得到的 $\mathbb{C}$ 的子域.

20 世纪杰出的数学家盖尔范德[①] 曾经说:

"我曾说过,'一切都是表示'. 现在我要说,'虚无也是表示'"!

椭圆曲线的伽罗华表示　设 $G = \mathrm{Gal}(\overline{\mathbb{Q}}/\mathbb{Q})$ 为绝对伽罗华群. 从一条椭圆曲线出发, 可以得到 G 到一个适当的域或环上的二阶矩阵群的表示. 给定一条由整系数定义的椭圆曲线 E, 记 $E[p]$ 为 E 上那些阶为 p 的复点构成的群, 可以证明有群同构 (回忆 E 的所有复点构成一个由复平面商去一个格得到的紧黎曼面)

$$E[p] \simeq \mathbb{F}_p \times \mathbb{F}_p.$$

注意到 $E[p]$ 中每个点的坐标都是由整系数多项式决定的代数数, 因此在伽罗华群 G 的作用下, 它的像还在 $E[p]$ 中. 这样, 由表示的定义, 从 G 中的任何一个元素可以得到一个 $E[p]$ 到 $E[p]$ 的可逆映射, 也就是 $\mathbb{F}_p$ 上的 2 维线性空间上的线性变换. 这样我们相当于构造了表示

$$\overline{\rho}_{E,p}: \ G \to \mathrm{GL}(2, \mathbb{F}_p).$$

以上表示给了我们一些关于 G 的信息, 可是映射到一个有限的空间得到的信息还远远不够, 因为 G 是一个无限群!

为了得到关于 E 的更多的信息, 类似地, 我们可以考查 $E[p^2]$, $E[p^3]$, $E[p^4]$ 等子群, 得到 G 到 $\mathrm{GL}(2, \mathbb{Z}/p^i\mathbb{Z})$ 的表示. 把这些信息用适当的方式收集起来, 就可以得到 p 进表示

$$\rho_{E,p}: \ G \to \mathrm{GL}(2, \mathbb{Z}_p),$$

这里 $\mathbb{Z}_p$ 是 p 进整数环. 可以想象, 这个表示包含了 G 的更多的算术信息. 进一步, 可以证明对几乎所有的素数 q (除了有限个之外), 有

$$\mathrm{trace}(\overline{\rho}_{E,p}(\mathrm{Frob}_q)) = q + 1 - \sharp(E(\mathbb{F}_q))(\mathrm{mod}\ p),$$

这里, $\sharp(X)$ 表示集合 X 的元素个数; Frob_q 是 G 中元素, 称为弗罗贝尼乌斯 (F. G. Frobenius) 自同构, 其定义用到代数数论中较为复杂的基础知识. 这告诉我们一个重要事实: 椭圆曲线在素域中的有理点的个数产生了一个有重要意义的数列——它可以由伽罗华群作用得到! 这也成了证明模猜想的出发点.

---

① Israel Moiseevich Gelfand, 1913—2009, 苏联数学家, 在多个数学领域都有重要贡献, 曾获列宁勋章和沃尔夫奖.

模形式的伽罗华表示　给定一个权为 2、级为 N 的赫克特征形式 $f = \sum\limits_{n=1}^{\infty} a_n q^n$, 艾希勒和志村证明了由郝克特征形式也可以得到一个伽罗华表示

$$\rho_{f,p} : G \to \mathrm{GL}(2, K),$$

其中 $K = \mathbb{Q}_p(a_n, n \geqslant 2)$.

从赫克特征形式可以得到模椭圆曲线. 艾希勒, 志村, 德利涅以及塞尔等数学家的工作告诉我们, 如果一个模形式 f 是一个特征形, 并且在正规化后其傅里叶系数都是整数, 则可以首先对模曲线 $X_0(N)$ 的雅可比簇 $J_0(X)$ 按照赫克算子进行分解, 其 f 分量为 1 维阿贝尔簇, 因此恰为一条椭圆曲线, 进而同样可以得到一个伽罗华表示

$$\rho_{f,p} : G \to \mathrm{GL}(2, \mathbb{Q}_p).$$

3.5.3　柳暗花明——一条神奇的椭圆曲线

假设指数为素数 p 的费马方程有两两互素的解 (a, b, c), 即 $a^p + b^p = c^p$. 考虑椭圆曲线

$$y^2 = x(x + a^p)(x - b^p).$$

这是一条定义在有理数域上的椭圆曲线.

弗雷注意到这条椭圆曲线很怪异: 其导子相比其判别式小很多, 而它的伽罗华表示也很奇怪. 因此如果能够证明这样的曲线存在, 则谷山–志村–韦伊猜想不成立. 这就相当于说, 谷山–志村–韦伊猜想蕴含费马大定理! (请读者整理下这个逆否命题). 以后人们把这样的椭圆曲线称为弗雷曲线.

弗雷想利用弗雷曲线来说明谷山–志村–韦伊猜想可以推出费马大定理. 不过一开始并不顺利, 他的证明有几处致命的漏洞. 好几位数学家试图修复弗雷的证明. 塞尔[1] 发现他自己猜想的一个特殊情形可以弥补最后的一个漏洞.

就在塞尔提出猜想的第二年, 加州大学伯克利分校的里贝特[2] 在和塞尔、弗雷的一次咖啡交谈中获得灵感, 从而证明了塞尔的猜想. 这样, 毫无疑问地, 弗雷曲线和费马最后的定理紧密相连! 确切地说, 只要对一类称为半稳定的椭圆曲线证明了谷山–志村–韦伊猜想, 就证明了费马大定理. 就这样, 费马大定理成为了谷山–志村–韦伊猜想的一个推论.

---

[1] Jean-Pierre Serre, 生于 1926 年, 法国著名数学家, 在代数拓扑、代数几何和代数数论取得了重大成就. 他曾获得数学最重要的三大奖: 菲尔兹奖 (28 岁获奖, 至今仍然保持最年轻记录)、沃尔夫奖和阿贝尔奖.

[2] Kenneth Alan Ribet, 生于 1948 年, 美国著名数学家, 加州大学伯克利分校教授.

一个事实是: 弗雷曲线是半稳定的. 大致说来, 对于椭圆曲线, 半稳定性意味着有更 "好" 的约化性质. 鉴于完整的谷山–志村–韦伊猜想已被证明, 本文不再花费过多篇幅介绍椭圆曲线的半稳定性.

我们终于可以大致叙述为什么谷山–志村–韦伊猜想可以蕴涵费马大定理了. 如前所叙, 弗雷在假设费马大定理成立的情况下构造了弗雷曲线, 并且证明了它是半稳定的. (当然, 我们现在知道谷山–志村–韦伊猜想对所有椭圆曲线都成立, 因此理论上现在可以略去这一步.)

塞尔首先注意到谷山–志村–韦伊猜想再加上一个 ϵ 猜想蕴涵费马大定理. 具体说来, 塞尔注意到, 如果弗雷曲线的确存在, 那么由谷山–志村–韦伊猜想, 其对应的伽罗华表示

$$\overline{\rho}_{E,p}: \ G \to \mathrm{GL}(2, \mathbb{F}_p)$$

来自于的模形式 (这由谷山–志村–韦伊猜想保证存在) 似乎应该是一个权为 2、水平为 2 的尖形式.

里贝特证明了 ϵ 猜想. 首先, 如果弗雷曲线 E 的导子是 N, 那么由谷山–志村–韦伊猜想, 其对应的伽罗华表示必然来自于一个权为 2、水平为 N 的尖形式, 且其伽罗华表示与 E 的伽罗华表示完全相同. 里贝特证明了, 存在一个权为 2、水平更小的尖形式, 其伽罗华表示与 E 的表示相同. 这样一直下去, 存在一个权为 2、水平为 2 的尖形式, 其伽罗华表示与 E 的表示相同.

但是模形式的基本知识告诉我们不存在权为 2、水平为 2 的尖形式. 这样, ϵ 猜想成立, 同时意味着谷山–志村–韦伊猜想就蕴涵费马大定理了. 而谷山–志村–韦伊猜想将很快迎来第一位取得重要进展的证明者——此进展足以推出费马大定理!

3.5.4　七年铸剑——有志者事竟成

每一个人年少时都曾有过非凡梦想, 可是很少人能把它坚持下去.

怀尔斯做到了! 在获悉里贝特结果的瞬间他激动万分, 实现童年梦想的机会终于来了. 作为当时早已成名的顶尖数论学家, 他很清楚自己是最有可能证明谷山–志村–韦伊猜想的少数几个人. 就这样, 怀尔斯重新燃起了从少年时就怀有的证明这一伟大定理的梦想. 为了避免不必要的干扰, 他选择了独自 "秘密" 证明.

怀尔斯每过一段时间就会发表一篇提前写好的文章, 一方面这表明他在进行正常的学术研究, 另一方面避免了让人们知道他在证明费马大定理. 到了 1991 年, 为了确保自己的证明是对的, 以及验证那些他并不是完全有把握的过于专门的代数部分的内容, 他选择了他所信赖的同事凯兹[①]. 在凯兹的建议下, 怀尔斯组织了一个

[①] Nicholas Michael Katz, 生于 1943 年, 美国著名当代数学家, 普林斯顿大学数学系教授.

研究生讨论班. 第一次课上有二十几名听众, 几次以后就只剩下他们两人了 (在任何一个数学系, 这样的情形都不鲜见). 这样, 凯兹实际上成为了第一个了解费马大定理证明的听众.

1993 年, 怀尔斯在剑桥大学牛顿研究所举办的一个重要会议上宣布他证明了半稳定椭圆曲线的谷山–志村–韦伊猜想[①], 引起了巨大的轰动; 1994 年, 怀尔斯与其前学生泰勒[②] 弥补了自己证明中的一个漏洞; 1995 年, 两篇文章同时发表在世界顶级数学杂志《数学年刊》, 这意味着他的证明完全被数学界接受. 怀尔斯终于向世人展示自己童年时期的梦想了, 至此, 他完成了整个辉煌的费马交响曲的最后一个乐章, 足以载入史册. 第 9999 号小行星以怀尔斯命名 (1999 年).

BBC 为这个故事拍摄了记录片《费马大定理》, 当怀尔斯谈到自己历尽艰辛花费七年时间的证明之旅时, 他喜极而泣. 对于自己的 "七年磨剑", 他说, "数学家在自己的世界倾注了太多的时间, 虽然这可以给自己带来快乐, 但是这种快乐很难与世人分享."

怀尔斯因为费马大定理的证明获得了数学界诸多重要奖项. 仅举两例, 他是迄今为止最年轻的沃尔夫奖获得者 (获奖时年仅 43 岁); 他也是唯一一位超过 40 岁的菲尔兹特别奖获得者 (1998 年获菲尔兹奖委员会主席尤里·马宁向其颁发了第一个国际数学联盟特别奖, 怀尔斯时年 45 岁).

怀尔斯在 2000 年受封骑士爵位第二等爵级司令勋章 (Knight Commander of the Order of the British Empire). 因此, 现在人们可以称怀尔斯教授为怀尔斯爵士了.

3.5.5   模之提升——朗兰兹–图纳尔定理与半稳定模提升猜想

现在怀尔斯已经知道, 要证明费马大定理, 只须证明任意半稳定椭圆曲线情形的谷山–志村–韦伊猜想. 为叙述方便, 下文中将谷山–志村–韦伊猜想简称为模猜想[③]

让我们选择模猜想的如下代数或 "组合" 定义:

对于椭圆曲线 E, 如果存在赫克形式 $\sum\limits_{n=1}^{\infty} a_n e^{2\pi i n z}$, 使得对几乎所有素数 q,

$$a_q = q + 1 - \#(E(\mathbb{F}_q)),$$

则称 E 是**模**的.

---

① 整个的谷山–志村–韦伊猜想于 2001 年被完全证明, 现在也被称为模定理.

② Richard Lawrence Taylor, 生于 1962 年, 当代著名数学家. 泰勒是怀尔斯的学生, 具有英美双重国籍, 于 2014 年获得了额度为 300 万美元的数学突破奖.

③ 本节主要参考了以下文献: K. Rubin and A. Silverberg, A Report on Wiles' Cambridge Lectures, Bull. Amer. Math. Soc. (N.S.) 31 (1994), 15—38.

如果 E 的方程在模 p 后右边仍然无重根 (这意味着约化得到的曲线仍然是光滑的), 则称 E 在素数 p 处具有好约化. 否则, 称其为坏约化, 且将其重根称为奇点. 粗略地说, 如果对任意素数 p, E 模 p 的约化都是好约化或者虽然 E 模 p 的约化是坏约化, 但是其奇点至多为二重点, 我们就称 E 是一条半稳定的椭圆曲线.

怀尔斯对半稳定椭圆曲线证明了谷山–志村–韦伊猜想. 证明的主要部分发表于:

Wiles, A (1995). "Modular elliptic curves and Fermat's Last Theorem". Annals of Mathematics 141(3) : 443 − 551.

我们仍然假定以下出现的椭圆曲线是半稳定的.

设 $G = \mathrm{Gal}(\overline{\mathbb{Q}}/\mathbb{Q})$ 是绝对伽罗华群. G 的两个表示分别记为

$$\rho_{E,p}:\ G \to \mathrm{GL}(2, \mathbb{Z}_p),$$

$$\overline{\rho}_{E,p}:\ G \to \mathrm{GL}(2, \mathbb{F}_p).$$

由梅祖尔[①]的一个猜想可以导出如下猜想:

半稳定模提升猜想　假设 p 是一个奇素数, E 是 $\mathbb{Q}$ 上一条半稳定椭圆曲线, 并且满足:

(1) $\overline{\rho}_{E,p}$ 不可约;

(2) 存在特征形式

$$f(z) = \sum_{n=1}^{\infty} b_n \mathrm{e}^{2\pi i n z},$$

使得对任意 $\mathbf{O}_f$ (这里 $\mathbf{O}_f$ 是 $\mathbb{Q}$ 上添加所有 $f(z)$ 的系数生成的数域中的整数环) 中的包含 p 的素理想 $\lambda \in \mathbf{O}_f$, 对几乎所有的素数 q, 都有

$$b_q = q + 1 - \#(E(\mathbb{F}_q)) \pmod{\lambda},$$

则 E 是模曲线.

粗略地说, 半稳定模提升猜想断言, 如果椭圆曲线 E 在 $\mathrm{GL}(2, \mathbb{F}_p)$ 上的伽罗华表示足够好, 并且其计数信息可以与某个模形式 "局部" 地联系起来, 则其计数信息就来自于某个模形式.

为了说明半稳定模情形的提升猜想可以推出半稳定情形的模猜想, 我们还需要一个强大的引理, 用于联系表示与模形式.

---

① Barry Charles Mazur, 生于 1937 年, 美国当代著名数学家, 哈佛大学数学系教授.

朗兰兹–图纳尔定理 (Langlands–Tunnell theorem)　假设 $\rho_f : G \to \mathrm{GL}(2,\mathbb{C})$ 是连续不可约表示, 且其在 $\mathrm{GL}(2,\mathbb{C})$ 中的像作为 $\mathrm{PGL}(2,\mathbb{C})$ 的子群同构于 4 元对称群 S_4 的子群, $\tau \in G$ 是复共轭, 并且 $\det(\rho(\tau)) = -1$. 则存在关于某个 $\Gamma_1(N)$ 的权为 1 的特征尖形式 $\sum\limits_{n=1}^{\infty} b_n e^{2\pi i n z}$, 使得对几乎所有的素数 q, 都有

$$b_q = \mathrm{trace}(\rho(\mathrm{Frob}_q)).$$

请读者注意上述定理是朗兰兹猜想的特殊情形 ($n=2$). 值得一提的是, 此情形的证明用到了 $\mathrm{GL}(2,\mathbb{F}_3)$ 是可解群的条件.

朗兰兹猜想　所有 n 次好的欧拉积全是 GL_n 的自守函数.

朗兰兹–图纳尔定理相当于说, 若 $n=2$, 在欧拉积来自于数域 K 上的伽罗华表示 $\rho_f : G \to \mathrm{GL}(2,\mathbb{C})$ 的情形下, 若 $\mathrm{Im}(\rho)$ 为可解群, 则存在 $\mathrm{GL}(2,A_K)$① 的自守表示 π, 使得

$$L(s,\rho) = L(s,\pi).$$

应用朗兰兹–图纳尔定理可以证明如下关键的结果:

设有椭圆曲线 E 的伽罗华表示

$$\overline{\rho}_{E,p} : G \to \mathrm{GL}(2,\mathbb{F}_p),$$

若 $p=3$, 且 $\overline{\rho}_{E,p}$ 不可约, 则 $\overline{\rho}_{E,p}$ 是模的. 意即存在权为 2 的正规化的特征形式

$$f(z) = \sum_{n=1}^{\infty} b_n e^{2\pi i n z},$$

使得对任意 $\mathbf{O}_f$ 中的包含 p 的素理想 $\lambda \in \mathbf{O}_f$, 对几乎所有的素数 q, 都成立

$$b_q = \mathrm{trace}(\rho(\mathrm{Frob}_q))(\mathrm{mod}\ \lambda).$$

这样, 由半稳定模提升猜想和朗兰兹–图纳尔定理, 通过构造具体的表示 (上述关键结果), 怀尔斯证明了:

设 E 是半稳定椭圆曲线. 若 $p=3$ 的半稳定模提升猜想成立, 并且 $\overline{\rho}_{E,p}$ 不可约, 则 E 是模曲线.

对于 $\overline{\rho}_{E,p}$ 可约的情形, 怀尔斯使用了一个巧妙的转换法则.

① 这里 A_K 是 K 的阿代尔 (Adele) 环.

怀尔斯定理   设 E 是半稳定椭圆曲线. 若 $p = 3$ 以及 $p = 5$ 的半稳定模提升猜想都成立, 并且 $\bar{\rho}_{E,p}$ 是可约的, 则 E 是模曲线.

证明概略   情形 1   假设 $\bar{\rho}_{E,3}$, $\bar{\rho}_{E,5}$ 都是可约的, 此时命题非常容易, 其等价于 $\mathbb{Q}$ 上任意一个具有 15 阶 G 稳定子群的椭圆曲线是模的.

情形 2 $\bar{\rho}_{E,3}$ 是可约的, 但是 $\bar{\rho}_{E,5}$ 是不可约的. 我们当然希望直接应用 $p = 5$ 的半稳定模提升猜想, 可惜此时的 $\mathrm{GL}(2, \mathbb{F}_5)$ 不是可解群. 因此无法使用朗兰兹-图纳尔定理.

然而怀尔斯证明了存在另外一条椭圆曲线 E', 其模 5 的伽罗华表示 $\bar{\rho}_{E',5}$ 和 E 的伽罗华表示 $\bar{\rho}_{E,5}$ 是同构的, 并且 $\bar{\rho}_{E',3}$ 是不可约的.

因此 E' 是模曲线, 设其对应的特征形式为 $f(z) = \sum_{n=1}^{\infty} b_n \mathrm{e}^{2\pi i n z}$, 则对几乎所有素数 q,

$$a_q = q + 1 - \sharp(E'(\mathbb{F}_q)) \equiv \mathrm{trace}(\rho(\mathrm{Frob}_q)) \equiv \mathrm{trace}(\rho_{E,5}(\mathrm{Frob}_q)) \equiv q + 1 - \sharp(E(\mathbb{F}_q))(\bmod 5).$$

再次利用半稳定模提升猜想可知 E 也是模曲线.

这意味着, 只要对素数 $3, 5$ 证明了半稳定模提升猜想, 则模猜想成立!

3.5.6   万众归一——环同构与模提升

我们得到一个关键事实: 若椭圆曲线 E 来自于一个模形式 f, 则两种方法定义的 p 进伽罗华表示是一致的. 反之, 如果利用椭圆曲线 E 构造的表示与利用某个模形式 f 构造的表示是一致的, 则椭圆曲线 E 必来自于 f. 这成了证明模猜想的出发点. 为了叙述怀尔斯最后的半稳定模提升猜想的证明, 我们首先需要引入模表示的定义.

模表示的定义   设 A 是一个环, 表示 $\rho: G \to \mathrm{GL}(2, \mathbb{K})$ 满足如下条件: 存在特征形式 $f(z) = \sum_{n=1}^{\infty} b_n \mathrm{e}^{2\pi i n z}$, 子环 $A' \subseteq A$, 以及同态 $\eta: \mathbf{O}_f \to A'$, 使得对几乎所有的素数 q 成立

$$\eta(a_q) = \mathrm{trace}(\rho(\mathrm{Frob}_q)),$$

就称 ρ 是一个**模表示**. 这里 $\mathbf{O}_f$ 是 $\mathbb{Q}$ 上添加所有 $f(z)$ 的系数生成的数域中的整数环.

大致说来, 一个表示如果来自于某个模形式, 则称为模表示. 因此模猜想等价于证明由一条半稳定椭圆曲线得到的表示是模的. 特别地, 由上节的叙述可知:

E 是模的 $\Leftrightarrow \rho_{E,p}$ 对每个素数 p 是模的 $\Leftrightarrow \rho_{E,p}$ 对某个素数 p 是模的.

同样, 应用模表示的语言, 可以看出模提升猜想等价于:

若 p 是某个奇素数, E 是半稳定椭圆曲线, $\overline{\rho}_{E,p}$ 是不可约模表示, 则 $\rho_{E,p}$ 是模表示. 换句话说, 有限域上的"好"的表示可以提升.

应用模表示的语言, 我们可以重新叙述如下: 从一个"好"的模 p 的表示开始, 可以通过形变得到提升的表示也是好的 (模的). 因此, 如果能证明模 p 的表示是模的, 则其 p 进表示也是模的, 这就证明了模猜想.

例如, 考虑 E 模 3 的伽罗华表示. 如果它是不可约的, 则由朗兰兹–图纳尔定理可知它是模的. 而如果 E 模 3 的伽罗华表示是模的, 则可用某种计数的办法递归证明 E 模 3^n 的伽罗华表示也是模的, 进而可以证明, E 的 p 进伽罗华表示是模的. 如果它不是不可约的, 上述提升将会遇到障碍! 此时怀尔斯使用了最后的独门利器——3/5-互换技巧: 如果 E 模 3 的伽罗华表示不是不可约的, 则可证明有另外一条椭圆曲线 E', 其模 5 的伽罗华表示和 E 是一样的, 但是其模 3 的伽罗华表示是不可约的. 由上述讨论, 可知 E' 的伽罗华表示是模的, 因此 E 模 5 的表示也是模的, 进而类似于上一情形可知 E 也是模的. 这样我们知道, 模猜想成立.

由上可知, 最后的任务就是证明半稳定情形的模提升猜想了. 怀尔斯证明了 (模提升猜想的等价命题):

> **怀尔斯证明的主要结果**　设
> $$\overline{\rho}_p : G \to \mathrm{GL}(2, \mathbb{F}_p)$$
> 是模表示, 并且满足一些技术条件, 又设 O 为局部整数环, π 为其极大理想的生成元, 而
> $$\rho : G \to \mathrm{GL}(2, O)$$
> 满足 $\rho \equiv \overline{\rho}_p \pmod{\pi}$ 以及一些技术条件, 则 ρ 是模表示.

由此可知, E 模 3 的伽罗华表示在域 $\mathbb{Q}(\sqrt{-3})$ 的绝对伽罗华群 $\mathrm{Gal}(\mathbb{Q}/\mathbb{Q}(\sqrt{-3}))$ 上的限制是不可约的.

为了证明上述主要结果, 怀尔斯首先用两种方法得到了两个环上的伽罗华表示. 一种方法是从一个模 p 的表示开始, 假定它是模的, 考虑其所有的"形变"(所有可以得到的 p 进表示), 得到一个满足主定理条件的环 R 以及表示

$$\rho_R : G \to \mathrm{GL}(2, R);$$

另一种方法是从所有权为 2 的模形式的"形变"得到赫克算子, 由此算子产生的环 T, 以及表示

$$\rho_T : G \to \mathrm{GL}(2, T).$$

然后, 怀尔斯利用大量数学家的结果 (尤其是梅祖尔的形变理论) 证明两个环是同构的. 进而证明了定理的结论.

在怀尔斯宣布证明费马大定理之后的数月, 审查人发现怀尔斯证明的最后部分存有缺陷. 有惊无险的是, 次年 (1994 年) 在他和他的学生泰勒的合作下, 漏洞被成功弥补.

泰勒–怀尔斯定理　T 是完全交叉的.

此定理相当于说关于某个局部环的奇点性质不太坏, 已经足以补全上面不等式的证明. 文章发表在:

Taylor R, Wiles A (1995). "Ring theoretic properties of certain Hecke algebras". Annals of Mathematics 141 (3): 553—572.

后来, 戴尔蒙德 (Diamond)、康拉德 (Conrad)、泰勒、布勒伊 (Breuil) 等人在怀尔斯证明的基础上, 对其余情形的椭圆曲线分别证明了其对应的模猜想. 因此, 模猜想现被称为模定理. 模定理成为了更为深刻的朗兰兹纲领的重要内容.

第四章　天籁之音 —— 黎曼假设

引言　数学乃音乐之魂

人类具有用变化无尽的音乐来表达各种情感的能力, 这种独特的能力, 缘于人类能够"逻辑"地思维, 或者确切地说, 缘于数学的思维是人类所独有, 而数学的思维本质上是缘于数字与图形的思维. 因此, 数学地思考是人类思维区别于其他动物思维的重要标识, 而将数学应用于音乐与美术则是人类情感彻底摆脱动物性的一大标识. 本章介绍的主题即是音乐与数学相融合的最高境界 —— 迄今为止仍真假莫辨的数学第一难题 —— 黎曼[①]假设, 英文缩写为"RH"(Riemann hypothesis).

> **黎曼假设**　令复变量 $s = \sigma + it$(其中 σ, t 均为实数) 的函数为
>
> $$\zeta(s) = \sum_{n=1}^{\infty} \frac{1}{n^s},$$
>
> 则其零点除了所有负偶数外, 其余零点均在直线 $\sigma = \dfrac{1}{2}$ 上.

黎曼假设中的复变函数称为黎曼 ζ 函数, 希腊字母 ζ 相当于英文字母 Z, 英语读音为 zeta. 绝大多数读者对自变量 s 取实数的 ζ 函数比较熟悉, 其中最有名的现象发生在 $s = 1$ 时, 此时黎曼 ζ 函数恰好是众所周知的调和级数(harmonic series):

$$\zeta(1) = \sum_{n=1}^{\infty} \frac{1}{n} = 1 + \frac{1}{2} + \frac{1}{3} + \cdots + \frac{1}{n} + \cdots.$$

调和级数的名称源自"和声"(harmony), 但中文翻译似乎不能唤起人们的音乐联想, 也许直译为"和声级数"更能体现这种联系.

[①] Georg Friedrich Bernhard Riemann, 1826—1866, 德国数学家、物理学家. 对现代数学作出了极其重要的贡献.

第一节　大音希声 —— 音乐与数学

音乐凝练精神, 数学抽象世界.

4.1.1　异曲同工 —— 五度相生与三分损益

公元前 6 世纪, 毕达哥拉斯学派发现音乐与比率有关, 即拨动琴弦所产生的声音与琴弦长度有关, 并且和声是由长度成整数比的弦发出的, 由此产生所谓毕达哥拉斯音阶(Pythagorean scale). 在毕达哥拉斯音阶中, 一个由低到高的完整循环 (即八度音程) 的起始音高与终结音高的频率之比为 1:2 (等价于弦长之比为 2:1)—— 这当然是最和谐的音了, 因此具有相同的名字, 称为音名, 比如我们仅用韩红一半的音高依然可以飚出"青藏高原". 毕达哥拉斯学派认为下一个最和谐的音高频率是起始音高的 1.5 倍, 或比率为 3:2, 该比率即成为毕达哥拉斯音阶的基础比率 (现代乐律中这个比率恰好表示一个纯 5 度 (perfect fifth)), 由此可以产生一个完整循环的所有 7 个音名, 此即所谓"五度相生律".

五度相生律的数学原理不仅简单还非常有趣, 简单介绍如下. 假定起始音名为 C(读作"do", 中文一般唱成"哆", 简谱记为"1"), 则 C 与 $\frac{3}{2}$C 形成纯五度, 由于我们将看到的原因, 该音名记为 "G" (读作"so", 中文一般唱成"嗦", 简谱记为"5"), 即 G=$\frac{3}{2}$C. 同样地, G 与 $\frac{3}{2}$G=$\frac{9}{4}$C 也形成纯五度. 由于 $\frac{9}{4}$C 的频率比 2C 高, 在 C 与 2C 之间与 $\frac{9}{4}$C 同名的音名记为 D, 故 D 的频率为 $\frac{9}{4}$C 的一半, 即 D=$\frac{9}{8}$C(读作"re", 中文一般唱成"来", 简谱记为"2"). 至此读者已经可以亲自推出其他几个音名了, 比如 $\frac{3}{2}$D=$\frac{27}{16}$C 就是 A (读作"la", 中文一般唱成"拉", 简谱记为"6"), 而 $\frac{3}{2}$A=$\frac{81}{32}$C 由于高于 2C, 故其频率一半即 $\frac{81}{64}$C 的音名是 E(读作"mi", 中文一般唱成"咪", 简谱记为"3"). 我们还可以得到 $\frac{243}{128}$C=B(读作"si", 中文一般唱成"西", 简谱记为"7") 与 $\frac{729}{512}$C=F (读作"fa", 中文一般唱成"发", 简谱记为"4"). 于是由五度相生律产生下表.

读者请注意, 下表中的高音 C 不等于 2C! 这是必然的, 因为基础比率 3:2 的任何次方都不可能等于 2. 请读者自行证明之. 为此, 毕达哥拉斯作出如下修正:

$$C \xrightarrow{\frac{3}{2}} G \xrightarrow{\frac{1}{2} \cdot \frac{3}{2}} D \xrightarrow{\frac{3}{2}} A \xrightarrow{\frac{1}{2} \cdot \frac{3}{2}} E \xrightarrow{\frac{3}{2}} B \xrightarrow{\frac{2^9}{3^6}} F,$$

其中最后的环节 $B \xrightarrow{\frac{2^9}{3^6}} F$ 经过修正.

音符名	频率/Hz	比率
C-do	261.6	1:1
D-re	294.3	9:8
E-mi	331.0875	81:64
F-fa	372.47	729:512
G-so	391.5	3:2
A-la	441.45	27:16
B-si	496.631 25	243:128
高八度 C-do	558.71	2187:1024

于是按照音高 (即频率) 由低到高排列即可得到如下的毕达哥拉斯音阶:

音符名	频率/Hz	比率
C-do	261.6	1:1
D-re	294.3	9:8
E-mi	331.0875	81:64
F-fa	348.8	4:3
G-so	391.5	3:2
A-la	441.45	27:16
B-si	496.631 25	243:128
高八度 C-do	523.2	2:1

请注意, 上表中两个连续主音的比率是 $9:8$, 但次半音 (由 E 到 F 和由 B 到高音 C) 的比率是 $256:243 = 2^8:3^5$ —— 此即毕达哥拉斯修正 (Pythagorean tuning). 因此连续两个半音并不等于一个主音:

$$1.109\ 857\ 15 = \frac{2^8}{3^5} \times \frac{2^8}{3^5} \neq \frac{9}{8} = 1.125.$$

换句话说, 毕达哥拉斯学派在听音乐时用的数学是

$$2^{19} = 3^{12},$$

或

$$524\ 288 = 531\ 441.$$

我国的音乐理论与实践源远流长. 被确认为距今约 8000 年的贾湖骨笛已具有四声、五声、六声和七声音阶 (能够完整吹奏现代乐曲). 遗憾的是, 有关我国古代音乐理论的最早文字记载远远晚于此时期, 即被称为我国先秦百科全书的《管子》第五十八篇《地员》, 其对我国古代音乐的生成体系有极其简洁而精彩的描述:

"凡听徵, 如负猪豕觉而骇. 凡听羽, 如鸣马在野. 凡听宫, 如牛鸣窌中. 凡听商, 如离群羊. 凡听角, 如雉登木以鸣, 音疾以清. 凡将起五音凡首, 先主一而三之, 四开以合九九, 以是生黄钟小素之首, 以成宫. 三分而益之以一, 为百有八, 为徵. 不无有三分而去其乘, 适足, 以是生商. 有三分, 而复于其所, 以是成羽. 有三分, 去其乘, 适足, 以是成角."

其中所涉及的 "宫、商、角 (拼音为 jué)、徵 (拼音为 zhǐ)、羽" 即所谓 "五音", 大体对应毕达哥拉斯音阶中的 C, D, E, G, A 或简谱 1, 2, 3, 5, 6. 成语 "五音不全" 即出于此.

《管子》大约成书于公元前 475—公元前 221 年, 其上述描述至少说明我国古代音乐在秦以前的相当长时期内使用 "五音" 体系, 其声律理论则使用 "三分损益法" 或 "三分损益律", 即《管子》中的 "先主一而三之, 四开以合九九, 以是生黄钟小素之首, 以成宫" 等. 对《管子》的 "三分损益法", 其后司马迁《史记》有非常确切的描述:

"九九八十一以为宫. 三分去一, 五十四以为徵. 三分益一, 七十二以为商. 三分去一, 四十八以为羽. 三分益一, 六十四以为角."

我国古代音乐以 "宫" 为主音. 按《国语·周语下》: "夫宫, 音之主也, 第以及羽." 而《乐记》则将五音概括为: "宫为君, 商为臣, 角为民, 徵为事, 羽为物." 三分损益法即是从基本音 "宫" 出发产生其余四个音的数学原理. 所谓 "九九八十一以为宫", 即产生 "宫" 音的管 (相当于毕达哥拉斯音阶中的弦) 长为 81. "三分去一, 五十四以为徵" 即减去三分之一得长度为 "$81 - 27 = 54 = \frac{2}{3} \times 81$" 的管对应的音 "徵"; 再 "三分益一, 七十二以为商" 即加三分之一得长度为 "$54 + 18 = 72 = \frac{4}{3} \times 54$" 的管对应的音 "商"; 再 "三分去一, 四十八以为羽" 即减去三分之一得长度为 "$72 - 24 = 48 = \frac{2}{3} \times 72$" 的管对应的音 "羽"; 再 "三分益一, 六十四以为角" 即加三分之一得长度为 "$48 + 16 = 64 = \frac{4}{3} \times 48$" 的管对应的音 "角". 由于对应 "角" 音的 "64" 不能被 3 整除, 三分损益法到此终止. 三分损益法的整个程序如下:

$$\text{宫} \xrightarrow{\frac{2}{3}} \text{徵} \xrightarrow{\frac{4}{3}} \text{商} \xrightarrow{\frac{2}{3}} \text{羽} \xrightarrow{\frac{4}{3}} \text{角}.$$

如果继续 "损" 下去, 即 "三分去一" 可得 "64−21.333=42.666", 此时的音高接近基本音 "宫" 的 2 倍所需的一半管长 "$40.5 = \frac{1}{2} \times 81$", 所以只使用五个音的三分损益法产生了一个误差约为 5% 的八度音程 —— 这个误差完全在人耳的承受范围之内, 这应该是 "宫、商、角、徵、羽" 在我国长盛不衰的数学基础. 比如, 2008 年

北京奥运会时期走红的歌曲《龙文》仍旧使用五音, 并将宫、商、角、徵、羽谱为

$$| \underline{3\ 5}\ \underline{3}\ 1\ 2\ - |.$$

较之毕达哥拉斯音阶的七音体系, 我国古代的五音体系当然大为单薄, 但其数学原理 "三分损益" 较之 "五度相生" 简单直接, 浑然天成, 不着斧痕, 因此依然产生了大量优秀的古代民族音乐, 如《高山流水》《平沙落雁》《渔舟唱晚》与《春江花月夜》等都仅使用五音, 体现了我国古代作曲家的高超技巧. 最著名的五音民歌当属《茉莉花》.

约公元前 433 年的曾侯乙墓出土的编钟 (以下简称曾钟) 表明, 至迟不晚于公元前 5 世纪, 我国古代乐律已通过 "三分损益法" 产生了 "十二律" (接近现代流形的 "十二平均律") 的概念. 曾钟由 19 个钮钟、45 个甬钟和 1 个大傅钟共 65 件组成. 每只钟都可以发出两个不同的音, 整套编钟能奏出现代钢琴所有黑白键的音名频率. 曾钟的定音频率为 256.4 赫兹, 与目前通用的中央 "C" (middle C) 频率 261.625 565 赫兹仅相差 2%. 欧洲十二平均律的键盘乐器大约出现在 16 世纪, 曾钟大幅领先将近两千年, 是我国古代众多令人震撼的辉煌成就之一.

按 "三分损益法" 产生十二律的数学原理类似于我们前面介绍的办法, 具体见下表 (源自《史记》, 请有兴趣的读者亲手鉴定之), 其中备注栏是与五音体系的比较:

音符名	弦长	备注
黄钟 (C 本音 fundamental frequency)	81	同 "宫"
林钟 (G= 黄钟三分损)	$81 \times \dfrac{2}{3} = 54$	同 "徵"
太簇 (D= 林钟三分益)	$54 \times \dfrac{4}{3} = 72$	同 "商"
南吕 (A= 太簇三分损)	$72 \times \dfrac{2}{3} = 48$	同 "羽"
姑洗 (E= 南吕三分益)	$48 \times \dfrac{4}{3} = 64$	同 "角"
应钟 (B= 姑洗三分损)	$64 \times \dfrac{2}{3} = 42.6667$	新音名
蕤宾 (♯F= 应钟三分益)	$42.6667 \times \dfrac{4}{3} = 56.8889$	新音名
大吕 (♯C= 蕤宾三分益)	$56.8889 \times \dfrac{4}{3} = 75.8519$	新音名
夷则 (♯G= 大吕三分损)	$75.8519 \times \dfrac{2}{3} = 50.5679$	新音名
夹钟 (♯D= 夷则三分益)	$50.5679 \times \dfrac{4}{3} = 67.4239$	新音名
无射 (♯A= 夹钟三分损)	$67.4239 \times \dfrac{2}{3} = 44.9492$	新音名
仲吕 (F= 无射三分益)	$44.9492 \times \dfrac{4}{3} = 59.9323$	新音名
清黄钟 (= 黄钟的高八度音 = 仲吕三分损)	$59.9323 \times \dfrac{2}{3} = 39.9549$	倍 "宫"

其中"洗"的拼音为"xiǎn","蕤"的拼音为"ruí","射"的拼音为"yì".

注意最后一个"清黄钟"的长度 39.9546 不等于"黄钟"长度的一半 40.5, 即所谓"黄钟不能还原". 因为在连乘 12 次 2/3 或 4/3 后, 最后的值不可能等于原始值的 $\frac{1}{2}$. 不过经过 12 次的三分损益之后, 已经可以构成一个误差不到 2% 的八度音阶循环. 因此中西方音乐理论都不约而同地以"12 音阶"为主流, 进而在两千多年后产生十二平均律.

十二律包含的十二个音名统称为"律吕", 按其频率 (即音高) 从低到高排列为

黄钟—大吕—太簇—夹钟—姑洗—仲吕—蕤宾—林钟—夷则—南吕—无射—应钟,

其中排在奇数位的 6 个音名称为"律", 而排在偶数位的 6 个音名称为"吕", 即

六律: 黄钟—太簇—姑洗—蕤宾—夷则—无射;

六吕: 大吕—夹钟—仲吕—林钟—南吕—应钟.

成语"黄钟大吕"即出与此. 十二律 (吕) 名称的来历历来争论不休, 至今尚无定论, 但怎么看都像是一组编钟中的十二只钟名吧? 有兴趣的读者可考证之.

思考题

证明 $\frac{3}{2}$ 的任何次方都不等于 2.

4.1.2　大音希声 —— 声律与连分数

目前国际较为通行 (但并非普遍接受) 的标准是中央 C 上的音名 A 的频率为 440 赫兹 (美国标准协会 1936 年推荐并被国际标准化协会 1976 年采纳为 ISO 16), 奥地利政府 1885 年推荐 A 的频率为 435 赫兹, 德国大音乐家巴赫[①]的 A 达到 480 赫兹 (真正是高调的大师), 而同时期的韩德尔[②] 的 A 则为 422.5 赫兹 (可见其低调), 此即所谓音乐会 A (concert A).

有趣的是, 乐律家普遍推荐在温度为 15°C 时, 使用 A 的频率为 439 赫兹, 而在室温 (25°C 左右) 时, 使用 A 的频率为 435.5 赫兹, 但钢琴制造商强烈反对, 因为 439 是素数!

下表为国际标准组织采用的音名频率表:

---

① Johann Sebastian Bach, 1685–1750, 德国现代音乐之父.

② Georg Friedrich Handel, 1685–1759, 英籍德国著名音乐家.

音符名	频率/Hz	比率
中央 C	261.625 565 3	1:1
D	293.664 767 9	$2^{1/6}:1$
E	329.627 556 9	$2^{1/3}:1$
F	349.228 231 4	$2^{5/12}:1$
G	391.995 436	$2^{7/12}:1$
A	440.000 000 020 5	$2^{3/4}:1$
B	493.883 013	$2^{11/12}:1$
高 8 度 C	523.251 130 6	2:1

毕达哥拉斯音律体系与当代乐律学说的主流"十二平均律"相比, 自然有较大差异. 请读者注意, 毕达哥拉斯音阶体系被广泛应用了差不多两千年, 人耳的适应能力可见一斑. 这当然同时说明人耳之粗糙亦无以复加 —— 感官退化是思维进化的必然代价吗?

对照毕达哥拉斯音阶表与上表中的音名 G, 可知毕达哥拉斯音阶的合理性 (假定我们现在采用的 A 的频率为 440 赫兹是合理的) 在于数学近似 $2^{\frac{7}{12}} \approx \frac{3}{2}$, 或者

$$0.583\ 33 = \frac{7}{12} \approx \log_2 \frac{3}{2} = 0.584\ 962\ 500\ 7.$$

思考题

证明 $\log_2 \frac{3}{2}$ 不是有理数, 从而不可能与 $\frac{7}{12}$ 以及任何分数相等.

因此, 实际上不可能得到完全准确的音阶体系! 最好的办法不过是找出与无理数 $\log_2 \frac{3}{2}$ 尽可能接近又不是过于复杂的分数 —— 数学家称此类过程为"逼近".

问题是, 怎样才能用分数逼近无理数? 我们首先看看能否逼近 $\sqrt{2}$ —— 绝大多数读者都会同意它是最简单的无理数. 为此设 $x = \sqrt{2}$. 于是

$$x^2 = 2, \quad x^2 - 1 = 1, \quad (x-1)(x+1) = 1.$$

因此

$$x = 1 + \frac{1}{1+x}.$$

现在重复将上式右端分母中的 x 换成 $1 + \frac{1}{1+x}$, 我们得到下面的等式:

$$\sqrt{2} = 1 + \cfrac{1}{1 + 1 + \cfrac{1}{1+x}} = 1 + \cfrac{1}{1 + 1 + \cfrac{1}{1 + 1 + \cfrac{1}{1+x}}} = \cdots$$

$$= 1 + \cfrac{1}{1 + 1 + \cfrac{1}{1 + 1 + \cfrac{1}{1 + 1 + \cfrac{1}{1 + 1 + \cfrac{1}{\ddots}}}}}. \tag{4.1.1}$$

上式右端形式的数称为"连分数"(continued fraction), 而上式 (4.1.1) 称为 $\sqrt{2}$ 的连分数表示. 从 $\sqrt{2}$ 的连分数表示我们确实可以认为 $\sqrt{2}$ 是最简单的无理数"之一", 因为这个连分数分母中的"$1+1$"似乎可以去掉一个"1"而变得更简单, 即数

$$y = 1 + \cfrac{1}{1 + \cfrac{1}{1 + \cfrac{1}{1 + \cfrac{1}{\ddots}}}} \tag{4.1.2}$$

应该比 $\sqrt{2}$ 更简单 —— 这个 y 可能才是最简单的无理数! 亲爱的读者, 您知道这个最简单的无理数"y"是谁吗? 注意上式 (4.1.2) 右端可以写为 $1 + \dfrac{1}{y}$, 因此 y 满足方程

$$y = 1 + \frac{1}{y} \quad \text{或} \quad y^2 - y - 1 = 0.$$

该方程的两个根为 $\dfrac{1 \pm \sqrt{5}}{2}$, 其正根 $y_+ = \dfrac{1 + \sqrt{5}}{2}$ 的倒数

$$\frac{1}{y_+} = y_+ - 1 = \frac{\sqrt{5} - 1}{2} = \frac{1 + \sqrt{5}}{2} - 1$$

正是所谓"黄金比率"(golden ratio) —— 世界通用的记号为"φ", 即有下面的表达式:

$$\varphi = \frac{\sqrt{5} - 1}{2} = \cfrac{1}{1 + \cfrac{1}{1 + \cfrac{1}{1 + \cfrac{1}{1 + \cfrac{1}{1 + \ddots}}}}}. \tag{4.1.3}$$

现在我们确实看到了"黄金比率"! 有兴趣的读者可以通过黄金比率 φ 满足方程

$$\varphi(\varphi + 1) = 1$$

来反推上面的公式 (4.1.3). 由公式 (4.1.3) 可得黄金比率 φ 的前几个分数逼近:

$$1, \frac{1}{2}, \frac{2}{3}, \frac{3}{5}, \frac{5}{8}, \cdots.$$

读者应该已经看出来了, 上述逼近中所有分数的分子 (分母也类似) 恰好构成著名的斐波那契数列!

普通大小的向日葵花盘上的沿顺时针旋转和逆时针旋转的曲线个数分别为 89 条和 55 条, 较小的向日葵则是 55 条和 34 条, 较大的是 144 条和 89 条. 这些数值均为斐波那契数, 其比例约为 1:0.618.

向日葵

4.1.3　阳春白雪 —— 最著名的无理数 π

最有名的无理数当属圆周率 π. 圆周率的计算可以看作是衡量古代数学发达程度的标尺. 伟大的阿基米德依据其发明的"穷竭法"求出圆周率 π 介于 $\frac{22}{7}$ 和 $\frac{223}{71}$ 之间. 大约 500 年后, 中国刘徽[①] 在《九章算术注》中提出"割圆术"并以圆内接正 192 边形的面积代替圆面积, 算得圆周率为 $\frac{157}{50} = 3.14$, 并最终以圆内接正 3072 边形求得圆周率为 $\frac{3927}{1250} = 3.1416$ —— 此即"徽率". 再之后的 200

[①] 刘徽, 约 225–295, 中国古代数学家.

年, 祖冲之①第一次将圆周率 π 精确计算到小数点后六位, 即介于 $3.141\,592\,6$ 到 $3.141\,592\,7$ 之间, 其提出的圆周率约率与阿基米德相同, 即为 $\dfrac{22}{7}$, 但其密率 $\dfrac{355}{113}$ 则领先世界约 800 年. 已有的研究倾向于祖冲之的密率是采用刘徽割圆术分割至正 $24576 = 6 \times 2^{12}$ 边形而得.

但这似乎不可能. 首先, 作出清晰可辨的正 24576 边形需要极大的空间和惊人的工作量; 其次, 刘徽割圆术需要计算 2 的高次方根, 对于刘徽本人是 4 次方根 —— $96 = 6 \times 2^4$, 但利用祖冲之的算筹计算 2 的 12 次方根 $\sqrt[12]{2}$ 至 8 位有效数字是难以想象的 (大约 1000 年后才有可能, 见下一小节); 最后, 最为致命的是, 刘徽割圆术所得圆周率的精度与正多边形的边数的有效数字相同, "区区" 24576 条边尚不足以达到 7 位精度. 所以, 几乎可以肯定, 祖冲之必定是使用了较之刘徽割圆术远为巧妙的数学方法 (当然可能是对刘徽割圆术的发展) 来计算其 "约率" 与 "密率" 的. 憾其所著算法《缀术》失传, 以致今人不能窥其神奇于万一.

在计算机时代, 圆周率 π 的精确度早已达到数万亿位, 但由于 π 是超越数, 即不满足任何整系数的多项式方程, 故此精度永远处于刷新之中. 加深对 π 的理解的最好途径之一是研究其连分数表示

$$\pi = 3 + \cfrac{1}{7 + \cfrac{1}{15 + \cfrac{1}{1 + \cfrac{1}{292 + \cfrac{1}{1 + \cfrac{1}{1 + \cfrac{1}{1 + \cfrac{1}{2 + \cfrac{1}{1 + \ddots}}}}}}}}}$$

$$= \cfrac{4}{1 + \cfrac{1^2}{2 + \cfrac{3^2}{2 + \cfrac{5^2}{2 + \cfrac{7^2}{2 + \cfrac{9^2}{2 + \cfrac{11^2}{2 + \ddots}}}}}}}$$

---

① 祖冲之, 429–500, 中国南北朝时期著名数学家、天文学.

$$= \cfrac{4}{1 + \cfrac{1^2}{3 + \cfrac{2^2}{5 + \cfrac{3^2}{7 + \cfrac{4^2}{9 + \cfrac{5^2}{11 + \cfrac{6^2}{13 + \ddots}}}}}}}.$$

由此可算出 π 的前几个分数逼近:

$$3, \quad \frac{22}{7}, \quad \frac{333}{106}, \quad \frac{355}{113}.$$

约率与密率均在其中, 实际上, 这四个分数历史上都曾充当过圆周率的角色.

另一个著名的无理数是 e, 其连分数表达为

$$e = 2 + \cfrac{1}{1 + \cfrac{1}{2 + \cfrac{1}{1 + \cfrac{1}{1 + \cfrac{1}{4 + \cfrac{1}{1 + \cfrac{1}{1 + \cfrac{1}{6 + \cfrac{1}{1 + \ddots}}}}}}}}}$$

$$= 2 + \cfrac{1}{1 + \cfrac{2}{2 + \cfrac{3}{3 + \cfrac{4}{4 + \cfrac{5}{6 + \cfrac{7}{7 + \cfrac{8}{8 + \ddots}}}}}}}.$$

由于 e 与 π 均是超越数, 所以得到其连分数表达需要高等数学的知识, 有兴趣的读者可以查阅相应的文献.

围绕圆周率有数不清的轶闻趣事, 如:

1. 2009 年 3 月 12 日, 美国众议院将每年 3 月 14 日确定为全国的 π 日. 麻省理工学院每年都在 π 日发出新生录取通知书 (现在是每年 3 月 14 日下午 1 时 59 分 26 秒在网上公布).

2. π 是无理数, 因此无限不循环. 2005 年 11 月 19 日 14 时 52 分开始到 11 月 20 日 14 时 56 分时止, 中国西北农林科技大学应用化学专业研究生吕超用时 24 小时 4 分钟, 背诵圆周率小数点后 67 890 位, 刷新了由日本人创造的无差错背诵小数点后 42 195 位的背诵圆周率吉尼斯世界纪录.

3. (1) π 的小数点后会不会有 0123456789 连续出现?

答案: 是的, 出现在第 1 738 794 880 位开始的 10 个数字.

(2) π 的小数点后会不会有连续 10 个 7 出现? 罗杰·彭罗斯[①]曾说人类几乎不可能知道这件事.

答案: 是的, 出现在第 22 869 046 249 位开始的 10 个数字.

4. 前面讲过的印度数学天才拉玛努金对连分数有令人震撼的直觉, 比如他发现了下面联系 e 与 π 的著名公式 (设 $x > 0$):

$$\sqrt{\frac{\pi e^x}{2x}} = \cfrac{1}{x + \cfrac{1}{1 + \cfrac{2}{x + \cfrac{3}{1 + \cfrac{4}{x + \cfrac{5}{1 + \cfrac{6}{x + \cfrac{7}{\ddots}}}}}}}} + \sum_{n=0}^{\infty} \frac{x^n}{(2n+1)!}.$$

于是, 当 $x = 1$ 时, 有

$$\sqrt{\frac{\pi e}{2}} = \cfrac{1}{1 + \cfrac{1}{1 + \cfrac{2}{1 + \cfrac{3}{1 + \cfrac{4}{1 + \cfrac{5}{1 + \cfrac{6}{1 + \cfrac{7}{\ddots}}}}}}}} + \sum_{n=0}^{\infty} \frac{1}{(2n+1)!}.$$

关于 π 的最著名的故事是古希腊三大 "尺规作图问题" 之一的 "化圆为方" (squaring circle). 公元前 5 世纪, 安那萨哥拉斯[②] 宣称太阳是个大火球, 而不是阿波罗神, 因此被以 "亵渎神灵罪" 投入监狱并被判处死刑. 安那萨哥拉斯在狱中透

① Roger Penrose, 生于 1931 年, 英国著名数学家、物理学家、宇宙学家, 与霍金合作证明了宇宙学的 "奇点定理".

② Anaxagoras, 公元前 500– 公元前 428 年, 古希腊哲学家.

过正方形的铁窗观察月亮, 发现有时圆的月亮比正方形的铁窗大, 有时正方形的铁窗比圆的月亮大. 因此安那萨哥拉斯提出了著名的 "化圆为方" 问题.

化圆为方 求作一个正方形, 使其面积等于给定圆的面积. 要求: 只能使用没有刻度的直尺和圆规 —— 这是所有尺规作图问题的统一要求.

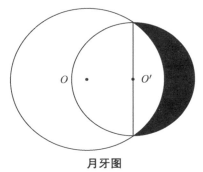

月牙图

安那萨哥拉斯在被营救出狱前后的数年未能作出此图, 但稍后的科学家西坡拉蒂证明了 "化月牙为方" 的可能性. 所谓月牙即以给定圆 O 的弦 (非直径) 为直径的圆 O' 在圆 O 外的部分, 如左图阴影部分所示.

西坡拉蒂给出的作图方法非常简单直观, 其思想是将月牙的面积化为相等的三角形面积, 而对于任意给定的三角形, 容易作出与其面积相等的正方形, 于是原来的月牙变成了相同面积的正方形! 由于月牙和圆的亲密关系, 人们自然相信 "化圆为方" 的作图法是存在的, 只是一直还没有找到方法而已. 如果说, 安那萨哥拉斯身后 100 年的万能大贤亚里士多德居然也无法作出此图多少出乎意料的话, 其身后 200 年的数学家巨擘阿基米德居然也未能作出此图则简直难以置信! 然而, 最让人目瞪口呆的是, 2200 年后的数学王子 (数学界似乎没有皇帝) 高斯也未能作出此图! 不过, 天才的高斯还是在这个问题上留下了神迹. 1796 年, 哥廷根大学数学系二年级的老师给学生留了三道思考题 (可以不做也不需要交), 最后一题一般都是留给高斯的.

高斯的练习题(1796 年) 用尺规能作出哪些正多边形? 试作正 17 边形.

第二天早上, 高斯揉着充满血丝的眼睛给老师道歉: "对不起, 我迟到了, 我没想到这道题这么难, 居然花了整整一个晚上. " 老师翻开高斯的作业本, "天啊! 你解决了一个比两千岁还老的问题!" 原来, 正多边形的尺规作图问题是千古未解之谜!

高斯正多边形定理 正 n 边形能够用尺规作出的充分必要条件是

$$n = 2^r, \quad 或 \quad n = 2^r p_1 p_2 \cdots p_s,$$

其中 r 是非负整数, $p_i (1 \leqslant i \leqslant s)$ 均为互异的费马素数, 即形如 $2^{2^k} + 1$ 的素数.

因此, 除去较为显然的正四边形、正六边形、正八边形外, 前几个可尺规作图

---

① Hippocrates of Chios, 约公元前 470– 公元前 410 年, 古希腊数学家、天文学家.

的正奇数多边形的边数为

$$3 = 2^{2^0} + 1, \ 5 = 2^{2^1} + 1, \ 15 = 3 \times 5, \ 17 = 2^{2^2} + 1, \ 257 = 2^{2^3} + 1, \ 65537 = 2^{2^4} + 1.$$

正三角形与正五边形的作图法是平面几何的标准内容; 正 15 边形的作图法可由正五边形与正三角形的作图法联合得出 (先作正五边形及其外接圆, 然后从该正五边形的每个顶点出发作圆内接正三边形, 于是总共可得 15 个顶点, 此即所需要的正 15 边形的所有顶点); 正 17 边形的作图法是高斯 19 岁时的游戏 (读者可在与本书相关联的上海交通大学课程中心的网站 http://cc.sjtu.edu.cn/G2S/OC/Site/main#/home?currentoc=7423 查看该作图法的 gif 动画). 与其他游戏不同的是, 此款游戏是高斯独自为自己一个人开发的, 因为参与该游戏的前提是知道如何将圆周 17 等分, 换句话说, 需要知道

$$16\cos\frac{2\pi}{17} = -1 + \sqrt{17} + \sqrt{34 - 2\sqrt{17}}$$

$$+ 2\sqrt{17 + 3\sqrt{17} - \sqrt{34 - 2\sqrt{17}} - 2\sqrt{34 + 2\sqrt{17}}}. \quad (4.1.4)$$

在高斯之前没人知道公式 (4.1.4). 不过, 大神高斯仍是凡人, 正多边形定理足以使高斯震烁古今却不足以给出 "化圆为方" 的点滴答案. 实际上, "化圆为方" 的问题远远超越 18 世纪以前的数学理论和方法, 破解 "化圆为方" 的钥匙深藏在第二章中介绍的千古奇才伽罗华的神秘世界里, 这就是 "伽罗华理论". 利用伽罗华理论可以将尺规作图这一看似纯几何问题转化为哪些复数可以在直角坐标系里作出的纯代数问题.

能够用尺规作出的有向线段的长度称为 **"可构数"** —— 可以构造的数, 一个复数是可构数如果它的实部与虚部均是可构数. 有理数自然都是可构数; 利用正方形的对角线可知, 有理数的平方根也是可构数. 下一个关键的观察是可构数经加减乘除以及平方根运算后仍然是可构数 (作者鼓励读者证明此点, 只需要在直角坐标系里开疆拓土, 加上一点点平面几何知识), 也就是说, 所有可构数是复数域的一个包含有理数域且关于平方根封闭的子域, 可称其为 "可构数域". 所以可构数就是有理数与其平方根做加减乘除, 再开平方, 然后再加减乘除平方根, 等等. 于是可构数必然是次数为 2 的幂的整 (数) 系数多项式的根. 比如, $\sqrt{2 + \sqrt{3}}$ 就是一个可构数, 因为它是多项式 $(x^2 - 2)^2 - 3$ 的根; 由公式 (4.1.4) 可知, 高斯作正 17 边形所需要的 $\cos\frac{\pi}{17}$ 也是一个可构数 ——请读者找出该数满足的整系数多项式; 但 $\sqrt[3]{2}$ 不是可构数, 因为 2 开三次方不可能满足任何次数为 2 的幂的整系数多项式!

可用尺规作图的有向线段均是可构数, 这点由伽罗华理论保证, 因为该理论的一个推论如下:

可构数定理　复数向量 c 对应的线段可用尺规作出当且仅当复数 c 是可构数.

至此, 化圆为方问题只欠东风. 1882 年, 卡尔·林德曼[1]利用埃尔米特证明 e 是超越数的类似方法证明了 π 是超越数, 从而 π 不是可构数 (我们不可能由有理数加减乘除平方根得到 π, 实际上 π 不是任何整系数多项式的根, 即 π 是所谓超越数), 因此化圆为方不可能!

古希腊其他两个著名的尺规作图问题为:

1. 三等分角 (angle trisection). 能否仅用直尺和圆规将任意角三等分?

2. 倍立方体 (doubling the cube). 能否仅用直尺和圆规作出立方体, 使其体积是已知立方体体积的 2 倍?

由可构数定理可知, 倍立方体是不可能的, 因为 $\sqrt[3]{2}$ 不是可构数; 而三等分角除去一些特殊情形外也是不可能的, 比如三等分直角当然可以, 但三等分角 $\dfrac{\pi}{3}$ 就是不可能的了, 因为 $\cos\dfrac{\pi}{9}$ 也不是可构数.

思考题

1. 试求 $\sqrt{3}$ 的连分数表示.

2. 证明 $\cos\dfrac{\pi}{9}$ 不是可构数.

4.1.4　黄钟大吕 —— 从五音不全到朱载堉十二平均律

无理数 $\log_2\dfrac{3}{2}$ 的连分数表示如下 (规律性不是特别强):

$$\log_2\frac{3}{2}=\cfrac{1}{1+\cfrac{1}{1+\cfrac{1}{2+\cfrac{1}{2+\cfrac{1}{3+\cfrac{1}{1+\cfrac{1}{5+\cfrac{1}{2+\cfrac{1}{23+\cfrac{1}{2+\ddots}}}}}}}}}.$$

由此可知其最佳分数近似为

$$1,\ \frac{1}{2},\ \frac{3}{5},\ \frac{7}{12},\ \frac{24}{41},\ \frac{31}{53},\ \frac{179}{306},\ \frac{389}{665},\ \cdots.$$

---

[1] Carl Louis Ferdinand von Lindemann, 1852–1939, 德国著名数学家.

上述所有分数的分子分母均可以用来做音乐的声律——"平均律",其中"一平均律"即全部音乐只使用一个音;"二平均律"即全部音乐只使用两个音——这等于"鬼哭狼嚎";所以人类的听觉系统至少需要使用"五平均律"方可能产生较为多姿多彩的音乐.真正惊天地泣鬼神的平均律始于"十二平均律",也可以是"四十一平均律"或"五十三平均律"等.历史上得到深入研究的除了"十二平均律"外,至少还有"三十一平均律"和"五十三平均律".现在世界上通用"十二平均律",因为对于只能识别频率介于20到20 000赫兹的人耳来说,"三十一平均律"或"五十三平均律"过于奢侈——我们根本无法分清其中绝大多数音调,这些平均律可以用来满足狗("三十一平均律")或者兔("四十一平均律"),而猫的音乐大概需要"五十三平均律"才不至于过分粗糙——对于这些动物,人类的音乐不是枯燥,是太枯燥!所以,鬼哭狼嚎不是歌者低劣,而是听众无能!

　　世界上第一次提出并正确使用十二平均律的是我国明代科学家与音乐家朱载堉[1].朱载堉于万历十二年(1584年)首次提出"新法密率"(见《律吕精义》《乐律全书》),推算出以比率

$$1.059\ 463\ 094\ 359\ 295\ 264\ 561\ 825$$

将八度音等分为十二等份的算法,该比率正是十二平均律所需要的 $\sqrt[12]{2}$ 的25位近似值(小数点后24位)!朱载堉用九九八十一位算盘得到的25位数字的音阶表如下:

音符名	比率
正黄钟	1.000 000 000 000 000 000 000 000
倍应钟	1.059 463 094 359 295 264 561 825
倍无射	1.122 462 048 309 372 981 433 533
倍南吕	1.189 207 115 002 721 066 717 500
倍夷则	1.259 921 049 894 873 164 767 211
倍林钟	1.334 839 854 170 034 364 830 832
倍蕤宾	1.414 213 562 373 095 048 801 689
倍仲吕	1.498 307 076 876 681 498 799 281
倍姑洗	1.587 401 051 968 199 474 751 706
倍夹钟	1.681 792 830 507 429 086 062 251
倍太蔟	1.781 797 436 280 678 609 480 452
倍大吕	1.887 748 625 363 386 993 283 826
倍黄钟	2.000 000 000 000 000 000 000 000

　　朱载堉同时制造出相应的管乐器及弦乐器,它们是世界上最早的十二平均律乐器.在朱载堉之前(以及之后),研究十二平均律理论与实践的中外学者大有人在,

[1] 朱载堉,1536–1611,字伯勤,自号"狂生""山阳酒狂仙客",又称"端靖世子",律学家、历学家、数学家、艺术家.朱载堉祖籍安徽省凤阳县,生于怀庆府河内县(今河南省沁阳市),系明太祖朱元璋八世孙,明成祖朱棣的第七世孙,明仁宗朱高炽的第六代孙.

但都有较大误差, 无法与朱载堉的新法密率同日而语. 遗憾的是, 虽然朱载堉的十二平均律理论与实践领先世界约一个世纪, 但其辉煌成就未能得到后人的继承与发扬, 致使 18 世纪以后我国音乐理论与实践均大幅落后于世界先进水平. 几乎所有中国人都知道德国人巴赫, 却只有很少中国人知道中国人朱载堉.

朱载堉还是著名的散曲家, 在此特录其脍炙人口的《十不足》以飨读者.

《山坡羊·十不足》

朱载堉

逐日奔忙只为饥, 才得有食又思衣.

置下绫罗身上穿, 抬头却嫌房屋低.

盖了高楼并大厦, 床前缺少美貌妻.

娇妻美妾都娶下, 又虑出门没马骑.

将钱买下高头马, 马前马后少跟随.

家人招下十数个, 有钱没势被人欺.

一铨铨到知县位, 又说官小职位卑.

一攀攀到阁老位, 每日思想要登基.

一朝南面做天下, 又想神仙下象棋.

洞宾陪他把棋下, 又问哪是上天梯?

上天梯子未做下, 阎王发牌鬼来催.

若非此人大限到, 上到天上还嫌低.

和朱载堉类似, 我国古代的音乐理论家大多是全能型科学家和文学家, 他们特别注重人文艺术与科学技术之间的内在联系, 尤其强调乐律与历法的神奇对应.《礼记·月令》将十二律和十二月对应如下:

孟春之月, 律中太簇; 仲春之月, 律中夹钟; 季春之月, 律中姑洗;

孟夏之月, 律中仲吕; 仲夏之月, 律中蕤宾; 季夏之月, 律中林钟;

孟秋之月, 律中夷则; 仲秋之月, 律中南吕; 季秋之月, 律中无射;

孟冬之月, 律中应钟; 仲冬之月, 律中黄钟; 季冬之月, 律中大吕.

黄钟对应的"仲冬之月", 即阴历 (又称农历、月历) 十一月, 是我国古代认为的一年十二个月中最重要的月份, 因为该月有二十四节气中最重要的节气 ——"冬至". 请注意, 中国最重要的"节日"——"春节"是农历新年的开始而不是节气!

第二节 和声绕梁 —— 音色与无穷级数

每一个声音有四个性质, 即音高 (frequency 或 pitch)、音量 (amplitude 或 loudness)、时值 (duration 或 length) 和音色 (spectrum 或 timbre 或 tone color), 以此可

以区分不同的声音.

4.2.1　众说纷纭 —— 音色是什么?

声音的前三个性质即音高、音量和时值都有确切的物理定义和数学刻画, 比如, 音高即声音的频率 (高低), 音量即声音的振幅 (大小), 而时值即声音的间隔 (长短). 这三个性质不以发音媒介为转移, 是固定的. 而声音最关键的性质是 "音色". 音色区分了管乐器与弦乐器, 因此我们闭着眼睛也不会混淆《梁祝》中的长笛与小提琴; 音色也区分了男声与女声, 没人会把北京奥运会主题曲《我和你》(You and Me) 的演唱者刘欢与莎拉·布莱曼 的性别颠倒. 但音色是什么? 迄今为止音乐家或音乐理论家甚至物理学家都不能给出一个被广泛接受的物理学定义. 对 "音色" 普遍采用的是鸵鸟策略, 即认为音色是 "除音高、音量、时值之外的所有性质", 比如心理声学 (psychoacoustics) 之父迪克森·瓦尔德[①]将音色称为 "a wastebasket attribute" (垃圾筐性质)[②], 而斯蒂芬·麦克亚当斯[③]和其导师阿尔伯特·布雷格曼[④] 对音色的看法如出一辙: "the psychoacoustician's multidimensional wastebasket category for everything that cannot be labeled pitch or loudness" (音色是心理声学家扔除音高与音量外所有东西的多维垃圾筐).

凡事不决上百度, 万事豁然有数学! 因为说清楚说不清楚的最佳途径是数学.

音色究竟是什么? 法国数学家约瑟夫·傅里叶[⑤] 证明, 所有乐声 —— 器乐和声乐都可用高等数学中的无穷级数来描述, 这些无穷级数中的每一项都是简单的正弦函数或余弦函数.

傅里叶是拿破仑·波拿巴[⑥]的密友, 曾随拿破仑远征埃及, 帮助建立了埃及科学院以及埃及的近现代数学, 曾被拿破仑任命为伊泽尔省的行政长官, 数次背叛拿破仑. 傅里叶在其 21 岁生日的第二天, 写下了下面的话:

> Yesterday was my 21st birthday, at that age Newton and Pascal had already acquired many claims to immortality. (昨天是我 21 岁生日, 牛顿与帕斯卡在这个年纪已经建立了不朽的功绩.)

此后, 一生坎坷 (9 岁时母亲去世, 10 岁时父亲去世) 的傅里叶也创下不朽的功绩. 莫叹生来贫弱, 何妨发奋自强.

1807 年, 傅里叶在一篇关于热传导问题的论文中, 断言任一函数都能够展成三

---

① W. Dixon Ward, 1924–1996, 美国声学家, 曾任美国声学学会主席.

② Dixon Ward, W. (1965). "Psychoacoustics". In Audiometry: Principles and Practices, edited by Aram Glorig, Huntington, N.Y.R. E. Krieger Pub. Co., 1977.

③ Stephen E. McAdams, 生于 1953 年, 加拿大麦吉尔大学舒立科 (Schulich) 音乐学院教授.

④ Albert Bregman, 生于 1936 年, 加拿大麦吉尔大学心理声学教授.

⑤ Joseph Fourier, 1768–1830, 法国著名数学家、物理学.

⑥ Napoléon Bonaparte, 1769–1821, 法兰西第一共和国第一执政、法兰西第一帝国皇帝.

角函数的无穷级数. 这篇论文由著名数学家拉格朗日、拉普拉斯和蒙日[1](均是傅里叶的老师) 等审查, 遭到严厉批评. 虽然这篇论文最终被授予 1811 年法国数学奖, 但由于评价报告包含过多的指责, 傅里叶的论文未能公开发表. 1822 年, 傅里叶被选为法国科学院秘书 (secretary, 相当于院长), 同年出版了科学史上的经典名著《热的分析理论》, 总结了他的数学思想和数学成就, 包括著名的热传导方程

$$\frac{\partial u}{\partial t} = k \left(\frac{\partial^2 u}{\partial x^2} + \frac{\partial^2 u}{\partial y^2} + \frac{\partial^2 u}{\partial z^2} \right). \tag{4.2.1}$$

我们在无法忍受的炎炎夏日或本应寒风刺骨却温暖如春的仲冬季节谈论的温室效应 (greenhouse effect), 即是傅里叶于 1824 年从他的热传导方程中发现的. 但傅里叶也许绝不会想到温室效应引起的厄尔尼诺 (El Niño)[2]、拉尼娜 (La Niña)[3]现象会在 150 年后肆虐地球. 具有理工科背景的人都耳熟能详的傅里叶变换以及由此而来的快速傅里叶变换 (FFT) 是当代科学技术的重要数学理论与关键计算工具.

4.2.2   千秋功过 —— 胡克与牛顿的万有引力

傅里叶的卓越贡献将帮助人类理解有关声音的所有性质, 当然包括我们正在讨论的"音色". 首先, 声音是什么?

答案: 声音 = 胡克[4]弹性定律 + 牛顿第二定律.

在解释这个答案之前, 先让我们了解科学史上的一个著名公案, 即"胡 (克) 牛 (顿) 之争".

胡克是 17 世纪后半期著名的全能科学家之一, 对物理学、天文学、生物学、化学、钟表和机械等学科都作出过重要贡献, 被誉为 "英国的达·芬奇". 他是第一个意识到光是由光波组成的物理学家, 是早期探索万有引力的科学家之一, 发现了著名的胡克弹性定律. 他也是第一个通过观测木星上的红斑移动发现木星星体自转的人. 他还是第一个通过显微镜来研究植物细胞的人, 因此"细胞"(cell) 一词一般归功于胡克.

现归功于克里斯蒂安·惠更斯[5]的世界上第一只钟表实际上也是胡克最先设计的. 当然, 胡克最著名的纠纷对手是牛顿. 胡牛的首次交锋发生于 1672 年, 战场是光学, 主张波动说的胡克坚决反对主张粒子说的牛顿. 其时羽翼未丰的牛顿自然不是早已功成名就的胡克的对手, 以至于牛顿的著作《光学》要到胡克去世后的 1704 年

---

① Gaspard Monge, 1746–1818, 法国数学家, 画法几何与微分几何之父.

② 厄尔尼诺是指赤道东太平洋南美沿岸海水温度异常上升的现象. 这种现象经常发生在圣诞节前后, 所以被称为 "圣婴".

③ 赤道太平洋中东部海水大范围持续异常变冷的现象, 又称为反厄尔尼诺现象.

④ Robert Hooke, 1635–1703, 英国博物学家、物理学家、发明家、建筑师.

⑤ Christiaan Huygens, 1629–1695, 荷兰物理学家、天文学家、数学家, 建立了向心力定律, 提出了动量守恒原理, 改进了计时器.

方才出版 —— 牛顿等待了 30 年! 1676 年 2 月 5 日, 牛顿在给胡克的信中写下了著名的句子: "If I have seen further, it is by standing on the shoulders of giants" (如果我看得更远, 皆因我站在巨人之肩). 对此众说纷纭, 但最主要的有两种说法: 一是牛顿谦虚以妥协, 故 "巨人" 是吹捧胡克 (当时胡克如日中天而牛顿尚未顶天立地); 二是牛顿暗讽而示强, 故 "巨人" 是挖苦胡克 (传说胡克犹如武大郎且不擅数学).

牛顿万有引力定律的雏形实际上有多位独立发现者, 胡克也是早期的主要研究者之一. 1674 年胡克在论文 "试证地球的运动"(Attempt to Prove the Motion of the Earth) 中指出, 地球和地球上的物体之间肯定存在某种吸引力, 否则地球自转所产生的离心力会将这些物体抛离地球. 1679 年, 胡克认识到引力的平方反比定律, 不过和绝大多数天才一样, 胡克的数学细胞都被其他领域所分摊以至于根本无法正确阐释该定律. 于是胡克不计前嫌, 在 1680 年 1 月 6 日将平方反比定律的思想写信告知了牛顿, 希望能得到牛顿的帮助 —— 尽管对牛顿的粒子说嗤之以鼻, 但胡克对牛顿的数学才能却不得不由衷钦佩. 这封信成为此后万有引力定律发明权纠纷的定时炸弹. 此前牛顿和胡克等其他几位科学家一样, 都熟知圆 (非椭圆) 轨道上的平方反比定律. 1686 年, 牛顿在名著《自然哲学的数学原理》中完整论述了万有引力定律, 当然没有提及胡克给他的含有平方反比定律的信 —— 因为牛顿从来都认为万有引力完全是他个人的发现, 胡克信中的提示根本微不足道. 由于万有引力定律发明权的争执双方牛顿和胡克彼时都已是科学界的大佬, 官方没有支持该书出版. 最终, 牛顿的富豪科学家朋友埃德蒙德·哈雷[1]深知该书价值, 替牛顿出资, 于 1687年 7 月 5 日出版了这一划时代的巨著.

《自然哲学的数学原理》发表后的 1693 年, 胡克在皇家学会会议上再次正式宣布万有引力的优先权. 作为反击, 牛顿在 1713 年的修订版中删除了对胡克的绝大部分引用 —— 此时胡克已去世整整 10 年. 1703 年, 胡克去世而牛顿成为英国皇家学会主席, 皇家学会的胡克实验室和胡克图书馆先后被解散, 胡克的所有研究成果、研究资料和实验器材随之被分散或销毁, 胡克于是几乎在历史中消失. 2004 年 11 月 30日, 阿伦·查普曼[2]关于胡克的传记《英格兰的达·芬奇》(England's Leonardo)出版, 使胡克重见天日. 有人将此书称为 (胡克对牛顿) "300 年后的报复", 但是牛顿早已成为站在所有巨人肩上让人类顶礼膜拜的宗师, 而胡克则是偶尔出没于科学角落的配角 …… 历史是无法改写的, 但往往会被重写.

---

① Edmond Halley, 1656-1742, 英国天文学家、地理学家、数学家、气象学家和物理学家, 曾任牛津大学几何学教授, 第二任格林尼治天文台台长.

② Allan Chapman, 生于 1946 年, 英国科学史家.

4.2.3　和声绕梁 —— 音色即形状之无穷级数

历史的回响尤在耳边, 现实的声音仍待明辨. 众所周知, 声音由振动产生, 假设我们将一根两端固定的弦从中拉高 y 个单位, 如下图所示:

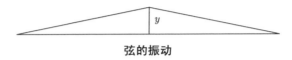

弦的振动

现在我们松开弦, 弦将开始振动并由此产生声音, 于是声音的规律就是振动的规律. 那么, 振动有何规律呢?

胡克弹性定律告诉我们:

$$F = -ky, \tag{4.2.2}$$

其中 $k > 0$ 是弹性系数. 牛顿第二定律说:

$$F = ma,$$

而加速度 a 是位移关于时间的二阶导数, 即 $a = \dfrac{\mathrm{d}^2 y}{\mathrm{d}t^2}$. 故方程 (4.2.2) 变为

$$m\frac{\mathrm{d}^2 y}{\mathrm{d}t^2} = -ky. \tag{4.2.3}$$

所以, "声音" 可由方程 (4.2.3) 的解来描述与理解. 如何解此方程? 或更一般地, 如何解常系数线性微分方程? 方程 (4.2.3) 的一般形式为

$$y''(t) + py'(t) + qy(t) = 0, \tag{4.2.4}$$

其中 p, q 都是常数 (该方程称为二阶常系数线性微分方程). 由于 p, q 都是常数, 因此方程 (4.2.4) 的含义是, 关于时间 t 的未知函数 $y(t)$ 的一、二阶导数 $y'(t), y''(t)$ 的线性组合是 $y(t)$ 的常数倍, 因此, $y(t)$ 与其导数 $y'(t), y''(t)$ 在某种程度上是 "同类型"(比如, 同为幂函数或同为指数函数等) 的函数. 所以, 解方程 (4.2.4) 本质上就是回忆基本初等函数的导数表.

常函数的导数是 0: $c' = 0$;

幂函数的导数是低一次的幂函数: $(x^a)' = ax^{a-1}$;

指数函数的导数仍是指数函数: $(a^x)' = a^x \log a, \quad (\mathrm{e}^x)' = \mathrm{e}^x$;

对数函数的导数是幂函数: $(\log_a x)' = \dfrac{1}{x \log a}, \quad (\log x)' = \dfrac{1}{x}$;

三角函数的导数是三角函数:

$$(\sin x)' = \cos x, \quad (\cos x)' = -\sin x, \quad (\tan x)' = \sec^2 x;$$

反三角函数的导数不是基本初等函数:

$$(\arcsin x)' = \frac{1}{\sqrt{1-x^2}}, \quad (\arccos x)' = -\frac{1}{\sqrt{1-x^2}}, \quad (\arctan x)' = \frac{1}{1+x^2}.$$

于是, 我们得到如下结论:

二阶常微分方程 (4.2.4) 的解只能是指数函数或三角函数.

但由欧拉公式

$$e^{ix} = \cos x + i \sin x \tag{4.2.5}$$

可知, 三角函数可以由 (复数变量的) 指数函数表示, 即

$$\cos x = \frac{e^{ix} + e^{-ix}}{2}, \quad \sin x = \frac{e^{ix} - e^{-ix}}{2i}.$$

注意, 在欧拉公式 (4.2.5) 中取 $x = \pi$ 即可得到俗称 "世界第一公式" 的**欧拉恒等式**:

$$e^{i\pi} + 1 = 0. \tag{4.2.6}$$

世界第一公式将最重要的 5 个数 $0, 1, i, \pi, e$ 以无比美妙的简单方式串在一起. 亲爱的读者, 您一定要仔细欣赏这串世界上最美的 5 珠项链, 其天生丽质可由下面的分圆公式略见一斑:

$$\sum_{k=0}^{n-1} e^{2ki\pi/n} = 0. \tag{4.2.7}$$

该公式的几何意义是将复平面上中心为原点的 (单位) 圆周任意 n 等分, 所有分点之和必为 0(高中数学足以证明). 当 $n = 2$ 时, 即得世界第一公式.

由此知常微分方程 (4.2.4) 的解只能是指数函数及其线性组合, 于是必为 $y = e^{rx}$ 形式的线性组合. 将 $y = e^{rx}$ 代入原方程 (4.2.4), 可得

$$r^2 + pr + q = 0.$$

此方程称为常微分方程 (4.2.4) 的**特征方程**. 因此, 貌似高大上的常系数线性微分方程本质上是一元二次方程! 特别地, 方程 (4.2.3) 的特征方程为

$$mr^2 + k = 0,$$

故

$$r = \pm i\sqrt{k/m}.$$

因此, 利用欧拉公式可知, 我们要求的二阶常微分方程 (4.2.3) 的解为 (其中 A, B 为任意常数)

$$y(t) = A \cos \sqrt{k/m}t + B \sin \sqrt{k/m}t.$$

所以, 声音是余弦函数与正弦函数的线性组合! 然而, 我们听到的每一个声音实际上是无数个"单音"的叠加, 因此真实的声音是无限个余弦函数与正弦函数的线性组合, 即

$$y(t) = \sum_{n=0}^{\infty} (a_n \cos n\omega t + b_n \sin n\omega t).$$

这就是大名鼎鼎的**傅里叶级数**或**三角级数**.

傅里叶的上述发现使声音变成了数学函数 —— 傅里叶级数. 通过傅里叶级数的曲线我们看到 (代替听到) 声音的方方面面: 音高即曲线的频率, 音量即曲线的振幅, 而让人们晕头转向的音色则是曲线的形状 —— "音色即形状".

虽然刘欢与莎拉·布莱曼以同样的频率和音量歌唱, 但对应他们声音的两个傅里叶级数, 其每一项的系数 a_n, b_n 却是不同的, 因此形成了两条不同形状的曲线, 即他们各自独特的"音色".

傅里叶级数揭示了声音的内在本质, 而调和级数

$$\sum_{n=1}^{\infty} \frac{1}{n} = 1 + \frac{1}{2} + \frac{1}{3} + \cdots + \frac{1}{n} + \cdots$$

则展现了和声的秘密. 当一根琴弦振动而发出声音比如中央 C 时, 这根弦的

$$\frac{1}{2}, \quad \frac{1}{3}, \quad \frac{1}{4}, \quad \cdots, \quad \frac{1}{n}, \quad \cdots,$$

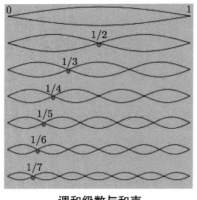

调和级数与和声

即所有正整数倒数倍的弦长 (如此整个弦恰好被等分成整数段) 也同时在振动而发出 2 倍、3 倍、4 倍、$\cdots$、n 倍等频率的声音, 所有这些声音都与中央 C 同名只是频率更高, 因此我们听到的声音实际上是所有这些声音的叠加 —— 这正是调和级数所表达的声音: 世界上最和谐的和声.

自然, 调和级数的每一项 $\frac{1}{n}$ 对应的是弦长, 因为即使对当代人来说选择测量频率而不是弦长都是极需要勇气和本领的. 尽管人耳不能听到高频的声音 (在调和级数中即较大的 n 所对应的声音), 我们仍然需要对调和级数充满敬意, 因为如果琴弦振动时产生的不是调和级数发出的和声而是诸如下述级数发出的声音:

$$\sum_{n=1}^{\infty} \frac{3n-2}{2n^2-1} = 1 + \frac{4}{7} + \frac{7}{17} + \cdots + \frac{3n-2}{2n^2-1} + \cdots,$$

那么音乐厅里的每一个听众恐怕都将失聪, 因为此时由于整个弦不能被均匀分割成若干段, 从而将产生比鬼哭狼嚎更让人无法忍受的噪音.

调和级数表达了音乐中的和声, 那么, 它是否表达了数学中的某个数字或概念? 为此请读者回忆与无限密切相关的古老概念 —— 极限. 考虑下面的数列:

$$1, \ 1, \ 1, \ 1, \ \cdots, \ 1, \ \cdots.$$

请问, 这个数列的第 10 000 项是什么? 第一亿项是什么? 第一万亿项是什么? 再考虑下面的数列:

$$1, \ \frac{1}{2}, \ \frac{1}{3}, \ \frac{1}{4}, \ \cdots, \ \frac{1}{n}, \ \cdots.$$

请问, 这个数列的第 10 000 项是什么? 第一亿项是什么? 第一万亿项是什么? 请继续考虑下面的数列:

$$1, \ -1, \ 1, \ -1, \ \cdots, \ 1, \ -1, \ \cdots.$$

请问, 这个数列的第 10 000 项是什么? 第一亿项是什么? 第一万亿项是什么?

一般地, 如果数列

$$a_1, \ a_2, \ \cdots, \ a_n, \ \cdots$$

当 n 变得越来越大时, "无限接近" 一个固定的数 A (上面第一个例子中是 1, 第二个例子中是 0, 第三个例子中不存在), 则称该数列**收敛**, 数 A 称为该数列的**极限**, 记为

$$\lim_{n \to \infty} a_n = A.$$

否则称该数列**发散**.

故

$$\lim_{n \to \infty} 1 = 1, \quad \lim_{n \to \infty} \frac{1}{n} = 0,$$

而数列 $1, \ -1, \ 1, \ -1, \ \cdots$ 发散.

无穷级数

$$\sum_{n=1}^{\infty} a_n = a_1 + a_2 + a_3 + \cdots + a_n + \cdots$$

表达的是数列 (称为部分和数列)

$$a_1, \ a_1 + a_2, \ a_1 + a_2 + a_3, \ \cdots, \ \sum_{k=1}^{n} a_k = a_1 + a_2 + a_3 + \cdots + a_n, \ \cdots$$

的极限, 即

$$\sum_{n=1}^{\infty} a_n = \lim_{n \to \infty} (a_1 + a_2 + a_3 + \cdots + a_n).$$

如果无穷级数的部分和数列收敛, 则称该无穷级数收敛且等于其部分和数列的极限. 否则, 无穷级数的部分和数列发散, 则称该无穷级数发散. 最基本、最简单, 也是最重要的无穷级数是等比级数. 关于等比级数的敛散性有下面的准则 (高中数学):

等比级数敛散性准则   等比级数 $\sum\limits_{n=1}^{\infty} aq^{n-1}$ 收敛当且仅当 $|q| < 1$. 且当 $|q| < 1$ 时, 有

$$\sum_{n=1}^{\infty} aq^{n-1} = \frac{a}{1-q}.$$

特别地, 当 $a = 1$ 时, 就得到了读者非常熟悉的下述求和公式:

$$\sum_{n=1}^{\infty} x^{n-1} = 1 + x + x^2 + x^3 + \cdots + x^n + \cdots = \frac{1}{1-x}, \quad -1 < x < 1. \tag{4.2.8}$$

调和级数的项随着 n 的增大而越来越接近 0, 但它们全部加起来会怎样? 换句话说, 调和级数是否代表某个数, 或者等价地, 调和级数是否收敛? 大约 650 年前, 尼克尔·奥雷莫[①]对调和级数作了巧妙的 "加括号" 处理 (相当于强行使用结合律, 幸好此处是正确的):

$$1 + \frac{1}{2} + \left(\frac{1}{3} + \frac{1}{4}\right) + \left(\frac{1}{5} + \frac{1}{6} + \frac{1}{7} + \frac{1}{8}\right) + \cdots$$

$$\geqslant 1 + \frac{1}{2} + \left(\frac{1}{4} + \frac{1}{4}\right) + \left(\frac{1}{8} + \frac{1}{8} + \frac{1}{8} + \frac{1}{8}\right) + \cdots$$

$$= 1 + \frac{1}{2} + \frac{1}{2} + \frac{1}{2} + \cdots = \infty.$$

所以调和级数是发散的, 或者说其和是无穷大, 即大于任何给定的数. 特别地, 调和级数不代表任何数. 因此, 数列

$$1, \ 1 + \frac{1}{2}, \ 1 + \frac{1}{2} + \frac{1}{3}, \ \cdots, \ 1 + \frac{1}{2} + \frac{1}{3} + \cdots + \frac{1}{n}, \ \cdots$$

是无界的. 显然, 调和级数比所有自然数的和要小得多, 因此可以继续问: 调和级数这个无穷大究竟有多大? 比如下面三个数:

$$H_n = 1 + \frac{1}{2} + \frac{1}{3} + \cdots + \frac{1}{n}, \quad n^{\frac{1}{2}}, \quad \log n$$

哪个大? 欧拉回答说 (1734 年), $n^{\frac{1}{2}}$ 最大, 而其他两个数 "差不多":

$$1 + \frac{1}{2} + \frac{1}{3} + \cdots + \frac{1}{n} = \log n + \gamma + \varepsilon_n,$$

---

① Nicole Oresme, 1320–1382, 中世纪法国最重要的哲学家.

其中 $\varepsilon_n \sim \dfrac{1}{2n}$ (即等价的无穷小), 而

$$\gamma = 0.577\ 215\ 664\ 901\ 532\ 860\ 606\ 512\ 090\ 082\ 402\ 431\ 042\ 159\ 335\ 939\ 92$$

是常数 (称为欧拉常数). 该数虽然没有 π, e 风光, 却是世界上最低调、最神秘的常数之一, 因为至今尚不知道它是有理数还是无理数, 而如果它是一个有理数, 那么它的分母的位数将超过 $10^{242\ 080}$ —— 世界上所有的纸也写不下这个正整数!

4.2.4 潜龙勿用 —— 欧拉常数的前世今生: 巨擘高德纳

从古至今, 关于欧拉常数 γ 有很多研究. 首先是欧拉常数有众多千差万别的外表, 较为常用的有 (下面的 ζ 即本章稍后要仔细讨论的主角黎曼 ζ 函数):

$$\gamma = -\int_0^\infty e^{-x}\log x\,\mathrm{d}x, \quad \gamma = \lim_{s\to 1^+}\left(\zeta(s) - \frac{1}{s-1}\right),$$

$$\gamma = \lim_{n\to\infty}\left(\log n - \sum_{p\leqslant n}\frac{\log p}{p-1}\right), \quad p\ 是素数.$$

欧拉在发现此数后不久 (1735 年) 即将其计算至第 6 位. 该数的神奇显然使欧拉终身难忘, 1761 年他又将其计算至第 16 位 ——26 年前进了 10 位. 神奇的欧拉常数迷倒了历史上众多数学家或其他领域的科学家, 其中自然包括计算高手高斯, 他在 1811 年将其计算至第 22 位. 计算机时代的大佬唐纳德·克努斯[1](中文名高德纳) 在读博期间小试牛刀, 于 1962 年将其计算至第 1271 位. 高德纳的算法随后被发扬光大, 截止 2013 年, 欧拉常数已被 25 岁的余智恒[2]的 4 台计算机并行计算至 119 377 958 182 位 (即千亿量级).

高德纳是计算机时代的巨擘. 数学科班出身的高德纳读博期间发现全世界居然没有一款得心应手的科学编辑软件, 于是对软件界生出无限同情, 遂发明目前正在被全世界绝大多数科学家使用的 TeX 软件 —— 本书即是用该软件编写的. 需要说明的是, 高德纳的 TeX 软件从一开始就是源代码公开的免费软件.

高德纳的另一个举世闻名的成就是其编写的巨著《计算机程序设计的艺术》[3](缩写为"ACP"), 1968, 1969, 1973, 2011 年分别出版了第 1, 2, 3 卷以及第 4A 卷, 计划共出版 7 卷 (高德纳 2006 年被查出患前列腺癌). 该书位列上世纪"100 种最好的

[1] Donald Knuth, 生于 1938 年, 美国著名计算机学家、数学家, 美国人文与科学院院士, 1974 年图灵奖得主. 1996 年起, 美国计算机学会 (ACM) 设立了以其名字命名的奖项 ——Donald Knuth Prize. 中文名高德纳, 为姚期智 (生于 1946 年, 美籍华人, 1996 年高德纳奖得主, 2000 年图灵奖得主, 美国科学院院士, 现清华大学教授) 的夫人储枫 (现香港理工大学计算机科学中心主任) 所起.
[2] Alexander J. Yee, 生于 1988 年, 美籍华人, 伊利诺斯大学研究生.
[3] Donald E. Knuth, The Art of Computer Programming, I-III, 4A, Reading, Massachusetts: Addison-Wesley. 1968,1969,1973,2011. 有中译本.

科学著作" 之中, 且是 "计算机科学迄今为止最好的著作". 因为作者只念过其中部分章节, 所以无力向读者推荐此书, 但相信比尔·盖茨的下述评语 (见该书第一卷第三版) 对您会有些许触动:

> "If you think you're a really good programmer …… read (Knuth's) Art of Computer Programming …… You should definitely send me a réumé if you can read the whole thing." (如果你觉得自己是个不错的程序设计师, 那你应该读读《计算机程序设计的艺术》. 如果你能读完这套书, 那你当然要把简历发给我.)

如果您对盖茨的评语不以为然, 那么高德纳还为您准备了一件您一定爱不释手的礼物:《具体数学》[①]. 若您的工作与工程尤其和算法有关, 作者建议您务必对此书滚瓜烂熟, 那时您就不必为不敬盖茨而心怀忐忑了. 下面是该书各章的目录:

1. Recurrent Problems(递归问题)
2. Summation(求和)
3. Integer Functions(整数函数)
4. Number Theory(数论)
5. Binomial Coefficients(二项系数)
6. Special Numbers(特殊的数)
7. Generating Functions(生成函数)
8. Discrete Probability(离散概率)
9. Asymptotics(渐近)

比如, 可以利用该书第七章生成函数的理论来会会我们曾经在第二章用矩阵方法招待过的老朋友斐波那契数列:

$$F_0 = 1, \quad F_1 = 1, \quad F_{n+1} = F_{n-1} + F_n, \ n \geqslant 1.$$

设该数列的生成函数 (级数) 为

$$f(x) = F_0 + F_1 x + F_2 x^2 + \cdots + F_n x^n + \cdots = \sum_{n=0}^{\infty} F_n x^n, \tag{4.2.9}$$

则

$$\begin{aligned} f(x) \ &= F_0 + F_1 x + \sum_{n=0}^{\infty} F_{n+2} x^{n+2} \\ &= 1 + x + \sum_{n=0}^{\infty} F_n x^{n+2} + \sum_{n=0}^{\infty} F_{n+1} x^{n+2} \\ &= x + x^2 f(x) + x f(x). \end{aligned}$$

[①] Ronald L. Graham, Donald E. Knuth, and Oren Patashnik, Concrete Mathematics, Reading, Massachusetts: Addison-Wesley, 1994, xiii+657pp.

因此,

$$f(x) = \frac{x}{1 - x - x^2}.$$

接下来, 如果您知道泰勒级数展开

$$f(x) = \sum_{n=0}^{\infty} a_n x^n$$

中的系数与导数之间的下述关系:

$$a_n = \frac{f^{(n)}(0)}{n!},$$

则您可以求出所有的斐波那契数 F_n. 或者, 您也可以这样计算 (推荐作法):

$$\frac{1}{1-x-x^2} = \frac{4}{5} \times \frac{1}{1 - \frac{(1+2x)^2}{5}} = \frac{2}{5} \times \left\{ \frac{1}{1 - \frac{(1+2x)}{\sqrt{5}}} + \frac{1}{1 + \frac{(1+2x)}{\sqrt{5}}} \right\}$$

$$= \frac{2}{\sqrt{5}} \times \left\{ \frac{1}{\sqrt{5}-1} \times \frac{1}{1 - \frac{2x}{\sqrt{5}-1}} + \frac{1}{\sqrt{5}+1} \times \frac{1}{1 + \frac{2x}{\sqrt{5}+1}} \right\}$$

$$= \frac{1}{\sqrt{5}} \sum_{n=0}^{\infty} \left[\left(\frac{\sqrt{5}+1}{2} \right)^{n+1} - (-1)^{n+1} \left(\frac{\sqrt{5}-1}{2} \right)^{n+1} \right] x^n.$$

和函数 $f(x)$ 的泰勒级数展开式中 x^n 的系数即是通项 F_n 的表达式, 即

$$F_n = \frac{1}{\sqrt{5}} \left[\left(\frac{\sqrt{5}+1}{2} \right)^n - (-1)^n \left(\frac{\sqrt{5}-1}{2} \right)^n \right].$$

回忆黄金数 $\phi = \dfrac{\sqrt{5}+1}{2}$ 以及 $\phi^{-1} = \dfrac{\sqrt{5}-1}{2}$ 可知, F_n 的通项公式还可以写成

$$F_n = \frac{1}{\sqrt{5}} \left[\phi^n - (-1)^n \phi^{-n} \right].$$

　　求斐波那契数列通项的矩阵方法与生成函数方法当然是等价的, 但对大多数读者来说, 生成函数的方法也许更为亲切.

　　高德纳的一个有趣故事是他为每个第一次指出其书 ACP 中一处错误的人支付 2.56 美元. 亲爱的读者, 您知道高德纳为什么选择这样一个 "奇怪" 的数额吗?

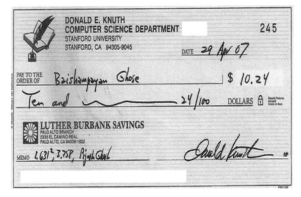

高德纳的支票

本节练习题

1. 利用级数

$$e^z = \sum_{n=0}^{\infty} \frac{z^n}{n!}$$

证明欧拉公式.

2. 证明

$$\sum_{k=0}^{n-1} e^{2ki\pi/n} = 0,$$

并解释其几何意义.(当 $n = 2$ 时, 此即欧拉公式.)

▇ 第三节　天籁之音 —— 黎曼假设

调和级数是黎曼 ζ 函数 $\zeta(s) = \sum\limits_{n=1}^{\infty} \dfrac{1}{n^s}$ 当 $s = 1$ 时的情形. 比调和级数更广的是所谓 p 级数 (亦被称为超调和级数 ——hyperharmonic series)

$$\sum_{n=1}^{\infty} \frac{1}{n^p} = 1 + \frac{1}{2^p} + \frac{1}{3^p} + \cdots + \frac{1}{n^p} + \cdots,$$

即黎曼 ζ 函数 $\zeta(s) = \sum\limits_{n=1}^{\infty} \dfrac{1}{n^s}$ 取 $s = p$ 为任意实数的情形. p 级数的敛散性如何?

显然, 当 $p < 1$ 时, p 级数的各项比调和级数的对应项更大, 因此当 $p \leqslant 1$ 时发散. $p > 1$ 时如何? 奥雷莫处理调和级数时的妙法"加括号"依然有效, 不过要稍稍改变一下:

$$1 + \left(\frac{1}{2^p} + \frac{1}{3^p}\right) + \left(\frac{1}{4^p} + \frac{1}{5^p} + \frac{1}{6^p} + \frac{1}{7^p}\right) + \left(\frac{1}{8^p} + \cdots + \frac{1}{15^p}\right) + \cdots$$

$$\leqslant 1 + \left(\frac{1}{2^p} + \frac{1}{2^p}\right) + \left(\frac{1}{4^p} + \frac{1}{4^p} + \frac{1}{4^p} + \frac{1}{4^p}\right) + \left(\frac{1}{8^p} + \cdots + \frac{1}{8^p}\right) + \cdots$$

$$= 1 + \frac{2}{2^p} + \frac{4}{4^p} + \frac{8}{8^p} + \cdots$$

$$= 1 + \frac{1}{2^{p-1}} + \frac{1}{2^{2(p-1)}} + \frac{1}{2^{3(p-1)}} + \cdots,$$

最后一个无穷级数恰好是公比 $q = \frac{1}{2^{p-1}}$ 的等比级数. 由于 $p > 1$, 该公比是小于1的正数, 因此按照等比级数敛散性准则知该 p 级数收敛. 故有下述:

> **p 级数的敛散性准则** p 级数
>
> $$\sum_{n=1}^{\infty} \frac{1}{n^p} = 1 + \frac{1}{2^p} + \frac{1}{3^p} + \cdots + \frac{1}{n^p} + \cdots$$
>
> **收敛当且仅当 $p > 1$.**

因此, 当 $p > 1$ 时, p 级数表达一个正数. 特别地, 当 p 是大于1的正整数时, 求 p 级数的和是1644年由大学生皮耶特罗·曼戈里[1]提出, 经由雅克布·伯努利[2] 1689 年传播的著名问题, 称为**巴塞尔问题**(伯努利是巴塞尔人):

$$1 + \frac{1}{2^2} + \frac{1}{3^2} + \frac{1}{4^2} + \frac{1}{5^2} + \cdots = \sum_{n=1}^{\infty} \frac{1}{n^2} = ?$$

91年后的1735年, 欧拉公布了他的答案:

$$1 + \frac{1}{2^2} + \frac{1}{3^2} + \frac{1}{4^2} + \frac{1}{5^2} + \cdots = \sum_{n=1}^{\infty} \frac{1}{n^2} = \frac{\pi^2}{6}. \tag{4.3.1}$$

我们再次与无处不在的 π 不期而遇. 欧拉所得远不止 $p = 2$ 时的 p 级数的值, 因为他找到了一把削铁如泥的利刃.

4.3.1 一剑封喉 —— 欧拉的独门利器

欧拉的作法源自正弦函数 $\sin x$ 的泰勒级数

$$\sin x = x - \frac{x^3}{3!} + \frac{x^5}{5!} - \frac{x^7}{7!} + \frac{x^9}{9!} - \cdots, \quad -\infty < x < +\infty. \tag{4.3.2}$$

---

[1] Pietro Mengoli, 1626–1686, 意大利数学家.
[2] Jakob Bernoulli, 1654–1705, 瑞士数学家, 伯努利家族 17 世纪数学家三兄弟中的老大.

因此当 $x \neq 0$ 时,

$$\frac{\sin x}{x} = 1 - \frac{x^2}{3!} + \frac{x^4}{5!} - \frac{x^6}{7!} + \frac{x^8}{9!} - \cdots.$$

欧拉观察到函数 $\frac{\sin x}{x}$ 的零点为 $n\pi, n \in \mathbb{Z}, n \neq 0$, 因此欧拉断言 (此断言并不严格但绝对正确):

$$\begin{aligned}
\frac{\sin x}{x} &= 1 - \frac{x^2}{3!} + \frac{x^4}{5!} - \frac{x^6}{7!} + \frac{x^8}{9!} - \cdots \\
&= \left(1 - \frac{x}{\pi}\right)\left(1 + \frac{x}{\pi}\right) \cdots \left(1 - \frac{x}{n\pi}\right)\left(1 + \frac{x}{n\pi}\right) \cdots \\
&= \left(1 - \frac{x^2}{\pi^2}\right)\left(1 - \frac{x^2}{2^2\pi^2}\right) \cdots \left(1 - \frac{x^2}{n^2\pi^2}\right) \cdots.
\end{aligned}$$

有兴趣的读者可以将上式最后的乘积展开, 即可求得其中平方项的系数, 即欧拉公布的答案 (4.3.1).

注意, 由于 $\sin x$ 是奇函数, 所以其泰勒级数仅含 x 的奇数次幂 x^{2n+1} $(n \geqslant 0)$. 于是 $\frac{\sin x}{x}$ 仅含 x 的偶数次幂 x^{2n}. 所以, 欧拉能够原则上确定 p 级数当 $p = N$ 是偶数时的所有值, 即无穷级数

$$1 + \frac{1}{2^N} + \frac{1}{3^N} + \frac{1}{4^N} + \frac{1}{5^N} + \cdots = \sum_{n=1}^{\infty} \frac{1}{n^N}$$

等于 π^N 的有理数倍! 比如,

$$1 + \frac{1}{2^4} + \frac{1}{3^4} + \frac{1}{4^4} + \frac{1}{5^4} + \cdots = \sum_{n=1}^{\infty} \frac{1}{n^4} = \frac{\pi^4}{90};$$

$$1 + \frac{1}{2^6} + \frac{1}{3^6} + \frac{1}{4^6} + \frac{1}{5^6} + \cdots = \sum_{n=1}^{\infty} \frac{1}{n^6} = \frac{\pi^6}{945};$$

$$\vdots$$

$$1 + \frac{1}{2^{26}} + \frac{1}{3^{26}} + \frac{1}{4^{26}} + \frac{1}{5^{26}} + \cdots = \sum_{n=1}^{\infty} \frac{1}{n^{26}} = \frac{2^{24} \times 76\,977\,927\pi^{26}}{27!}.$$

一般地, 有下面的公式:

$$\zeta(2n) = \frac{(2\pi)^{2n}(-1)^{n+1}B_{2n}}{2 \cdot (2n)!}, \tag{4.3.3}$$

其中 B_{2n} 是所谓伯努利数, 由函数 $\frac{x}{\mathrm{e}^x - 1}$ 的泰勒级数给出, 即

$$\frac{x}{\mathrm{e}^x - 1} = \sum_{n=0}^{\infty} B_n \frac{x^n}{n!}.$$

因此可求得 (求两端的 k 阶导数在 0 处的极限可得 B_k) 前几个伯努利数为

$$B_0 = 1, \quad B_1 = 1, \quad B_2 = \frac{1}{6}, \quad B_3 = -\frac{1}{30},$$

以及 $B_{2n+1} = 0, n \geqslant 1.$

于是, 巴塞尔问题只剩下 $p = N$ 是奇数的情形, 其中最简单的当然是:

$$\zeta(3) = 1 + \frac{1}{2^3} + \frac{1}{3^3} + \frac{1}{4^3} + \frac{1}{5^3} + \cdots = \sum_{n=1}^{\infty} \frac{1}{n^3} = ?$$

我们终于和无所不能的欧拉并肩站在同一条起跑线上了, 因为欧拉没有找到答案! 实际上两百多年后的今天, 依旧没有人能够找到答案! 不过, 两个多世纪的岁月证明, 欧拉其后可以有人知道的比欧拉多一点. 1979 年, 尽管不能求出精确答案, 但年逾花甲的罗杰·阿佩里[①]仍然出人意料地证明了 $\zeta(3)$ 是无理数!

目前, 关于 $\zeta(2n+1)$ 的最好结果由唐吉·瑞沃尔[②]于 2000 年获得:

瑞沃尔定理　设 $N(n)$ 表示 $\zeta(3), \zeta(5), \cdots, \zeta(2n+1)$ 中无理数的个数, 则

$$N(n) \geqslant \frac{\log n}{2(1 + \log 2)}.$$

特别地, 所有 $\zeta(2n+1), n \geqslant 1$ 中的无理数有无穷多个.

2001 年, 瓦迪姆·祖迪林[③]证明了 $\zeta(5), \zeta(7), \zeta(9), \zeta(11)$ 中至少有一个是无理数.

在解决巴塞尔问题的过程中, 欧拉得到了下面这件威力无穷的装备 —— 数学家称之为 "欧拉积公式" (Euler product formula),《素数之恋》[④]的作者约翰·德比希尔[⑤]称其为欧拉的 "金钥匙":

$$\zeta(s) = \sum_{n=1}^{\infty} \frac{1}{n^s} = \prod_{p} (1 - p^{-s})^{-1}, \tag{4.3.4}$$

其中 p 取遍所有素数. 欧拉利用该公式居然魔术般地将黎曼 ζ 函数与所有素数联系在了一起, 要知道前者是纯粹的无限和, 而后者是纯粹的无穷积. 于是, 欧拉积公式可以推出素数无穷 (否则左边无限而右边有限). 如果读者对本书中的第一个定理还有印象的话, 您当然理解这把金钥匙完全是欧拉对算术基本定理的绝妙演绎. 利

---

① Roger Apéry, 1916–1994, 法国数学家.

② Tanguy Rivoal, 法国数学家.

③ Wadim Zudilin, 俄罗斯–澳大利亚数学家.

④ John Derbyshire, Prime Obsession, Joseph Henry Press of Washington D.C. 2003; 中译本, 素数之恋, 陈为蓬译, 上海科技教育出版社, 2008.

⑤ John Derbyshire, 生于 1945 年, 美国作家.

用等比级数的和可知,

$$(1 - p^{-s})^{-1} = \sum_{n=0}^{\infty} (p^{-s})^n.$$

再比较 (4.3.4) 式两端的项可知, 左端 ζ 函数的每一项 n^{-s} 均出现在右端, 反之亦然. 这同时证明了欧拉积公式与 "算术基本定理" 等价. 欧拉积公式对我们的另一个启示是: 黎曼 ζ 函数的背后是素数深藏不露的秘密!

思考题

求下列级数的值:

$$1. \, 1 + \frac{1}{3^4} + \frac{1}{5^4} + \frac{1}{7^4} + \frac{1}{9^4} + \cdots = \sum_{n=1}^{\infty} \frac{1}{(2n-1)^4} = ?$$

$$2. \, \frac{1}{2^6} + \frac{1}{4^6} + \frac{1}{6^6} + \frac{1}{8^6} + \frac{1}{10^6} + \cdots = \sum_{n=1}^{\infty} \frac{1}{(2n)^6} = ?$$

4.3.2 横空出世 —— 黎曼假设之异想天开

黎曼在中学时即已才华横溢. 14 岁时黎曼收到老师送给他的一本数学书, 6 天后 (参见《素数的音乐》), 黎曼告诉老师说他已经看懂了书中所有内容, 因此不必保留此书了. 老师顿时目瞪口呆: 他给黎曼的可是一本勒让德的厚达 859 页且极晦涩难懂的巨著. 勒让德可是名字被刻在埃菲尔铁塔且与拉普拉斯、拉格朗日合称 "3L" 的法国大数学家.

1854 年, 为了获得哥廷根大学的讲师职位 (无固定薪水), 黎曼发表了后来被证明是划时代的几何学演说. 当时的听众多是学校里的行政官员, 自然对数学一知半解或无知不解, 因此黎曼仅敢使用一个数学公式 (注意黎曼申请的是数学讲师). 也许当时世界上只有两个人能够理解黎曼的思想, 幸运的是另一个正好也是听众之一, 他就是高斯, 而且黎曼演讲的题目正是高斯从黎曼提交的三个题目中指定的第三个 —— 黎曼大感意外, 因为传统的

黎曼

规则是选前两个之一. 这差不多是高斯出席的最后一次讲师求职演讲了, 因为翌年高斯就去世了. 演说结束后, 76 岁高龄的高斯难掩激动, 不吝溢美之词对黎曼的思想给予高度赞扬, 要知道高斯昔日对阿贝尔和鲍耶等诸多天才皆惜字如金, 未曾半句赞扬. 得到高斯如此评价的, 自然是阳春白雪, 实际上至今整个数学界仍在消化发展黎曼的这些思想, 黎曼也由此成为多门现代数学的开山鼻祖. 高等数学中占据半壁江山的积分学被称为黎曼积分学, 现代几何学被称为黎曼几何学, 解析函数论

的基石是黎曼–柯西方程, 爱因斯坦相对论使用的是黎曼曲面 ······ 自然还有我们正在讨论的被数学家最为关注的函数 —— 黎曼 ζ 函数.

1859 年, 黎曼当选柏林科学院通讯院士, 他按照惯例向柏林科学院提交了一份报告:"论小于给定数的素数个数" —— 素数任何时候都是数学的核心 (读者也许还能回忆起高斯的名言:"数学是科学的皇后, 数论是数学的皇后, 素数是数论的皇后"). 这份报告的意义无论怎样评价都不过分, 因为它已经影响了数学界 (后来证明还包括物理学界) 150 年, 而且没有人能够预测它还将影响数学界多少年. 黎曼在报告中提出了 6 个问题, 现在仍未解决的正是本章的主题:

黎曼假设(1859 年)　ζ 函数

$$\zeta(s) = \sum_{n=1}^{\infty} \frac{1}{n^s}$$

的非平凡零点均在直线 $\mathrm{Re}(s) = \dfrac{1}{2}$ 上.

4.3.3　妙手回春 —— 黎曼的 ζ 函数

为了区别黎曼的 ζ 函数, 我们将传统的定义在 $(1, +\infty)$ 上的无穷级数 $\displaystyle\sum_{n=1}^{\infty} \frac{1}{n^s}$ 记为 $E(s)$ (以纪念先锋研究者欧拉). 黎曼复眼的光辉即将照亮函数 $E(s)$ 徘徊一百余年的实数轴独木桥, 从而使其走进复数域的瑰丽世界而面目一新.

回忆几何级数 (4.2.8)

$$1 + x + x^2 + x^3 + \cdots + x^n + \cdots = \frac{1}{1-x}, \quad -1 < x < 1.$$

注意等式左端仅对 $-1 < x < 1$ 收敛, 而右端却对除了 $x = 1$ 外的所有实数有意义. 黎曼设想, 可以将左端函数的定义域扩大为右端函数的定义域, 即在上面的等式中去掉 $-1 < x < 1$ 的限制, 如此将有

$$1 + 2 + 2^2 + 2^3 + \cdots + 2^n + \cdots = \frac{1}{1-2} = -1.$$

请注意, 这个等式非但不是无稽之谈, 而且具有现实意义 —— 对二进制熟悉的读者应该已经看出来了, 它就是 -1 的二进制表达, 即 -1 在二进有理数域 $\mathbb{Q}_2$ 的展开式 (参见第三章第二节)! 当然, 形式上还有

$$1 - 1 + (-1)^2 + (-1)^3 + \cdots + (-1)^n + \cdots = \frac{1}{1-(-1)} = \frac{1}{2},$$

$$1 - 2 + (-2)^2 + (-2)^3 + \cdots + (-2)^n + \cdots = \frac{1}{1-(-2)} = \frac{1}{3}.$$

上述想法当然无法在实数域内实现, 但黎曼拥有一双复眼 —— 复数之眼! 实数在黎曼的复眼里无限透明. 请读者注意, 黎曼的原文是提交给柏林科学院的宏观报告, 属于高屋建瓴的 "高大上" 纲领性论文, 哲学原理远多于技术性细节, 所以极不适合非专业读者阅读. 为弥补此缺憾, 作者希望和读者一起, 用较为初等的方式重建黎曼假设中需要的基础性推导. 即使是业余爱好者也不难想到下面的变形:

$$
\begin{aligned}
\left(1 - \frac{2}{2^s}\right) E(s) &= E(s) - \frac{2}{2^s} E(s) \\
&= \left(\sum_{n=1}^{\infty} \frac{1}{n^s}\right) - \left(\sum_{n=1}^{\infty} \frac{2}{(2n)^s}\right) \\
&= 1 - \frac{1}{2^s} + \frac{1}{3^s} - \frac{1}{4^s} + \cdots + (-1)^{n-1} \frac{1}{n^s} + \cdots.
\end{aligned} \tag{4.3.5}
$$

最后这个表达式正是鼎鼎有名的狄利克雷 L 函数, 记号是 $\eta(s)$, 即

$$
\eta(s) = 1 - \frac{1}{2^s} + \frac{1}{3^s} - \frac{1}{4^s} + \cdots + (-1)^{n-1} \frac{1}{n^s} + \cdots.
$$

因此,

$$
\begin{aligned}
E(s) &= \left[1 - \frac{1}{2^s} + \frac{1}{3^s} - \frac{1}{4^s} + \cdots + (-1)^{n-1} \frac{1}{n^s} + \cdots\right] \Big/ \left(1 - \frac{2}{2^s}\right) \\
&= \eta(s) \Big/ \left(1 - \frac{2}{2^s}\right).
\end{aligned} \tag{4.3.6}
$$

注意, 在实数范围内, 上式中右端的分母仅对 $s = 1$ 无意义, 而分子正是所谓交错 p 级数 ($p = s$). 与牛顿独立发明微积分的哥特弗里德·威廉·莱布尼兹[1] 对交错级数的敛散性有下面著名的判别法:

> **莱布尼兹判别法** 设 $a_n > a_{n+1} > 0$, 则交错级数
> $$
> \sum_{n=1}^{\infty} (-1)^{n-1} a_n
> $$
> 收敛当且仅当 $\lim_{n \to \infty} a_n = 0$.

由莱布尼兹判别法, 公式 (4.3.6) 右端分子上的这个交错级数对所有的正实数 s 均收敛! 因此, 这个变形看似轻描淡写, 却足以让我们看到前人闻所未闻的奇妙景象: 函数 $E(s)$ 的定义域从 $(1, +\infty)$ 扩大到了 $(0, +\infty) \setminus \{1\}$ (即 $(0, 1) \bigcup (1, +\infty)$)! 然而, 且慢点赞, 因为上述变形是极不严谨的, 应该说是完全错误的! 问题出现在

---

[1] Gottfried Wilhelm Leibniz, 1646–1716, 德国哲学家、数学家, 被誉为 17 世纪的亚里士多德.

(4.3.5) 的第三个等号, 即等式

$$\left(\sum_{n=1}^{\infty}\frac{1}{n^s}\right)-\left(\sum_{n=1}^{\infty}\frac{2}{(2n)^s}\right)=1-\frac{1}{2^s}+\frac{1}{3^s}-\frac{1}{4^s}+\cdots+(-1)^{n-1}\frac{1}{n^s}+\cdots$$

一般不成立. 因为上述等号依赖于交换无穷多项的位置并且重新加括号, 亦即同时强行使用交换律和结合律, 而这两个规律对一般无穷级数而言都不成立, 比如级数

$$1-1+1-1+1-1+\cdots+(-1)^{n-1}+(-1)^n+\cdots$$

显然是发散的, 然而如果加上括号的级数

$$(1-1)+(1-1)+(1-1)+\cdots+((-1)^{n-1}+(-1)^n)+\cdots$$

显然收敛到 0! 而重新加括号的级数

$$1+(-1+1)+(-1+1)+\cdots+(-1+1)+\cdots$$

居然收敛到了 1! 所以对级数而言, 加括号断然"非法"!

黎曼的技法自然是阳春白雪. 首先, 如果 x,b 均是实数且 $x>0$, 则

$$|x^{ib}|=|e^{ib\log x}|=1.$$

因此对任意复数 $z=\sigma+it$ (我们沿用黎曼的记号将复数的实部记为 σ, 虚部记为 t) 和正整数 n, 有

$$|n^z|=|n^\sigma||n^{it}|=n^\sigma.$$

所以, 如果 z 是复数且 $\mathrm{Re}(z)>1$, 则级数

$$1+\frac{1}{2^z}+\frac{1}{3^z}+\frac{1}{4^z}+\cdots+\frac{1}{n^z}+\cdots$$

的绝对值级数

$$1+\frac{1}{|2^z|}+\frac{1}{|3^z|}+\frac{1}{|4^z|}+\cdots+\frac{1}{|n^z|}+\cdots=1+\frac{1}{2^{|z|}}+\frac{1}{3^{|z|}}+\frac{1}{4^{|z|}}+\cdots+\frac{1}{n^{|z|}}+\cdots$$

收敛, 因此原级数 $1+\frac{1}{2^z}+\frac{1}{3^z}+\frac{1}{4^z}+\cdots+\frac{1}{n^z}+\cdots$ 也收敛 (高等数学中, "绝对收敛蕴涵收敛"正是此意). 因此, 黎曼牛刀小试即轻而易举地将欧拉的级数 $E(s)$ 拓展到了整个实部大于 1 的复半平面.

接下来, 黎曼要发扬光大数学家喜爱的轻武器 —— 解析延拓术了. 所谓**解析延拓**(analytic continuation) 是指, 两个解析函数如果在一个小区域内相等, 则它们

在更大的区域也相等. 解析延拓的本质是解析函数的"刚性". 最简单的例子是, 两个次数都为 n 的多项式只要在 $n+1$ 个点处的值相等, 则它们必定是相同的多项式. 注意, 公式 (4.3.6) 对 $\mathrm{Re}(s)>1$ 的所有复数 s 成立, 因此由解析延拓术可知, 它对 $\mathrm{Re}(s)>0$ 且分母 $1-\dfrac{2}{2^s}\neq 0$ 的所有复数也成立! 同一个公式, 变形则错, 延拓方真.

进一步, $1-\dfrac{2}{2^s}=0$ 当且仅当 $2^s=2$, 当且仅当 $s=1+\dfrac{2n\pi}{\log 2}\mathrm{i}$, 其中 n 是整数, 因此黎曼的解析延拓术使得等式 (4.3.6) 对除去 $s=1+\dfrac{2n\pi}{\log 2}\mathrm{i}$ 这种点外的所有右半复平面均成立.

黎曼的下一个小技巧是将公式 (4.3.5) 中的辅助函数 $1-\dfrac{2}{2^s}$ 换成 $1-\dfrac{3}{3^s}$, 于是公式 (4.3.6) 变为

$$\begin{aligned}\left(1-\frac{3}{3^s}\right)E(s) &= E(s)-\frac{3}{3^s}E(s)\\ &= \left(\sum_{n=1}^\infty\frac{1}{n^s}\right)-\left(\sum_{n=1}^\infty\frac{3}{(3n)^s}\right)\\ &= 1+\frac{1}{2^s}-\frac{1}{3^s}+\frac{1}{4^s}+\frac{1}{5^s}-\frac{2}{6^s}+\cdots.\end{aligned}$$

注意, 上式对 $\mathrm{Re}(s)>1$ 的所有复数 s 成立, 因此仍由解析延拓术可知, 它们对 $\mathrm{Re}(s)>0$ 且分母 $1-\dfrac{3}{3^s}\neq 0$ 的所有复数都成立!

相信亲爱的读者已经看出来了, 至此, 黎曼妙手回春, 将欧拉的实函数 $E(s)$ 的定义域拓展到了除 $s=1$ 外的整个右半平面上 (见下面的思考题). 黎曼成功地迈出了其开疆拓土的第一步!

思考题

设 $A=\{s\in\mathbb{C}\,|\,1-\frac{2}{2^s}=0\}$, $B=\{s\in\mathbb{C}\,|\,1-\frac{3}{3^s}=0\}$. 证明: $A\bigcap B=\{1\}$. 由此推断黎曼将欧拉的实函数 $E(s)$ 的定义域拓展到了除 $s=1$ 外的整个右半平面上.

4.3.4　飞跃天堑 —— 黎曼神技之对称性方程

如果说变形 (4.3.6) 只是数学家的小把戏, 接下来的一步将展示黎曼炉火纯青的内功. 利用欧拉的独门利器 (即欧拉积公式 (4.3.4)), 黎曼证明函数 $E(s)$ 在复平面上的带形区域 $0<\mathrm{Re}(s)<1$ 内"超级对称", 即满足下面的"对称性"方程:

$$E(s)=2^s\pi^{s-1}\sin\frac{s\pi}{2}\left(\int_0^{+\infty}t^{-s}\mathrm{e}^{-t}\mathrm{d}t\right)E(1-s),\quad 0<\mathrm{Re}(s)<1. \tag{4.3.7}$$

数学家将上面的方程称为"黎曼函数方程". 证明黎曼函数方程确实是职业数学家的工作, 其核心正是黎曼的天才思想"弃实数之暗投复数之明", 具体办法是利用所谓**梅林变换**将"θ 函数"转化为一个具有高度对称性的复变函数, 而该复变函数的对称性恰好可以用来定义左半平面的黎曼 ζ 函数. 简介如下. 首先考虑右半平面的解析函数 (θ 函数)

$$\theta(s) = \sum_{n=-\infty}^{\infty} \mathrm{e}^{-n^2\pi s}, \quad \mathrm{Re}(s) > 0.$$

θ 函数具有某种对称性, 即满足方程

$$\theta(s^{-1}) = s^{1/2}\theta(s). \tag{4.3.8}$$

再定义新函数

$$w(s) = \sum_{n=1}^{\infty} \mathrm{e}^{-n^2\pi s} = \frac{\theta(s)-1}{2}, \quad \mathrm{Re}(s) > 0.$$

于是由 θ 函数的对称性方程 (4.3.8), 可得

$$w(s) = s^{-1/2}w(s^{-1}) - \frac{1}{2} + \frac{s^{-1/2}}{2}. \tag{4.3.9}$$

接下来, 黎曼将对新函数 $w(s)$ 改头换面, 他使出的招数正是所谓"梅林魔法", 即"梅林变换". 所谓梅林变换是将实变函数 $f(x), x > 0$ 变为复变函数 $M(f)(s)$ 的下述积分变换:

$$M(f)(s) = \int_0^\infty f(x)x^{s-1}\mathrm{d}x.$$

现设 $\mathrm{Re}(s) > \frac{1}{2}$, 则 $w(s)$ 的梅林变换为

$$M(w)(s) = \sum_{n \geqslant 1} \int_0^\infty \mathrm{e}^{-n^2\pi x}x^{s-1}\mathrm{d}x.$$

由于

$$\int_0^\infty \mathrm{e}^{-n^2\pi x}x^{s-1}\mathrm{d}x = \frac{1}{\pi^s n^{2s}}\int_0^\infty x^{s-1}\mathrm{e}^{-x}\mathrm{d}x = \frac{\Gamma(s)}{\pi^s n^{2s}},$$

所以

$$M(w)(s) = \sum_{n \geqslant 1} \int_0^\infty \mathrm{e}^{-n^2\pi x}x^{s-1}\mathrm{d}x = \pi^{-s}\Gamma(s)\zeta(2s), \quad \mathrm{Re}(s) > \frac{1}{2}. \tag{4.3.10}$$

至此, 黎曼已经成功地使函数 $w(s)$ 的梅林变换 $M(w)$ 与他的 ζ 函数成为亲密战友. 黎曼的神技自然远不止此. 首先,

$$
\begin{aligned}
M(w)(s) &= \int_0^1 w(x)x^{s-1}\mathrm{d}x + \int_1^\infty w(x)x^{s-1}\mathrm{d}x \\
&= \int_0^1 x^{s-1}\left[x^{-1/2}w(1/x) - \frac{1}{2} + \frac{x^{-1/2}}{2}\right]\mathrm{d}x + \int_1^\infty w(x)x^{s-1}\mathrm{d}x.
\end{aligned}
$$

进一步, 黎曼作大家现在都能看出来的变量代换 $u = 1/x$, 于是

$$
M(w)(s) = \int_1^\infty w(x)(x^{-1/2-s} + x^{s-1}) - \frac{1}{2s} - \frac{1}{2(1/2-s)}. \tag{4.3.11}
$$

大家看出上式的绰约风姿了么? 不错, 只要您和黎曼一样再作一次变量代换 $s \mapsto \frac{1}{2} - s$, 即可掀开面纱看到黎曼魔杖下美丽绝伦的函数 $M(w)(s)$, 因为它满足下述对称性方程:

$$
M(w)(s) = M(w)\left(\frac{1}{2} - s\right). \tag{4.3.12}
$$

现在, 黎曼只需要将两个对称性方程 (4.3.10) 与 (4.3.12) 相结合, 即可得到他自己的 ζ 函数的对称性方程 (4.3.7)! 对于希望再现黎曼风采的理工科大学生或研究生来说, 这的确是一个可以近距离观察大师的时刻, 请参考文献:

E. C. Titchmarsh, The theory of the Riemann zeta-function (2nd ed.). The Clarendon Press Oxford University Press, 1986.

因为函数 $E(s)$ 对 $\mathrm{Re}(s) > 0$ 且 $s \neq 1$ 的所有复数均有定义, 因此黎曼利用其函数方程 (4.3.7) 可以得到, 函数 $E(s)$ 对实部 $\mathrm{Re}(s) \leqslant 0$ 的所有复数均有定义. 因此黎曼将函数 $E(s)$ 的定义域拓展到了去掉 "1" 的整个复平面上!

数学的黎曼王朝开始了, 不过低调的黎曼给他心爱的函数 $E(s)$ 起了一个低调的名字 —— ζ 函数. 欧拉的函数 $E(s)$ 从此有了新主人 —— 黎曼 (后人理应将黎曼的 ζ 函数重新命名为 R 函数以纪念黎曼, 但 R 实在是太忙了, 比如, 它要代表实数域, 它还要代表圆半径或球半径, 众多数学家还要求它代表复数的实部 —— 我们用了 Re, 等等. 相对而言, 希腊字母 ζ 在黎曼假设出名之前很清闲低调 —— 一般上大学后才与之相识). 从此函数方程 (4.3.7) 中的英文字母 E 需要改写成希腊字母 ζ, 即有

$$
\zeta(s) = 2^s\pi^{s-1}\sin\frac{s\pi}{2}\left(\int_0^{+\infty} t^{-s}\mathrm{e}^{-t}\mathrm{d}t\right)\zeta(1-s), \quad s \neq 1, \tag{4.3.13}
$$

其中的广义积分 $\int_0^{+\infty} t^{-s}\mathrm{e}^{-t}\mathrm{d}t$ 正是始于欧拉的著名 Γ 函数, 符号 Γ 由大名鼎鼎的

勒让德引入, 其定义如下 (z 是复数):

$$\Gamma(z) = \int_0^{+\infty} t^{z-1}\mathrm{e}^{-t}\mathrm{d}t.$$

用梅林变换的观点, Γ 函数恰好是大家熟悉的指数函数 e^{-x} 的梅林变换 $M(\mathrm{e}^{-x})(z)$. Γ 函数在概率理论与统计学中尤其重要, 几乎每一种重要的分布都与 Γ 函数有关, 比如 t 分布, χ^2 分布, F 分布等, 而所谓 Γ 分布就是密度函数为 Γ 函数 (乘以一个正数以满足概率积分为 1 的条件) 的分布. Γ 函数还有一个未能广为流传的光辉事迹, 高斯 24 岁时正是利用和 Γ 函数密切相关的超几何级数计算出消失了的谷神星轨道, 从而名扬天下. 凡熟悉定积分分部积分法的读者均可以得到 Γ 函数最基本的数学性质:

$$\Gamma(n) = \int_0^\infty t^{n-1}\mathrm{e}^{-t}\mathrm{d}t = (n-1)!, \quad \text{其中 } n \text{ 为正整数}.$$

Γ 函数又被称为**阶乘函数**(factorial function). Γ 函数的原型正是正整数阶乘 "$n!$" 的推广, 即满足条件 "$f(1)=1$, $f(x+1)=xf(x)$" 的函数, 所以对厌烦积分尤其是厌烦广义积分的读者来说, Γ 函数的另一个表达会使人倍感亲切:

$$\Gamma(z) = \lim_{n\to\infty} \frac{n!n^z}{z(z+1)(z+2)\cdots(z+n)}. \tag{4.3.14}$$

因此, 0 和所有负整数 m 都是 Γ 函数的 "极点", 即 Γ 函数在此处等于无穷大. 厌烦定积分分部积分法的读者可以利用这个亲切的公式 (4.3.14) 证明 (其中 m 是正整数):

$$\Gamma(m) = \lim_{n\to\infty} \frac{n!n^m}{m(m+1)(m+2)\cdots(m+n)} = (m-1)!.$$

作者相信每一个知道极限的读者均可以在茶余饭后将此公式搞定 (分子分母同时乘以 $(m-1)!$ 即可). 另请注意, 由于 Γ 函数的极限定义 (4.3.14) 中的分子是指数函数 n^z, 故 Γ 函数没有零点, 换言之, 其倒数 Γ^{-1} 是所谓全纯函数 —— 即在复平面上处处有定义的解析函数 (相当于实函数的可微函数), 且零点是所有非正整数. 不难导出函数 Γ^{-1} 的下列表达式:

$$\Gamma(z)^{-1} = z\mathrm{e}^{\gamma z} \prod_{n=1}^{+\infty} \left(1 + \frac{z}{n}\right) \mathrm{e}^{-\frac{z}{n}}, \tag{4.3.15}$$

其中的 γ 正是神秘的欧拉常数. 希望亲自推导该公式的读者注意使用欧拉常数的极限表示:

$$\gamma = \lim_{n\to\infty} \left(1 + \frac{1}{2} + \cdots + \frac{1}{n} - \log n\right).$$

珍珠往往深藏. 但现在我们已经可以利用函数 Γ^{-1} 挖出一块无与伦比的美玉, 其上镌刻着 Γ 函数与正弦函数 $\sin(\pi z)$ 之间的美妙平衡关系, 即著名的欧拉反射公式 (Euler's reflection formula):

$$\frac{\sin \pi z}{\pi} = \frac{1}{\Gamma(z)} \frac{1}{\Gamma(1-z)}, \quad \text{或} \quad \Gamma(z)\Gamma(1-z)\sin(\pi z) = \pi. \tag{4.3.16}$$

因此, Γ 函数的 "极点" (即所有非正整数, 其函数值为 ∞) 与正弦函数 $\sin(\pi z)$ 的 "零点" (函数值为 0) 形成一对旗鼓相当的 "冤家对头", 我们通过欧拉反射公式可以计算 Γ 函数在 "极点" $z = -2n$ 处与正弦函数 $\sin \pi z$ 在 "零点" $z = -2n$ 处的乘积的极限 (此极限对黎曼假设至关重要):

$$\lim_{z \to -2n} \Gamma(z)\sin(\pi z) = \lim_{z \to -2n} \frac{\pi}{\Gamma(1-z)} = \frac{\pi}{\Gamma(2n+1)} = \frac{\pi}{(2n)!}. \tag{4.3.17}$$

利用 Γ 函数, 函数方程 (4.3.13) 可以写成

$$\zeta(s) = 2^s \pi^{s-1} \sin \frac{s\pi}{2} \Gamma(1-s)\zeta(1-s). \tag{4.3.18}$$

公式 (4.3.18) 常常被称为 "对称性" 方程, 因为利用黎曼的另一个小把戏, 即黎曼的 ξ 函数

$$\xi(s) = \frac{1}{2} s(s-1)\pi^{-\frac{s}{2}} \Gamma\left(\frac{s}{2}\right)\zeta(s), \tag{4.3.19}$$

即可得到下面关于黎曼 ξ 函数的完美无缺的对称性方程:

$$\xi(s) = \xi(1-s). \tag{4.3.20}$$

注意, 去掉黎曼 ξ 函数中的因子 $\frac{1}{2}s(s-1)$ 不影响上面的对称性方程 (4.3.20). 黎曼的 ξ 函数对黎曼 ζ 函数的非平凡零点的计算至关重要, 因为由黎曼 ξ 函数的定义可知, 在带形区域 $0 < \sigma < 1$ 内, 黎曼 ξ 函数与黎曼 ζ 函数的零点相同!

由于 $s = 1$ 是 ζ 函数唯一的极点, 黎曼当然要搞清楚这个 "极点" 的次数, 术语称为极点的 "阶", 相当于零点的 "重数", 比如函数 $\frac{1}{z}$ 具有唯一的 "1 阶" 又称为 "单" 极点 "0", 而 $\frac{1}{z(z-1)^3}$ 有两个极点, 单极点 "0" 与 "3 阶" 极点 "1". 利用欧拉反射公式 (4.3.16) 和万能的函数方程 (4.3.18), 黎曼迅速证明了 (熟悉极限运算的读者请大显身手) 下面的关系:

$$\lim_{s \to 1}(s-1)\zeta(s) = 1. \tag{4.3.21}$$

这表明 1 是 ζ 函数的 (唯一的) 单极点, 实际上黎曼证明 ζ 函数在 $s = 1$ 附近可表示为

$$\zeta(s) = \frac{1}{s-1} + \gamma + g(1-s),$$

其中解析函数 $g(s)$ 满足条件 $g(0) = 0$, 而 γ 还是那个神秘的欧拉常数.

4.3.5　火眼金睛 —— 黎曼复眼中的平凡零点

现在黎曼需要照顾一下他的 ζ 函数的零点了. 忙于改朝换代的黎曼瞥了一眼"函数方程"(4.3.18), 发现对所有负偶数 $-2n$, 有

$$\zeta(-2n) = 2^{-2n}\pi^{-1-2n}\Gamma(1+2n)\sin\frac{(-2n)\pi}{2}\zeta(1+2n).$$

由于

$$\Gamma(1+2n) = (2n)!, \quad \sin\frac{(-2n)\pi}{2} = \sin(-n\pi) = 0,$$

而 p 级数的敛散性准则告诉我们, $\zeta(1+2n)$ 是大于 1 的常数, 因此黎曼轻而易举地得到了

$$\zeta(-2n) = 0!$$

黎曼的平凡零点　负偶数都是黎曼 ζ 函数的零点, 称为平凡零点.

黎曼的平凡零点有什么神奇? 请看:

$$0 = \zeta(-2) = 1 + 2^2 + 3^2 + 4^2 + \cdots + n^2 + \cdots,$$
$$0 = \zeta(-4) = 1 + 2^4 + 3^4 + 4^4 + \cdots + n^4 + \cdots. \tag{4.3.22}$$

黎曼的平凡零点展示了实数世界中无法想象的复数世界的瑰丽景象!

实际上, 由公式 (4.3.17) 和 "函数方程" (4.3.18) 可求得, 对所有正整数 $n \geqslant 2$, 有

$$\zeta(1-n) = (-1)^{1-n}\frac{B_n}{n}.$$

由于 $B_{2n+1} = 0 \, (n \geqslant 1)$, 故可得

$$\zeta(-2n) = 0, \quad \zeta(-2n+1) = -\frac{B_{2n}}{2n}.$$

特别地, ζ 函数在负奇数处的值均为有理数. 读者应该还记得, 人们只是在 1979 年方才知道 $\zeta(3)$ 是无理数, 至于其他 $\zeta(2n+1)$, 虽然知道其中有无穷多个是无理数, 但尚不能确定任何一个是或不是! ζ 函数在前几个负奇数处的值如下 (复数世界的神奇再次展现在我们的实眼 —— 实数之眼之前):

$$\zeta(-1) = \sum_{n=1}^{\infty} n = 1 + 2 + 3 + \cdots + n + \cdots = -\frac{1}{12},$$

$$\zeta(-3) = \sum_{n=1}^{\infty} n^3 = 1 + 2^3 + 3^3 + \cdots + n^3 + \cdots = \frac{1}{120},$$

$$\zeta(-5) = \sum_{n=1}^{\infty} n^5 = 1 + 2^5 + 3^5 + \cdots + n^5 + \cdots = -\frac{1}{252}.$$

要小心的是, ζ 函数在正偶数处的值早在一百多年前即由欧拉给出 —— 它们都不是黎曼 ζ 函数的零点, 这并不与"函数方程"(4.3.18) 矛盾, 因为由公式 (4.3.17) 可知, 此时"函数方程"(4.3.18) 中正弦函数 $\sin\frac{s\pi}{2}$ 的"零点"与 Γ 函数的"极点"将彼此抵消. 至于 $\zeta(0)$ 也可利用公式 (4.3.17) 从"函数方程"(4.3.18) 求得, 即

$$\zeta(0) = \sum_{n=1}^{\infty} n^0 = 1 + 1 + 1 + \cdots + 1 + \cdots = -\frac{1}{2}.$$

尽管此极限有一点点难度, 作者还是相信不少读者愿意亲自走一遍黎曼的路, 因为"此式只应天上有, 人间能得几回闻!"计算此结果时请您记着使用公式 (4.3.21) 以及下面最常用的极限 (两个重要极限之一):

$$\lim_{x\to 0}\frac{\sin x}{x} = 1.$$

黎曼 ζ 函数还有别的零点吗? 它们在哪里? 雄才大略的黎曼当时正在全神贯注地建立数学新世界, 所以在其1859年的报告中黎曼仅仅漫不经意地写下被我们称为"黎曼假设"的句子:

"如果 $\zeta(s) = 0$ 且 s 不是负偶数, 那么 $s = \frac{1}{2} + \mathrm{i}t$, 其中 t 是实数 …… 这非常像是对的 …… 一个严格的证明当然是需要的, 我试了几次没成功, 但我不得不把它放在一边, 因为它和我正在研究的问题没什么关系."

作为职业数学家的黎曼显然比他的业余数学家同胞费马谨慎, 否则他会这样写:

"我发现了一个绝妙的证明, 但我没时间把它写下来."

这篇10页的报告是黎曼一生唯一涉及数论 (number theory) 的论文 (据说众多数论专家为此"咬牙切齿"), 他真的再也没有时间回到这个课题 ——7年之后, 39岁的黎曼病逝于意大利, 于是留下了困惑人类150年也许还将继续困惑人类数百年的谜局 ——"黎曼假设".

1900年, 被列为20世纪前半叶数学家第一位的希尔伯特在巴黎国际数学家大会上作大会报告时, 列出了著名的"希尔伯特23问题", 黎曼假设位列第八. 有人问希尔伯特, 如果他能在五百年后重返人间, 他最想说什么, 希尔伯特答曰: "黎曼假设被证明了吗?"

1999年, 庞加莱猜想的英雄之一斯蒂芬·斯梅尔[1]的千禧年问题则将黎曼假设排在第一位. 相信绝大多数数学家同意斯梅尔的观点.

[1] Stephen Smale, 生于 1930 年, 美国数学家. 1966 年菲尔兹奖得主, 1996 年获美国国家科学奖, 2006 年沃尔夫奖得主. 1964–1995 年任教于美国加利福尼亚大学伯克利分校即 UCB, 1995 年起加盟香港城市大学.

2000年，美国克雷数学研究所 CMI[①] 将黎曼假设列为七个千禧年百万美元数学问题之一.

本节练习题

1. (1) 试利用某种变形导出 $1 - 2 + 3 - 4 + \cdots + (-1)^{n-1} n + \cdots = \dfrac{1}{4}$.（此法拉玛努金用过）

(2) 利用 (1) 直接导出 $1 + 2 + 3 + \cdots + n + \cdots = -\dfrac{1}{12}$.

2. 证明 $\Gamma(m) = \lim\limits_{n \to \infty} \dfrac{n! n^m}{m(m+1)(m+2) \cdots (m+n)} = (m-1)!$.

3. 证明 $\lim\limits_{s \to 1}(1-s)\zeta(s) = 1$.

第四节　大开眼界 —— 黎曼的非平凡零点

黎曼的函数方程 (4.3.18) 告诉我们，黎曼 ζ 函数有无穷多个 (平凡) 零点在直线 $y = 0$(即实数轴) 上，黎曼假设又想告诉我们，黎曼 ζ 函数其他无穷多个零点都在另一条直线 $x = \dfrac{1}{2}$ 上. 如下图所示：

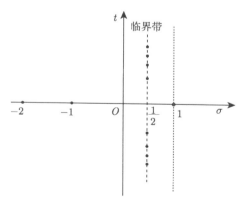

黎曼 ζ 函数的零点

这是真的吗？

---

① Clay Mathematics Institute, 美国克雷数学研究所, 由克雷资助.

4.4.1　生死一线 —— 临界线与临界带

请读者注意, 复 (变) 函数 $u = f(z)$ 相当于一个二元实 (变) 函数 $u = f(x + y\mathrm{i})$, 因此其零点可以是复平面上的任何点, 所以一个复函数的零点全部在某一条或某几条直线上似乎是非常稀奇的事情. 比如, 在高斯博士论文中第一个严格给出证明的 **"代数基本定理"** 表明, 复多项式函数

$$f(z) = a_n z^n + a_{n-1} z^{n-1} + \cdots + a_1 z + a_0, \quad a_n \neq 0$$

的零点恰好有 n 个 (重根按重数计算), 且可以分布在复平面的任何 n 个点上 (依赖于系数), 例如, 多项式

$$z^5 - z = 0$$

的 5 个根分别是 $0, -1, -\mathrm{i}, 1, \mathrm{i}$.

但是, 我们所处的世界是被指数规律所支配的, 比如, 国内生产总值 (简称 GDP) 的年度增长率、地震的强度、银行的复利、放射性元素的衰变等均是以指数函数的形式呈现的. 而任何指数函数 a^z 都可以变形为 $\mathrm{e}^{z \log a}$, 因此, 可以说, 除了简单的多项式函数外, 世界上只有一个函数, 那就是 e^z! 自然, 由于往往指数 z 可能非常复杂, 所以数学家常常用 $\exp(z)$ 表示 e^z, 此处 $\exp$ 是 "指数" 的英文 exponential 的缩写. 比如,

$$\exp\left(\sum_n \frac{p^{-n\sigma} \cos(t \log p^n)}{n}\right) = \mathrm{e}^{\sum_n \frac{p^{-n\sigma} \cos(t \log p^n)}{n}}.$$

那么, 这个至关重要的指数函数 e^z 的零点在哪里? 答案是, 和实数时的情况一样, 复数指数函数 e^z 没有零点! 意料之中或意料之外? 和实数时不一样的是, 复数指数函数 e^z 可以取到不为 0 的所有复数值. 因此, 代替寻找 e^z 的零点, 我们可以问复函数 $\mathrm{e}^z - 1$ 的零点在哪里? 设 $z = \sigma + \mathrm{i}t$, 于是

$$\mathrm{e}^\sigma \mathrm{e}^{\mathrm{i}t} = 1.$$

由于 $\mathrm{e}^{\mathrm{i}t}$ 的模 $|\mathrm{e}^{\mathrm{i}t}| = 1$, 故两边取模可得 $|\mathrm{e}^\sigma| = 1$, 即 $\sigma = 0$, 因此函数 $\mathrm{e}^z - 1$ 的零点都在虚轴 $\sigma = 0$ 上! (实际上所有的零点为 $t = 2n\pi$, 其中 n 为整数.) 类似地, 读者可以推出函数 $\mathrm{e}^{z\mathrm{i}} - 1$ 的所有零点都在实数轴 $t = 0$ 上. 因此, 这两个函数的乘积

$$f(z) = (\mathrm{e}^z - 1)(\mathrm{e}^{z\mathrm{i}} - 1)$$

的零点恰好分布在两条坐标轴上! 根据欧拉积公式 (4.3.4), 黎曼 ζ 函数具有乘积的形式, 所以黎曼假设并非天外来客, 因为它恰恰表达了黎曼 ζ 函数的所有平凡零点与所有非平凡零点分别在实数轴和 $\sigma = \dfrac{1}{2}$ 这两条直线上 —— 这样的函数被数学家

称为具有"零点在线性质"(divisor on line property), 即该函数的零点都分布在有限条平行于坐标轴的直线上. 所以黎曼假设如果成立, 黎曼 ζ 函数就具有"零点在线性质".

黎曼首先证明 ζ 函数零点的实部 $\mathrm{Re}(s) \leqslant 1$. 这是因为根据欧拉积公式 (4.3.4), 可知

$$\zeta(s) = \sum_{n=1}^{\infty} \frac{1}{n^s} = \prod_p (1 - p^{-s})^{-1} = \prod_p \frac{p^s}{p^s - 1}.$$

因此若 $\zeta(s) = 0$, 则必存在素数 p, 使得 $\dfrac{p^s}{p^s - 1} = 0$. 于是 $p^s = 0$, 但我们前面已经讨论过, 复数指数函数可以取到任何复数值, 但就是不能取到 0! 遗憾的是, 欧拉积公式仅对实部 $\mathrm{Re}(s) > 1$ 的复数成立, 所以我们无法利用它排除其他区域. 不过, 黎曼的函数方程 (4.3.18) 可以将实部 $\mathrm{Re}(s) < 0$ 且不是负偶数的复数 s 的值 $\zeta(s)$ 转化为 $\zeta(1-s)$, 此时函数方程右端的所有因子均非 0, 所以 $\zeta(s) \neq 0$! 于是黎曼证明了下面的定理:

临界带定理 设 $\zeta(s) = 0$, 则 $0 \leqslant \mathrm{Re}(s) \leqslant 1$. 亦即 ζ 函数的非平凡零点均落在 $\sigma = 0$ 与 $\sigma = 1$ 这两条直线之间的带形区域, 此带形区域称为临界带(critical strip).

黎曼未能将此临界带变得更窄, 否则他就能够证明恩师高斯的素数定理了, 因为他正是为了证明素数定理才研究 ζ 函数的. 事实上, 缩小黎曼的临界带差不多需要再等 50 年.

关于 ζ 函数的零点, 黎曼需要了解的还有很多, 首当其冲的当然是要搞清楚 ζ 函数的非平凡零点有多少? 黎曼注意到 ζ 函数关于共轭复数满足下面的等式:

$$\overline{\zeta(s)} = \zeta(\bar{s}),$$

由此知 ζ 函数零点的共轭复数仍然是零点, 即

$$\zeta(\bar{s}) = 0 \text{ 当且仅当 } \zeta(s) = 0.$$

这样, 只需要考虑虚部大于 0 的零点即可. 以后除非特别指明, 我们将只考虑虚部大于 0 的零点.

进一步, 由函数方程 (4.3.18) 可以直接推出, ζ 函数的非平凡零点关于直线 $\sigma = \frac{1}{2}$ 对称, 即

$$\zeta(s) = 0 \text{ 当且仅当 } \zeta(1-s) = 0.$$

由于直线 $\sigma = \frac{1}{2}$ 是临界带的中线, 黎曼称之为**临界线**(critical line), 所以, 黎曼假设还可以陈述为:

> **黎曼假设的等价形式**　设 $\operatorname{Re}(s) > \frac{1}{2}$, 则 $\zeta(s) \neq 0$.

因为如果在直线 $\sigma = \frac{1}{2}$ 的右侧临界带内没有零点, 则按照对称性在 $\sigma = \frac{1}{2}$ 的左侧临界带内也没有零点, 所以非平凡零点只能在直线 $\sigma = \frac{1}{2}$ 上. 一般来说, 证明一个数不等于 0 似乎比证明它等于 0 更容易, 毕竟随机选一个数为 0 的概率断然为 0.

现在, 黎曼必须交代 ζ 函数的零点有多少了, 否则, 万一 ζ 函数没有非平凡零点, 那 "黎曼假设" 就成了国际笑话, 当然黎曼不可能出现这样的低级错误. 回忆我们在简化版素数定理中用到的函数:

$$\psi(x) = \sum_{n \leqslant x} \Lambda(n),$$

其中 $\Lambda(x)$ 是曼格尔特函数. 黎曼证明了下述公式:

$$\psi(x) = \sum_{n \leqslant x} \Lambda(n) = x - \sum_{\rho} \frac{x^{\rho}}{\rho} - \log \pi - \frac{1}{2} \log(1 - x^{-2}), \tag{4.4.1}$$

其中等式右端的和取遍黎曼 ζ 函数的所有非平凡零点.

上述公式 (4.4.1) 被黎曼命名为 **"简明公式"** (explicit formula). 这个公式确实足够简明, 遗憾的是迄今为止尚没有发现对非数学专业的读者来说足够简明的证明, 所以作者只能抱歉地请有兴趣的读者查阅本书后的相应文献. 但我们可以和黎曼一起从这个简明公式中看出 ζ 函数的非平凡零点有无穷多个! 这是因为, 如果 ζ 函数的非平凡零点仅有有限多个, 那么简明公式 (4.4.1) 右端的函数就显然是连续函数, 然而左端的曼格尔特函数的和显然太不连续了, 矛盾!

至此, 黎曼对 ζ 函数的非平凡零点掌握了足够多的信息, 于是这个悄无声息却又惊天动地的 "黎曼假设" 横空出世 —— ζ 函数的所有无限多个非平凡零点都在临界线上!

4.4.2　日月如梭 —— 黎曼的零点: 从人脑到电脑

从欧拉积公式 (4.3.4) 展现的黎曼 ζ 函数与所有素数的联系, 不难想象黎曼假设与素数的分布有深刻关联, 这正是黎曼的目标 —— 理解素数, 证明高斯素数定理 (当时还是高斯猜想) 或者给出更好的素数分布公式.

事实确实如此. 为此, 我们先介绍一个著名的数学符号: 大写英文字母 O, 读作 "大 O". 表达式

$$f(x) = O(g(x))$$

的含义为

$$|f(x)| \leqslant Cg(x),$$

其中 $C > 0$ 是常数. 比如 $f(x) = O(1)$ 即表示 $f(x)$ 是有界函数. 一般认为, 大 O 是兰道引入的, 不过兰道本人将其归功于另一个名气很小的数学家. 1899 年, 兰道利用刘维尔函数 (亦称为刘维尔 λ 函数) 揭示了黎曼假设与素数之间的深刻联系.

兰道定理 设 $\lambda(n)$ 是刘维尔函数, 即 $\lambda(n) = (-1)^{w(n)}$, 其中 $w(n)$ 是 n 的素因子 (按重数计算) 的个数. 则黎曼假设等价于

$$\lim_{n \to \infty} \frac{\lambda(1) + \lambda(2) + \cdots + \lambda(n)}{n^{0.5+\varepsilon}} = 0,$$

其中 ε 是任意给定的正数.

兰道定理用语言通俗地描述就是, 黎曼假设等价于命题"正整数具有奇数个素因子的概率与具有偶数个素因子的概率相等"!

1901 年, 科赫 (对, 就是那个创造科赫雪花的人!) 证明, 黎曼假设与"精确的"素数定理等价!

科赫定理 黎曼假设成立当且仅当 $\pi(x) = Li(x) + O(\sqrt{x} \log(x))$.

请大家注意, 大 O 括号里 x 的幂次 $\frac{1}{2}$ 恰好是黎曼假设中 ζ 函数非平凡零点的实部.

1976 年, 洛威尔·舍恩菲尔德[1] 对 $x \geqslant 2657$ 给出了科赫大 O 的第一个系数 $C = \frac{1}{8\pi}$, 即黎曼假设等价于

$$|\pi(x) - Li(x)| \leqslant \frac{1}{8\pi} \sqrt{x} \log(x), \quad x \geqslant 2657.$$

尽管黎曼证明了他的 ζ 函数的确有无穷多个非平凡零点存在, 但他没有给出其中哪怕一个零点 (请读完本节). 这个现象其实不算特别意外. 以最简单的一元高次方程为例, 大家都知道方程

$$x^5 - 5x + 5 = 0$$

必定有 5 个零点 (根), 这是代数基本定理所保证的. 但是我们实际上得不到这些零点中的任何一个精确值, 因为伽罗华理论说该方程没有公式解! 因此, 只要能够得到近似解我们就应该知足了. 问题是, 在进入 20 世纪以前, 世界上没有任何人看到过黎曼 ζ 函数的任何一个非平凡零点, 哪怕是近似值都没有看到过! 这个窘境终于在 1903 年被约根·佩尔森·格拉姆[2] 所打破. 这一年, 曾经以格拉姆–施密特[3] 正

---

[1] Lowell Schoenfeld, 1920–2000, 美国数学家.

[2] Jørgen Pedersen Gram, 1850–1916, 丹麦数学家、统计学家、精算师.

[3] Erhard Schmidt , 1876–1959, 德国数学家, 希尔伯特的学生, 二战期间任柏林大学校长, 保护了众多犹太学者.

交化方法闻名的格拉姆计算出了黎曼 ζ 函数的前 15 个非平凡零点的数值. 人们终于看到了黎曼 ζ 函数非平凡零点的具体存在. 当然, 这 15 个零点全都位于黎曼假设所预言的临界线 $\sigma = \dfrac{1}{2}$ 上.

如何计算黎曼 ζ 函数的零点呢? 一般来说, 复 (变) 函数的零点不易计算, 所以数学家总是想办法将复 (变) 函数的零点化为实 (变) 函数的零点来计算. 黎曼也不例外, 他需要的这个实变函数恰是前面在函数方程 (4.3.18) 中扮演主角的函数 ξ(见 (4.3.19) 式). 确切地说, 黎曼需要的实变函数正是 ξ 的大写, 即函数 $\Xi(t)$, 其定义如下:

$$\Xi(t) = \xi\left(\frac{1}{2} + \mathrm{i}t\right), \quad t \in \mathbb{R}. \tag{4.4.2}$$

我们已经知道, 函数 $\xi(s)$ 与黎曼 ζ 函数 $\zeta(s)$ 有相同的零点, 因此黎曼的新函数 $\Xi(t)$ 的零点恰好与黎曼 ζ 函数在临界线上的零点完全相同! 因此, 黎曼将计算复变函数 $\zeta(s)$ 在临界线上的零点成功转化为计算实变函数 $\Xi(t)$ 的零点. 当然, 由于对称性, 只需要计算正零点即可. 而计算实变函数的零点对数学家来说就是轻车熟路了, 其中的秘密正是实数与复数的一个虽非广为人知但却绝对本质的差别: 实数可以比大小, 而复数不能! 严格地说, 实数是全序域而复数不是! 因此实数有正负, 而复数没有 —— 我们从来不说 "负复数". 而 "0" 是唯一一个没有符号的实数! "0" 没有符号这一特征暴露了实变函数零点的藏身之地. 确切地说, 数学家寻找零点的基本途径是利用下面众所周知的零点定理.

> **零点定理**　设函数 $f(x)$ 在闭区间 $[a,b]$ 上连续, 且 $f(a)f(b) < 0$, 则存在 $c \in (a,b)$, 使得 $f(c) = 0$.

零点定理的几何意义相当明显, 即一个连续函数如果在两点处的函数值符号不同 (改变了符号, 简称 "变号"), 那么函数在这两点之间必有零点. 黎曼的新函数 $\Xi(t)$ 当然是连续函数, 因此数学家只需观察它 "变号" 的情况, 即可扑捉到黎曼 ζ 函数在临界线上的非平凡零点. 格拉姆即是使用这个办法得到了他的 15 个零点. 黎曼当然做得更多, 他给出了带形区域 $0 < \sigma < 1$ 内, 零点虚部介于 0 与 T 之间 (这是一个不包括 4 条边的矩形) 的数目 $N(T)$, 即

$$N(T) = \frac{1}{2\pi\mathrm{i}} \oint_C \frac{\xi'(s)}{\xi(s)} \mathrm{d}s, \tag{4.4.3}$$

其中的积分路径 C 为一矩形的逆时针边缘, 该矩形的四个顶点为

$$(-0.5, 0), \quad (1.5, 0), \quad (1.5, T), \quad (-0.5, T).$$

黎曼还给出了 $N(T)$ 的下述估计:

$$N(T) = \frac{T}{2\pi} \log \frac{T}{2\pi\mathrm{e}} + \frac{7}{8} + S(T) + O\left(\frac{1}{T}\right), \tag{4.4.4}$$

其中

$$S(T) = \frac{1}{\pi}\arg\zeta\left(\frac{1}{2} + \mathrm{i}T\right) = O(\log T),$$

此处 "$\arg z$" 表示复数 z 的 "幅角". 函数 $S(T)$ 的精确定义可参见下面的文献:

A.A.Karatsuba, M.A. Kolorev, The argument of the Riemann zeta-function, Russian Math. Surveys, 60: 3, 433–488, 2005.

黎曼还指出, 在上述零点中, 位于临界线上的零点的数目 $N_0(T)$ 应该就是 $N(T)$ 中的第一项, 即

$$N_0(T) = \frac{T}{2\pi}\log\frac{T}{2\pi\mathrm{e}}. \tag{4.4.5}$$

由于 $N(T)$ 中的其他几项与第一项相比都是无穷小量, 黎曼等于宣称了 $N_0(T)$ 与 $N(T)$ 是等价的无穷大, 因此黎曼假设又有了另一个等价形式:

$$N(T) = N_0(T), \quad \forall T > 0.$$

万事开头难. 格拉姆的成功点燃了数学家计算黎曼 ζ 函数非平凡零点的激情. 十一年后的 1914 年, 拉尔夫·约瑟夫·巴克伦德[①]设计了一个比格拉姆更好的算法, 从而将零点计算到了第 79 个.

但是突破 100 大关需要再等十一年. 1925 年, 约翰·哈特钦森[②]使非平凡零点的数目第一次超过 100, 他一举拿下了第 138 个零点.

即使到了此时, 怀疑 "黎曼假设" 的数学家仍大有人在. 博士论文的主题即是黎曼假设的约翰·利特伍德[③]此时已与哈代合作证明了有无穷多个非平凡零点在临界线上 (见后), 但他仍然表示没有太强的证据支持黎曼假设. 原因很明显, 黎曼假设断言所有无限多个非平凡零点均在临界线上, 然而黎曼本人却一个零点都没有给出过! 黎曼的后辈, 兰道的学生卡尔·路德维希·西格尔[④]坚信黎曼提出 "黎曼假设" 必然有充足的理由, 因为黎曼和他的导师高斯一样, 都信奉高斯原则, 即 "精练且熟虑" (德文: Pauca sed matura; 英文: Few, but mature), 断然不会公布缺乏依据的命题.

1930 年, 任教于法兰克福大学的西格尔开始钻研保存在哥廷根大学图书馆的黎曼手稿. 1932 年, 西格尔终于发现了极其混乱且难以辨认的黎曼手稿 (黎曼一生大部分时间贫困潦倒, 其对草稿纸尤其节省) 的部分秘密: 尽管黎曼本人从未提及, 但是黎曼确实至少计算了前四个零点. 这四个零点分别是:

$$0.5 + 14.134725\mathrm{i}, \quad 0.5 + 21.022039\mathrm{i}, \quad 0.5 + 25.01085\mathrm{i}, \quad 0.5 + 30.42487\mathrm{i}.$$

---

① Ralf Josef Backlund, 1888–1949, 芬兰数学家.

② John Irwin Hutchinson, 1867–1935, 美国数学家.

③ John Edensor Littlewood, 1885–1977, 英国数学家, 以 Hardy-Littlewood 著名.

④ Carl Ludwig Siegel, 1896–1981, 德国著名数学家, 被认为是 20 世纪最重要的数学家之一, 首届沃尔夫奖得主之一.

注意, 目前已知的黎曼 ζ 函数非平凡零点的虚部均为无理数, 故上面给出的四个零点的虚部均为近似值, 我们稍后将给出这些近似值确实是零点的理由. 这些零点当然都被格拉姆以更高的精度再次发现. 然而让西格尔大吃一惊的是, 与数学家为计算 $\zeta\left(\dfrac{1}{2}+\mathrm{i}t\right)$ 正在使用的计算方法 "欧拉-麦克劳林求和法" (Euler-Maclaurin summation) 的复杂度 $O(t)$ 相比, 黎曼所使用的计算方法, 其复杂度只有 "$O(t^{\frac{1}{2}})$". 通俗地说, 半个多世纪前黎曼的计算速度是西格尔时代顶尖数学家计算速度的平方, 让人情何以堪! 西格尔进一步发现黎曼为了得到他的计算公式, 曾将 $\sqrt{2}$ 计算至 38 位有效数字! 因此, 黎曼得到的零点精度不高的原因并非黎曼的计算方法不够巧妙, 恰恰相反, 黎曼只是真的无暇多算有效数字, 但其计算方法之妙在其身后 66 年仍令人望尘莫及 (实际应该是 72 年, 因为黎曼从未再次回到这个主题)! 西格尔最后从黎曼手稿中整理并发表了下面的黎曼-西格尔公式(黎曼从未发表):

黎曼-西格尔公式　设

$$Z(t) = \exp(\mathrm{i}\vartheta(t))\zeta(\tfrac{1}{2}+\mathrm{i}t),$$

其中

$$\vartheta(t) = \arg\Gamma\left(\frac{1}{4}+\frac{\mathrm{i}t}{2}\right) - \frac{t}{2}\log\pi.$$

记 $a = \sqrt{\dfrac{t}{2\pi}}$, $N = [a]$(即 a 的整数部分), $z = 1-2(a-N)$. 则

$$Z(t) = 2\sum_{n=1}^{N}\frac{\cos(\vartheta(t)-t\log n)}{\sqrt{n}} + R(t), \tag{4.4.6}$$

其中

$$R(t) = \frac{(-1)^{N+1}}{\sqrt{a}}\sum_{r=0}^{\infty}\frac{C_r(z)}{a^r}.$$

注意, 余项 $R(t)$ 中的系数 $C_r(z)$ 成为了这个黎曼-西格尔公式, 也是黎曼 ζ 函数非平凡零点计算的关键. 黎曼本人用 $C_r(z)$ 的前 5 个相应公式, 就使得他所计算的零点达到了他自己认为满意的精度. 而哈代和利特伍德在 20 世纪 20 年代发现的公式不过是黎曼 60 年前未发表的公式的近似版本! 黎曼的公式如此高深玄妙, 以至于许多人认为如果黎曼手稿没有失而复得 (黎曼的大部分手稿被烧或遗失, 其遗孀仅将其中部分赠予哥廷根大学), 或者西格尔对黎曼的信任有哪怕一丝动摇, 也许黎曼-西格尔公式将永远不能重见天日 —— 没有人能够重新发现它! 黎曼超越其时代何止 66 年!

　　天才为什么早早离去, 因为他们已洞穿时代的秘密. 西格尔一夜成名, 从此步入世界超一流数学家的行列, 并于 1978 年获得首届沃尔夫奖. 西格尔稍后来到哥廷根大学, 但此时由高斯开创的世界数学中心 —— 哥廷根已经开始谢幕, 欧洲的数学中心将再次回到法国. 而世界的数学中心则迁徙至大西洋彼岸的美国 —— 西格尔本人后来也远走美国. 哥廷根没落了, 但由黎曼–西格尔公式引发的黎曼 ζ 函数零点的计算却开始了一日千里的大跃进.

　　黎曼–西格尔公式发表后的第四年, 即 1936 年, 牛津大学的研究小组在哈代的学生爱德华·梯奇马诗[①]的领导下, 利用这个精妙的公式首次将黎曼 ζ 函数的零点计算到了四位数, 第 1042 个! 由此可见黎曼–西格尔公式的巨大威力, 因为从两位数 (巴克伦德的 79 个) 突破到三位数 (哈特钦森的 138 个) 用了超过十年的时间. 梯奇马诗小组的努力具有历史意义, 因为这是黎曼零点计算的最后一次手工操作, 电脑即将取代人脑.

　　黎曼假设的坚定怀疑者、计算机先驱艾伦·图灵显然对他的英国同事的努力不以为然 (如果不是嗤之以鼻的话), 虽然用手工作是人类进化 (摆脱动物性) 的一大标志, 但如果永远仅用手工计算, 在图灵看来无异于人类进化的终止, 再说在黎曼 ζ 函数的无穷多个非平凡零点的纯手工计算路上又能走多远呢? 图灵当然不屑于笨拙地在草稿纸上奋斗, 他要利用黎曼–西格尔公式制造一台专门用来计算黎曼 ζ 函数零点的设备, 以期产生一个不在临界线上的非平凡零点, 从而一举推翻黎曼假设. 不过, 已准备好原材料准备开工的图灵 "计算机器" 因二战被迫中断. 二战后的 1953 年, 计算机技术在图灵手中迅速成熟, 他将黎曼–西格尔公式与被利特伍德发展了的格拉姆方法相结合, 创造了一个非常漂亮的算法, 该算法只需计算少量计算量较小的数据, 即可确定临界带内的矩形区域中的零点个数. 图灵利用他的算法成功地计算了 ζ 函数的前 1104 个零点, 这是数学家和科学家第一次使用计算机计算黎曼 ζ 函数的零点, 而且图灵算法的本质沿用至今. 但图灵的计算结果与其初衷背道而驰, 因为所有零点无一例外都在黎曼预言的临界线上.

　　现在, 图灵会相信黎曼假设还是会继续寻找不在临界线上的零点以推翻黎曼假设? 不幸的是, 和黎曼一样, 图灵再也没有时间回到这个问题上来, 因为他尚来不及在 "证明" 还是 "证伪" 中抉择, 即因 "伤风败俗" 的罪名 (图灵是其时代的著名同性恋者) 被起诉并被迫选择注射雌性激素. 不堪忍受的侮辱终于使图灵选择放弃人生 —— 图灵以 "自杀" 这种最极端的方式表达了他对世俗最强烈的抗议.

　　图灵的抗议在半个世纪后获得成功. 英国首相戈登·布朗于 2009 年为英国政府当初对图灵的所作所为公开正式道歉. 伊丽莎白二世女王 2013 年承诺身后赦免 (posthumous pardon) 图灵. 2014 年 3 月 29 日, 英国同性恋婚姻法正式实施. 但是,

---

① Edward Titchmarsh, 1899–1963, 英国数学家.

天纵奇才的图灵推翻黎曼假设的设想却再也没有机会实现. 先驱可以超越时代, 却永远无法战胜世俗, 因为每个人都是世俗的成分 —— 包括先驱自己.

黎曼 ζ 函数零点的计算在计算机时代突飞猛进, 到 1968 年, 已从先驱者图灵的 1104 个增长到惊人的 350 万个! 15 年增加了三千多倍! 具体进程如下:

时间	数量	贡献者
1953	1104	A. M. Turing
1956	25 000	D. H. Lehmer
1966	250 000	R. S. Lehman
1968	3 500 000	J. B. Rosser, J. M. Yohe, L. Schoenfeld

4.4.3　不见不散 —— 零点之赌: 最昂贵的红酒

1968 年, 约翰·罗瑟[①] 等人已将黎曼 ζ 函数的零点计算到了前 350 万个, 自然还是无一例外地排在黎曼的临界线上. 三年后, 当代数学界的两位天才丹·察基尔[②]与恩里克·邦比艾里[③]相遇在波恩的马克斯·普朗克[④]研究所. 他们都是黎曼假设的研究者, 时刻关注着 ζ 函数零点计算的进展情况, 然而两个人的反应却大相径庭. 邦比艾里是黎曼假设的铁杆粉丝, 前 350 万个零点均在黎曼的临界线上这个计算事实极大地鼓舞了邦比艾里的信心, 使其对黎曼假设更加深信不疑. 察基尔的态度则截然相反: 区区 350 万个零点根本说明不了任何问题, 想想看, ζ 函数有无穷多个非平凡零点, 和无穷大相比, 350 万根本就是 0! 这是信仰的冲突, 是绝对不可调和的 "敌我" 矛盾, 已然大幅进化的当代人类解决该类矛盾的办法当然比伽罗华时代的愚蠢 "决斗" 高明万倍: 打赌!

鉴于无法等待计算机算出所有无穷多个非平凡零点, 察基尔与邦比艾里达成了如下的十年期 "赌局协议":

> 如果黎曼 ζ 函数的前三亿个零点至少有一个不符合黎曼假设, 则判定察基尔获胜; 反之, 如果黎曼假设被证明, 或者虽然未被证明, 但黎曼 ζ 函数的前三亿个零点均在临界线上, 则判定邦比艾里获胜. 赌注为: 负方支付胜方任选的两瓶波尔多葡萄酒. 协议有效期截至 1983 年 12 月 31 日.

邦比艾里当然自信满满, 因为即使没有计算机的零点计算结果, 他也是要努力证明黎曼假设的. 与邦比艾里不同, 察基尔的如意算盘自然和计算机的零点计算紧密相连. 擅长计算机计算的察基尔非常清楚, 1970 年代的计算机的计算能力非常薄弱, 提高一个数量级 (即 10 倍) 大约需要十年时间, 比如从黎曼 ζ 函数的第 25 000

---

① John Barkley Rosser Sr. 1907–1989, 美国逻辑学家、数学家.

② Don Zagier, 生于 1951 年, 出身于德国的美国数学家.

③ Enrico Bombieri, 生于 1946 年, 出身于意大利米兰, 普林斯顿高等研究院教授, 1974 年菲尔兹奖得主.

④ Max Plank, 1858–1947, 德国著名物理学家, 量子论的奠基人, 1918 年诺尔物理学奖得主.

个零点到第 250 000 个零点的计算就花费了从 1956 年到 1966 年整整十年的时间，因此从 350 万到 3 亿绝对是巨大的鸿沟 —— 百万与亿的差别可参考下面的上海民谣：

> 十万隔日要饿肚, 百万将就能果腹, 千万方免睡马路, 亿万欧美买别墅.

所以察基尔的结论是计算机计算出 3 亿个零点无论如何也得 20 年. 所以, 赌局的双方都在梦里笑出声来, 因为他们都认为自己稳操胜券而对方必败无疑.

亲爱的读者, 您愿意押注给谁呢?

邦比艾里因证明哥德巴赫猜想的近亲 "1 + 3 = 4" 而获得 1974 年菲尔兹奖, 相比而言, 没有得到菲尔兹奖的察基尔似乎名气要小很多. 不过他 13 岁上大学, 16 岁获得麻省理工学院 (MIT) 硕士学位, 20 岁即在被认为是战后至今德国数学第一人的弗里德里希·希策布鲁赫[①]的指导下获得波恩大学博士学位, 24 岁就成为正教授, 这样的履历足以让世界上最自负的人由衷钦佩. 察基尔于 1990 年给出的 "one sentence proof of TWO SQUARE THEOREM" (二平方和定理的一句话证明), 更是有史以来十大精彩证明之一. 二平方和定理是费马又一个著名的断言 (见第一章), 大约一百年后由欧拉给出第一个正确证明. 欧拉的证明包含 5 步, 每一步包括一个引理, 完整写下欧拉的证明大约需要 5 页 A4 纸. 在欧拉给出证明的 250 年后, 察基尔说也许一句话就可以证明 "二平方和定理" 了, 简介如下:

二平方和定理 奇素数 p 是两个整数的平方和当且仅当 $p = 4k + 1$.

察基尔的证明 设 $p = 4k + 1$, 则集合

$$S = \{(x, y, z) \in \mathbb{N}^3 \mid x^2 + 4yz = p\}$$

是有限集, 且 S 有一个显然的对合 (即 $f(f(X)) = X$ 的映射):

$$f : (x, y, z) \mapsto (x, z, y).$$

如果 f 有一个不动点 (x, y, y), 则 $p = x^2 + (2y)^2$, 二平方和定理即得证.

察基尔的关键观察是: 集合 S 的元素个数 $|S|$ 与 S 上的任何对合的不动点个数具有相同的奇偶性!

察基尔的关键构造是下面的映射:

$$g : (x, y, z) \mapsto \begin{cases} (x + 2z, z, y - x - z), & \text{若 } x < y - z; \\ (2y - x, y, x - y + z), & \text{若 } y - z < x < 2y; \\ (x - 2y, x - y + z, y), & \text{若 } x > 2y. \end{cases}$$

---

① Friedrich Ernst Peter Hirzebruch, 1927–2012, 德国著名数学家.

容易验证, g 是 S 上的一个对合且有唯一不动点 $(1, 1, k)$. 于是对合 f 的不动点个数必为奇数! 从而 f 至少有一个不动点 (a, b, c), 而由 f 的构造, $b = c$. 因此

$$p = a^2 + 4bc = a^2 + (2b)^2!$$

在察基尔的 "一句话证明" 之前, 大多数包含 "二平方和定理" 的著作均采用欧拉长达 5 页的证明. 察基尔的另一个成就是他在波恩大学培养了一个比自己名气大得多的学生马克西姆·康塞维奇[1]. 康塞维奇获得了包括 1998 年菲尔兹奖在内的多项数学与物理大奖, 最近更是获得了由俄罗斯富翁尤里·米尔纳和脸谱 (Facebook) 掌门人马克·扎克伯格 (Mark Zuckerberg) 设立的个人奖金额高达 300 万美元的首届 "数学突破奖"(Breakthrough Prize in Mathematics)—— 同期获奖的还有华裔英雄陶哲轩和帮助怀尔斯完成费马大定理封顶之作的理查德·泰勒等 5 人.

发现 "一句话证明" 时察基尔肯定笑得很开心, 但在他与邦比艾里的赌约签订不久察基尔就笑不出来了, 因为计算机计算能力的增长远远超乎想象. 从察基尔和邦比艾里签订协议的 1973 年到 1977 年仅仅 4 年间, 计算机已将黎曼 ζ 函数的零点从 350 万个提高到 4000 万个, 这比察基尔预料的十年大为缩短. 1979 年, 理查德·布兰特[2]领导的澳大利亚研究小组宣布黎曼 ζ 函数的前 8000 万个零点均落在临界线上; 3 年后的 1982 年, 赫曼努斯·特瑞利[3]和布兰特共同领导的荷兰 – 澳大利亚研究小组宣布黎曼 ζ 函数的前 2 亿个零点均落在临界线上!

察基尔准备好了酒钱 —— 计算机专家都清楚, 如果说从 350 万到 3 亿需要跨越巨大的鸿沟, 那么从 2 亿到 3 亿简直如履平地. 然而, 到赌局协议最后一年的 1983 年的上半年, 特瑞利和布兰特的零点计算小组似乎销声匿迹了, 他们再没有公布任何新的零点消息. 精于逻辑推理的察基尔大大地松了一口气: 他们显然可以轻松计算到 3 亿甚至 5 亿, 但是他们没有, 因此他们不可能为了区区 50% 的提高而再次启动计算机. 也许他们的下个目标是 100 亿? 呵呵, 那就应该需要不止一年, 而察基尔只需要再熬半年 ⋯⋯ 察基尔再次笑出声来.

不幸的是, 对赌局协议了如指掌的察基尔的好朋友亨德里克·兰斯特拉[4]正好在阿姆斯特丹访问特瑞利, 兰斯特拉不仅添油加醋地对赌局进行了精彩纷呈的描述, 而且还郑重其事地对特瑞利进行了一番慷慨激昂的战前动员. 零点计算居然还有如此重大的意义, 特瑞利顿觉他们的工作无上荣光, 遂一鼓作气将黎曼 ζ 函数的零点计算到了三亿零一个 —— 当然, 它们都如黎曼预言的那样排在临界线上!

---

[1] Maxim Kontsevich, 生于 1964 年, 俄罗斯–法国数学家.

[2] Richard Brent, 生于 1946 年, 澳大利亚数学家、计算机科学家. 据称其父系与牛顿的母亲有直系血缘关系.

[3] Hermanus Johannes Joseph te Riele, 生于 1947 年, 荷兰数学家, 以计算黎曼 ζ 函数的零点闻名.

[4] Hendrik Lenstra, 生于 1949 年, 荷兰数学家, LLL 算法的第 2 个 L.

察基尔从此也成了黎曼假设的超级粉丝! 他兑现诺言买来了两瓶葡萄酒, 邦比艾里当场打开其中一瓶庆祝黎曼假设依旧岿然不动. 他们喝掉的这瓶葡萄酒用察基尔的话说, 是世界上最昂贵的葡萄酒, 因为正是为了以它为赌注的这个赌局, 数学家们特意多计算了 1 亿个零点, 为此花费了 70 万美元的计算经费. 等价地, 被他们喝掉的这瓶葡萄酒价值 35 万美元!

我有一壶酒, 足以慰风尘. 我有两瓶酒, 黎曼假设真.

应该和这两瓶葡萄酒无关, 受政府有关部门资助的特瑞利和布兰特的计算机在计算出第十五亿零一个零点后的 1987 年, 被宣布无限期停止. 此后的黎曼 ζ 函数的零点计算基本被受美国 AT&T 公司资助的该领域世界头号专家安德鲁 · 奥德利兹克[①] 所包揽.

最近 (2014 年), 奥德利兹克在自己的网页

http://www.dtc.umn.edu/ odlyzko/$zeta_t ables$/index.html

宣布前 $10^{22} + 10^4$ (1 亿有 8 个 0, 故此数大于 "一百万亿亿") 个零点均在临界线上.

邦察 "赌局" 后的黎曼 ζ 函数零点计算的简要进程如下表:

时间	数量	贡献者
1986	1 500 000 001	J. van de Lune, H. J. J. te Riele, D. T. Winter
2001	10 000 000 000	J. van de Lune (unpublished)
2004	900 000 000 000	S. Wedeniwski
2004	10 000 000 000 000	X. Gourdon and P. Demichel
2014	10^{22}	A. Odlyzko

亲爱的读者, 现在, 您相信还是怀疑黎曼假设?

本节练习题

试完成察基尔对费马二平方和定理的 "一句话证明".

第五节　 星火燎原 —— 锲而不舍的零点追踪

察基尔在变成黎曼假设的铁杆粉丝之前怀疑黎曼假设的逻辑是正确的: 十亿亿亿个在临界线上的零点和无穷多个零点相比仍然是 0! 即使计算机算出的零点永远都落在临界线上, 也不能证明黎曼假设正确, 而一旦计算机算出一个不在临界线

---

① Andrew Odlyzko, 生于 1949 年, 美国著名计算机科学家、数学家.

上的零点, 黎曼假设将轰然倒地. 所以, 对于涉及无限的问题, 计算机的强项是证伪而不是证明! 当然, 计算机的确能够增强我们的信心. 对涉及无限的抽象命题, 过去是, 现在是, 将来还将是人类思维独占的研究领域. 数学家们对此确信不疑.

4.5.1　曙光初现 —— 从无到有

1914 年, 哈拉德·玻尔[①]与兰道证明了黎曼 ζ 函数的非平凡零点倾向于 "紧密团结" 在临界线的周围. 换句话说, 包含临界线的无论多么窄的带状区域都包含了黎曼 ζ 函数的几乎所有非平凡零点 (即至多只有有限个例外). 虽然这一结果离 "任何一个零点恰好就在临界线上" 的黎曼假设仍相差甚远, 但它确实使黎曼假设看起来像是真的.

真正的突破是玻尔的好朋友哈代作出的. 哈代常常利用假期访问玻尔, 一起讨论黎曼假设. 有一次, 当哈代准备赶回英国时, 发现码头上只剩下一条小船了. 从丹麦到英国要跨越数百千米的北海, 而当天波涛汹涌, 乘客们大都忙着祈求上帝的保佑. 哈代是一个终生都试图证明上帝不存在的人, 曾经把向大众证明上帝不存在列入自己某一年的年度心愿之中. 生死攸关时刻, 哈代给玻尔发去了一张简短的明信片, 上面只写了一句话:"我已经证明了黎曼假设".

玻尔大为震惊, 因为他们这两天的讨论似乎并不足以证明黎曼假设. 正当玻尔迷惑不解时, 已安全抵达剑桥的哈代向玻尔道出了真相: 如果他所乘坐的小船果真被波涛汹涌的大海吞噬, 那么玻尔收到的明信片上的话就会死无对证, 人们就只能相信哈代确实证明了黎曼假设. 然而上帝 —— 哈代的 "死敌" 是绝不甘心让一个无时不在准备消灭上帝的人获得如此巨大的荣誉的, 因此上帝绝不会允许小船沉没! —— 哈代相信上帝还是不相信上帝?

哈代虽然没有证明黎曼假设, 但他为此迈出了关键一步. 1914 年, 哈代证明了黎曼 ζ 函数有无穷多个零点位于临界线上, 其确切结果如下:

> **哈代定理**　对任何正数 $T > 0$, 存在正数 $C > 0$, 使得下述不等式成立:
> $$N_0(T) \geqslant CT.$$

由哈代定理可知, 当 $T \to \infty$ 时, $N_0(T) \to \infty$, 即有无穷多个非平凡零点在临界线上. 这当然是一个非同小可的结果, 要知道当时世界上最好的结果不过是巴克伦德计算的前 79 个非平凡零点都在临界线上. 从 79 到 ∞, 这就是张益唐现在的贡献啊! 可以想象哈代当时有多火. 而且别忘了, 黎曼 ζ 函数的非平凡零点总共就是无穷多个. 哈代自己当然非常高兴, 所以他要更进一步了解自己的这个无穷大与黎曼假

[①] Harald Bohr, 1887–1951, 丹麦数学家, 物理学诺贝尔奖得主 Niels Bohr 的弟弟. 1908 年奥运会足球银牌得主丹麦队的主力.

设中的那个无穷大究竟是什么关系? 1921 年, 哈代与利特伍德合作, 对自己 1914 年的那个结果中的 "无穷多" 作出了具体估计: 哈代的位于临界线上的 "无穷多个非平凡零点" 跟黎曼假设中的全部非平凡零点相比, 占百分之零! 无穷大等于 0! 读者一定还记得, 无穷大有无穷多个, 比较不同的无穷大是非常有趣当然也非常有难度的工作. 比如, 我们在第二章中曾讨论过, 偶数的无穷大、整数的无穷大和有理数的无穷大都是同一个无穷大, 但显然偶数占整数的 50%, 整数占有理数的 0%! 按照黎曼的计算, $N_0(T)$ 的量级应属于 $T \log T$, 而哈代的 CT 与之相比当然是无穷小量! 哈代足够伟大, 但他再也无力把他的无穷大从 0 变为哪怕是任何一个微不足道的正数 ε. 事实上, 把 0 变正需要 28 年!

哈代 1914 年的无穷大停滞了 28 年后, 终于在 1942 年有了大发展, 25 岁的亚特·赛尔伯格[1]发展了哈代–利特伍德 1921 年证明哈代 1914 年的无穷大 "等于 0" 的方法, 成功证明了下面的定理:

塞尔伯格定理　对任何正数 $T > 0$, 存在正数 $C > 0$, 使得下述不等式成立:

$$N_0(T) \geqslant CN(T).$$

塞尔伯格定理表明, 在临界线上的零点 (个数即 $N_0(T)$) 占整个非平凡零点 (个数即 $N(T)$) 的比例至少是正数 C! 塞尔伯格将哈代的无穷大 "0" 变成了自己的无穷大 "$C > 0$"! 尽管塞尔伯格不能确定这个正数 "C" 究竟有多大 (如果等于 1, 那就是黎曼假设了), 但这个结果足够震撼, 因为这是从无到有的突破, 当然引来世界一片欢呼 (这是二战期间, 诺曼底登陆已经成功), 塞尔伯格于是顺风起帆, 乘胜追击, 与埃尔德什一起于 1949 年给出了世人期盼已久的素数定理的初等证明 (有争议, 两人从此如同陌路), 从而获得了 1950 年的菲尔兹奖, 并最终成为当代数学超一流大师.

塞尔伯格花费 59 页得到的结果非常难以推广, 所以上面的塞尔伯格定理要等 32 年才能被改写. 1974 年, 已年过花甲且行将走到生命尽头的诺曼·莱文森[2]利用黎曼–西格尔公式花费 53 页证明了下面的定理:

莱文森定理　对任何正数 $T > 0$, 下述不等式成立:

$$N_0(T) \geqslant \frac{1}{3}N(T).$$

于是塞尔伯格的未定正数 "C" 第一次被确定为 "$C \geqslant \dfrac{1}{3}$". 莱文森实际上证

---

① Atle Selberg, 1917–2007, 挪威著名数学家.
② Norman Levinson, 1912–1975, 美国数学家.

明了至少有 34% 的零点位于临界线上, 所以他的论文题目是 "超过三分之一的零点在临界线上" (More than One Third of Zeros of Riemann's Zeta-Function are on $\sigma = \dfrac{1}{2}$). 莱文森未能进一步改写自己的纪录, 他第二年就去世了.

1980 年, 我国数学家楼世拓与姚琦改进了莱文森的方法, 从而得以证明至少有 35% 的零点位于临界线上. 虽然这只提高了 1%, 但他们保持这个纪录达 3 年之久. 由于当时我国正处于改革开放初期, 与外界交流较少, 加之楼世拓与姚琦 3 页的论文概要又是发表在国内期刊《科学通报》上, 这导致他们的结果没能引起应有的反响, 尤其几乎没有得到欧美研究者的注意, 尽管他们的研究成果是当时世界上最好的.

1983 年, 莱文森的学生, 现任美国数学研究所 (American Institute of Mathematics, 由私人设立的美国数学研究机构) 执行主任布莱恩·康瑞[①] 利用改进的莱文森方法证明至少有 36% 的零点位于临界线上; 1989 年, 康瑞将此比例提高到 40.88%. 注意康瑞的第二篇文章发表于德国杂志, 而两篇文章均未提到楼世拓–姚琦的结果. 目前, 黎曼假设的世界纪录是 41.28%, 由中国数学家冯绍继 2012 年创造并保持至今.

然而, 迄今为止的所有结果即使和黎曼宣称的 "$N_0(T) \approx N(T)$" 也相差十万八千里, 距离完整的破解黎曼假设更是遥遥无期. 是否真要等到 500 年后黎曼复活?

4.5.2　殊途同归 —— 数理一家: 准晶与黎曼的零点

1997 年, 一封主要内容为 "一个年轻的物理学家利用粒子物理的最新理论证明了黎曼假设, 相关论文即将发表" 的电子邮件震惊了世界, 接下来的几天所有黎曼假设的研究者都在翘首以盼这位不知名的物理学家的大作, 唯有邦比艾里洋洋得意, 忍俊不止 —— 因为这封邮件正是他发给大家的愚人节礼物! 为什么如此多黎曼假设的顶尖研究者都 "上当受骗"? 因为 15 年前, 丹·谢赫茨曼[②] 出人意料地发现了 "准晶" (quasicrystals)!

在谢赫茨曼的发现被承认之前, 固体材料被分为晶体 (如钻石) 与非晶体 (如铁和玻璃) 两类. 晶体材料具有非常规则的外部形状, 通过 X 射线可以发现其内部原子的排列具有周期性, 从而形成所谓 "晶格"(crystal lattice). 晶格可以用几何学中的 "格" 完整描述, 称为布拉维[③]晶格. 1 维 (即直线) 的格只有一种, 即间隔为固定正数的所有点形成的格 (因此数轴上的格就是等差数列); 2 维 (即平面) 布拉维晶格有 5 种; 3 维 (即空间) 布拉维晶格有 14 种. 2 维与 3 维布拉维晶格的一个限制性特征是它们仅有 2, 3, 4 以及 6 次的旋转对称性. 比如, 立方晶格 (如金刚石)

[①] Brian Conrey, 生于 1955 年, 美国数学家.

[②] Dan Shechtman, 生于 1941 年, 以色列材料科学家, 1999 年沃尔夫奖得主, 2011 年诺贝尔化学奖得主.

[③] Auguste Bravais, 1811–1863, 法国物理学家.

的 2 次对称可以是关于其一个对角面的反射或绕中心轴旋转 180°, 而六方晶格 (如祖母绿) 绕中心对称轴旋转 60° 即是一个 6 次对称. 1982 年, 在美国国家标准局进行短期研究的谢赫茨曼在快速冷却的 Al-Mn(铝锰) 合金中发现一种与晶体相似, 但原子排列没有周期性的新型分子结, 谢赫茨曼称其为 "拟周期材料"(quasiperiodic materials), 现统称 "准晶"(或拟晶体), 这种结构具有 5 次旋转对称性! 两年之后, 谢赫茨曼的研究论文遭拒后改投著名物理期刊《物理评论快报》(Physical Review Letters, 简称 PRL), 并被迅速发表. 然而让谢赫茨曼始料不及的是, 迎接他的不是他期待的好评如潮与鲜花美酒, 而是铺天盖地的冷嘲热讽与尖锐批判, 因为经典材料学或晶体学的教科书上从来没有 5 次对称性! 因 "准晶" 而获得 2011 年的诺贝尔化学奖的谢赫茨曼回忆道, 三十年前人们对我只有嘲笑. 两获诺贝尔奖的科学巨擘莱纳斯·卡尔·鲍林[1]甚至对他说:

"There is no such thing as quasicrystals, only quasi-scientists." (世界上没有准晶, 只有准科学家.)

安度逆境是生存的最高境界. 身处无助境地的谢赫茨曼承受着巨大压力返回以色列, 并以以色列人特有的坚韧不拔继续他的科研与教学. 谢赫茨曼欣慰地发现他的准晶很快就被众多其他科学家所追捧. 1985 年科学家们发现了具有 12 次对称性的准晶, 其中我国著名材料科学家郭可信院士[2]和其研究生实际上已在 1984 年发现了具有 5 次旋转对称性的纳米畴, 1985 年接着发现了 Ti-V-Ni(钛–钒–镍) 合金 20 面体准晶, 又于 1987 年在世界上首次发现了具有 8 次旋转对称性的准晶. 随后的若干年上百种不同的准晶陆续被发现. 十年后的 1994 年, 鲍林去世. 尽管德高望重的鲍林始终没有接受准晶, 但已被实验反复证实并在自然界中发现了的准晶终于被科学界所公认, 当然同时被承认的还有谢赫茨曼本人.

鲍林即使到生命的最后一刻也不相信世界上会有准晶这种 "怪兽" 存在. 在鲍林心中, 固体材料或者是呈现周期变化的规则的晶体, 或者就是杂乱无章的非晶体, 这难道还需要解释吗? 实际上, 至少从古希腊开始, 人类对晶体即有了较为深刻的认识. 到了 1619 年, 开普勒甚至已经从数学的角度探讨了 "准晶" 存在的可能性. 开普勒的名著《世界的和谐》(原书名 "Harmonices Mundi", 英文译为 "The Harmony of the World") 研究了用若干种多边形无缝隙无重叠地铺满整个平面的问题 —— 数学家与物理学家称该类问题为 "镶嵌"(tiling) 或 "拼图"(与小朋友的拼图游戏类似). 平面镶嵌相当于 2 维 "晶体". 开普勒成功地证明了三角形镶嵌、矩形镶嵌以及正六边形镶嵌的存在性, 但受阻于正五边形. 按照平面布拉维晶格的分类, 具有 5 次对称性的正五边形镶嵌当然是不可能存在的 —— 用初中的平面几何知识即

---

[1] Linus Carl Pauling, 1901–1994, 美国著名科学家, 1954 年诺贝尔化学奖与 1962 年诺贝尔和平奖得主.

[2] 郭可信, 1923–2006, 中国科学院院士, 物理学家, 晶体材料学家.

可容易地验证此事实,然而350年后的1974年,彭罗斯以其深厚的数学功底和高超的拼图技巧出其不意地实现了开普勒的梦想 —— 彭罗斯证明了存在两种菱形的非周期镶嵌,使得菱形的每一条边都包含在一个正五边形当中! 亲爱的读者,让我们一起再来重温彭罗斯四十年前的杰作.

彭罗斯镶嵌使用的基本"瓷砖"是两个四边形,即"风筝"(kite) 与"飞镖"(dart). 为了使读者能够更清楚地了解"风筝"与"飞镖",我们记

$$\varphi = \frac{\sqrt{5}-1}{2}, \quad \alpha = 36°.$$

请注意,正五边形的每个内角恰好为$108° = 3\alpha$,而 φ 正是无处不在的"黄金比率",其倒数$\varphi^{-1} = 1 + \varphi$. 那么,彭罗斯的风筝与飞镖都是边长为

$$1, \quad 1, \quad \varphi^{-1}, \quad \varphi^{-1}$$

的四边形,而风筝的四个角为

$$4\alpha, \quad 2\alpha, \quad 2\alpha, \quad 2\alpha,$$

飞镖的四个角则为

$$6\alpha, \quad 2\alpha, \quad \alpha, \quad \alpha.$$

特别地,飞镖是"凹"四边形,它有一个内角大于$180°$! 如下图所示:

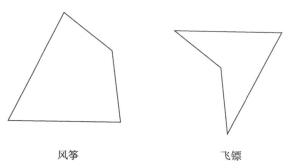

风筝　　　　　　　　　飞镖

彭罗斯风筝与飞镖

彭罗斯的风筝与飞镖的边长配对相等,于是可以产生不同的拼图方式,将它们最大角的两边拼接即可产生最简单的基本造型,即边长均为φ^{-1}的菱形,其两组内角分别为$72° = 2\alpha$, $108° = 3\alpha$. 彭罗斯镶嵌理论上有无穷多种方式,但可以证明(不容易) 每一种方式都是非周期的,即任何彭罗斯镶嵌的平移都不能与原镶嵌重

叠. 然而, 彭罗斯镶嵌却具有 2 维晶格所不容许的5次旋转对称性; 换句话说, 彭罗斯镶嵌是一种 2 维"准晶"! 下图为彭罗斯镶嵌的例子.

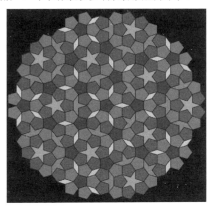

彭罗斯镶嵌

　　高维的彭罗斯镶嵌后来也被数学家所证实. 一般来说, 材料学家和物理学家更关心 3 维的晶体和准晶, 因为这些准晶可能是存在于宇宙之中的真实材料或者科学家可以在实验室中设法合成的材料, 而从传统的材料科学角度看, 1 维与 2 维的晶体或准晶并不是真实存在的 (事实上单原子厚度的材料可以看成是 2 维的材料). 相对而言, 数学家觉得 2 维和 3 维的晶体比较无趣, 因为它们只有有限类且早已被完全分类 (布拉维晶格是其中一种分类) —— 数学家完全理解的世界是已经"死亡"的世界! 2 维与 3 维的准晶自然比晶体复杂得多, 但其数学结构与相同维数的晶体相差不多, 从而很容易给出其数学定义:

> **2 维和 3 维准晶的定义**　具有旋转或反射对称性的 2 维或 3 维非周期材料即是所谓**准晶**. 此处的周期当然出自晶体的周期, 即具有一定的平移不变性.

　　目前尚未发现与 2 维和 3 维准晶密切相关的有趣的数学问题, 所以当代数学家和黎曼对待 ζ 函数的非平凡零点一样暂且把 2 维与 3 维准晶搁在了一边. 由于 1 维即直线上的"旋转"失去意义, 因此如果模仿 2 维与 3 维的定义, 1 维准晶将被定义为"具有反射对称性的 1 维非周期材料", 这将包括太多无趣的例子, 比如去掉任何有限个点的直线, 或者有理数集合添进有限个无理数等. 真正让人不可思议的是, 虽然 1 维晶体具有无比简单的数学结构和数学模型, 但是 1 维准晶的复杂性却远远超出任何人的想象, 实际上迄今为止, 尚未出现被普遍接受的 1 维准晶的数学定义! 致力于从物理学角度研究黎曼假设的戴森 (就是他发现了第三章的"神奇公式") 笃信黎曼 ζ 函数的非平凡零点构成一个 1 维准晶, 2009 年戴森在其著名演讲稿 (原定的演讲被取消) "飞鸟与青蛙" (Birds and Frogs) 中对 1 维准晶给出了下

面的"数学"定义:

> A quasi-crystal is a distribution of discrete point masses whose Fourier transform is a distribution of discrete point frequencies. Or to say it more briefly, a quasi-crystal is a pure point distribution that has a pure point spectrum. (1 维准晶是离散质点的分布, 其傅里叶变换是离散频点的分布. 或简而言之, 1 维准晶是一个有纯点谱的纯点分布.)

这是典型的物理学家给出的"数学定义", 没有任何一个数学家 —— 包括戴森自己会认为戴森给出的这个定义是"数学"的. 戴森的愿望和梦想是利用 1 维准晶来解决黎曼假设, 所以他继续说道, "我们将能发现所有已知以及未知的准晶. 在所有这些准晶中, 我们找寻对应于黎曼 ζ 函数以及其他各类与之类似的 ζ 函数的那个准晶. 如果我们真的发现了一种与黎曼 ζ 函数零点的数值性质相吻合的 (1 维) 准晶, 那么我们就证明了黎曼假设, 从而可以坐等菲尔兹奖的电话通知. "这套研究方案听起来很令人振奋, 然而, 戴森立即警告说, "这当然是无根据的梦想. 因为分类 (1 维) 准晶面临巨大的困难, 可能远大于怀尔斯的七年之艰 (指怀尔斯解决费马大定理). "

无论如何, 戴森的确指出了一条研究黎曼假设的新路, 这条路的起点是"1 维准晶的分类". 我们已经知道 1 维晶体只有一种, 比如整数集合 $\mathbb{Z}$, 或者 $\sqrt{2}\mathbb{Z} - 1$ 等. 那么不是晶体的 1 维准晶究竟是什么呢? 最经典 (也是最简单) 的构造方法是利用 2 维晶体的"分割投影法"(cut and projection, 简称 C&P), 其原理是将一个 2 维晶格按照某种角度向一条直线上作投影, 则所有投影 (点) 的集合一般来说会构成一个 1 维格或者一个稠密子集, 因此需要先将原 2 维晶格分割并取其中一部分再作投影, 则所有投影的集合可以形成 1 维准晶. 现对"分割投影法"作一简单介绍.

考虑平面上的所有整数格点构成的晶格, 即 $\mathbb{Z}^2$. 如果将其中的每个点 (m,n) 沿平行于 y 轴的方向向 x 轴投影, 则所有的投影形成的集合恰好是 $\{(m,0)\,|\,m \in \mathbb{Z}\}$, 因此我们得到了一个 1 维晶格而不是我们所希望的 1 维准晶. 聪明的读者自然会想到作"斜投影", 比如沿着平行于直线 $y = 2x$ 的方向投影, 但这仍然无济于事, 我们还将得到一个 1 维晶格. 实际上, 如果沿着平行于直线 $y = kx$ 的方向投影, 其中 k 是有理数, 那么我们都将得到 1 维晶格 (此结论容易验证); 而如果 k 是无理数, 我们将得到 x 轴的一个稠密子集 (类似于有理数集合, x 轴上的任何点都是该稠密子集的聚点 (此结论不易验证, 需要对无理数有较好的认识, 简单地说, 如果 q 是无理数, 则集合 $\{m + nq\,|\,m,n \in \mathbb{Z}\}$ 是实数集 $\mathbb{R}$ 的稠密子集), 读者可以尝试对 $q = \sqrt{2}$ 检验此结论). 可行的办法是将 x 轴换成一条通过原点的斜率 k 为无理数的直线 $L : y = kx$, 然后再"分割"晶格 $\mathbb{Z}^2$, 即我们取夹在两条平行直线 $m_1 : y = kx + a$ 与 $m_2 : y = kx + b$ 之间的那些格点, 再向直线 L 作正交投影 (即沿垂直于直线 L 的方向向 L 作

投影). 现在, 只要夹在 m_1 与 m_2 之间的格点非空 (于是必定无限), 则所有投影的集合就是一个我们希望的 1 维准晶. 一个具体的例子如下:

举例　设 L, m_1, m_2 是平面上的三条平行直线, 其方程分别为

$$L : y = \sqrt{2}x; \quad m_1 : y = \sqrt{2}x + 2; \quad m_2 : y = \sqrt{2}x - 2.$$

设 q 是与 L 垂直的直线. 记介于 m_1 与 m_2 之间的无限带形区域为 Ω. 对带形区域 Ω 中的任意整数格点 $P = (n_1, n_2) \in \mathbb{Z}^2$, 记点 P 在直线 L 上的正交投影 (即过点 P 且与直线 q 平行的直线与 L 的交点) 为 P^*, 则直线 L 上所有这些点 P^* 形成的集合就是一个 1 维准晶, 如下图所示 (注意图中带形区域 Ω 内有 6 个点, 上下半平面各有 3 个, 未作出在直线 L 上的投影, 有兴趣的读者可自行补足之):

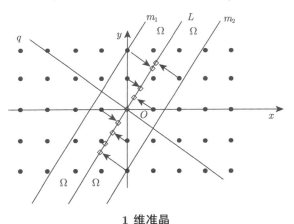

1 维准晶

读者一定感觉到了上图中由所有钻石 "◇" 构成的 1 维准晶具有较为强烈的对称性结构. 但请注意, 由于直线 $L : y = \sqrt{2}x$ 的斜率是无理数 $\sqrt{2}$, 因此其两侧的整数格点并不对称, 所以该 1 维准晶不是晶体 (回忆: 1 维晶体均是等差数列).

对所有的 1 维准晶来说, "分割投影法" 给出的无异沧海一粟. 戴森的信念是黎曼 ζ 函数的所有非平凡零点是一个 1 维准晶 —— 这需要准确的 1 维准晶的定义和对黎曼 ζ 函数的所有非平凡零点有足够深刻的认识, 而人们对这两点中的任何一个都仅知皮毛. 即使黎曼 ζ 函数的所有非平凡零点真的构成一个 1 维准晶, 该 1 维准晶也未必能够使用 "分割投影法" 得到. 当然, 无论如何, 戴森指出了一条新路, 只不过没人知道这条路上有什么 "怪兽" 在等着我们.

读者现在一定清楚, 无论使用任何理论, 黎曼假设断然不可能有简单的证明方法, 因为它已然被世界上最聪明的部分数学家、物理学家和计算机学家 (也许还应该包括业余数学家, 虽然黎曼假设是很不适合业余数学家的数学问题) 等围攻超过 150 年之久. 当然, 也许某一天某台计算黎曼 ζ 函数非平凡零点的计算机突然算

出了一个实部不是 $\frac{1}{2}$ 的零点, 黎曼假设将被简单证伪, 即便如此, 黎曼假设依然没有完结, 甚或更为神奇, 因为我们当然更想知道更多的答案, 比如那些不在临界线上的非平凡零点长什么样子?

本节练习题

　　试研究本节给出的 1 维准晶的一般点的坐标.

第六节　不可或缺 —— 失去黎曼假设, 人类将会怎样

　　计算机计算黎曼 ζ 函数非平凡零点的巨大成功, 坚定了大多数数学家对黎曼假设的信心, 也激励了更多年轻的数学家加入研究黎曼假设的行列. 然而, 与费马大定理不同, 黎曼假设的怀疑论者从来都不乏其人. 黎曼假设究竟是真是假?

4.6.1　亢龙有悔 —— 高斯之误: 10^{370} 有多大?

　　除了图灵与利特伍德等早期黎曼假设的怀疑者外, 目前仍活跃在黎曼假设研究第一线的著名学者包括亚历山大·伊威奇 ①. 伊威奇在发表于 2008 年但公布于 2003 年的论文 *On Some Reasons for Doubting the Riemann Hypothesis*(《怀疑黎曼假设的若干理由》) 给出了一些怀疑黎曼假设的依据.

　　迄今为止, 支持黎曼假设的最可靠的证据是计算机的数值计算, 毕竟计算机的计算已然表明黎曼 ζ 函数的前 10^{22} (2008 年时此数为 10^{12}) 个非平凡零点均符合黎曼假设. 但是这种看起来"巨大的"数字在无限面前依然等于 0, 因此只能用来鼓舞士气, 而不能作为支持黎曼假设的依据. 伊威奇指出历史上的前车之鉴. 200 年前伟大的高斯在提出他的素数定理 (猜想) 时, 需要比较 $\pi(x)$ 和对数积分函数 $Li(x)$ 的大小, 通过大量计算后高斯猜测前者总是小于后者, 即有不等式

$$\pi(x) < Li(x).$$

黎曼在提出黎曼假设时就指出, 高斯本人已经对 "$x < 10^5$" 验证了上面的不等式, 黎曼自己也猜测此不等式对所有的 x 均成立. 半个多世纪后, 利特伍德的博士论文被指定为黎曼假设, 于是利特伍德开始研究差 $\pi(x) - Li(x)$. 1914 年, 利特伍德证明了下面的公式:

---

　　① Alexandar Ivić, 生于 1939 年, 塞尔维亚数学家.

利特伍德公式

$$\pi(x) = Li(x) + \Omega_{\pm}\left(\frac{\sqrt{x}\log\log\log x}{\log x}\right), \qquad (4.6.1)$$

其中符号 "$\Omega_{\pm}$" 是一个对充分大的 x 交替取正负号的函数.

读者立即可以看出, 利特伍德公式 (4.6.1) 表明对非常大的 x, 有时函数 $\pi(x)$ 比函数 $Li(x)$ 大, 有时恰恰相反. 因此, 高斯错了! 利特伍德一定想给世人展现他找出高斯的哪怕一处错误, 但我们真的为利特伍德感到遗憾, 因为他为之努力了几乎半个世纪竟然不能指出高斯的第一个错误犯在哪里! 实际上没人能够指出高斯的第一个错误犯在哪里, 因为 1987 年, 助 "邦察赌约" 圆满完成的特瑞利证明了高斯的第一个错误出现在 "可能" 比 6.69×10^{370} 小的地方 —— 世界上的原子数目也不超过 10^{80}! 这个数字如此之大, 以至于特瑞利的理论数值依然超越 29 年后今天的计算机能力. 高斯的预言确实错了, 但 200 年后依然无人 (包括计算机) 能够指出高斯的第一个错误所在!

利特伍德的结果表明, 无论多大的实验数据均不能代替黎曼假设的证明, 而且现在看似巨大的计算数据, 如 10^{25}, 实际上太微不足道了.

读者请回忆, 在黎曼给出的非平凡零点个数 $N(T)$ 的估计中有一项是函数 $S(T) = O(\log T)$; 如果黎曼假设成立, 则可以将 $S(T)$ 变得更小一点 (较难, 有兴趣的读者可查阅文献[1]):

$$S(T) = O\left(\frac{\log T}{\log\log T}\right).$$

由 "黎曼假设成立" 引起的这个小小变化将导致一个看起来对黎曼假设很不利的结果. 因为如果将黎曼 ζ 函数在临界线 $\sigma = \frac{1}{2}$ 上的零点 $s_n = \frac{1}{2} + i\alpha_n$ 按虚部从小到大排列为

$$0 < \alpha_1 \leqslant \alpha_2 \leqslant \alpha_3 \leqslant \cdots \leqslant \alpha_n \leqslant \alpha_{n+1} \leqslant \cdots,$$

(用小于等于符号 "$\leqslant$" 是因为可能有重根, 不过目前已知的零点都是单根.) 那么将有 (注意: 我们已经假设黎曼假设成立)

$$\alpha_{n+1} - \alpha_n < C\frac{1}{\log\log\alpha_n}.$$

这表明, 临界线上的两个相邻零点的间隔趋向于越来越小, 比如, 如果第 n 个根的虚部 $\alpha_n > \exp(\exp(10^{100}))$, 则该零点与其后面紧接着的零点之间的间隔将小于

$$C\frac{1}{\log\log\alpha_n} = C\frac{1}{\log\log\exp(\exp(10^{100}))} = C\frac{1}{10^{100}}.$$

---

[1] Titchmarsh, The theory of the Riemann zeta-function (2nd ed.), Clarendon Press, Oxford, 1986.

计算机的计算可以帮助我们理解上面的不等式. 黎曼 ζ 函数的第 90 001 个零点与第 100 000 个零点分别是

$$0.5 + 68\ 194.352\ 8i, \quad 0.5 + 74\ 920.827\ 5i.$$

因此, 这连续一万个零点的平均间隔为

$$\frac{74\ 920.827\ 5 - 68\ 194.352\ 8}{10\ 000} = 0.672\ 6.$$

这个间隔是不是有点太小? 非平凡零点会不会太挤了? 黎曼 ζ 函数的零点都是挤成一团的吗?

4.6.2　鱼龙混杂 —— 证伪黎曼假设的人们

大家知道, 与理论证明黎曼假设恰恰相反, 计算机只能用来 "证伪" 黎曼假设, 因为无论计算机计算出多少个落在临界线上的黎曼 ζ 函数的零点, 我们也只能说推翻黎曼假设的反例需要更大的零点 (虚部), 黎曼假设依然还是假设. 所以, 当有人询问奥德利兹克关于其对黎曼假设真伪的观点时, 这位已经将黎曼 ζ 函数的非平凡零点计算到了 10^{22} 以上的世界头号人物的回答高深莫测: "Either it's true, or else it isn't." (它 (黎曼假设) 或者成立, 或者不成立.)

除了职业数学家、物理学家和计算机科学家以外, 黎曼假设还有更为广大的业余粉丝. 这两个黎曼假设的研究群体的鲜明区别是, 前者部分成员笃信黎曼假设并因此试图证明之 (所以著名的科研论文预印本网站 www.arXiv.org 有大量宣称证明了黎曼假设的论文 —— 大部分后来被作者撤销), 另一部分成员怀疑黎曼假设并期望有生之年能够看到计算机给出的一个反例; 第二个群体的成员则具有高度统一的信念, 即黎曼假设乃痴人呓语, 不值一哂, 因此几乎每个人都给出了黎曼假设的否证 (一般来说, 黎曼 ζ 函数涉及的数学基础与理论非常艰深, 业余研究者正面证明黎曼假设几乎不可能). 鉴于有影响的科学杂志都掌握在第一个群体的成员手中, 第二个群体的研究成果往往不能公开发表 (科研论文预印本网站 www.arXiv.org 几乎从来不发布宣称否证黎曼假设的论文, 但近几年略有松动), 因此这些黎曼假设的否证者们开始怒发冲冠、义愤填膺地在各种可能的场合指责、批判, 最后是控诉第一个群体的妄自尊大与刚愎自用, 并无可奈何地创办了自己科学论文预印本网站 www.vixra.org——细心的读者可能已经看出了该网站命名的秘密: $\text{vixra} = \dfrac{1}{\text{arxiv}}$, 第一个群体掌握的科学论文预印本网站的名字被颠覆!—— 这是何等的无奈与愤怒啊!

分析第二个群体网上发布的研究报告可以看出, 该群体中的绝大部分人对复数缺乏基本常识, 对复变函数及其解析延拓理论更是一无所知, 其对黎曼 ζ 函数的含义依然停留在实数范围, 故其结论千篇一律: 因为黎曼 ζ 函数当 $s \leqslant 1$ 时发散, 当 $s > 1$ 时为正数, 因此黎曼 ζ 函数根本没有零点, 所以黎曼假设不成立! 我们对这些研究者的忠告是: 学习复变函数, 远离黎曼假设. 该群体中的其他少数具有一定数学基础的研究者对复变函数与实变函数的差异有一定认识, 其基本思路是将复变量的黎曼 ζ 函数拆开成两个实变量的函数, 以便利用高等数学中无穷级数的基本理论. 以下是这些报告中的典型分析方式, 请读者先自行判断其是否符合逻辑.

设 $s = \sigma + \mathrm{i}t$, 其中 σ 与 t 均是实数. 则

$$\frac{1}{n^s} = \frac{1}{n^\sigma}\frac{1}{n^{\mathrm{i}t}} = \frac{n^{-\mathrm{i}t}}{n^\sigma}.$$

由于 $n^{-\mathrm{i}t} = \mathrm{e}^{\ln n^{-\mathrm{i}t}} = \mathrm{e}^{-\mathrm{i}t \ln n}$, 而 $\mathrm{e}^{\mathrm{i}x} = \cos x + \mathrm{i}\sin x$, 因此

$$\frac{1}{n^s} = \frac{n^{-\mathrm{i}t}}{n^\sigma} = \frac{\cos(t\ln n) - \mathrm{i}\sin(t\ln n)}{n^\sigma} = \frac{\cos(t\ln n)}{n^\sigma} - \frac{\mathrm{i}\sin(t\ln n)}{n^\sigma}.$$

至此, 可知黎曼 ζ 函数可以表示为

$$\zeta(s) = \sum_{n=1}^\infty \frac{1}{n^s} = \sum_{n=1}^\infty \left[\frac{\cos(t\ln n)}{n^\sigma} - \frac{\mathrm{i}\sin(t\ln n)}{n^\sigma}\right] = \sum_{n=1}^\infty \frac{\cos(t\ln n)}{n^\sigma} - \mathrm{i}\sum_{n=1}^\infty \frac{\sin(t\ln n)}{n^\sigma}. \tag{4.6.2}$$

这样就把复变量函数值的黎曼 ζ 函数拆开成两个实变量的函数, 从而黎曼 ζ 函数的零点就变成了下面两个实函数方程的公共零点:

$$\sum_{n=1}^\infty \frac{\cos(t\ln n)}{n^\sigma} = 0, \tag{4.6.3}$$

$$\sum_{n=1}^\infty \frac{\sin(t\ln n)}{n^\sigma} = 0. \tag{4.6.4}$$

只要对无穷级数的基本理论有所了解, 即可知道当 $\sigma > 1$ 时, 上述两个方程右端的无穷级数均 (绝对) 收敛, 而当 $\sigma \leqslant 0$ 时, 该两个无穷级数均发散.

读者一定注意到上面两个级数具有相同的形式, 即

$$D(s) = \sum_{n=1}^\infty \frac{a_n}{n^s}. \tag{4.6.5}$$

一般地, 将上述形式的无穷级数称为**狄利克雷级数**, 其敛散性取决于复数 s 以及与 s 无关的系数 a_n. 黎曼 ζ 函数是最著名也是最简单的狄利克雷级数. 与幂级数的收敛半径类似, 狄利克雷级数有所谓"绝对收敛横坐标 σ_{ac}"(下标中的字母" ac "分别是英文 absolute (绝对) 与 convergence (收敛) 的首字母) 与"收敛横坐标 σ_c"两个重要数字特征. 即一个狄利克雷级数 $D(s)$ 对 $\sigma > \sigma_c$ ($\sigma > \sigma_{ac}$) 的所有复数均收

敛 (绝对收敛), 而对 $\sigma < \sigma_c$ ($\sigma < \sigma_{ac}$) 的所有复数均发散 (绝对值级数发散). 关于狄利克雷级数的兰道定理断言, 如果由无穷级数 (4.6.5) 定义的复变函数 $D(s)$ 在某复数 s 附近可以延拓成解析函数, 则 s 的实部 $\mathrm{Re}(s) > \sigma_c$. 兰道定理说明, 方程 (4.6.3) 与 (4.6.4) 涉及的两个级数是不可能解析延拓至虚部非正的左半复平面的! 如此, 所谓的黎曼 ζ 函数在左半复平面 (即虚部小于等于 0 的所有复数) 根本没有意义! 因此所谓"负偶数均是黎曼 ζ 函数的平凡零点"根本就是黎曼的梦话!

至此, 黎曼 ζ 函数的存在性受到了严重质疑. 然而, 即使不提方程 (4.6.2) 强行使用交换律与结合律将无穷级数一分为二的错误, 对照我们前面介绍的黎曼的做法, 黎曼 ζ 函数在开区间 $(0,1)$ 内的定义是由变形 (4.3.6) 以及解析延拓得到的, 而在整个复平面 (除去 $s=1$) 的解析性 (包括存在性) 是由黎曼函数方程以及复变函数的解析延拓得到的, 与兰道定理毫不矛盾. 所以, 上述对黎曼假设的质疑丝毫无碍黎曼假设本身, 可以说, 所有以实数无穷级数敛散性为出发点对黎曼假设的证伪都属于"无知者无畏", 读者对此类"研究"可以不予理会, 对此类"研究者"可以好言劝退.

4.6.3　千头万序 —— 复数的大小关系

为什么众多热爱数学尤其是热爱黎曼假设的人们会对黎曼 ζ 函数有如此根深蒂固的误解? 实际上, 对世界上包括早年的作者在内的 99.99999% 的人来说, 黎曼 ζ 函数的平凡零点所蕴涵的等式

$$1^2 + 2^2 + 3^2 + \cdots + n^2 + \cdots = 0$$

不止是天方夜谭, 更是胡说八道. 作者只是在很晚的时候方才领悟到, 该公式引起的一片哗然正好恰如其分地反映了实数与复数之间的巨大鸿沟. 大家知道, 在实数域范围内, 任何数或者为 0, 或者大于 0, 或者小于 0, 三者必居其一且仅居其一. 等价地说, 实数域是一个**全序域**(totally ordered field). 通俗地说, 实数域的元素可以相互比较大小. 因此"$1^2 + 2^2 + 3^2 + \cdots + n^2 + \cdots$"这个"无穷个"正数的"和"理所当然"大于 0" —— 这是自以为身处实数世界的正常人的底线! 所以在实数域范围内, 黎曼假设当然不成立.

然而复数域的序结构 (大小关系) 与实数域大相径庭, 阿罗用来指点人类的"序"也不可与之同日而语. 迄今为止, 数学家尚未搞清楚复数域的基本序结构, 唯一知道的是复数不能比大小, 因为容易验证虚数单位 $\mathrm{i} = \sqrt{-1}$ 不能大于 0, 也不能小于 0, 它当然更不能等于 0! 换言之, 复数域不是全序域. 退一步, 我们能在复数域中找到一个正数吗? 您一定会说 $1 > 0$. 答案是, 未必! 为此需要对"大小关系"即"序"作一个较为仔细的分析. 在一个域 $\mathbb{F}$ 中, 大于等于 0 的元素称为**正元**(positive element)—— 就是我们常说的正数, 所有正元的集合记为 P (称为 $\mathbb{F}$ 的**正锥**(positive cone)); 正元的相反数称为**负元**(negative element)——就是负数, 负元的集合恰好是 $-P = \{-x \mid x \in P\}$. 正元加正元当然还是正元, 正元乘正元自然也还是正元, 因此正锥 P 必须满足的基本条件是:

P0.　$0 \in P$;

P1.　$P + P \subseteq P$;

P2.　$PP \subseteq P$;

P3.　$P \bigcap (-P) = \{0\}$.

显然, 域 $\mathbb{F}$ 是全序域当且仅当其正锥还满足一个额外的条件:

Pt.　$\mathbb{F} = P \bigcup (-P)$. (注: 每一个数或正或负)

反过来, 如果一个域 $\mathbb{F}$ 包含一个满足条件 P1, P2, P3 与 Pt 的子集 P, 则可以将 P 中元素定义为正元, 而使 $\mathbb{F}$ 成为一个全序域! (请有兴趣的读者自行验证之.)

容易看出, 一个全序域的正锥 P 和其上的大小关系 $\succeq$ 是等价的. 确切地说, 定义 "$a \succeq b \iff a - b \in P$" 可以将大小关系与正负关系相互转化.

我们已经看到复数域不可能存在满足条件 P0, P1, P2, P3 与 Pt 的子集 P, 所以对复数域 $\mathbb{C}$, 我们只能以更弱的条件来代替条件 Pt, 此即

Pd.　$\mathbb{F} = P - P$, 即任何元素都是两个正元的差.

如果域 $\mathbb{F}$ 包含一个满足条件 P0, P1, P2, P3 与 Pd 的子集 P, 则称 $\mathbb{F}$ 是**有向偏序域**(directed partially ordered field). 全序域都是有向偏序域, 但反之不然, 见下例.

例 1　设 $\mathbb{F} = \mathbb{Q}(\sqrt{2}) = \{a + b\sqrt{2} \mid a, b \in \mathbb{Q}\}$. 取

$$P = \{0\} \bigcup \{a + b\sqrt{2} \mid b < a < 2b\}.$$

则 P 是有向偏序域 $\mathbb{F} = \mathbb{Q}(\sqrt{2})$ 的正锥. 注意, 此时 $1 \notin P$, 即 1 不是正元, 换言之, $1 \succeq 0$ 不成立!

上例说明, 即使对最简单的无理数 $\sqrt{2}$, 我们的理解仍然十分肤浅, 对更复杂的无理数如何?

例 2　设 $\mathbb{F} = \mathbb{Q}(\pi)$ 是包含有理数和 π 的最小域. 因为 $\mathbb{F} \subseteq \mathbb{R}$, 故按普通实数的大小关系 $\mathbb{F}$ 是一个全序域. 我们将给 $\mathbb{F}$ 定义一个新的全序如下. 首先, $\mathbb{F}$ 中的元素均形如 $\dfrac{f(\pi)}{g(\pi)}$, 其中 f, g 均是系数为有理数的多项式, 且 g 的首项系数为 1. 定义

$$P = \left\{ \frac{f(\pi)}{g(\pi)} \mid f = 0 \text{ 或 } f \text{ 的首项系数} > 0 \right\}.$$

则 P 是**全序域** $\mathbb{F}$ 的正锥, 并且 π 是 "正无穷大", 即对任意正整数 n, 均有 $\pi > n$. 我们将由此正锥 P 定义的大小关系记为 $\succeq$, 即 $a \succeq b$ 当且仅当 $a - b \in P$.

呜呼！π 不是"山巅一寺一壶酒"（3.14159）吗？圆周率 π 不是大于3而小于4吗？为何 π 能"大于所有正整数"？亲爱的读者，您的"千愁万绪"源自复数域的"千头万序"，因为 π 的复杂性远非中小学甚至大学的数学可以理解. 如果您愿意，π 不仅可以是正无穷大"$+\infty$"，也可以是负无穷大"$-\infty$"，当然也可以是正无穷小，或者负无穷小，实际上，您可以任意指定一个有理数 a，然后规定 $\pi > a$，同时对所有有理数 $b > a$，均有 $\pi < b$！因为，π 是"超越数"——超越人类的想象！注意无理数 $\sqrt{2}$ 不会如此"任性"，因为它不是超越数.

任性莫如超越，千愁怎堪万序？

至此，我们都会对复数域的大小关系的复杂度有所敬畏，请看下例.

例 3 设 $K = \mathbb{Q}(\pi, \sqrt{-1}) \subseteq \mathbb{C} = \mathbb{F}(i)$ 是包含 $\mathbb{F} = \mathbb{Q}(\pi)$（见前例）以及 $i = \sqrt{-1}$ 的最小域. 沿用上例对 $\mathbb{F} = \mathbb{Q}(\pi)$ 中元素的序"$\succeq$". 定义（下式中 $\mathbb{Z}^{>0}$ 表示正整数集合）

$$P = \{0\} \bigcup \{x - yi \mid x, y \in F, x > ny > 0, \forall n \in \mathbb{Z}^{>0}\}.$$

则不难证明，P 是有向偏序域 K 的正锥，注意，此时 $1 \notin P$，换言之，1 不是正数（当然，1 也不是负数）！实际上，我们眼中的正整数都不是正数！但 $\pi - i$ 是正数，所以 $\pi \succeq i$，即 π 比虚单位 i 大！

思考题

试证明在复数域中，任何有理数都不可能大于虚单位 $i = \sqrt{-1}$.

现在，读者应该同意，对黎曼 ζ 函数或者黎曼假设的误解源于我们的无知与肤浅. 从来就没有什么实数域的黎曼假设，只有数不清的观察黎曼假设的实眼；黎曼假设从来都是复数域的特产，其他各种版本的黎曼假设统统应该贴上标签——"山寨黎曼假设".

所以，业余研究者应该另辟蹊径. 杰弗里·拉加利亚斯[①]给出的黎曼假设的等价条件——拉加利亚斯称之为"E-问题"——似乎是迄今为止最适合业余研究者的版本（见 Jeffrey Clark Lagarias, An Elementary Problem Equivalent to Riemann Hypothesis, American Mathematical Monthly, Vol.109, No.6, 2002, 534–543）.

E-问题(2001年) 设 $n \geqslant 1$. 记

$$H_n = 1 + \frac{1}{2} + \frac{1}{3} + \cdots + \frac{1}{n}$$

---

① Jeffrey Clark Lagarias, 生于 1949 年，美国数学家.

是第 n 个调和数, 则

$$\sum_{d|n} d \leqslant H_n + \exp(H_n)\log(H_n) \tag{4.6.6}$$

且等号成立当且仅当 $n = 1$.

2001 年, 拉加利亚斯带给广大黎曼假设爱好者 (包括职业数学家和业余爱好者) 如下重礼:

拉加利亚斯定理 E-问题与黎曼假设等价.

由拉加利亚斯定理, 我们只需要证明看起来与"讨厌的"复数无关的"E- 问题", 即证明了至高无上的黎曼假设!

4.6.4 不可或缺 —— 失去"黎曼假设", 人类将会怎样?

失去黎曼假设, 人类将会怎样? 邦比艾里评价道, "黎曼假设的失败将产生素数分布的巨大灾难"(the failure of the Riemann hypothesis would create havoc in the distribution of prime numbers). 因为根据兰道定理, 黎曼假设等价于正整数的素因子个数为奇偶的概率相等, 因此黎曼假设不真意味着正整数的素因子个数有逆天的倾向性 —— 数学会有"奇偶歧视"吗?

尽管黎曼假设的证明尚遥遥无期, 许多聪明的数学家和广大黎曼假设的铁杆粉丝早就将其作为定理来使用了. 数以千计公开发布的数学论文的起始句就是:"本文假设黎曼假设成立". 这些论文中几乎所有的命题将随着黎曼假设的证明而变为定理, 当然也将随着黎曼假设的证伪而灰飞烟灭. 对这些数学家来说, 失去黎曼假设无异于失去世界.

我们曾经在第二章提到"数学界的传说 1"并告诉读者数学界还有众多传说, 其中关于黎曼假设的传说坚信人类"不会失去黎曼假设".

数学界的传说 1 证明素数定理者将长命百岁.
数学界的传说 2 证明黎曼假设者将长生不老.
数学界的传说 3 否定黎曼假设者将立即死去!

传说 1 源自最早证明素数定理的阿达码和普桑都几乎长命百岁的历史, 传说 2 是因为黎曼假设被人类疯狂攻击 150 余年而岿然不动的现状, 传说 3 则可能是黎曼假设的超级粉丝的恶毒咒语. 据信已有人证伪了黎曼假设, 然而由于传说 3, 此人在将自己的发现公之于众之前既已一命呜呼! 由于传说 2, 无数形形色色对黎曼假设的证明充斥网络. 由于传说 3, 让我们对无数继续努力证伪黎曼假设的研究者们致敬!

读者自然不必对数学界的这几个传说耿耿于怀, 但关于黎曼假设的一个可怕"魔咒"却频频应验, 那就是:

黎曼假设魔咒   沉迷于黎曼假设者将精神失常!

《美丽心灵》(A Beautiful Mind) 的主角纳什曾在 20 世纪 50 年代后期研究过黎曼假设, 并因此而患上精神分裂症. 或许, 失去黎曼假设的纳什因祸得福?

无独有偶, 被很多人认为是 "数学上帝" 的格罗森迪克也曾研究黎曼假设未果而精神失落, 42 岁即远离纷扰尘世淡出数学界引来不尽疑惑与无数哀叹.

迈克尔·贝里[①]和乔纳森·基庭[②]在为著名数学期刊 SIAM Review 撰写的综述文章 "The Riemann Zeros and Eigenvalue Asymptotics" (黎曼零点与特征值渐近性) 中, 由素数构造了下面的函数:

$$f(u) = -\sum_{\mathrm{Re}(t_n)>0} \cos(\mathrm{Re}(t_n)u)\exp(-\mathrm{Im}(t_n)u) + O\left(\exp\left(-\frac{1}{6}u\right)\right), \qquad (4.6.7)$$

其中复数 t_n 的定义如下:

$$\zeta\left(\frac{1}{2}+\mathrm{i}t_n\right)=0, \quad \mathrm{Re}(t_n)\neq 0.$$

该函数与黎曼假设的关系如下: 如果黎曼假设成立, 则对所有 n, $\mathrm{Im}(t_n)=0$, 因此函数 $f(u)$ 具有离散的谱; 而如果黎曼假设不成立, 则情形相反. 由于函数 $f(u)$ 中各余弦函数的频率 t_n 是将一个乐音分解为其和声成分的数学模型, 因此贝瑞和季庭用一句话 "素数拥有音乐" (The primes have music in them) 来非学术地证明黎曼假设, 因为如果黎曼假设不成立, 一个乐音将无法分解成离散和声的叠加, 由调和级数发出的和弦将一片狼藉!

失去黎曼假设, 音乐丧魂落魄!

本节练习题

1. 试证明在复数域 $\mathbb{C}$ 中, $\sqrt{2}$ 不可能大于虚单位 i. 进一步, 任何代数数都不可能大于虚单位 i.

2. 设 $t \in \mathbb{C}$ 是超越数, $\mathbb{F}=\mathbb{Q}(t,\mathrm{i})$ 是由有理数 t 和虚单位 i 生成的域. 证明:

(1) 存在 $\mathbb{F}$ 上的全序 "$\succeq$", 使得 $t \succeq \mathrm{i}$.

(2) 存在 $\mathbb{F}$ 上的全序 "$\preceq$", 使得 $t \preceq \mathrm{i}$.

[①] Michael Victor Berry, 生于 1941 年, 英国数学物理学家.
[②] Jonathan Peter Keating, 生于 1963 年, 英国数学物理学家.

第五章 大象无形 —— 庞加莱猜想

■ 引言 自然乃数学之书

    本章的主题庞加莱猜想, 可以理解成数学家对宇宙形状的思考. 考虑到地球是球, 在读本章之前, 读者可以尝试回答 "宇宙是球吗"? 庞加莱猜想大致有拓扑学(topology, 简写 TOP)、分段线性拓扑学 (piecewise linear topology, 简写 PL) 和微分拓扑学 (differential topology, 简写 DIFF) 三个版本. 庆幸的是, 在最重要的 3 维情形, 它们都是一样的. 本章主要介绍其中最简单也是最重要的版本 —— 拓扑学版本的庞加莱猜想, 也就是大家平时听到的庞加莱猜想: 一个同伦球必为一个拓扑球. 我们将在本章介绍庞加莱猜想的来龙去脉及其所包含的数学思想与方法. 本章所涉及的集合均属于欧氏空间 $\mathbb{R}^n$.

■ 第一节 苍穹之外 —— 地球是球，宇宙是什么

    我们居住的地球是近于球状的, 这个现在妇孺皆知的常识尽管早就被柏拉图、亚里士多德等所猜测、陈述, 却迟至 1492 年才被哥伦布的著名航海所证实. 一个类似的问题是我们所在的宇宙是什么形状的? 宇宙是球吗? 斗转星移, 月升日落, 是否都在暗示它也是一个巨大的球? 与几千年前的类似问题 "地球是球吗" 相比, 我们永远无法验证宇宙是什么 —— 不管人类的足迹跨出多远, 我们永远在 "宇宙里", 而地球则是可以从其外部观测的. 因此确定宇宙形状的难度远远不是确定地球的形状可以比拟的.

    威尔金森微波探测仪 (Wilkinson microwave anisotropy probe) 已经证实宇宙至少有 137 ± 2 亿年. 然而, 不管是亚里士多德的地心说还是哥白尼的日心说, 乃至绝大多数当代科学家都相信的大爆炸理论 (2006 年的诺贝尔物理与天文学奖授予了

相关领域的美国学者),都不能确切描述宇宙的形状.道理很简单:目前,人类的科技水平无法验证任何关于宇宙形状的理论 —— 我们还不能模仿哥伦布实现"环宇宙"之旅.

所以,"宇宙的形状"对人类智性形成巨大的挑战.寻求该问题的解答成为人类智者迄今为止无法成真的梦想.天体物理学家、天文学家和哲学家过去几千年的艰苦努力均无法回答此问题,可以预料未来对该问题的解答仍将众说纷纭、莫衷一是.究竟应该如何解答这个人类永远无法回避的问题?

未破灭的梦想都有望成真.在数学家看来,该问题的研究方案确定且唯一:既然科学仪器无法提供必需的帮助,依靠大脑就是必由之路.这是数学的选择,也是人类的选择,因为我们别无选择.

庞加莱利用他建立的代数拓扑学 (始于欧拉),猜想宇宙的形状是所谓的同调球十二面体 (稍后将仔细介绍).这是一个 3 维球面 (对照:地球的表面是一个 2 维球面),是在多如牛毛的宇宙模型中,被现有观测数据最为支持的模型之一.为了让这个有着深刻背景和重大意义、挑战全人类智力的问题变得通俗易懂、家喻户晓,庞加莱亲自创造了该猜想的普及版,即下述:

> **庞加莱猜想普及版**(1904 年)   像球的球一定是球 (A sphere like a sphere is a sphere).

庞加莱猜想普及版的潜台词是:因为现有的观测数据均可以用宇宙是球来解释 (宇宙像球),所以宇宙一定是球.

为了理解庞加莱猜想普及版中的关键词"球",让我们先看看"地球是球"这个命题中的相同要素 —— 球.什么是球? 我们可以轻易举出许多"球"的例子,但似乎仍不能真正抽象出"球"这个概念.这恰是"宇宙是球"这个简单命题的困难所在.什么是球? 充 50% 气的足球是球吗? 漏气以致变形的足球还是球吗? 类似椭球的橄榄球是球吗? 羽毛球是球吗? 科学地定义出"球"的概念需要一门极具想象力的美丽学科 —— 拓扑学,其发明人正是本书的第一男配角欧拉.

本节练习题

1. 试用变量代换将椭球 (面) 方程 $x^2 + 4y^2 + 9z^2 = 1$ 化为球面方程.试以此解释命题"椭球面是球面".

2. 试用尽可能多的方法描述生活中的球面.

第二节　大象无形 —— 放眼宇宙之拓扑学

几何范天地万象, 拓扑畴宇宙无形.

5.2.1　沧海桑田 —— 拓扑学之神乎其技

拓扑学的第一个故事是所谓"哥尼斯堡七桥问题". 故事发生在哥尼斯堡 (Konisberg), 现称加里宁格勒. 故事的主角欧拉是该城市的荣誉公民. 哥尼斯堡市区跨普列戈利亚河两岸, 河中心有两个小岛. 小岛与河的两岸有七座桥, 见示意图:

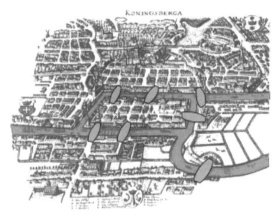

哥尼斯堡七桥

在所有桥都只能走一遍的前提下, 如何才能把这七座桥都走遍? 这个问题相当于中国的"一笔画"问题, 比如三角形以及多边形显然都可以一笔画. 但正方形加上两条对角线是否可以一笔画呢?

思考题

正 $n(n \geqslant 4)$ 边形加上其所有对角线是否可以一笔画?

传说当地居民对此问题百思不得其解, 而求教于当时世界第一数学大师欧拉. 欧拉亲自考察并试着走了几遍, 随即得到答案: 哥尼斯堡七桥问题不可解, 即不重复地走遍七桥是不可能的. 欧拉当然是用他的数学思想解决问题的. 欧拉首先把这个生活中的地理问题数学化, 即建立数学模型: 将被河流分割开来的四块陆地分别

抽象成四个点 A, B, C, D, 而将连接两块陆地的桥抽象成以这两块陆地为顶点的线段. 于是困惑哥尼斯堡人数百年的陆地、河流、小岛与七桥立即变成了下面简单而清新的图:

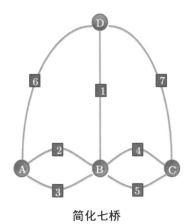

简化七桥

哥尼斯堡七桥问题于是变成了上面的图是否能够一笔画的问题: 生活真的变成了数学! 接下来, 欧拉又一次开始了他一生中无数简洁而有效的推理.

如果一个 "图" 能够一笔画, 那么对除去起点和终点外的每一个顶点, 必有一条离开它的边和一条进入它的边, 因此以该点为一个顶点的边的数目 (称为该顶点的**度**) 必为偶数 (这样的顶点称为**偶点**). 因此, 该图的度数为奇数的顶点 (这样的顶点称为**奇点**) 只能是起点或终点. 如果起点等于终点, 则该点也是偶点, 从而奇点的个数只能等于 0 或者 2. 于是我们看到了又一个被称为 "欧拉定理" 的下述结论:

欧拉一笔画定理　一个连通图形可以一笔画的充分必要条件是图的奇点个数是 0 或 2.

所谓 "连通图形" 是指任意两个顶点都有 "路" (即若干条相连的边) 相连. 这个条件是必须的, 因为仅有一个顶点和一条边的图形当然可以一笔画 —— 此时奇点的个数是 0, 但独立的两个这样的图形无论如何也不可能一笔画了, 尽管奇点的个数仍然是 0. 由此可以看出, "连通" 是非常自然 (常常也是非常重要) 的条件.

回到原来的哥尼斯堡七桥问题对应的图, 其四个顶点均为奇点, 因此由欧拉一笔画定理直接可得如下结果:

推论　哥尼斯堡七桥问题无解.

哥尼斯堡的七桥后来在战争中被毁, 现在的哥尼斯堡七桥问题变成了五桥问题, 其地理图示如下:

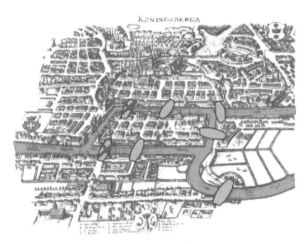

哥尼斯堡五桥

　　请读者利用上面的欧拉一笔画定理证明, 与七桥问题相反, 不重复地一次走完哥尼斯堡五桥是可能的, 即哥尼斯堡五桥问题可解!

　　从解决哥尼斯堡七桥问题开始, 欧拉建立了两门新的数学分支, 即"图论"(graph theory, 当时亦称"组合", combinatorics) 以及与庞加莱猜想密切相关的"拓扑学"(欧拉当时称为"位置的几何学", geometry of position). 拓扑学常被称为"橡皮上的几何学", 因为从七桥问题的解决可以知道, 拓扑学不关心长度、角度等"度量"(因此没有通常的"大小"概念), 而只关心点与点之间的相互位置关系, 所以巨大的"不太圆"的地球表面, 很小的"非常圆"的乒乓球表面以及我们熟悉的有棱角的任何多面体的表面在拓扑学中都是一样的数学对象, 即"球面", 但它们与实心的球不同, 也与轮胎表面不同; 一条直线和一条抛物线也是同样的对象, 但它们与椭圆互不相同 —— 由橡皮泥"变"(别撕破也别扯断) 出来的几何对象都一样.

　　笼统地说, 几何学与拓扑学都是研究"形状"的数学分支, 而经典的几何学侧重定量的"形"(即考虑度量), 时尚的拓扑学强调定性的"状"(即无视度量). 几何学精益求精, 我们仔细计算一个椭球面的三个半轴是否等长以确认它是否是球面; 拓扑学神乎其神, 一个比橄榄球更扁的"貌似"椭球面是千真万确的球面! 拓扑是柔的几何, 几何是刚的拓扑. 从数学角度说, 忘记度量的几何学就是拓扑学, 而加上度量的拓扑学则是几何学.

　　拓扑学这个"有状无形"的数学分支具有神奇的巨大威力, 已经被广泛应用在科学技术、社会经济的各个领域, 目前最为科学家憧憬的未来科技突破之一即是应用拓扑学理论的"拓扑量子计算机"(一般认为比传统的量子计算机更具魅力, 更有前途). 著名华裔美国物理学家杨振宁[①] 最近对拓扑学的一条评价见地非凡而独到: 围棋的数学结构就是拓扑学, 因为两者都以异常简单的规则研究连接和切断. 数学界内部公认拓扑学是最基本、最重要的数学分支之一, 俗称"世界第二公式"的欧拉示性数公式即出自拓扑学.

> **欧拉示性数公式**(欧拉, 1758 年)   一个凸多面体的顶点数 v, 边数 e 和面数 f 满足条件
>
> $$v - e + f = 2, \tag{5.2.1}$$
>
> 或
>
> $$v - e + f = \chi, \tag{5.2.2}$$
>
> 其中 $\chi = 2$ 称为**凸多面体的 (欧拉) 示性数**.

在"拓扑学"意义下, 相同的曲面具有相同的示性数. 实际上凸多面体的示性数公式已在 1638 年被笛卡尔所证明 (未发表), 但不被世人所知. 岁月将证明, 示性数公式确实是"世界第二公式".

5.2.2   缤纷绚烂 —— 拓扑的大千世界

回到欧拉的组合学, 这是一个应用广泛、日新月异且趣味盎然的数学领域, 其中有众多适合非数学家欣赏的问题与定理, 下面是几个例子.

> **友谊定理**(Friendship theorem)   在不少于三人的聚会中, 如果其中任何两人都刚好只有一个共同认识的人, 那么这群人中总有一人是所有人都认识的.

这个"所有人都认识的"人被称为"政治家". 如果用图 (称为"大风车图") 来表示友谊定理, 那么这个政治家就是图的中心! 见如下示意图:

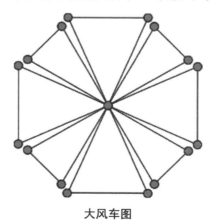

大风车图

---

① Chen-Ning Yang, 生于 1922 年, 1957 年诺贝尔物理学奖得主.

友谊定理的一个简单有趣的证明用到线性代数中的矩阵和特征值, 有兴趣的读者可以在《数学天书中的证明》(*Proofs from the Book*) 中找到完整的证明.

比 "友谊定理" 更为广泛而深刻的是下面的定理:

拉姆齐[①]定理   对给定的两个整数 m, n, 一定存在一个最小整数 $r = r(m, n)$, 使得用两种颜色 (红色或蓝色) 无论给完全图 K_r 的每条边如何染色, 总能找到一个红色的 K_m 或者蓝色的 K_n.

所谓完全图 K_r, 即是有 r 个顶点且任何两个顶点都有一边相连的图. 当 $m = n = 3$ 时, $r(3,3) = 6$, 拉姆齐定理即是 "友谊定理". 迄今为止, 人们仅知道

$$r(3,9) = 36, \quad r(4,4) = 18, \quad r(4,5) = 25, \quad \text{以及} \quad 43 \leqslant r(5,5) \leqslant 55,$$

其余情形均一无所知.   对此问题难度的评估, 埃尔德什有一个精彩绝伦的描述: "想象有若干外星人在地球降落, 要求取得 $r(5,5)$ 的值, 否则便会毁灭地球. 在这种情况下, 我们应该集中所有电脑和数学家尝试去找这个数值. 但若它们要求的是 $r(6,6)$ 的值, 我们要尝试毁灭这群外星人." (在已知介于 43 与 55 之间的情况下, 计算 $r(5,5)$ 大约需要 10^{262} TB 的存储空间. 我们曾在第四章提到, 世界上的原子数目也不超过 10^{80}!)

"拉姆齐定理" 于 2011 年在中国大放异彩, 因为这一年中南大学的 22 岁大三学生刘璐 (使用笔名 Jiayi Liu, 刘嘉忆) 被本校擢升为正教授级研究员, 因他解决了与另一个同 "拉姆齐定理" 相关的所谓 "斯塔潘猜想" (该猜想是斯塔潘与斯拉曼于 1995 年提出的一个问题), 其 12 页的论文 "RT_2^2 does not imply WKL$_0$" 发表在国际数理逻辑学会主办的杂志 *Journal of Symbolic Logic*, 2012 年第 2 期. 自古英雄出少年, 刘璐因此成为迄今为止中国最年轻的正教授.

华夏自古多才俊. 无独有偶, 2011 年, 上海交通大学电信学院 2010 级本科生向子卿成功地解决了上海交通大学致远讲席教授坂内英一[②]在上海交大他本人主持的 "Algebraic Combinatorics" (代数组合学) 讨论班上提出的下述问题 (向子卿的结果更为广泛):

设 t 是正整数, 是否存在正整数 $N = N(t)$ 与有限集合 $X = \{x_1, x_2, \cdots, x_N\} \subset [-1, 1]$, 使得

① Frank Plumpton Ramsey, 1903–1930, 英国数学家、哲学家和经济学家.
② Eiichi Bannai, 生于 1946 年, 日本著名数学家, 2011 年加盟上海交通大学.

$$\begin{cases} x_1 + x_2 + \cdots + x_N = 0, \\ x_1^2 + x_2^2 + \cdots + x_N^2 = \dfrac{N}{3}, \\ x_1^3 + x_2^3 + \cdots + x_N^3 = 0, \\ x_1^4 + x_2^4 + \cdots + x_N^4 = \dfrac{N}{5}, \\ \cdots\cdots\cdots\cdots\cdots\cdots\cdots\cdots\cdots\cdots\cdots \\ x_1^t + x_2^t + \cdots + x_N^t = \dfrac{[(-1)^t + 1]N}{2(t+1)}. \end{cases}$$

进一步, 能否限制诸 $x_i \in \mathbb{Q}$ 以及 $x_i \neq x_j\,(i \neq j)$?

该问题源自 1989 年菲利普·德尔萨特[①]与约翰·赛德尔[②]. 向子卿的 5 页论文 "A Fisher type inequality for weighted regular t-wise balanced designs" 2012 年发表于组合数学的国际顶尖杂志 *Journal of Combinatorial Theory*, Series A 第 7 期. 上海交通大学校长张杰院士亲自发邮件给坂内英一教授和向子卿, 对他们取得的成绩表示祝贺.

另一个广为流传的是所谓**幸福结局问题**(happy ending problem).

1933 年, 乔治·塞凯赖什[③]与埃尔德什参加一次数学聚会, 美女爱丝特·克莱恩[④]提出一个问题:

平面上任意五个点 (其中任意三点不共线) 中, 存在四个点构成一个凸四边形.

塞凯赖什和埃尔德什以绅士风度承认没有想到证明的办法. 于是, 美女同学得意地宣布了她的证明: 这五个点的凸包 (即覆盖整个点集的最小凸多边形) 只可能是五边形、四边形和三角形. 前两种情况是显然的, 而对于第三种情况, 把三角形内的两个点连成一条直线, 则三角形的三个顶点中一定有两个顶点在这条直线的同一侧, 这四个点便构成了一个凸四边形.

埃尔德什和塞凯赖什对美女佩服得五体投地, 并在稍后的 1935 年将该问题推广到了一般情形:

设正整数 $n \geqslant 3$, 则存在正整数 $m \geqslant n$, 使得平面上任意 m 个点 (其中任意三点不共线) 中, 一定存在 n 个点构成凸 n 边形.

当 $m = 5, n = 3$ 时, 这就是美女在聚会上提出的问题. 埃尔德什将此问题命名为 "幸福结局问题", 因为正是这个问题让塞凯赖什和美女同学克莱恩相识相恋并

---

① Philippe Delsarte, 生于 1942 年, 比利时著名数学家.
② Johan Jacob Seidel, 1919–2001, 荷兰著名数学家, 被誉为国际数学界的 "数学大使".
③ George Szekeres, 1911–2005, 匈牙利–澳大利亚数学家.
④ Esther Klein, 1910–2005, 匈牙利–澳大利亚数学家.

最终在 1937 年 6 月 13 日结婚.

几十年过去了, 幸福结局问题依旧活跃在数学界中 (除较小几种情形外问题中的最小下界仍未知).

最后的结局恰如其名: Happy Ending. 结婚后的近 70 年里, 乔治和爱丝特从未分开过. 2005 年 8 月 28 日, 94 岁高龄的乔治和爱丝特相继离开人世, 相差不到一个小时.

5.2.3　亲密无间 —— 牛顿的亲吻问题

该领域中另一历史悠久又生机勃勃的有趣问题是所谓**亲吻问题**(kissing problem).

此问题源自斯诺克游戏: 一个彩球周围最多可以放多少个红球, 使得每个红球都与该彩球相切? 红球的数目称为**亲吻数** (kissing number), 也称为牛顿数, 一般以 K_n 表示 n 维欧氏空间 $\mathbb{R}^n$ 的亲吻数. 此类问题统称为亲吻 (数) 问题 (kissing problem 或 kissing number problem).

最简单的情形是直线上 (即 1 维的情形) 的亲吻数等于 2, 即 $K_1 = 2$. 平面上的亲吻数是非常有益于智力健康的有趣问题, 我们把它留给读者.

思考题

证明平面亲吻数 $K_2 = 6$, 即与单位圆相切并且互不相交 (可以相切) 的单位圆最多有 6 个.

接下来当然要问空间中的亲吻数 K_3 等于几, 即与单位球面相切并且互不相交的单位球最多有几个.

牛顿认为 $K_3 = 12$. 让我们看看大物理学家牛顿的推理 (有兴趣的读者可以比较一下物理学家牛顿的推理与数学家欧拉的推理):

设有 n 个单位球与中心单位球相切, 则任意两个切点之间的 (欧几里得) 距离至少是 1, 故这两个切点分别连接中心球的球心所构成的夹角至少是 $60°$, 因此只要在中心球的内接正十二面体的顶点上放置单位球即可得到所需的 12 个球.

牛顿认为, 这 12 个球足够 "挤" 以至于不可能再容纳下第 13 个球了.

然而, 反对牛顿的人竟然是其最坚定的支持者大卫·格里高利[①]. 格里高利精通数学, 是牛顿微积分学的早期传播者之一. 他整理发表了其叔父、苏格兰著名数学家詹姆斯·格里高利的数学手稿, 其中最著名的有我们熟悉的, 现在被命名为泰勒公式、泰勒级数等相关的理论 (比泰勒的相关论文早大约 40 年), 以及下面关于

[①] David Gregory, 1659–1708, 苏格兰数学家与天文学家, 12 岁进入艾伯丁大学, 16 岁离开 (无学位), 24 岁起任爱丁堡大学数学教授, 32 岁时经牛顿推荐出任牛津大学天文学教授.

圆周率 π 的著名公式:

$$\frac{\pi}{4} = 1 - \frac{1}{3} + \frac{1}{5} - \frac{1}{7} + \cdots + \frac{(-1)^{n-1}}{2n-1} + \cdots. \tag{5.2.3}$$

牛顿与格里高利都注意到了牛顿摆放在外围的这 12 个球之间有明显的缝隙, 以至于至少有两个球可以连续地在中心球的表面移动直至互换位置. 因此, 格里高利坚持认为 $K_3 = 13$, 因为只要把牛顿的 12 个球移动得充分紧密, 则留下来的空隙足够再放一个新的球.

您支持牛顿还是格里高利?

牛–高之间的这场讨论始于 1694 年 5 月 4 日, 牛顿即将离开剑桥大学前往伦敦就任铸币厂厂长, 作为牛顿最忠实的粉丝, 格里高利从牛津大学前往剑桥大学为他送行. 格里高利记录了牛顿与他的所有科学讨论, Kissing Problem 是其中第 13 条: 13 个不相交的同样大小的球可以与一个同样大小的球相切吗?

牛–高的争论在他们生前不分胜负, 因为其难度远远超乎想象. 259 年后的 1953 年, 德国数学家舒特[1]与范德瓦尔登[2]第一次正确地证明了牛顿猜测的 3 维亲吻数等于 12 是正确答案.

3 维亲吻数的巨大困难和无穷魅力, 引起了全世界不同领域的科学家的关注 (牛顿的巨大影响当然是主要因素之一). 比如, 1930 年, 荷兰生物学家塔莫斯 (P.L.M. Tammes) 在研究植物种子的花粉时提出的所谓塔莫斯问题就与此密切相关.

塔莫斯问题　在单位球的表面最多能够放置多少个两两内部互不相交的等半径圆周?

1979 年, 俄罗斯科学家弗拉基米尔·列文斯坦因[3]和 AT & T 贝尔实验室的两位著名科学家奥德利兹克 (正是那位研究黎曼假设的世界顶尖高手) 与内尔·斯洛恩[4]独立证明了 $K_8 = 240, K_{24} = 196\,560$.

然而, 让人始料不及的是, 数学家们还要争吵 50 年才能得到下一个亲吻数, 即 4 维亲吻数 K_4 的准确结果. 早在 1852 年, 人们利用 4 维球面的一个著名内接 24 "面体"已经知道了 $K_4 \geqslant 24$. 120 年后的 1972 年, 我们前面提到的著名比利时数学家德尔萨特证明了 $K_4 \leqslant 28$. 因此, $24 \leqslant K_4 \leqslant 28$. 事实证明, 在 24, 25, 26, 27, 28 这 5 个自然数中选择一个正确的需要 31 年! 2003 年, 莫斯科大学的著名数学家奥列格·穆欣[5]利用拓展的德尔萨特方法证明了 $K_4 = 24$!

[1] Kurt Schütte,1909–1998, 德国数学家.
[2] Bartel Leendert van der Waerden, 1903–1996, 荷兰著名数学家.
[3] Vladimir Levenshtein, 生于 1935 年, 俄罗斯科学家, 以发明编辑距离 (edit distance, 亦称为 Levenshtein 距离) 而著名.
[4] Neil James Alexander Sloane, 生于 1939 年, 著名英国–美国科学家.
[5] Oleg Musin, 生于 1955 年, 著名俄罗斯–美国数学家, 现任美国德克萨斯大学布朗斯维尔大学 (University of Texas at Brownswille) 教授.

迄今为止, 已知的亲吻数仅 K_n, $n \leqslant 4$ 以及 K_8 与 K_{24}, 其余均未知! 具体见下表.

n	K_n
1	2
2	6
3	12
4	24
5	[40, 44]
6	[72, 78]
7	[126, 134]
8	240
24	196 560

K_8 与 K_{24} 的发现归功于 8 维空间 $\mathbb{R}^8$ 和 24 维空间 $\mathbb{R}^{24}$ 的特殊结构. 因为在 $\mathbb{R}^8$ 和 $\mathbb{R}^{24}$ 中, 分别有一个特殊的格 E_8 与 L_{24}(称为李奇格), 其中

$$E_8 = \left\{ (x_i) \in \mathbb{Z}^8 \cup \left(\mathbb{Z} + \frac{1}{2} \right)^8 \ \Big| \ \sum_{i=1}^{8} x_i = 0 (\mathrm{mod}\ 2) \right\}.$$

该格对应的邓金图(Dynkin diagram) 也记为 E_8 —— 该符号及其代表的诸数学对象 (格、多项式、代数、几何 ……) 的重要性, 无论如何评价都不会过分.

E_8 格的 240 个最短向量给出 8 维亲吻问题的一种构型 (configuration), 即将单位球放置在这些点 (即切点) 上就可得到亲吻问题的一种解决方案.

回忆 (第二章) 每个格都对应一个整系数二次型, E_8 格所对应的二次型是

$$E_8(\boldsymbol{x}) = \sum_{i=1}^{8} x_i^2 - \sum_{i=1}^{6} x_i x_{i+1} - x_3 x_8. \tag{5.2.4}$$

这是一个正定二次型, 故 $E_8(\boldsymbol{x}) = 0$ 只有一个解, 就是 $\boldsymbol{x} = (0, \cdots, 0)$.

因此, 有意义的一种问题是求 $E_8(\boldsymbol{x}) = 1$ 有多少解? 特别地, 它有多少非负整数解? 比如,

$$\boldsymbol{e}_1 = (1, 0, \cdots, 0), \quad \boldsymbol{e}_2 = (0, 1, \cdots, 0), \quad \cdots, \quad \boldsymbol{e}_8 = (0, \cdots, 0, 1)$$

均是这样的解.

$E_8(\boldsymbol{x}) = 1$ 有多少非负整数解? 答案是: $\dfrac{240}{2} = 120$, 正好是 8 维亲吻数 K_8 的一半.

5.2.4　方圆之间 —— 炮弹与橘子的摆法

求亲吻数一类的问题统称为 "sphere packing", 中文为 "填球" "装球" 或 "球

堆垒". 填球领域中最古老、最著名的问题当属开普勒[①]于 1611 年提出的所谓开普勒猜想(亲吻问题最早即出于此).

开普勒猜想　将一个立方体容器用同样大小的球堆垒, 所有球的体积之和不超过立方体体积的 $\dfrac{\pi}{\sqrt{18}}$(约等于 74%).

开普勒猜想位列希尔伯特 23 个问题的第 18 位. 开普勒自己认为最好的堆垒方法有两种, 就是水果商贩堆垒橘子或水兵堆垒炮弹的自然方式. 水果商贩堆垒橘子的方式在术语中称为"六方最密堆垒法"或 HCP (hexagonal close-packing), 水兵堆垒炮弹的方式在术语中称为"面心立方堆垒法"或 CCP(cubic close-packing). 这两种堆垒方式的原理是一样的, 即上一层的"橘子"(或炮弹) 应堆垒在最低的地方. 这导致两种堆垒方式在最底下两层是一致的, 即在最底层 (记为第一层) 的中心堆垒一个橘子, 并在其周围堆垒 6 个橘子 (此类似于 2 维亲吻问题). 上面一层 (记为第二层) 的堆垒方式是将"橘子堆垒在使桔子的中心位置最低的点". 而更上面一层 (第三层) 有两种明显的选择 A 与 B. A 方式是和最底层即第一层的堆垒方式相同, 并以此重复至达到立方体的最高处为止. 这就是"六方最密堆垒法". 另一种 B 方式的第三层与第一层不同, 而第四层则与第一层相同. 这是"面心立方堆垒法". 见下图. 有兴趣的读者可以留意一下水果摊的摆法.

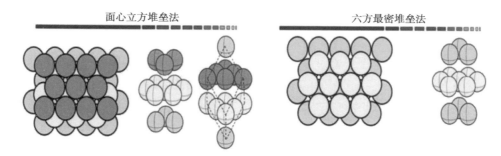

面心立方堆垒法和六方最密堆垒法 (图片引自维基百科)

在"六方最密堆垒法"和"面心立方堆垒法"中, 所有球的球心构成一个 3 维格的一部分, 所以这样的堆垒方式称为**格点方式**, 而其余方式一般称为**非规则堆垒方式**. 开普勒可能意想不到的是, "六方最密堆垒法"和"面心立方堆垒法"这两种堆垒法的的确确是空间中"最自然"的堆垒方式, 因为现代科学表明, 绝大多数金属单质的原子就是以这样的方式排列的 (前者如镁、钛、锌, 后者如铜、银、金)! 自然界展现出的整洁与和谐常常让其主宰者无地自容.

高斯 1831 年利用三元二次型证明, 如果仅考虑格点方式, 则面心立方堆垒法

---

① Johannes Kepler, 1571–1630, 德国数学与天文学家, 其研究对牛顿的万有引力定律影响甚大.

(与六方最密堆垒法) 使得开普勒猜想成立. 但即使天才如高斯, 也未能撼动浩如烟海的非规则堆垒.

1993 年华裔美国数学家项武义宣称自己证明了开普勒猜想, 但其证明未被绝大多数该领域的专家接受.

1998 年, 美国数学家托马斯·黑尔[1]宣称自己证明了开普勒猜想, 其提供给著名数学期刊《数学年刊》*Annals of Mathematics* 的证明共 250 页, 另有 3G 的计算机数据.

1999 年, 《数学年刊》宣布接受黑尔的论文, 但要求一个 20 人组成的审稿委员会审查其论文.

2003 年, 经过近 5 年的 (审稿) 努力, 审稿委员会宣称黑尔的证明 "99%" 正确 (因为难以检验 3G 计算机数据).

2005 年, 被精简成 121 页的论文最终被发表:

Thomas C. Hales, A proof of the Kepler conjecture, Annals of Mathematics, 162(3)2005, 1065–1185.

在收到《数学年刊》的论文录用通知的 2003 年初, 黑尔旋即宣布启动 "Flyspeck", 一个旨在给出开普勒猜想的完整形式证明的合作项目, 其中字母 F, P 与 K 恰好是 "Formal Proof of Kepler" (开普勒猜想的形式证明) 的首字母缩写. 所谓完整的形式证明, 即可以被计算机学界与数学界公认的软件 (比如 HOL Light 和 Isabelle) 自动检验的证明. 12 年后的 2015 年 1 月, 黑尔及其 21 位合作者宣称该项目完成并发表了最终的研究成果 "A formal proof of the Kepler conjecture" (开普勒猜想的形式证明), 论文见 http://arxiv.org/pdf/1501.02155.pdf. 2015 年 7 月, 黑尔在上海交通大学数学系介绍了这一成果.

至此, 近 400 年后, 人类终于证明了两种自然的堆垒方式 ——"六方最密堆垒法" 和 "面心立方堆垒法"—— 都给出相同的球堆垒密度 $\dfrac{\pi}{\sqrt{18}}$. 换句话说, 橘子商贩和水兵都给出了开普勒猜想的最佳解决方案.

可能对开普勒猜想了解不多但深谙中国历史与世界历史的新中国开国领袖毛泽东说:

人民, 只有人民才是推动历史前进的真正动力. (论联合政府,《毛泽东选集》第 3 卷, 第 1031 页.)

借助于计算机软件 HOL Light, 黑尔于 2007 年给出了著名的约当曲线定理 (见第二章) 的第一个形式证明 (Hales, Thomas C., The Jordan curve theorem, formally and informally, The American Mathematical Monthly 114 (10): 882–894.), 其代码超过 6 万行!

---

[1] Thomas Hales, 生于 1958 年, 美国数学家.

黑尔的另一个著名研究成果是于1999年证明了更为古老的 "蜂巢猜想" (honeycomb conjecture). 古希腊人提出的蜂巢猜想是指能够铺满整个平面的所有等面积平面图形中, 正六边形具有最小的周长. 由于蜂巢的横截面是正六边形, 所以古希腊人认为蜜蜂是最高效的建筑师. 蜂巢猜想由此得名. 不过, 与证明 "开普勒猜想" 不同, 黑尔证明 "蜂巢猜想" 没有借助于计算机. 一般来说, 数学家普遍并不认同利用计算机证明的 "数学定理", 最著名的例子或许是下面的定理.

> **四色定理**(1852年)   任何一张平面地图只用四种颜色染色, 即可使具有共同边界的区域具有不同颜色.

与很多数学命题类似, 四色定理初看之下没有太大难度, 但迄今为止, 仅有1972年的计算机证明, 尚无公认的严格数学证明! 在计算机技术已经非常成熟的今天, 是否接受计算机给出的数学证明, 仍然是数学家争吵不休的话题.

本节练习题

　　证明 "六方最密堆垒法" 和 "面心立方堆垒法" 均给出了开普勒猜想的一种最密堆积.

第三节　未卜先知 —— 庞加莱猜想

凭双足走不出地球, 靠双目看不透太空, 作实验解不开宇宙. 幸运的是, 人脑比足深远, 人心比目广阔, 实验难及之处数学须臾可达.

5.3.1　千古之谜 —— 球面: 宇宙之驿?

庞加莱猜想的主题是理解任意 n 维球面 (sphere), 即 $n+1$ 维球 (ball) 的表面, 简称为 n-球面. 最简单的球面自然是 1-球面, 即 2 维球的表面. 什么是 2 维球呢? 这就是我们日常所见到的圆盘. 因此, 所谓1-球面就是圆周. 而我们日常所见到的球面是 3 维球的表面, 即2-球面.

一般地, 记 S^{n-1}, B^n 分别是 $n-1$ 维单位球面和 n 维单位球, 即

$$S^{n-1} = \{(x_1, \cdots, x_n) \in \mathbb{R}^n \,|\, x_1^2 + x_2^2 + \cdots + x_n^2 = 1\},$$

$$B^n = \{(x_1, \cdots, x_n) \in \mathbb{R}^n \,|\, x_1^2 + x_2^2 + \cdots + x_n^2 \leqslant 1\}.$$

对于球面和球, 我们最关心的是它们的表面积和体积. 前 9 维的单位球的表面积与体积见下表:

面积	体积
$A(S^1) = 2\pi,$	$V(B^2) = \pi;$
$A(S^2) = 4\pi,$	$V(B^3) = \dfrac{4}{3}\pi;$
$A(S^3) = 2\pi^2,$	$V(B^4) = \dfrac{1}{2}\pi^2;$
$A(S^4) = \dfrac{8}{3}\pi^2,$	$V(B^5) = \dfrac{8}{15}\pi^2;$
$A(S^5) = \pi^3,$	$V(B^6) = \dfrac{1}{6}\pi^3;$
$A(S^6) = \dfrac{16}{15}\pi^3,$	$V(B^7) = \dfrac{16}{105}\pi^3;$
$A(S^7) = \dfrac{1}{3}\pi^4,$	$V(B^8) = \dfrac{1}{24}\pi^4;$
$A(S^8) = \dfrac{32}{105}\pi^4,$	$V(B^9) = \dfrac{32}{945}\pi^4;$
......	......

　　单位圆 S^1 是边长为 2 的正方形的内接圆, 它们的容积比为 $\pi : 4$; 单位球面 S^2 是边长为 2 的正方体的内接球, 此时的容积比为 $\pi : 12$; 容易猜测, 当 $n \to \infty$ 时, n 维单位球面 S^n 与边长为 2 的 n 维 (超) 正方体的容积比趋于 0. 换句话说, 单位球面在其外切 (超) 正方体内所占的空间随着维数增大而无限减少. 但请注意, 边长为 2 的 n 维 (超) 正方体的体积为 2^n, 表面积为 $n2^n$, 均趋向于 ∞. 亲爱的读者请思考, n 维单位球面 S^n 的表面积与 $n+1$ 维单位球的体积有多大呢?

思考题

　　当 $n \to \infty$ 时, $A(S^n)$ 有多大 (比如, 与 n 比, 谁大)? 即极限 $\lim\limits_{n \to \infty} A(S^n) =?$

　　为此, 我们来计算半径为 r 的 n 维球 $B^n(r)$ 的体积 $V_n(r) = V(B^n(r))$. 首先, n 维球的体积与半径的 n 次幂成正比, 即

$$V(B^n(r)) = C(n)r^n, \quad C(n) \text{ 是与 } r \text{ 无关的常数}.$$

这可以利用归纳法如下证明. 当 $n = 1$ 时, $V(B^1(r)) = 2r$. 归纳假设 $V(B^{n-1}(r)) = C(n-1)r^{n-1}$. 由于 n 维空间中半径为 r 的球 $B^n(r) : x_1^2 + \cdots + x_{n-1}^2 + x_n^2 \leqslant r^2$ 与超平面 $x_n = x (|x| \leqslant r)$ 的交是半径为 $\sqrt{r^2 - x^2}$ 的 $n - 1$ 维球 $B^{n-1}(\sqrt{r^2 - x^2})$: $x_1^2 + \cdots + x_{n-1}^2 \leqslant r^2 - x^2$. 因此有体积公式 (对照一元积分学中的 "已知平行截面面积的立体的体积公式", 请读者回忆 3 维空间中的半径为 r 的球的体积公式及来

历):

$$V(B^n(r)) = \int_{-r}^{r} V(B^{n-1}(\sqrt{r^2 - x^2}))\mathrm{d}x$$

$$= r^{n-1} \int_{-r}^{r} C(n-1) \left[1 - \left(\frac{x}{r} \right)^2 \right]^{\frac{n-1}{2}} \mathrm{d}x \qquad (5.3.1)$$

$$= r^n \int_{-1}^{1} V(B^{n-1}(\sqrt{1 - x^2}))\mathrm{d}x.$$

上式中的定积分不是别人, 恰好是 $n-1$ 维单位球 B^{n-1} 的体积! 所以半径为 r 的 n 维球 $B^n(r)$ 的体积与 n 维单位球 B^n 的体积之间的关系为

$$V(B^n(r)) = V(B^n(1))r^n = V(B^n)r^n. \qquad (5.3.2)$$

类似地, 半径为 r 的 n 维球面 $S^n(r)$ 的表面积与 n 维单位球面 S^n 的表面积之间的关系为

$$A(S^n(r)) = A(S^n(1))r^n = A(S^n)r^n. \qquad (5.3.3)$$

对重积分有兴趣的读者可以尝试计算 n 维单位球 B^n 的体积 $V(B^n)$ 的表达式 (见本节练习题的提示):

$$V(B^n) = \frac{\pi^{n/2}}{\Gamma(n/2+1)} = \begin{cases} \dfrac{(2\pi)^{n/2}}{(n-2)!!}, & \text{如果 } n \text{ 是偶数}, \\ \dfrac{2(2\pi)^{(n-1)/2}}{(n-2)!!}, & \text{如果 } n \text{ 是奇数}, \end{cases} \qquad (5.3.4)$$

其中的 Γ 正是我们在黎曼假设中遇到的 Γ 函数.

进一步, 有一个 "投机取巧" 的办法可以计算半径为 r 的 n 维球 $B^n(r)$ 的表面积, 这是因为半径为 r 的 $n+1$ 维球的体积 $V_{n+1}(r)$ 与其表面积 $A_n(r)$ 的关系非常简单 —— 对球面来说, 体积关于半径的导数恰好等于其表面积 (回忆我们的一元微积分知识并对圆周和球面检验下面的公式):

$$A_n(r) = A(S^n)r^n = \frac{\mathrm{d}(V_{n+1}(r))}{\mathrm{d}r} = \frac{V(B^{n+1})\mathrm{d}(r^{n+1})}{\mathrm{d}r} = (n+1)V(B^{n+1})r^n.$$

所以 $n+1$ 维单位球的表面积与体积之间的关系是

$$A(S^n) = (n+1)V(B^{n+1}). \qquad (5.3.5)$$

由公式 (5.3.4) 可知, 当 $n \to \infty$ 时, n 维球的表面积和体积都出乎意料地趋于 0(这个事实当然可以直接证明而不必借助公式 (5.3.4))! 换句话说, n 维单位球在其外切正方体中所占的体积可以忽略不计 (随着 n 的增大)!

　　然而, 这些相对容易得到的数据并不能帮助我们理解高维球的结构或形状. 比如, 什么是 3 维球面或3-球面呢? 因为现实空间的几何是 3 维的, 人类不能看到 4 维的球, 因此也不能看到 3 维的球面, 更不用说 4 维以上的球面了. 庞加莱猜想的难点正在于此: 你能想象一个人类从来不曾看见而且也将永远不会看见的物体的形状吗? 作者们从来都没想清楚怪兽的模样.

5.3.2　奇思妙想 —— 解析宇宙之拓扑学

　　欧拉建立的拓扑学可以帮助人类理解看不见的几何体. 在拓扑学中, 我们将曲线、曲面等几何体统称为 **"拓扑空间"**(topological space), 其精确的数学定义如下 (对集合的并、交运算陌生的读者可以跳过此定义):

> **拓扑空间的定义**　设 X 是一个非空集合, $\mathcal{T}$ 是 X 的一个子集族, $\varnothing, X \in \mathcal{T}$. 如果下列条件成立:
>
> (1) 设 $U, V \in \mathcal{T}$, 则 $U \cap V \in \mathcal{T}$, 即 $\mathcal{T}$ 关于有限交封闭;
>
> (2) 设 $U_i, i \in I$ 是 $\mathcal{T}$ 中的任意一组元素, 则 $\bigcup_{i \in I} U_i \in \mathcal{T}$, 即 $\mathcal{T}$ 关于任意并封闭,
>
> 则称 $(X, \mathcal{T})$ 是 **拓扑空间**(简称 X 是 **拓扑空间**), $\mathcal{T}$ 是 X 的拓扑, $\mathcal{T}$ 中的元素称为 X 中的开集 (open set).

　　上述定义中的"开集"是实数轴上的"开区间"的推广. 以通常的欧氏空间 $\mathbb{R}^1$ 为例, 如果将开区间以及任意个开区间的并集构成的集合记为 $\mathcal{T}$, 则 $(\mathbb{R}^1, \mathcal{T})$ 就是一个拓扑空间, 称为 $\mathbb{R}^1$ 的通常拓扑. 我们最熟悉的一元微积分的理论实际上完全由此拓扑结构产生. 比如, 连续函数可以利用这个拓扑更简单地定义如下:

> **连续函数的定义**　设 $f: \mathbb{R} \longrightarrow \mathbb{R}$ 是一个函数. 如果对任意开集 $U \subseteq \mathbb{R}$, 其原像 $f^{-1}(U) = \{x \in \mathbb{R}^1 \mid \exists y \in \mathbb{R}, y = f(x)\}$ 也是开集, 则称 f 是 **连续函数**.

　　读者不难证明, 上述定义与高等数学中用极限给出的定义是一致的 (千真万确, 连续函数的拓扑学定义居然绕过了让我们痛不欲生的 ε-δ 语言! 不过它会在将来某个时刻出现). 不仅如此, 亲爱的读者, 只需要把上述定义中的 $\mathbb{R}^1$ 的维数 "1" 改成 n, 那么我们就得到了多元连续函数的确切定义. 当然, $\mathbb{R}^n$ 的通常拓扑需要将 $\mathbb{R}^1$ 的通常拓扑里涉及的"开区间"一词换为"开球", 即不包含边缘的实心球. 比如, 高等数学中用到的平面 $\mathbb{R}^2$ 的通常拓扑中的开集是所有开圆盘 (即不包含边缘圆周的实心圆盘)、任意多个开圆盘的并集以及有限个开圆盘的交集, 所以 $\mathbb{R}^2$ 中任何直线上的开区间不再是开集了.

　　在一个拓扑空间中, 开集的余集称为 **闭集**(closed set). 在 $\mathbb{R}^1$ 的通常拓扑中, 除了空集和有限点集外, 最简单的闭集当属闭区间 —— 包括整个实数轴以及 $(-\infty, a]$ 与 $[a, +\infty)$. 于是存在无界的闭集. 大家知道, 有界闭区间上的连续函数具有非常好

的性质 (以至于几乎所有的高等数学教材都有专门的一节叫作"闭区间上的连续函数", 此时的闭区间是指有界闭区间). "有界闭区间"与"无界闭区间"或"开区间"的一个不易察觉 (尤其对初学者或非数学专业的读者) 但非常本质的差别是前者具有"有限"点集的特征, 数学家称之为"具有有限开覆盖性质", 确切地说, 有下面的定义:

> **紧集的定义**   设 $(X, \mathcal{T})$ 是一个拓扑空间, C 是 X 的一个非空子集. 如果对任意满足条件 $\bigcup_{i \in I} U_i \supseteq C$ 的开集族 $U_i \in \mathcal{T}, i \in I$, 存在指标集 I 的有限子集 J, 使得 $\bigcup_{j \in J} U_j \supseteq C$, 则称 C 是 X 的一个**紧 (子) 集**(compact subset).

上述定义中的开集族 $U_i \in \mathcal{T}, i \in I$, 称为子集 C 的一个**开覆盖**(open covering), 而定义中的子族 $U_j, j \in J \subset I$ 称为 C 的一个子覆盖. 这里的要害是"任意"开覆盖均存在"有限"子覆盖. 比如, 任何有限点集均是 $\mathbb{R}^1$ 的紧集, 因为无论某个开覆盖包含多少开集, 只需要取包含每个点的一个开子集即可; 有限闭区间是另一类紧集 (这个事实不大容易直接看出); 然而, 尽管比闭区间 $[a, b]$ 还少两个点, 但任何开区间 (a, b) 都不是紧集: 因为 $(a, b) \subseteq \bigcup_{n=1}^{\infty} \left(a + \dfrac{1}{n}, b - \dfrac{1}{n} \right)$, 但我们无法从这个开覆盖中找出任何有限的开覆盖. 当然, 即使在通常拓扑空间 $\mathbb{R}^1$ 中, 紧子集的结构也不简单: 除了有限个有界闭区间 (包括单点集) 的并集之外, 任意收敛数列加上其极限点等都是紧子集. 有限个紧子集的并集当然也是紧子集. 但是, 如果再加上重要的"连通性"条件, 则紧子集就很容易认清楚了: $\mathbb{R}^1$ 的连通紧子集就是有界闭区间 (含单点集). 可以证明, 在 $\mathbb{R}^n$ 的通常拓扑中, 紧集与有界闭集是相同的意思. 以后, 我们将使用"紧集"来替代 $\mathbb{R}^n$ 中的"有界闭集"一词, 而"闭"一词将仅用于稍后频繁出现的"闭流形"这一重要的特定场合.

拓扑学需要比较不同的拓扑空间. 我们把能够连续变形并相互转化的两个拓扑空间看成是一样的, 称为**拓扑等价**(topological equivalence), 或者**同胚**(homeomorphism). 确切地说, 有下述定义:

> **同胚的定义**   设 X 与 Y 是两个拓扑空间. 如果存在连续映射 $f : X \longrightarrow Y$, 使得 f 存在逆映射 $f^{-1} : Y \longrightarrow X$, 且 f^{-1} 也连续, 则称 X 与 Y 是**同胚的** (**拓扑空间**), 记为 $X \simeq Y$, 映射 f(及其逆映射) 称为**同胚映射**.

上面定义中的"连续映射"只需要将我们定义"连续函数"时的定义域"$\mathbb{R}$"与值域"$\mathbb{R}$"分别换为 X 与 Y 即可. 比如, $\mathbb{R}$ 中的所有有界闭区间都是同胚的, 但 $[0, 1]$ 不与 $\mathbb{R}$ 同胚 —— 请对照: 开区间 $(0, 1)$ 与 $\mathbb{R}$ 同胚 (请读者尝试建立两者之间的连续可逆映射)! 所有多边形是同胚的, 它们是"相同的" 1 维拓扑空间 (即"曲线"): 它们都是 1 维球面, 即圆周 S^1! 类似地, 所有凸多面体的表面也同胚, 因此是相同的 2 维拓扑空间 (即 "曲面"): 它们都是 2-球面 S^2 (因为拓扑学, 我们将 "不是球" 的地球称为 "球" 而不被批评)! 但我们无法将圆周 S^1 连续变形为 球面 S^2, 所以它们不是同胚的拓扑空间, 因此在拓扑学中 $S^1 \neq S^2$.

2 维拓扑空间的另一个重要例子是 (2-) "环面" (torus) T^2, 即轮胎的表面.

思考题

2-球面与 2-环面是否同胚?

为了回答这个问题, 我们先回忆七桥问题中关于图的术语 "连通": 2-球面和 2-环面当然都是连通的拓扑空间, 但它们各自的 "连通" 方式似乎有些差异. 差别在哪里呢? 庞加莱注意到 2-球面的一个著名特征: 2-球面上的所有闭曲线均可以沿着该球面连续收缩成一个点, 如下图所示:

球面上曲线收缩成点

但 2-环面不具备此种性质: 它上面有些闭曲线不能连续收缩成点!

思考题

2-环面上哪些闭曲线不能连续收缩成点? 这些闭曲线有什么特征?

庞加莱

2-球面具有的这种 "所有闭曲线均可以连续收缩成点" 的性质称为 **"单连通性"** (simple connectedness), 是拓扑学最基本的概念之一, 而最原始的庞加莱猜想即为: 单连通的 3 维闭曲面必定与 3-球面同胚. 当然可以将这句话中的数字 "3" 换成 "$n, n \geqslant 2$", 因为当 $n = 1$ 时, 闭的 1 维曲线只有圆周 S^1, 它显然不是单连通的. 庞加莱利用当时已有的 2 维闭曲面的分类证明了单连通性确实是 2-球面的特征 (即 2 维闭曲面是单连通的当且仅当其与 2-球面同胚). 不难明白, 单连通的曲面在连续变形后仍然是单连通的 (拓扑学术语: 单连通性是拓扑不变量), 因此我们无法把 2 维球面连续变成环面 —— 环面是连通的曲面但不是单连通的.

当然, 单连通的曲面一定是连通的. 所以 2-球面与 2-环面不是拓扑等价的, 即它们是不同的 2 维拓扑空间. 因此, 我们最熟悉的 2-球面 S^2 是唯一的单连通 2 维闭曲面.

庞加莱猜想, 与 2-球面 S^2 类似, 高维球面 S^n $(n \geqslant 3)$ 是唯一的单连通 n 维闭曲面. 庞加莱做梦也不会料到, "球面" 这个理应最简单的曲面会成为人类的百年梦魇! 不识 "高球" 真面目, 只缘身在 "低球" 中.

5.3.3 庖丁解牛 —— 拓扑学手术: 理解复杂空间

拓扑空间包含的几何体过于宽泛, 难以分类 (类似于哲学中的 "物质" 或化学中的 "化合物"), 所以数学家用 "拓扑流形"(topological manifold) 或干脆用 "流形"(manifold) 一词来定义拓扑学中最为基本的拓扑空间. 如果一个 1 维拓扑空间 (即曲线) 的任何局部 (即每一点的附近) 都与直线段同胚, 则称该曲线是 1 维拓扑流形或 1 维流形或 1-流形. 而一个 2 维拓扑空间 (即曲面) 称为 2 维流形, 如果其每一个局部都与平面同胚. 粗略地说 (精确的定义虽然不难, 但过于技术化, 有兴趣的读者可以参考任何标准的拓扑学教材), 称一个拓扑空间 X 是一个 n 维流形, 如果对每个 $x \in X$, 均存在开集 $U \subset X$, 使得 U 与欧氏空间 $\mathbb{R}^n$ 同胚. 换句话说, 所谓 n 维流形就是每一个局部都是欧氏空间 $\mathbb{R}^n$ 的局部. 比如, 开区间与闭区间都是 1 维流形, 所有球 B^n 与球面 S^n 均是 n 维流形. 请注意, 图形 "0" 与 "D" 所代表的 1 维拓扑空间都是 1 维流形 (二者均与 S^1 同胚), 但图形 "8" 或 "B" 所代表的 1 维拓扑空间不是 1 维流形, 因为在拓扑空间 "8" 的唯一一个特殊点 (交叉点) 的局部不是线段, 而是两个交叉的线段 "×". 数学家当然希望能够分类所有拓扑流形, 以此为基础就有可能理解所有的拓扑空间, 包括理解庞加莱猜想的主题 —— n 维球面 S^n.

1 维流形非常简单, 读者可以自行证明下述分类定理:

1 维闭流形分类定理 连通的 1 维闭流形是圆周 S^1.

我们用 "闭流形" 一词表示无边缘的紧流形. 所以, 上述分类定理是说 1 维闭流形本质上只有圆周 S^1 一种. 读者可以思考一下有边缘的 1 维流形的分类定理.

分类更高维流形的第一步自然是理解最简单的流形 —— 球面. 我国伟大的数学家华罗庚说: 从 1, 2, 3 到无穷大. 为了理解 3-球面乃至更高维的球面, 我们先来考察一下 1-球面和 2-球面的基本结构.

1-球面 = 圆周, 可以看成是两个 1 维球 (= 线段) 的粘合, 即两个线段可以粘合成一个圆周. 同样地, 一个 2-球面可以看成是两个 2 维球 (= 圆盘) 的粘合, 即两个圆盘可以粘合成一个球面, 如下图所示:

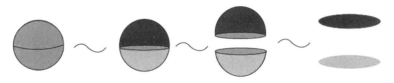

圆盘粘合成球

　　这种作法称为拓扑学手术(topological surgery) 或几何学手术 (geometric surgery). 被粘合的曲面称为"边缘". 因此, 两个 1 维球 (= 线段) 沿着它们的边缘 (即各自的两个"端点", 每个端点恰好是 0 维的球面!) 粘合将得到一个 1-球面, 而两个 2 维球 (= 圆盘) 沿着它们的边缘 (此时是一个"圆周", 恰好是 1-球面) 粘合将得到一个 2-球面.

　　"边缘"的重要性由此可见一斑. 显然, 圆盘是有边缘的, 但其边缘 —— 圆周却是无边缘的; 球面都是无边缘的, 因此地球也无边缘 (这一点看似轻描淡写, 历史上却是血雨腥风); 现实中偶尔可见的莫比乌斯带也有边缘 (边缘也是一个圆周). 然而, 迄今为止, 人类尚不知道自己所居住的宇宙是否有边缘.

思考题

如何构造 3-球面?

5.3.4　乘天除地 —— 拓扑空间的运算

　　与低维曲面的构造类比, 3 维球面可以看成是两个 3 维球的粘合, 即两个 3 维球沿着它们的边缘 (= 2 维球面) 可以粘合成一个 3 维球面. 与低维的情形不同, 在现实世界中 (几何上的 3 维空间) 我们无法真正造出一个 3 维球面, 因为我们无法完成粘合两个球的边缘这一任务 (这是一个"说比做容易"的例子)! 解决这个困难的办法是除法.

　　我们先考查拓扑学中利用除法来构造几何体的几个简单例子. 回顾第二章, 除法的本质在于将某些原本不同的元素看成是一样的, 即将等价类看成新的元素. 比如, 商 $\mathbb{R}/\mathbb{Z}$ 是一些等价类的集合, 其中两个实数 r, s 属于同一个等价类当且仅当 $r - s \in \mathbb{Z}$. 因此, 每个实数 r 都与它的小数部分属于同一个等价类, 于是 $\mathbb{R}/\mathbb{Z} = \{[r] \mid r \in [0, 1)\}$. 这个计算告诉我们的是: 作为拓扑空间, $\mathbb{R}/\mathbb{Z}$ 应该是半开区间 $[0, 1)$. 然而, 由于 0 与 1 也属于同一个等价类, 所以此处的半开区间是闭合的, 因为它的两个端点实际上是一样的! 因此 $\mathbb{R}/\mathbb{Z}$ 不是半开区间, 而是圆周 S^1, 即

$$\mathbb{R}/\mathbb{Z} = S^1. \tag{5.3.6}$$

当然, $\mathbb{R}/2\mathbb{Z}$, $\mathbb{R}/3\mathbb{Z}$, $\cdots$ 都是在拓扑学中没有任何差别的圆周. 圆周当然是最简单的 1 维闭曲线. 图形 "8" 或 "∞" 虽然不是 1 维流形, 但也是 1 维曲线, 两者均可由 1 维闭流形圆周通过拓扑学手术 "粘合" 得到, 即将两个圆周 S^1 上的各一个点粘合即可. 这表明复杂的拓扑空间可以由简单的拓扑流形通过拓扑学手术得到.

2 维的几何体俗称为 "曲面". 2 维球面 S^2 当然是最基本的 2 维曲面. 与 1 维闭曲线圆周 $S^1 = \mathbb{R}/\mathbb{Z}$ 的构造类比, 读者是否会将 S^2 与商 $(\mathbb{R} \times \mathbb{R})/(\mathbb{Z} \times \mathbb{Z})$ 联系在一起? 仔细分析一下, 几何体 $(\mathbb{R} \times \mathbb{R})/(\mathbb{Z} \times \mathbb{Z})$ 中的点是实平面 $\mathbb{R}^2$ 中的点的等价类. 那么, 两个点 (x, y) 与 (x', y') 何时属于同一个等价类 (从而是新拓扑空间中相同的点) 呢? 因为 "秤" 是 $\mathbb{Z} \times \mathbb{Z}$, 所以 (x, y) 与 (x', y') 等价当且仅当 $x - x' \in \mathbb{Z}, y - y' \in \mathbb{Z}$. 因此, $(\mathbb{R} \times \mathbb{R})/(\mathbb{Z} \times \mathbb{Z})$ 不是 2-球面 S^2, 而是 2-环面 T^2, 即

$$S^1 \times S^1 = \mathbb{R}/\mathbb{Z} \times \mathbb{R}/\mathbb{Z} = (\mathbb{R} \times \mathbb{R})/(\mathbb{Z} \times \mathbb{Z}) = T^2. \tag{5.3.7}$$

有疑问的读者可以分如下两步来理解上式. 首先, $x - x' \in \mathbb{Z}$ 意味着每一点的横坐标都可以用半开区间 $[0, 1)$ 表示; 同理, $y - y' \in \mathbb{Z}$ 意味着每一点的纵坐标也可以用半开区间 $[0, 1)$ 表示. 因此, $(\mathbb{R} \times \mathbb{R})/(\mathbb{Z} \times \mathbb{Z})$ 中的点恰好可以用半开正方形 $0 \leqslant x < 1, 0 \leqslant y < 1$ 来表示, 但该半开正方形的两对平行的边是相同的: $x = 0 \, (0 \leqslant y < 1)$ 与 $x = 1 \, (0 \leqslant y < 1)$ 相同, $y = 0 \, (0 \leqslant x < 1)$ 与 $y = 1 \, (0 \leqslant x < 1)$ 相同.

至此, 读者可能对 "除法" 或 "商" 有了更直观且深刻的理解: "商" 就是我们看世界地图的方式! 设想您正在浏览一幅世界地图, 这张地图当然远非真实的世界. 为了看到接近真相的世界原貌, 您需要将地图最左边的经线与最右边的经线在您的脑海里 "粘合"; 同时将最上边的一条线段 "粘合" (变成北极点), 再将最下边的一条线段 "粘合" (变成南极点). 换句话说, 您看世界地图的过程正是您施展 "除法" 对付拓扑空间的过程.

现在, 我们已经积累了足够的经验来建造最重要的 3-球面 S^3 了. 根据 1-球面 S^1 与 2-球面 S^2 的构造办法, 3-球面 S^3 应该是两个 3 维球 B^3 的不交并 $B^3 \bigsqcup B^3$ (此处符号 "$X \bigsqcup Y$" 表示没有公共点的集合 X 与 Y 的并集) 再 "除以" 它们的 "相同" 边界 S^2, 即

$$S^3 = \left(B^3 \bigsqcup B^3 \right) / S^2.$$

看不见摸不着的 3-球面就这样被除法造出来了! 3-球面的构造是拓扑学手术中非常特殊然而颇具启发的例子, 因为现实世界中不存在 (当然更不可能看见) 的几何对象 (此处是 3-球面 S^3) 通过实际存在的几何对象 (此处是 3 维球 B^3) 实现了. 按照这种办法可以推知,

$$S^n = \left(B^n \bigsqcup B^n \right) / S^{n-1},$$

即 n 维球面 S^n 是两个 n 维球 B^n 的不交并的 (某种) 商.

综上所述, 一些拓扑空间可以通过不交并的商这种简单的代数方法完美实现. 但这种方法对于理解这些拓扑空间帮助不大, 比如, n 维球可以连续地缩成一点, 但由两个 n 维球的不交并的商而成的 n-球面则显然不具有此种性质. 为了更好地理解拓扑空间, 数学家发明了称为 "拓扑学手术" 的 "手术刀", 即拓扑空间的**连通和**(connected sum).

> **连通和的定义**　设 X 与 Y 是两个 n 维拓扑流形. 首先, 分别切掉 X 与 Y 的一个与 B^n 同胚的子集 X' 与 Y'(这样得到的两个新流形 $X - X'$ 与 $Y - Y'$ 均具有同胚的边缘 S^{n-1}), 然后将两个新流形 $X - X'$ 与 $Y - Y'$ 的不交并关于它们 (相同) 的边缘 $\partial(X - X') \simeq \partial(Y - Y') = S^{n-1}$ 作商 (这就是 "沿边缘粘合", 即将两个边缘视为同一) 得到新的拓扑空间, 称为 X 与 Y 的**连通和**, 记为 $X \sharp Y$, 即
>
> $$X \sharp Y = (X - X') \bigsqcup (Y - Y')/S^{n-1}.$$

连通和的一个良好性质是, 如果 n 维流形 X 与 Y 都是无边缘的, 则它们的连通和 $X \sharp Y$ 也是一个无边缘的 n 维拓扑流形.

"连通和" 由美国著名数学家约翰·米尔诺[1]于 20 世纪 50 年代发明, 是最主要的拓扑学工具. 拓扑学中不得不提到的就是米尔诺于 1956 年发现的第一个 "怪球"(exotic sphere): 米尔诺在研究庞加莱猜想时发现了一个 7 维流形 M, 其上存在多个与 7 维球面 S^7 的通常微分结构不同的微分结构. 起初, 米尔诺以为 M 是 7 维庞加莱猜想的一个反例, 但马上他就证明 M 确实与 S^7 同胚. 因此, 7 维球面 S^7 上存在多个 (确切地说, 不计定向有 15 种, 加上定向则有 28 种) 不同的微分结构![2] 此结果使拓扑学界乃至整个数学界大吃一惊, 随后拓扑学家发现了更多的怪球, 以至于庞加莱猜想被证明之后最著名的拓扑学问题便是: 4 维球面 S^4 是怪球吗? 目前尚不知道 S^4 上是否存在其他微分结构. (维数 "4" 在此处独领风骚: 因为我们通常的欧氏空间 $\mathbb{R}^n$ 上的微分结构在 $n \neq 4$ 时是唯一的, 然而微分拓扑学中最让人目瞪口呆的结果是: $\mathbb{R}^4$ 具有无限多个本质不同的微分结构!)

我们从 1 维开始来理解连通和. 请读者思考, 两个 1-球面 S^1 的连通和是什么流形? 当然还是 1-球面, 即圆周 S^1. 两个 2-球面 S^2 的连通和是什么呢? 首先, 切掉 S^2 上的一个 2 维球 B^2 可以得到什么流形? 球冠? 是的 —— 立体几何中的球冠! 但是, 在拓扑学中, 球冠就是 2 维球, 即圆盘 B^2! 因此, 两个 2-球面 S^2 的连通

---

[1] John Milnor, 生于 1931 年, 美国著名数学家, 对拓扑学、几何学和代数学均有巨大贡献. 获奖不计其数, 包括 1962 年菲尔兹奖, 1967 年美国国家科学奖, 1989 年沃尔夫奖, 2011 年阿贝尔奖.

[2] 详见 John W. Milnor, On manifolds homeomorphic to the 7-sphere, Annals of Mathematics (2) 64 (1956), pp. 399–405. 该论文获 1982 年美国斯蒂尔研究奖 (The Leroy P. Steele Prize for Seminal Contribution to Research).

和还是 2-球面 $S^2 = S^2 \sharp S^2$! 实际上, 任何 n 维流形 X 与 n-球面 S^n 的连通和仍然是 X 自己, 即 $X = S^n \sharp X$. 这就是说, 如果我们将连通和视为加法, 那么球面就是该加法的王子 "0". 因此, 在连通和之下, 没有比球面更简单的拓扑空间了. 除了 2-球面 S^2 外, 我们还知道 2 维流形 2-环面 T^2. 两个 2-环面 T^2 的连通和称为双环面 (double torus). 更一般地, n 个 2-环面 T^2 的连通和称为 n-环面或 n 重环面 (需要区分 n 维环面 T^n, 见后), 如下图所示:

环面   2-环面   3-环面

一般来说, 作商是利用较大的几何对象构造较小的几何对象. 往往我们更需要利用相反的过程, 即利用 "商" 的逆运算来从较小的几何对象出发构造较大的几何对象, 也就是利用 "乘法" 来构造更复杂的几何体. 比如, 两个 1 维球 B^1, 即两条线段 $[0,1]$ 可以通过乘法 (或积) 构造一个 2 维球 B^2, 即圆盘 $B^2: x^2 + y^2 \leqslant 1$. 实际上两个闭区间的乘积恰好是一个矩形, 即大家熟知的卡氏积 (笛卡尔乘积):

$$[0,1] \times [0,1] = \{(x,y) \mid 0 \leqslant x, y \leqslant 1\}.$$

注意, 在拓扑学中矩形就是圆盘.

更一般地, 平面可以看成是其上任意两条交叉直线的乘积, 即 $\mathbb{R}^2 = \mathbb{R} \times \mathbb{R}$. 矩形 $a \leqslant x \leqslant b, c \leqslant y \leqslant d$ 可以看成是其两条邻边的乘积, 即

$$\{(x,y) : a \leqslant x \leqslant b, c \leqslant y \leqslant d\} = [a,b] \times [c,d].$$

长方体可以看成是其同一顶点上的三条棱的乘积, 即

$$\{(x,y,z) : a \leqslant x \leqslant b, c \leqslant y \leqslant d, e \leqslant z \leqslant f\} = [a,b] \times [c,d] \times [e,f].$$

n 维球 B^n 恰好是 n 个 1 维球 $B^1 = [0,1]$ 的乘积, 即

$$B^n = \underbrace{B^1 \times B^1 \times \cdots \times B^1}_{n \, \text{个}}.$$

无顶也无底的圆柱面可以看成是乘积 $\mathbb{R} \times (\mathbb{R}/\mathbb{Z}) = \mathbb{R} \times S^1$. 前面我们已讨论过. 最重要的乘积之一, 即两个圆周的乘积: $S^1 \times S^1$. 直观地, 这个图形相当于在一个圆周 (不妨设其在地板上) 的每一个点上放置一个与地板垂直的圆周, 这就是 2-环面 T^2. 实际上, 由于 $S^1 = \mathbb{R}/\mathbb{Z}$ 以及 $(\mathbb{R} \times \mathbb{R})/(\mathbb{Z} \times \mathbb{Z}) = T^2$, 因此,

$$S^1 \times S^1 = (\mathbb{R}/\mathbb{Z}) \times (\mathbb{R}/\mathbb{Z}) = (\mathbb{R} \times \mathbb{R})/(\mathbb{Z} \times \mathbb{Z}) = T^2.$$

n 个圆周的乘积称为 n 维环面, 记为 T^n, 即

$$T^n = \underbrace{S^1 \times S^1 \times S^1 \times \cdots \times S^1 \times S^1}_{n 个}. \tag{5.3.8}$$

当 $n \geqslant 3$ 时, 环面 T^n, 如同球面 S^n 和其他 n 维曲面一样, 将从我们的视野里消失而只存在于我们的心中. 数学与心灵同在!

　　如果乘法与除法双管齐下, 则还可以有更大的惊喜. 比如, 不难看出 2-球面 S^2 可以用乘法与除法表达成

$$S^2 = [0,1] \times [0,1]/\{(x,0) \sim (1,1-x), (0,y) \sim (1-y,1) : 0 \leqslant x, y \leqslant 1\}.$$

请读者画图以证实之.

　　实际上, 正方形 $[0,1] \times [0,1]$ 关于其 4 条边共有 $C_4^2 = 6$ 种不同的商. 除了上述 2-环面与 2-球面外, 请读者思考一下 $[0,1] \times [0,1]/\{(0,y) \sim (1,1-y) : 0 \leqslant y \leqslant 1\}$ 是什么流形? 这是将正方形的两组平行边中的一组平行边对角 (即扭 π) 粘合 (另一组平行边不动从而变成了一个圆周), 所以该流形正是著名的 **"莫比乌斯带"** (Möbius trip).

　　类似地, 商 $[0,1] \times [0,1]/\{(x,0) \sim (1-x,1), (0,y) \sim (1,1-y) : 0 \leqslant x, y \leqslant 1\}$ 是将正方形的两组平行边分别对角粘合, 因此所得流形恰好是所谓 **"射影平面"** $\mathbb{R}P^2$. 见如下示意图:

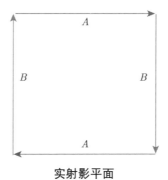

实射影平面

　　如果我们作商 $[0,1] \times [0,1]/\{(x,0) \sim (1-x,1), (0,y) \sim (1,y) : 0 \leqslant x, y \leqslant 1\}$, 即将正方形的一组平行边平行粘合, 同时将另一组平行边对角粘合, 则可以得到另一个著名的不可定向流形 —— **"克莱因瓶"** (Klein bottle), 一般记为 K^2.

　　最后, 请读者思考商 $[0,1] \times [0,1]/\{(0,y) \sim (1,y) : 0 \leqslant y \leqslant 1\}$ 是什么流形? 不错, 这只是将正方形的一组平行边粘合, 所以我们得到了再熟悉不过的圆柱面 C^2.

　　细心的读者可能注意到, 与正方形关于其 4 条边的其余 4 种商相比, 莫比乌斯带与圆柱面的构造仅使用了其中 2 条边, 没有使用的两条边恰好构成了莫比乌斯

带与圆柱面的边缘. 因此, 莫比乌斯带与圆柱面都是有边的曲面. 其余 4 种 (即球面 S^2, 环面 T^2, 射影平面 $\mathbb{R}P^2$ 与克莱因瓶 K^2) 均为无边曲面, 即闭曲面. 利用连通和还可以知道, 克莱因瓶 K^2 是两个射影平面 $\mathbb{R}P^2$ 的连通和, 即

$$K^2 = \mathbb{R}P^2 \sharp \mathbb{R}P^2. \tag{5.3.9}$$

因此, 最基本的 2 维闭流形是球面 S^2, 环面 T^2 以及射影平面 $\mathbb{R}P^2$. 实际上, 有下述分类定理.

2 维闭流形分类定理　1. 连通的 2 维可定向 (orientable) 闭流形必定同胚于 2-球面 S^2, 环面 T^2 或 n-环面.

2. 连通的 2 维不可定向 (nonorientable) 闭流形必定同胚于若干个射影平面 $\mathbb{R}P^2$ 的连通和.

所谓可定向流形的意思是该流形上有我们通常的东南西北等 "方向" 概念, 比如莫比乌斯带与射影平面均没有 "方向" 的概念, 所以是不可定向流形. 由此可知, 连通的可定向的 2 维闭流形实际上是由 2-球面 S^2 上安装的圆柱面 (称为 "柄" (handle)) 的个数 g 确定的, 此数称为该流形的 "**亏格**" (genus). 因此, 2-球面 S^2 是唯一的亏格为 0 的 2 维闭流形, 2-环面 T^2 是唯一的亏格为 1 的 2 维闭流形, n-环面是唯一的亏格为 n 的 2 维闭流形, 等等. 见如下示意图:

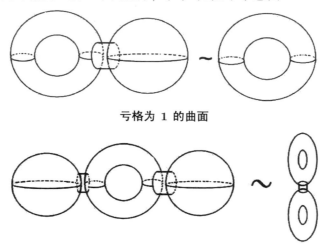

亏格为 1 的曲面

亏格为 2 的曲面

2 维流形的分类定理在庞加莱猜想之前既已熟知. 由此定理知, 单连通的 2 维闭流形有且仅有 2-球面一种 (这是庞加莱猜想的基础), 所以庞加莱本人可以轻松证明 2 维庞加莱猜想. 庞加莱当然也希望能够得到任何维数的流形分类, 而庞加莱猜想就应该是高维流形分类的起点 —— 因为 n-球面是最简单的 n 维闭流形. 既然

2-球面的特征是单连通 (的闭流形), 那么单连通性是否也是 n-球面的特征呢? 或者, 究竟什么才是拓扑空间最本质的东西? 更一般地, 有什么较为简单的数学概念或方法可以用来区分拓扑空间? 一个简单的例子是, 去掉一个点的平面和去掉两个点的平面同胚吗? (答案: 这两个流形尽管有相同的维数和几乎一模一样的形状, 但它们无法连续地相互转化, 因此它们是不同胚的两个流形.)

5.3.5   洞察秋毫 —— 空间的秘密: 代数

庞加莱意识到, 平面上 "洞" 的个数与 2 维球面的单连通性类似, 是拓扑空间最基本的特征, 具有普遍的意义. 粗略地说, 拓扑空间 X 上 $n\,(n \geqslant 0)$ 维 "洞" (hole) 的个数称为 X 的 n 维 "贝蒂[1]数" (Betti number), 记为 $b_n(X)$ 或 b_n. 大家一定还记得大名鼎鼎的关于凸多面体的欧拉示性数公式 (5.2.1): $v - e + f = 2$, 实际上对一般的拓扑空间 X, 该公式具有更一般的形式 (称为欧拉–庞加莱示性数公式):

$$\chi(X) = b_0 - b_1 + b_2 - b_3 + \cdots = \sum_{k=0}^{\infty} (-1)^k b_k, \tag{5.3.10}$$

此数称为拓扑空间 X 的**欧拉–庞加莱示性数**. 对凸多面体 (空心的) 而言, 其 $b_0 = 1$(因为凸多面体都是连通的), $b_1 = 0, b_2 = 1$(因为凸多面体与2-球面同胚), 所以其欧拉–庞加莱示性数为 $1 - 0 + 1 = 2$, 即经典的欧拉示性数公式. 同胚的拓扑空间具有相同的贝蒂数, 即贝蒂数是拓扑不变量. 贝蒂数非常简单又如此重要, 所以拓扑学历史上很长一段时间内的最重要的研究对象就是贝蒂数, 以至于隐藏在贝蒂数背后的深层意义要到庞加莱身后十多年才能由被爱因斯坦誉为历史上最伟大的女数学家艾米·诺特[2]揭开.

诺特 1907 年在德国爱尔兰根大学获得博士学位后在该校数学研究所无薪任职长达七年. 1915 年应希尔伯特和克莱因邀请加盟哥廷根大学, 仍无任何报酬. 希尔伯特为此对学校当局发出了 "大学不是澡堂" 的怒吼, 但仍无济于事. 彼时, 爱因斯坦正在哥廷根大学作关于广义相对论的系列演讲, 主题是他本人与希尔伯特几乎同时独立发现的, 在广义相对论中具有核心地位的 **"爱因斯坦场方程"** (Einstein field equation)—— 第一个使用 "黑洞" (black hole) 一词的著名美国科学家、爱因斯坦的超级粉丝约翰·惠勒[3]对爱因斯坦场方程有一个著名评价: "物质告诉时空如何弯曲, 时空告诉物质如何运动"(Matter tells space-time how to curve and space-time tells matter how to move). 正是在这个伟大的时刻, 希尔伯特希望诺特能对广义相

---

① Enrico Betti, 1823–1892, 意大利数学家.

② Emmy Noether, 1882–1935, 德国女数学家, 现代代数学的奠基者, 诺特环以其命名. 对理论物理有重大贡献, 关于对称性与守恒律的诺特定理被称为理论物理的基石.

③ John Wheeler, 1911–2008, 美国著名科学家, 普林斯顿大学教授, 获得过包括美国国家科学奖、富兰克林奖、爱因斯坦奖和沃尔夫奖等众多大奖.

对论的数学理论有所突破. 诺特果然不负所托, 在广义相对论这个完全不同的领域大显身手, 证明了关于对称性与守恒量的诺特定理, 该定理被认为是理论物理学的 "毕达哥拉斯定理". 随后的 8 年, 诺特在无薪的岗位上耕耘不辍, 终于在代数学领域大放异彩, 建立了现在称为 "抽象代数学" (abstract algebra) 的现代代数学. 在代数学中, 诺特一词的英文形容词 "Noetherian" 出现的频率超过所有其他人名形容词出现的频率总和. 领袖的作用在于培养并引导追随者. 诺特对青年学者以及学生尤其热情而慷慨. 她指导过的许多博士研究生出师后都赫赫有名, 其中包括英年早逝的我国著名学者曾炯之[1]. 诺特应邀在 1932 年苏黎世第九届国际数学家大会上作大会报告 —— 史上第一位在国际数学家大会上作大会报告的女数学家 (迄今为止一共两位), 宣告了其作为现代代数学奠基人的学术地位. 前面提到的荷兰数学家范德瓦尔登在哥廷根大学与诺特合作研究一年, 大受裨益. 范德瓦尔登后来在其名著《代数学》中总结发展了诺特的代数学理论并以此名扬天下.

1926 年, 诺特为两位在哥廷根大学的来访者 —— 保尔·亚历山德罗夫[2] 与海因兹·霍普夫[3]指点迷津: 对拓扑空间 X 真正起作用的不是贝蒂数 b_n, 而是和贝蒂数密切相关的一个 Abel 群 —— 称为 X 的 n 维同调群, 记为 $H_n(X)$(代数学中常称此为 X 的第 n 个同调群). 该同调群的所谓 "自由部分" 恰好是 $\mathbb{Z}^{b_n}$, 即 b_n 个 $\mathbb{Z}$ 的直和构成的 Abel 群, 其中贝蒂数 b_n 称为该 Abel 群的秩. 亚历山德罗夫与霍普夫由此将庞加莱建立的代数拓扑学推向了新高峰 —— 同调理论. 这次拓扑学与代数学的联姻, 是数学史上不同数学分支第一次真正意义上的融合 —— 拓扑学创造代数概念, 代数学推动拓扑发展. 从这个意义上说, 正是诺特对拓扑学的指点江山开创了数学各个不同分支交叉融合的新纪元. 我们即将看到诺特的真知灼见: 即使 X 的某个贝蒂数 $b_n = 0$, 其相应的同调群仍然可能不为 0.

拓扑空间的贝蒂数与同调群比较容易计算. 比如, 0 维贝蒂数 b_0, 即 0 维 "洞" 的个数就是连通分支的个数. 因此, 如果拓扑空间 X 是连通的, 则 $b_0 = 1$, 于是所有连通的拓扑空间 X 的 0 维同调群 $H_0(X) = \mathbb{Z}$; 特别地, $H_0(S^n) = H_0(B^n) = H_0(T^n) = \mathbb{Z}$. 1 维贝蒂数 b_1 是 1 维洞, 即由圆周围成的洞的个数. 于是, 圆周 S^1 的 1 维贝蒂数 $b_1(S^1) = 1$. 但 2-球面上的任何圆周都可以收缩成点, 所以 2-球面以及更高维的球面 S^n $(n \geqslant 2)$ 均无 1 维的洞, 即 $b_1(S^2) = 0$, 但 2-球面 S^2 显然包围着一个 2 维的洞 (它是 2 维球 B^2 挖空所得), 所以 $b_n(S^n) = 1$. 另外, 圆周 S^1 上面显然没有 2 维或者更高维的洞, 类似地 n-球面 S^n 上面显然没有 n 维或者更高维的洞, 因

①曾炯之, 1897–1940, 中国著名代数学家. 苏步青先生对曾炯之的评价: 创新海外, 为国争光; 曾氏定理, 举世流芳!
②Pavel Alexandroff, 1896–1982, 苏联著名数学家与教育家, 对代数拓扑学有重大贡献. 其学生无不卓越非凡, 包括亚历山大·库洛什, 列夫·庞德利亚金和安德列·吉洪诺夫, 其中库洛什是我国著名代数学家刘绍学 (生于 1929 年) 的导师.
③ Heinz Hopf, 1894–1971, 德国著名数学家, 对数学的多个分支有重大贡献.

此 $b_m(S^n) = 0\,(m > n)$. 一般地, 有

$$H_0(S^0) = \mathbb{Z} \oplus \mathbb{Z}, \qquad\qquad H_k(S^0) = 0, \quad k > 0,$$

$$H_0(S^n) = H_n(S^n) = \mathbb{Z}, \qquad H_k(S^n) = 0, \quad 0 < k < n \ \text{或} \ k > n,$$

$$H_0(T^2) = H_2(T^2) = \mathbb{Z}, \qquad H_1(T^2) = \mathbb{Z} \oplus \mathbb{Z}, \quad H_k(T^2) = 0, \quad k > 2.$$

再来考查实射影平面 $\mathbb{R}P^2$. 我们已经知道 $\mathbb{R}P^2$ 可以由正方形对边对角粘合而得, 如下图所示:

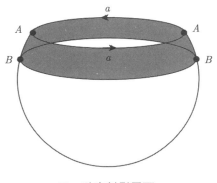

另一种实射影平面

可以看出, $\mathbb{R}P^2$ 上的闭曲线 ABA 并不能包围一个区域, 我们需要再绕 "一倍" $(ABABA)$ 才能包围该实射影平面上的一个真正区域. 因此, 尽管实射影平面 $\mathbb{R}P^2$ 上并没有 "洞", 即其 1 维贝蒂数 $b_1 = 0$, 但 $\mathbb{R}P^2$ 的 1 维同调群不为 0, 而是 $H_1(\mathbb{R}P^2) = \mathbb{Z}/2\mathbb{Z}$. (果然不出诺特所料, 谁说女子不如男!)

无论如何, 我们从上面的公式不难看出, 同调群确实可以区分不同维数的球面 S^n. 更进一步, 庞加莱及其后的数学家证明了同调群是一个拓扑不变量, 即同胚的拓扑空间具有相同的同调群. 因此, 如果两个拓扑空间的某个同调群不一样, 则它们必然不同胚. 如果反过来也对, 就可以利用同调群来分类拓扑空间了. 所以庞加莱提出了下述庞加莱猜想:

庞加莱猜想的原始版本(1900 年)　　如果 3 维闭流形的同调群与 3-球面 S^3 的同调群相同, 则该流形必定与 S^3 同胚.

庞加莱不久就给出了上述猜想的一个 "证明", 这是历史上关于庞加莱猜想众多错误证明中的第一个. 但是, 庞加莱本人很快意识到上述 "猜想" 是错的, 因为他构造了一个被称为庞加莱同调球的著名反例 (稍后将给出具体构造), 该流形具有和 3-球面 S^3 完全相同的同调群, 但仅是连通而不是单连通的 (第 0 个同调群不能区

分连通与单连通), 因此不与 3-球面 S^3 同胚. 所以, 具有相同同调群的两个拓扑空间可能并不是同胚的. 单连通如此不可或缺, 庞加莱于是将原始猜想修正为我们现在看到的样子.

庞加莱猜想(1904年)   单连通的 3 维闭流形必定与 3-球面 S^3 同胚.[①]

我们知道, 庞加莱猜想的实质是理解最简单的拓扑空间 —— 球面, 而拓扑学的根本意义在于理解所有的拓扑空间. 数学家们想到了研究一般拓扑空间的一个绝妙办法: 既然 n-球面 S^n 是最简单的 n 维拓扑空间, 自然应该拿任何一个拓扑空间 X 与 S^n 作比较, 即研究 S^n 到 X 的所有 (本质不同的) 连续映射. 这相当于说, 在拓扑空间 X 上观察不同维数的球面. 比如, S^1 到平面 $\mathbb{R}^2$ 的每一个连续映射都是一个封闭曲线, 而所有的这些封闭曲线均可以连续互变. 经过数学上精心处理 (稍后我们将展示 $n = 1$ 时的技术细节) 的这些连续映射的等价类 (称为**同伦类**, homotopy class) 的集合全体记为 $\pi_n(X)$. 这些 $\pi_n(X)$ 具有非常好的数学结构, 称为拓扑空间 X 的第 n 个同伦群(homotopy group). 可以证明所有同伦群 $\pi_n(X)$ 都是拓扑不变量.

拓扑空间 X 的第一个同伦群 $\pi_1(X)$ 又称为 X 的**基本群**(foundamental group, 庞加莱于 1892 年定义, 实际上约当早在 1866 年既已研究了拓扑空间的基本群, 不过他没有使用群的术语), 其中的元素是 X 中圆周的 "同伦类": X 上的两个圆周 (即与圆周同胚的闭曲线) 称为是同伦的, 是指它们可以连续变形相互转换. 注意, 如果一个圆周能够连续变为一个点, 则该圆周称为**零伦**的, 其所在的同伦类也记为 "0" 或 "1".

1 维球 B^1 上没有任何圆周, 所以其基本群为 0, 即 $\pi_1(B^1) = 0$; 1 维球面 S^1 本质不同的圆周就是自身, 所以其基本群 $\pi_1(S^1) = \mathbb{Z}$ (其中的整数 k 可以理解为圆周旋转的圈数, 正负号可以理解为逆时针或顺时针旋转). 不过, 拓扑空间 "8" 的基本群就比较复杂了, 因为我们有两个 "本质不同的" 圆周, 不妨将上、下圆周分别记为 a 与 b, 于是拓扑空间 "8" 的基本群是所谓秩为 2 的自由群 $<a, b>$, 其中的元素形如 $a^5 b^{-2} a^{-3} b^7$ (表示上面的圆周 a 逆时针旋转 5 圈, 再下面的圆周 b 顺时针旋转 2 圈, 再上面的圆周 a 顺时针旋转 3 圈, 最后下面的圆周 b 逆时针旋转 7 圈). 对 2 维球 B^2, 其上每个圆周都可以连续变形为点, 所以所有圆周均是零伦的, 因此 $\pi_1(B^2) = 0$; 2 维球面 S^2 是单连通的, 其上每个圆周都可以连续变形为点, 因此 $\pi_1(S^2) = 0$; 类似地, 可以得到 2-环面 T^2 的基本群为 $\pi_1(T^2) = \mathbb{Z} \oplus \mathbb{Z}$ —— 因为 T^2 上恰好有两个本质不同的不能收缩成点的圆周 (经圆与纬圆).

我们再来研究拓扑空间最重要的性质之一 —— 单连通性. 单连通的拓扑空间

[①] 原文见 H. Poincaré, Cinquième complement a Vanalysis situs, Rend. Circ. Mat. Palermo 18(1904), 45–110.

的基本群是什么? 类似于上面提到的例子, S^1 到平面 $\mathbb{R}^2$ 的任何两个不同的连续映射都是同伦的, 不难看出, 单连通的拓扑空间, 其基本群都是 0. 反过来, 如果一个拓扑空间 X 的基本群等于 0, 那就是说, S^1 到 X 的任何两个不同的连续映射都是同伦的, 因此任何两个闭曲线均可以连续相互变形, 所以 X 上的任何一个闭曲线均可以连续收缩成点 (点是特殊的闭曲线 —— 常值映射), 即 X 是单连通的. 所以, 一个拓扑空间是单连通的当且仅当其基本群为 0.

所以, 基本群较之同调群 (我们知道, 第一个同调群仅仅表达了连通性) 至少在连通性问题上大为精确. 然而, 同伦群较之同调群的计算复杂度大为增加 (粗略地说, 同伦群易定义但难计算, 而同调群难定义但易计算), 比如, 很难快速看出 $\pi_n(S^2)$ 与 $\pi_n(T^2)$ 是什么? 实际上当 $n \geqslant 2$ 时, 有 $\pi_n(T^2) = 0$, 但对一般的 m 与 n, $\pi_n(S^m)$ 等于什么尚未完全解决 (相应的同调群则非常简单, 见前段), 下面的定理从侧面反映出该问题的复杂性.

罗克林定理 当 $n \geqslant 5$ 时, 有 $\pi_{n+3}(S^n) = \mathbb{Z}_{24}$; 当 n 充分大时, 有

$$\pi_{n+4}(S^n) = \pi_{n+5}(S^n) = 0, \quad \pi_{n+6}(S^n) = \mathbb{Z}_2.$$

使用基本群的语言, 3 维庞加莱猜想可以叙述为

3 维庞加莱猜想 具有平凡基本群的 3 维闭流形必定与 3-球面 S^3 同胚.

庞加莱当然想将 3 维的猜想推广至任意 $n \geqslant 4$ 维. 然而这是不对的. 1919 年, 詹姆斯·亚历山大[1]证明了单独用同伦群或单独用同调群都不能刻画 $n \geqslant 4$ 维球面, 所以正确的庞加莱猜想必须使用更强的条件, 这就是拓扑学中另一个最基本的概念, 即所谓 **"同伦等价"** (homotopy equivalent). 直观地说, 如果一个拓扑空间 X 可以连续地变形为另一个拓扑空间 Y, 则称 X 与 Y 是同伦等价的. 比如, 任何球 B^n 可以连续变形为一个点, 因此任何单点构成的拓扑空间与实心球 B^n 是同伦等价的; 然而任何球面 S^n 均不能连续变形为一个点, 所以球面与单点不是同伦等价的. 同伦等价的精确定义如下:

同伦等价的定义 设 X 与 Y 是两个拓扑空间. 如果存在两个连续映射 $f: X \longrightarrow Y$, $g: Y \longrightarrow X$, 使得 fg 与恒等映射 $I_X: X \longrightarrow X$ 同伦, gf 与恒等映射 $I_Y: Y \longrightarrow Y$ 同伦, 则称 X 与 Y 是**同伦等价的** (拓扑空间), 映射 f 与 g 称为**同伦等价 (映射)**.

显然, 同胚的拓扑空间必然同伦等价, 因为同胚映射显然就是同伦等价的. 但

---

[1] James Waddel Alexander, 1888–1971, 美国著名拓扑学家, 普林斯顿高等研究院无薪教授 —— 亚历山大本人及家族都是富豪.

反之不对, 因为我们已经看到, 维数是同胚不变量 (即同胚的拓扑空间具有相同的维数), 但不是同伦不变量. 当然, 同伦等价的拓扑空间具有相同的同伦群 (因此也具有相同的同调群), 但与同调群一样遗憾的是, 同伦群仍然不足以分类拓扑空间. 也就是说, 具有相同同伦群的两个拓扑空间未必是同伦等价的, 更不用说是同胚的了. 即使最简单的拓扑空间, 即 4 维及更高维的球面也不能被其同伦群完全确定, 换句话说, 存在 n 维闭流形 X, 其与 n-球面 S^n 具有完全相同的同伦群, 但 X 不与 S^n 同胚! 所以, 高维的庞加莱猜想需要更强一点的条件.

一般地, 将与 n-球面具有相同同调群的 n 维闭流形称为**同调球面**(homology sphere), 而将与 n-球面同伦等价的 n 维闭流形称为**同伦球面**(homotopy sphere). 于是, n 维同伦球面与 n-球面具有相同的同伦群和同调群, 但它必然与 n-球面同胚吗? 这就是高维的庞加莱猜想 (也称为广义庞加莱猜想).

广义庞加莱猜想 每个具有平凡基本群的 n 维同伦球面必定与 n 维球面 S^n 同胚. (A sphere like a sphere is a sphere.)

此问题的难度起初显然是被大大低估了. 继庞加莱本人的错误问题和错误证明 30 年之后的 1934 年, 德高望重的 73 岁著名英国数学家、哲学家与逻辑学家阿尔弗雷德 • 怀特海[①](时任哈佛大学哲学教授) 给出了又一个被记入史册的著名 "证明" —— 怀特海宣称自己证明了一个可以推出庞加莱猜想的更强命题.

怀特海命题 任何可缩的 3 维开流形必定与 3 维欧氏空间 $\mathbb{R}^3$ 同胚.

此处的 "开流形" 是指非紧无边流形, 可以理解成闭流形的内部, 比如 3 维球 B^3 去掉其边缘 S^2 即得一个 3 维开流形. 一个拓扑空间称为 "可缩" 的, 是指其可以连续变形为一个点. 可缩的拓扑空间当然是单连通的 (反之不对, 比如 2-球面). 和庞加莱一样, 怀特海也很快发现了自己的错误, 因为他构造了一个 3 维可缩开流形 M, 但其一个紧子流形 K 的补集 $M \setminus K$ 却不是单连通的, 所以 M 不与 $\mathbb{R}^3$ 同胚 —— 后者的任何紧子流形的补集都是单连通的 (想想在我们居住的 3 维空间中任意挖有限个洞). 有趣的是, 怀特海用以否定自己对庞加莱猜想的证明中构造的这个反例 —— 称为**怀特海流形**(Whitehead manifold), 随后将变得异常著名而被载入史册. 弥补错误的最好方法是使之成为历史.

庞加莱与怀特海并不孤独. 在人类与庞加莱猜想激烈搏斗的一个世纪里, 另外一些大名鼎鼎的数学家也 "贡献" 过错误的证明, 其中一些错误建立在已有的未被发觉的错误之上, 因此非常隐蔽, 足以乱真. 但这些错误带来的并不全是负面的影响, 比如怀特海流形就揭示了 3 维流形与 2 维流形之间的深刻差别 (2 维怀特海命

① Alfred Whitehead, 1861–1947, 英国数学家、哲学家和教育理论家, 与诺贝尔文学奖得主, 他的学生罗素合写的著作《数学原理》是数学、哲学和逻辑学的经典著作.

题是真命题). 进步往往就是不断犯错并改错的过程 (所以, 不犯错误经常意味着退步). 数学家们逐渐认识到, 单纯寻找庞加莱猜想的证明途径可能并不是正确的选择, 因为庞加莱猜想的实质是需要在众多形色各异的流形里正确地将"球面"区分出来. 因此, 一个一劳永逸的做法是模仿 1 维与 2 维的情形, 将所有 3 维及更高维的流形作一个完全的分类. 这样, 不但庞加莱猜想的正确与否将一目了然, 而且人类将至少在抽象的层面理解了所有可见与不可见的形状, 由此证明思维是宇宙的真正主宰. 一切都将消失, 唯有数学永恒.

然而, 美好的梦想总是那么短暂. 在 1958 年爱丁堡举行的第十三届国际数学家大会上, 苏联数学家亚历山德洛维奇·马尔科夫[1]给了对分类所有高维流形满怀憧憬的全世界数学家致命一击. 马尔科夫证明了下述不可判定定理(undecidability theorem):

马尔科夫定理(1958 年)　维数大于等于 4 的拓扑流形的分类是算法不可解的.

马尔科夫的论文 (原文为俄语) 可参见:

Markov A. A.. Insolubility of the problem of homeomorphy (Ruassian). Proceedings of the International Congress of Mathematicians, 14–21 August 1958, Cambridge at the University Press 1960, pp. 300–306. (英文翻译: Aleksandr Aleksandrovich Markov, The insolubility of the problem of homeomorphy, Dokl. Akad. Nauk SSSR 121 (1958), 218–220.)

粗略地说, 不存在算法以判断任意两个 $n \geqslant 4$ 维流形 X 与 Y 是否同胚. 我们永远不能战胜 4 维以及更高维的流形! 人类又一次被自己的创造物所击败. 也许大大出乎庞加莱的意料, 3 维流形中最简单的 3-球面 S^3 即折磨人类几乎整整一个世纪, 遑论其他. 不过, 马尔科夫的不可判定定理更加体现出庞加莱猜想的可贵. 尽管我们也许不能分清楚所有高维的拓扑空间, 但我们应该能够认识其中最简单的球面吧! 贾平凹在《废都》中调侃教师: "九类公民为教员, 山珍海味认不全. "马尔科夫的不可判定定理的另一种形式为: "一等生物为人类, 高维流形学不会. "庞加莱猜想的另一种形式为: "2 维球面单连通, 3 维球面跟屁虫. "注意, 尽管马尔科夫的不可判定定理并没有涉及 3 维流形的分类问题, 但时人普遍认为 3 维流形的分类问题即使可解, 恐怕也是非常遥远的事情. 但无论如何, 人类挽回颜面的唯一机会只有完全分类 3 维流形. 所以, 马尔科夫的结果促使拓扑学家开始行动, 他们为挽回人类的尊严而夜以继日地与 3 维流形战斗, 尽管这时的庞加莱猜想已经是广义 (即任意维) 的了.

---

[1] Andrey Andreyevich Markov Jr., 1903–1979, 苏联著名数学家.

本节练习题

1. (1) 试证明高维单位球面体积的递推公式: $V_{n+2} = V(B^{n+2}) = \dfrac{2\pi}{n+2} V_n.$ (提示: $B_{n+2}: x_1^2 + \cdots + x_n^2 + y^2 + z^2 \leqslant 1$ 可写成 $x_1^2 + \cdots + x_n^2 \leqslant 1 - y^2 - z^2$, 因此

$$V_{n+2} = \int_{x_1^2 + \cdots + x_n^2 + y^2 + z^2 \leqslant 1} \mathrm{d}x_1 \cdots \mathrm{d}x_n \mathrm{d}y \mathrm{d}z = \int_{y^2+z^2 \leqslant 1} \mathrm{d}y \mathrm{d}z \int_{x_1^2 + \cdots + x_n^2 \leqslant 1 - y^2 - z^2} \mathrm{d}x_1 \cdots \mathrm{d}x_n,$$

对内层积分作变量替换 $x_i = t_i(1 - r^2)^{1/2}, r^2 = y^2 + z^2$, 对外层积分作普通极坐标变换, 即可得

$$V_{n+2} = \int_0^{2\pi} r \mathrm{d}r \mathrm{d}\theta \int_{t_1^2 + \cdots + t_n^2 \leqslant 1} (1 - r^2)^{n/2} \mathrm{d}t_1 \cdots \mathrm{d}t_n = V_n \int_0^{2\pi} (1 - r^2)^{n/2} r \mathrm{d}r \mathrm{d}\theta = \dfrac{2\pi}{n+2} V_n. \Bigg)$$

(2) 由上面的递推公式计算 n 维单位球面的体积公式和表面积公式. (当然 $V_1 = 2, V_2 = 2\pi$, 于是可设 $V_0 = 1$)

2. 请问 $S^1 \times S^1 / \{(x, y) \sim (y, x): 0 \leqslant x, y \leqslant 1\}$ 是什么流形? (需要点想象力哦: 该流形是 2-环面的商, 即将 2-环面上关于中心圆周对称的点粘合所得, 于是中心圆周变成了边界. 所以该流形是莫比乌斯带.)

3. 在实射影平面 $\mathbb{R}P^2$ 上挖一个洞所得到的曲面是什么?

第四节　海阔天空 —— 高维的召唤

低处不胜寒, 高维尽开颜.

5.4.1　海阔天空 —— 斯梅尔: 高维无限风光

当著名数学家们屡战屡败, 屡败屡战拼搏在 3 维庞加莱猜想的战场之际, 一个年轻人独辟蹊径, 横空出世, 他就是当代数学界的传奇之一, 我们在第四章提到过的美国数学家斯梅尔.

一般来说, 数学问题随着维数的增加其难度也相应增加. 比如, 解一元二次方程大家都能手到擒来, 但解二元二次方程就可能颇费周折, 而解一般的五元二次方程则是天方夜谭了. 拓扑学的问题当然也应该如此. 再加上马尔科夫不可判定定理, 几乎所有拓扑学家都在为最低维的 (3 维) 庞加莱猜想奋斗, 只有斯梅尔例外 —— 但凡震撼, 必然例外. 斯梅尔的想法 (1959 年左右) 在当时看起来简直异想天开: 虽然 3 维黑灯瞎火走投无路, 但高维的庞加莱猜想未必不在灯火阑珊处. 不过, 作为

刚刚出道的新人, 尽管当时斯梅尔通过证明所谓斯梅尔悖论 —— 球面可以光滑地
将里面翻转到外面这个令人吃惊的结论而崭露头角, 他仍然深知此事非同小可, 所
以他关于庞加莱猜想的研究悄无声息 (费马大定理中谷山的悲剧还历历在目). 1961
年, 在里约热内卢风光旖旎的海滩上, 斯梅尔证明了一个强悍无比的著名拓扑学定
理, 即所谓 "h-配边定理" (字母 "h" 表示同伦 "homotopy"):

> **h-配边定理**　设 W 是紧光滑流形, 其边缘包含两个均与 W 同伦等价的分
> 支 V 与 V'. 如果 V 是单连通的 (从而 V' 也是), 且维数 > 4, 则 W 必与 $V \times [0,1]$ 微
> 分同胚, V 必与 V' 微分同胚.

所谓 "微分同胚" 是指两个同胚空间可以建立光滑的 (即无限次可微的) 同胚映
射. 按照 1 维连通流形的分类定理可知, 1 维的 h-配边定理是显然的, 因为连通的 1
维带边紧流形只有 1 维球, 即闭区间 $[0,1]$, 其边缘的两个分支都为点; 连通的 2 维
带边紧流形也仅有 2 维球, 即圆盘 B^2 和莫比乌斯带, 它们的边缘都只有一个分支,
即圆周 S^1 —— 而圆周不是单连通的, 所以符合 h-配边定理的 2 维流形不存在. 但
我们可以考查无顶面和底面的有界圆柱面 W (比如其方程为 $x^2 + y^2 = 1, 0 \leqslant z \leqslant 1$)
来理解 2 维的 h-配边定理 (尽管此曲面并不满足 h-配边定理的条件): 此时 W 的边
缘 ∂W 包含两个分支

$$V: x^2 + y^2 = 1, z = 0 \quad 与 \quad V': x^2 + y^2 = 1, z = 1$$

(注意此处与 h-配边定理的差别: V 与 V' 都不是单连通的) 与 W 是同伦等价的. 显
然 W 与 $V \times [0,1]$ 同胚, V 与 V' 同胚. 3 维的 h-配边定理本质上就是庞加莱猜想
—— 它是对的, 但斯梅尔要等上 40 多年才能看到这个证明! 4 维流形的 h-配边定
理出乎意料的困难, 现在知道 (由于 3 维庞加莱猜想已变成了庞加莱定理) 其等价
于 4 维球面 S^4 上是否存在非标准的光滑结构. 5 维流形的 h-配边定理 "基本" 也是
对的, 不过定理中的 "微分同胚" 需要删去 "微分" 二字 —— 这需要等待 20 年后另
一位美国数学家米歇尔·弗里德曼[1]重装出击, 所以被斯梅尔绕开了.

h-配边定理是微分拓扑学最重要的理论结果和最重要的工具之一, 而 5 维及更
高维的庞加莱猜想不过是 h-配边定理的简单推论!

> **斯梅尔定理**　如果 X 是 $n(n \geqslant 5)$ 维光滑同伦球面, 则 X 必定与 n 维球面同
> 胚.

斯梅尔的论文如下:

Stephen Smale, Generalized Poincare's Conjecture in Dimensions Greater Than
Four, Annals of Mathematics, Second Series, V. 74(2)1961, pp. 391–406.

---

[1] Michael Freedman, 生于 1951 年, 美国加州大学圣塔芭芭拉分校教授.

这个巨大的成就足以使斯梅尔赢得翌年 (即 1962 年) 的菲尔兹奖, 但斯梅尔在密歇根大学 (1948–1956) 修业期间 (本科和博士) 加入美国共产党组织等政治原因, 使这个荣誉晚来了 4 年: 斯梅尔在莫斯科获得了 1966 年的菲尔兹奖. 现在看来, 斯梅尔当年的想法无疑是 "远见卓识". 既然历经半个世纪的 3 维庞加莱猜想依旧岿然不动, 何不尝试其他维数 (尽管只能是更高维的)? 创新往往在举手投足之间. 当然, 这种远见卓识得益于斯梅尔广泛的兴趣和博学. 除了拓扑学, 斯梅尔还对动力系统与计算理论作出过巨大贡献. 1983 年诺贝尔经济学奖得主吉拉德·德布鲁[1]的获奖致辞高度评价了斯梅尔对数理经济学的贡献, 认为其对经济学的造诣具有诺贝尔经济学奖水准. 斯梅尔还是反越战的著名领导人之一, 也是世界级的矿石标本收藏家. 斯梅尔在美国退休后任教于香港城市大学, 并于 2007 年获得沃尔夫奖.

5.4.2 绝无仅有 —— 弗里德曼: 4 维风景独好

确实难以想象, 3 维与 4 维的拓扑学居然比高维更为复杂, 4 维庞加莱猜想的证明还要等上 20 年 (3 维的庞加莱猜想甚至要等上 40 年)! 高维拓扑空间与低维 (特指 2 维与 3 维) 拓扑空间相比的一个本质区别在于从 4 维开始, 拓扑空间未必一定是光滑的 —— 当然, 4 维庞加莱猜想的主角, 4 维球面 S^4 仍然是光滑的. 加上马尔科夫的不可判定定理, 迈克尔·弗里德曼决定分类单连通且几乎光滑的 4 维闭流形. 所谓 "几乎光滑流形" 是指除去一点之外是光滑的流形. 1983 年, 弗里德曼证明, 单连通几乎光滑的 4 维闭流形的完全分类仅仅依赖于两个简单的不变量, 即 4 维流形上的**相交形式**(intersection form) ω 与科尔比–席本曼不变量(Kirby-Siebenmann invariant) $\sigma \in \mathbb{Z}_2 = \mathbb{Z}/2\mathbb{Z}$. 一个 4 维流形 M 上的所谓 "相交形式" 是 M 的 2 维同调群 $H_2(M) = \mathbb{Z} \oplus \cdots \oplus \mathbb{Z}$ 上的一个整系数对称双线性型:

$$\omega : H_2(M) \times H_2(M) \longrightarrow \mathbb{Z},$$

其行列式 $|\omega| = \pm 1$(符号由 M 的定向确定). 而 M 的科尔比–席本曼不变量 σ 实际上是 M 的 4 维上同调群 $H^4(M, \mathbb{Z}_2)$ 中的元素, 我们只需了解 σ 的取值为 0 或 1 即可.

弗里德曼根据 ω 的奇偶性 (如果对任意 $x \in H_2(M)$, $\omega(x,x)$ 均为偶, 则称 ω 为偶, 否则为奇) 将所有单连通 4 维闭流形分为两大类. 弗里德曼证明每个偶相交形式 ω 对应唯一一种单连通光滑 4 维闭流形. 有趣的是, 此时科尔比–席本曼不变量 σ 由 ω 的符号差 signature(ω) 给出 (因此不起作用), 确切地说, 有

$$\sigma = \frac{\text{signature}(\omega)}{8} \bmod 2.$$

当单连通 4 维紧流形 M 的相交形式 ω 为奇时, 弗里德曼证明 M 必是两个基本 4 维闭流形的连通和, 即光滑复射影平面 $\mathbb{C}P^2$ 与非光滑复射影平面 (fake pro-

① Gerard Debreu, 1921–2004, 美籍法国人, 美国加州大学伯克利分校经济与数学教授.

jective plane) $\mathbb{C}P^2$. 前者的科尔比–席本曼不变量 $\sigma = 0$, 而后者的科尔比–席本曼不变量 $\sigma = 1$.

终结 4 维庞加莱猜想的最后一步是弗里德曼的独创: 存在唯一的单连通且几乎光滑 (但非光滑) 的 4 维闭流形, 其相交形式 ω 恰好为 E_8 (因此是正定的、偶的). 没有最巧, 只有更巧, 该相交形式 ω 所对应的格正是亲吻问题中的 E_8 (回忆第二章, 格与正定二次型、正定矩阵三位一体)! 此流形随即亦被称为 E_8 流形, 弗里德曼记其为 $|E_8|$.

至此, 弗里德曼完成了单连通几乎光滑 4 维闭流形的完全分类. 请注意, $\omega \sim 0$ 对应的恰好就是 4 维球面 S^4! 弗里德曼就此证明了 4 维庞加莱猜想, 我们将其等价形式单列为下面的结论:

弗里德曼定理　　单连通的 4 维同伦球面必同胚于 4-球面 S^4.

弗里德曼的论文为

Michael Hartley Freedman, The topology of four-dimensional manifolds, J. Differential Geom. Volume 17, Number 3 (1982), 357–453.

正如米尔诺指出的那样, 较之高维拓扑, 4 维拓扑远为复杂. 我们作一个最粗浅的比较, 斯梅尔解决 5 维及 5 维以上的庞加莱猜想的主论文共 16 页, 而弗里德曼解决 4 维庞加莱猜想的主论文长达 97 页.

当然, 弗里德曼的上述论文除证明 4 维庞加莱猜想之外, 还包括其他大量开创性工作. 比如, 弗里德曼还发现了 4 维流形的 "奇特景致": $\mathbb{R}^4$ 上有无穷多种本质不同的微分结构! 请对照: 若 $n \neq 4$, 则与 $\mathbb{R}^n$ 拓扑同胚的光滑流形均微分同胚于通常的欧氏空间 $\mathbb{R}^n$. 换句话说, $\mathbb{R}^n$ ($n \neq 4$) 上仅有唯一的微分结构! 弗里德曼因此毫无悬念地获得了 1986 年的菲尔兹奖. 弗里德曼酷爱长跑与攀岩. 在数学领域的攀岩大功告成后, 弗里德曼开始了自己新的万里长征: 加盟加州大学圣桑塔芭芭拉分校微软 Q 站, 挑战人类最为憧憬的下一个科技革命 —— 拓扑量子计算机. 强者就是生命不息, 战斗不止.

现在, 万事俱备, 只欠 3 维. 没人能够料到, 这一等居然又是一个 20 年! 为什么 3 维最难? 因为它是我们居住的空间! 不识庐山真面目, 只缘身在此山中. (3 维拓扑空间较之高维拓扑空间难度增加的数学原因在于: 基本群的任何两个生成元之间的关系对应于映射到流形内的 2 维球 B^2, 这些球在高维流形内一般是不相交的, 因此便于处理; 然而在 3 维流形里却难以避免这些 2 维球相交, 由此带来巨大的困难. 一个更为直观的例子是我们平常打的绳结在高维空间中本质上是不存在的 —— 在高维空间中吃橘子不用剥皮.)

───────────

本节练习题

试想象 4 维流形 $S^2 \times S^2$ 的结构.

第五节　雷霆万钧 —— 几何化猜想

为什么我们义无反顾, 因为彼岸近在咫尺.

5.5.1　刚柔并济 —— 瑟斯顿: 3 维美丽无边

　　2 维可定向闭流形的分类能带给我们什么启发? 结论: 它们或者是 2 维球面 S^2 或者是若干个环面的连通和. 因此, 如果像素数一样定义在连通和意义下的 **"素流形"** (即若 $M = X \sharp Y$, 则 $X = S^n$ 或 $Y = S^n$), 则素 2 维紧流形本质上只有 2 维球面 S^2 与环面两种! 正如每个大于 1 的正整数都可以拆成有限个素数的乘积一样, 早在 1929 年, 希尔伯特的高足赫尔姆斯·科内泽[①]就证明了如下的 "3 维流形的素分解定理".

> **科内泽素分解定理**　每个可定向的 3 维紧流形可以分解为有限个素流形的连通和.

　　1962 年, 风华正茂的米尔诺证明了科内泽素分解本质上是唯一的. 所以科内泽的素分解定理地地道道是 3 维可定向闭流形的 "拓扑基本定理". 因此在弗里德曼给出单连通几乎光滑的 4 维闭流形的完全分类并因此证明了 4 维庞加莱猜想之后, 单连通的素 3 维闭流形的完全分类便成了解决 3 维庞加莱猜想的自然程序. 正确写出这张名单的人将摘下拓扑学与几何学皇冠上最后也是最大的一颗明珠 —— 终结庞加莱猜想.

　　作为低维拓扑的领袖, 威廉·瑟斯顿[②] 将毕生精力都献给了 3 维流形的研究. 他一生唯一正式出版了著作《3 维几何与拓扑》(*Three-Dimensional Geometry and Topology*, 该书获 2012 年美国数学会斯蒂尔杰出研究贡献奖 (The Leroy P. Steele Prize for Seminal Contribution to Research). 在本书导读中所表达的他对科学研究和数学教育的理念被整个数学界推崇备至, 非常值得一看 (以下摘自刘晓波译, 瑟斯顿与低维拓扑,《数学与文化》, 2013 年第 3 卷第 5 期):

> 当我们想介绍一个课题的时候, 效率最高的叙述顺序莫过于逻辑顺序, 正如很多书籍所做的那样: 先给出一堆定义, 却不解释背景和来源; 给

---

① Hellmuth Kneser, 1898–1973, 德国数学家.
② William Thurston, 1946–2012, 美国数学家, 低维拓扑的领袖, 1982 年菲尔兹奖得主.

出好多答案, 却没有先引出相应的问题. 这样一个顺序跟我们接受这个课题的心理历程截然不同. 当读者面对这样一个形式的逻辑演绎体系时, 唯一的选择就是被牵着鼻子走, 只能抱着最终能豁然贯通的希望.

　　然而数学是一个庞大且高度交叉的体系. 这个体系远远不是线性展开的. 学习数学需要始终保持活跃的思维, 不断提出问题, 不断在脑子里形成当前课题与其他内容的联系, 这样才能建立自己对这整个体系的一个感觉, 而并不仅仅是走马观花. 任何有趣的数学领域都不是自成体系的, 也不是完备的, 相反, 到处都是不完全, 到处都是自然而生却不容易通过本领域的方法技巧来解决的问题和想法. 这些不完全经常能导致看起来毫不相关的几个领域之间的联系. 人们在诠释数学时习惯于掩盖这些不完全, 这样看起来更加流畅, 然而, 一块饱和的海绵就失去了吸收的能力 ······

瑟斯顿的学士学位是生物, 不过在大学期间瑟斯顿的研究兴趣已转到了拓扑学. 在数学界, 瑟斯顿出手不凡, 他的博士导师是斯梅尔的学生威廉·赫诗[①]. 名师出高徒, 瑟斯顿在年轻有为的师父和如日中天的师爷两代人的指导下, 完成了足以奠定其拓扑学学术地位的博士论文, 其中有一个著名而漂亮的定理.

瑟斯顿分叶定理　一个闭流形存在维数为1的分叶当且仅当其欧拉示性数为0.

　　所谓 "p 维分叶" (foliation) 是指将一个流形分解成 p 维子流形的不交并. 分叶显然对理解流形的结构大有裨益. 比如, 通常的欧氏空间 $\mathbb{R}^n$ 显然存在维数为1的分叶 —— 只需将 $\mathbb{R}^n$ 分解成平行于任何一条定直线的所有直线即可 ($\mathbb{R}^n$ 也存在着余维数为1(即维数为 $n-1$) 的分叶, 因为 $\mathbb{R}^n$ 可以分解成一族平行的超平面的不交并 —— 读者可以考查将 $\mathbb{R}^3$ 分解成与 xOy 平面平行的所有平面的不交并). 同样, 2-环面 T^2 可以分解成一族平行圆周的不交并 —— 这当然是瑟斯顿分叶定理的特殊情形. 然而, 普通球面 S^2 就不存在1维分叶 (注意, S^2 确实可以分解成其上所有纬线的不交并, 然而北极与南极两个点是0维而不是1维的流形)—— 瑟斯顿分叶定理可以解释此点: 因为 S^2 的欧拉示性数不是0而是2!

　　瑟斯顿的目标当然是攀登低维拓扑学的顶峰, 即分类3维流形, 由此庞加莱猜想将迎刃而解. 瑟斯顿意识到, 仅仅用类似于2维流形分类中起决定作用的 "亏格" 等 "柔性" 拓扑不变量来分类3维流形是不可能的, 还应该利用微分几何的 "刚性" 概念, 比如 "高斯曲率". 换句话说, 柔性拓扑与刚性几何刚柔并济, 很有可能得到2维流形的 **"庞加莱单值化定理"** (Poincaré uniformization theorem) 的3维版本.

　　庞加莱单值化定理是说常曲率的2维曲面本质上只有3种, 即曲率为 +1 的球面 S^2, 曲率为0的欧氏空间 $E^2 = \mathbb{R}^2$, 以及曲率为 -1 的双曲平面 H^2, 而其他连通的

[①] William Hirsh, 生于 1933 年, 美国加州大学伯克利分校教授, 著名拓扑学家.

曲面都是这三种曲面的商及商的连通和. 确切地说, 有下面的定理:

庞加莱单值化定理　每个 2 维闭曲面 X 均共形于一个具有常高斯曲率 C 的 2 维曲面. 确切地说, 设 X 的亏格为 g, 则有下述分类定理:

(1) 若 $g = 0$, 则 $C > 0$. 此时 X 同胚于球面 S^2 的商 (典型例子: 球面 S^2 与实射影平面 $\mathbb{R}P^2$);

(2) 若 $g = 1$, 则 $C = 0$. 此时 X 同胚于欧氏空间 $\mathbb{R}^2$ 的商 (典型例子: 环面 T^2 与克莱因瓶);

(3) 若 $g \geqslant 2$, 则 $C < 0$. 此时 X 同胚于双曲平面 H^2 的商 (典型例子: 双环面 $T^2 \sharp T^2$ 与多环面).

庞加莱单值化定理是数学史上最美丽的定理之一, 没人敢相信 3 维流形也有类似的结论. 毕竟, 3 维流形太复杂了, 2 维流形根本不可同日而语. 但瑟斯顿坚信, 美丽的事物理应是最普遍的存在. 1982 年, 在低维拓扑学领域攻城拔寨硕果累累的瑟斯顿充满自信地宣布了 (I feel fairly confident in proposing the) "庞加莱单值化定理" 的 3 维版本, 即所谓的瑟斯顿 "**几何化猜想**" (geometrization conjecture):

几何化猜想　每个可定向的紧 3 维流形的内部均可以标准地分解为一些具有几何结构的流形的连通和.

所谓一些具有几何结构的流形是指下述 8 种现被称为 "**瑟斯顿几何**" (Thurston geometries) 的 (标准) 3 维流形 (本章稍后有较为详细的介绍):

1. 标准球面 $S = S^3$, 具有常曲率 $+1$;

2. 欧氏空间 $E^3 = \mathbb{R}^3$, 具有常曲率 0;

3. 双曲空间 H^3, 具有常曲率 -1;

4. $S^2 \times \mathbb{R}$, 具有混合曲率;

5. $\mathcal{H}^2 \times \mathbb{R}$, 具有混合曲率;

6. 特殊线性群 $\mathrm{SL}(2, \mathbb{R})$ 的万有覆盖;

7. 幂零几何 (nilpotent geometry);

8. 可解几何 (solvable geometry).

如同 2 维曲面的庞加莱单值化定理, 瑟斯顿几何化猜想是说每个连通的 3 维流形都是上述 8 种标准几何的商及商的连通和.

不难看出, 8 种标准几何结构中与球面同伦等价的曲面只有球面一种! 因此, 如果几何化猜想成立, 则庞加莱猜想也成立. 几何化猜想曲径通幽!

在提出这个 20 世纪最伟大的数学猜想的同时, 瑟斯顿还展示了他不同凡响的洞察力: "上述 8 种结构中, 双曲几何 (hyperbolic geometry) 无疑最为有趣, 最为复杂, 也最为有用. 而其他 7 种仅仅是例外而已". 请读者注意, 尽管庞加莱等人在 19

世纪即已展示了双曲几何模型, 2 维流形的单值化定理也说明了几乎所有曲面都具有双曲几何结构, 但是我们居住的地球、照耀万物的太阳以及丽影绰约的月亮都在昭示球面几何在宇宙中的主导地位. 再根据著名的纳什嵌入定理(1956 年, 相应的论文获 1999 年斯蒂尔研究奖): "任何黎曼流形都可以等距嵌入某欧氏空间"[①]说明, 即使在高维世界, 欧氏几何也同样广泛. 所以在瑟斯顿之前, 几乎所有的数学家和科学家都认为球面几何(spherical geometry) 或椭圆几何(elliptic geometry) 与欧氏几何是几何学当然的主宰, 而双曲几何仅仅是 "例外" 而已. 因此瑟斯顿关于双曲几何的断言无异于蓦然出现在地心说时代的 "日心说", 是一个彻底的颠覆性的革命论断 —— 彼时瑟斯顿已获几何学最高奖维布伦奖 (Veblen Prize) 六年, 即将获得 1982 年的菲尔兹奖 (同时获奖的还有稍后将提到的著名华裔数学家丘成桐[②]) 和美国国家科学奖, 是地地道道的功成名就誉满全球的成功人士, 做出如此断语, 不仅需要十分底气, 更需要万分勇气. 瑟斯顿在提出该猜想的同一篇文章中, 对一大类 3 维流形, 即所谓 "哈肯 (Haken) 流形" 证明了他的猜想. 瑟斯顿在该篇文章中用了 6 个 "beautiful" 来形容流形或几何结构, 所以如此猜想和如此断语就不难理解. 因为热爱而义无反顾, 因为坚信而无所畏惧.

　　瑟斯顿的几何化猜想在数学界不出意料地引起了巨大反响, 好评犹煦风, 差评如骤雨. 首先, 尽管高维的庞加莱猜想均已被证明, 但数学家甚至不敢判断 3 维庞加莱猜想的真假, 更不用说证明该猜想了. 而现在, 所有拓扑学家都相信瑟斯顿的几何化猜想成立, 于是庞加莱猜想变成几何化猜想的一个直接推论. 其次, 双曲几何被几何化猜想推向了新的高峰, 数学家乃至整个科学界第一次深刻感受到了双曲世界的巨大魅力. 最后但却最重要的是, 在 3 维流形这个终极战场, 人类终于挽回颜面, 战胜了自己的创造物, 证明了人类无愧于宇宙的主宰. 哈佛大学数学系的梅祖尔教授评价几何化猜想为 "20 世纪的勾股定理".

　　当然, 正如当代数学巨擘赛尔指出的那样, 瑟斯顿对哈肯流形的几何化猜想的证明, 除了数学技巧异常艰涩外, 还强烈依赖作者的 "几何直观"(再次提请读者注意: 人类是无法完整看见一个 3 维流形的. 并且, 瑟斯顿本人说他的几何直观是无法写出的), 因此 "不是严格的数学证明". 需要指出的是, 瑟斯顿的 "强烈几何直观" 后来都陆续被数学家们严格证明, 因此, 整个数学界都在准备迎接 "几何化猜想" 被证明的时刻, 因为那将是数学史上伟大的一天. 这一等, 比瑟斯顿预测的 2000 年稍晚一些: 又是 20 年.

　　[①] 作者注: 按纳什本人的说法, 在普林斯顿大学读博士期间, 由于担心其倾心研究的 "博弈论" 被拒绝作为数学博士论文, 故他还精心研究了流形与实代数簇的有关问题, 为其嵌入定理打下了坚实基础.

　　[②] Shing-Tung Yau, 生于 1949 年, 著名华裔美籍数学家, 获奖无数, 包括 1982 年菲尔兹奖, 1997 年美国国家科学奖, 2010 年沃尔夫奖.

5.5.2　双曲至尊 —— 拓扑空间的主宰结构

大家知道, 对欧几里得《几何原本》中第五平行公设的研究最终导致 "非欧几何" 的兴起, 也就是, 保持欧氏几何的其余 4 个公理而否定第五公理, 即平行公设. 我们熟悉的第五平行公设一般用下列两个等价形式给出:

公平公理(Playfair's Axiom)　过平面上已知直线外一点恰好有一条直线与该已知直线平行.

三角形内角和定理　平面三角形的内角和等于 π.

因此, 导致 "非欧几何" 的是第五平行公设的如下两个最简单的替代品:

高斯平行公设　过平面上已知直线外一点至少有两条直线与该已知直线平行.

黎曼平行公设　过平面上已知直线外一点没有任何直线与该已知直线平行.

1792 年, 15 岁的中学生高斯试图证明第五平行公设, 并持续此企图直到 22 岁, 因为他发现这是一项不可能完成的工作. 于是, 高斯给出了一个必然震惊世界的假设, 即上面的 "高斯平行公设" 并系统研究了由此公设引出的新 "几何"(高斯先称之为 "星空几何"(astral geometry), 后又改称为 "非欧几何"(non-Euclidean geometry)) 的一般理论. 然而高斯一生从未发表他的此项研究, 以至于相当多的史学家都认为这是高斯屈从于传统势力的并非高尚的表现. 这种批评多少有些肤浅, 虽然高斯表达过对世俗攻击的一定担心, 但最根本的原因还是因为高斯对发表论文有他作为旷世奇才所奉行的终身原则 —— "精练且熟虑", 再则高斯历来有他反抗世俗的那种含蓄且充满幽默的方式, 这从高斯不遗余力传播复数的思想方法和理论可见一斑 —— 即使如日月星辰般的科学鼻祖笛卡尔与数学大神欧拉也将复数称为 "子虚乌有" 的数 (imaginary numbers), 以至于尽管数学家在 19 世纪已普遍将复数纳入了一般的数学框架, 但复数仍未得到世人的广泛接受 (利用 $\sqrt{-1}$ 得到波动方程进而奠基波动力学的著名物理学家薛定谔甚至到了 20 世纪初期还不能忍受复数的 "折磨"). 高斯巧妙地使用了只包含实数 a 与 b 的矩阵

$$\begin{pmatrix} a & b \\ -b & a \end{pmatrix}$$

来向世人展示这就是复数 $a + b\sqrt{-1}$. 因此, 所谓子虚乌有的数 $\sqrt{-1}$ 恰好是

$$\begin{pmatrix} 0 & 1 \\ -1 & 0 \end{pmatrix}.$$

这意味着虚数单位 $\sqrt{-1}$ 是和实数 $0, 1, -1$ 一样真实存在的. 熟悉矩阵运算的读者可

以验证, 以高斯的矩阵作加减乘除, 和与相应的复数作加减乘除没有任何差别 (这样的两个系统在代数学中称为 "同构", 其重要性与拓扑学中的 "同胚" 毫无二致). 至此往后, 形如 $a + bi$ 的复数才逐渐真正成为人类文明的一部分. 眼下, 在对非欧几何潜心研究三十余年后的 1827 年, 数学王子高斯再次以 "三倍妙招"[①] 的方式向世人展示了他的深谋远虑与博大精深: 这一年高斯发表了永载史册的经典论文《关于曲面的一般研究》[②], 该文历史上第一次对各种曲面进行了最深入透彻的研究, 开创了现在称为 "微分几何" 的数学新分支. 所有人都可以看出, 无论是经典的欧氏几何, 还是小荷才露尖尖角却被无情打击的非欧几何, 均在高斯的研究框架之内. 正如前面指出的那样, 高斯在少年时代即已深刻理解研究一般曲面的关键在于理解曲线的 "曲率" (数学术语, 测地曲率) 概念 —— 这个概念可以度量一条曲线的弯曲程度. 比如, 我们都能理解曲线在某点的曲率就是在该点与它最接近的圆的曲率, 而圆的曲率等于其半径的倒数 (越大的圆当然越平坦, 越小的圆则越弯曲), 因此直线的曲率是 0, 因为与直线最接近的圆的半径只能是无穷大了. 但在曲面上, 过一个点的曲线有无穷多条, 因此有无穷多个可能不同的曲线曲率, 那么如何来确定该点的曲率呢? 比如, 我们可以理解球面的曲率仍是其半径的倒数, 但圆柱面的曲率呢? 环面的曲率呢? 高斯目光如炬, 他定义该点的曲率为过该点的无穷多条曲线的曲率中的最大值与最小值的乘积! —— 这就是所谓 "**高斯曲率**". 平面的高斯曲率当然为 0, 圆柱面的高斯曲率也是 0—— 因为圆柱面上的每个点的最小曲率是 0! 这正是高斯的高明之处, 圆柱面通过矩形弯曲所得, 所以本质上是平的. 环面的情形比较复杂, 因为其上每点的高斯曲率一般不为 0, 但由于环面是弯曲圆柱面而得到的, 因此其几何本质上仍然是 "平直的". 利用 "高斯曲率", 高斯证明了下面优美而深刻的定理:

> **高斯–博内定理**　设 M 是一个高斯曲率为 K 的紧黎曼曲面, ∂M 是其边界, k_g 为 M 的测地曲率, 则有
>
> $$\int_M K \mathrm{d}\sigma + \int_{\partial M} k_g \mathrm{d}s = 2\pi\chi(M),$$
>
> 其中 $\chi(M)$ 是 M 的欧拉示性数.

该定理中的公式现在称为 "高斯–博内公式" (Gauss-Bonnet formula), 其左端等于曲面的总高斯曲率 (含其边缘的总曲率 —— 曲面的边缘是曲线, 因此边缘的曲

[①] 三倍妙招的全称是 "三倍减将妙招", 系桥牌术语, 英文为 triple coup. 桥牌中的妙招意指庄家利用将吃明手的赢张来缩短自己的将牌, 最终达到擒拿上手将牌的目的. 三倍妙招即缩减三次将牌, 是极其罕见的桥牌高级打法.

[②] 拉丁文: Disquisitiones generales circa superficies curvas. In Carl Friedrich Gauss Werke, Volume 4, pp. 217–258. Gottingen: ¨Koniglichen Gesellschaft der Wissenschaften. 有中译本.

率是通常的测地曲率), 而其右端等于该曲面的欧拉示性数的 2π 倍. 因此, 高斯–博内定理是沟通微分几何与拓扑学的桥梁 —— 曲率是微分几何学的概念, 而欧拉示性数则是拓扑学的概念. 进一步, 高斯–博内定理还明显蕴涵了对第五平行公设的否定, 比如其在球面上的一个直接推论如下.

> **球面三角形公式** 设 $\triangle$ 是球面 S^2 上的一个测地三角形, 其三个内角分别为 A, B, C, 记 $\triangle$ 的面积为 $|\triangle|$, 则有
>
> $$|\triangle| = A + B + C - \pi.$$

所谓"测地三角形"类似于我们普通平面上的三角形, 其边是所谓"测地线": 用来代替通常的"直线"以衡量任何两点间的"最短距离"的曲线, 因为在一般曲面上可能没有任何直线. 比如球面 S^2 上没有通常的直线, 但测地线却是存在的, 这就是"大圆" —— 测地线将球面分成两半, 因为球面上任何两点的最短距离正是由这两点确定的唯一大圆的劣弧的长度. 上述球面三角形公式说明球面三角形的内角和一定大于 π, 这当然与欧氏几何的三角形内角和定理矛盾, 因此在球面上, 欧几里得的第五平行公设不成立. 球面几何, 更一般地, 椭圆几何因此是一种非欧几何, 其特征可以从高斯–博内定理得出: 高斯曲率为正或者三角形的内角和大于 π.

著名华人数学家、丘成桐的博士导师陈省身的成名作之一即是 1944 年给出了高斯–博内定理的高维形式 (参考论文 Shiing-Shen Chern, A simple intrinsic proof of the Gauss-Bonnet formula for closed Riemannian manifolds. Ann. of Math. (2)45(1944), 747–752.), 从此这个伟大的公式被称为"高斯–博内–陈公式"(Gauss-Bonnet-Chern formula). 陈省身由此发现了以其名字命名的"**陈类**"(Chern-class), 并最终成为世界数学大师.

历史上非欧几何的最早研究成果 (按发表时间次序) 属于尼古拉斯·罗巴切夫斯基[1]. 罗巴切夫斯基于 1829 年在他担任校长的喀山大学学报上发表了"关于几何原理"的法语论文, 建立了人类历史上第一个完整的非欧几何, 其中第五平行公设的替代品正是"高斯平行公设", 因此罗巴切夫斯基的非欧几何是一种双曲几何. 罗巴切夫斯基的论文实际上三年前即已提交到一些更有名的学术期刊, 但均被拒绝, 他本人在各种学术会议上关于该主题的报告也被认为是痴人说梦, 呓语妄言. 晚年双目失明的罗巴切夫斯基仍在坚定地为他的非欧几何奔走、辩护, 但他的伟大理论在他生前从未被接受. 与罗巴切夫斯基同时研究非欧几何的还有匈牙利青年数学家约翰·鲍耶[2], 其父法卡士·鲍耶[3]是高斯在哥廷根大学时的学友和一生的朋

---

[1] Nikolas lvanovich Lobachevsky, 1792–1856, 俄罗斯数学家, 非欧几何的奠基人之一.

[2] Janos Bolyai, 1802–1860, 匈牙利数学家, 双曲几何的奠基人之一

[3] Farkas Bolyai, 1775–1856, 匈牙利数学家.

友, 也是第五平行公设的持久研究者 —— 但最终一无所获. 小鲍耶不顾其父强烈的劝阻, 坚持研究否定第五平行公设的"新几何", 终于在 1823 年大获成功, 他独立地建立了完整的双曲几何理论. 1832 年, 老鲍耶将小鲍耶的研究成果作为附录发表于自己的一本著作中并寄给了高斯. 高斯 1832 年 3 月 6 日给老鲍耶回复说: "我无法赞美它, 因为赞美它就是赞美我自己 —— 所有的研究内容、研究路线以及最后的结果 ······ 正是我 30~35 年前所做的." 但高斯仍表示非常吃惊, 这样一个年轻人居然作出了自己年轻时作过的研究, 甚至还更完美一点. 所以高斯在给另一个朋友的信中称小鲍耶是"一流的天才"(a genius of the first class). 高斯的评价让小鲍耶大失所望, 更加不幸的是, 小鲍耶得知罗巴切夫斯基的相同研究结果居然早于自己两年发表! 自视甚高的小鲍耶从此拒绝发表任何论文, 留下了包含许多闪光点的两万多页研究手稿而抑郁终生 ······

其实小鲍耶完全不必理会神如高斯的评价, 走自己的路就好 —— 只有自己的路通向远方. 桥牌界有个潜公设叫作"你不必向同伴认错, 但你必须向自己认错", 这个公设在科学界的替代公设应该是"你不必等牛人赞美, 你必须自己赞美". 赞美别人对牛人确是难事, 因为他们只习惯被赞. 对凡夫俗子的芸芸众生来说, 好评如潮时, 批评与自我批评须臾不可或缺; 而恶讽环涌时, 表扬与自我表扬则更加弥足珍贵.

一般将满足"黎曼平行公设"的几何系统称为椭圆几何或球面几何, 而将满足"高斯平行公设"的几何系统称为双曲几何. 椭圆几何与双曲几何合称非欧几何. 于是, 欧氏几何应该称为"抛物几何"了. 展现欧氏几何、椭圆几何与双曲几何各自独特性的最好的例子也许是三角形的内角和: 等于、大于或小于 π. 欧氏几何的三角形内角和等于 π 是大家所熟知的, 椭圆几何的三角形内角和大于 π 可由球面几何得到检验. 从古希腊开始, 人类对椭圆几何的理解逐渐深入, 因为我们居住的地球基本上是球形的, 其几何结构与椭圆几何的理论高度符合. 比如高斯就曾组织过对哥廷根的大范围实地测量, 发现实际测量的三角形内角和略大于 π(多出大约 16 弧秒). 与此形成鲜明对照的是, 尽管罗巴切夫斯基与小鲍耶建立的都是双曲几何理论, 但在瑟斯顿之前, 人类对双曲几何的认识十分有限, 因为人类生活中双曲几何的实际模型太少了. 双曲几何的第一个模型出自贝特拉米[1]于 1868 年和 1869 年发表的两篇论文. 在这两篇论文中, 贝特拉米通过引进一种新度量来构造一种几何系统, 进而证明了罗巴切夫斯基与小鲍耶的非欧几何确实存在. 贝特拉米的双曲几何模型深受高斯的曲面理论以及黎曼的几何思想的影响, 得到了学术界极大的认可, 最终经过被认为牛顿之后英国数学第一人的亚瑟·凯莱[2] 以及当时德国乃至世界数学

---

[1] Eugenio Beltrami, 1835–1899, 意大利数学家, 发现了双曲几何的第一个模型和现在有广泛应用的矩阵的奇异值分解.
[2] Arthur Cayley, 1821–1895, 英国数学家, 英国现代数学的开拓者.

界的领袖人物克莱因的大力传播而变得广为人知, 所以该模型又称为贝特拉米–克莱因模型(Beltrami-Klein model) 或克莱因–凯莱模型 (Klein-Cayley model). 正是由于这个模型, 非欧几何开始在世界范围内被普遍接受. 下面是 2 维贝特拉米–克莱因模型的简单介绍.

设 D 是平面 $\mathbb{R}^2$ 上圆心为原点, 半径为 a 的开圆盘, 即 $D = \{(x, y) \in \mathbb{R}^2 \mid x^2 + y^2 < a^2\}$. 定义 D 上的 (黎曼) 度量 (我们知道, 这只需要定义弧微分 $\mathrm{d}s$ 即可) 如下:

$$(\mathrm{d}s)^2 = R^2 \frac{(a^2 - y^2)(\mathrm{d}x)^2 + 2xy\mathrm{d}x\mathrm{d}y + (a^2 - x^2)(\mathrm{d}y)^2}{(a^2 - x^2 - y^2)^2},$$

其中 $R > 0$ 是常数. 这个度量显然比普通的欧几里得度量 $\mathrm{d}s^2 = \mathrm{d}x^2 + \mathrm{d}y^2$ 复杂得多, 但其至少有两个优点. 首先, 不难计算, 曲面 D 在该度量下的高斯曲率 K 为常数, 即 $K = -\dfrac{1}{R^2}$. 对微分几何有所了解的读者可以尝试按下面的公式亲自动手算算. 如果曲面的黎曼度量为 $\mathrm{d}s^2 = g_1(x, y)\mathrm{d}x^2 + g_2(x, y)\mathrm{d}y^2$, 则其高斯曲率 K 的计算公式为

$$K = -\frac{1}{\sqrt{g_1 g_2}} \left[\frac{\partial}{\partial x} \left(\frac{1}{\sqrt{g_1}} \frac{\partial \sqrt{g_2}}{\partial x} \right) + \frac{\partial}{\partial y} \left(\frac{1}{\sqrt{g_2}} \frac{\partial \sqrt{g_1}}{\partial y} \right) \right]. \tag{5.5.1}$$

其次, 略微复杂一点的是, D 上的测地线 (即直线) 就是圆盘内普通的弦 (即普通直线). 一方面, 由于高斯曲率为负数, 因此根据高斯–博内公式即可知道该曲面上的三角形的内角和小于 π. 另一方面, 由于测地线就是圆盘内的弦 (不包含端点), 因此过任何一条直线外的一点都有无穷多条直线与之平行(比如在上半平面所有过点 $\left(0, \dfrac{a}{2}\right)$ 的弦均与 x 轴上的直径平行)—— 第五平行公设被高斯平行公设所代替!

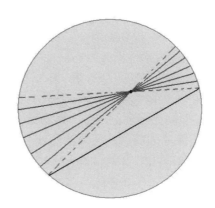

克莱因–凯莱模型

双曲几何的另一个著名模型是所谓庞加莱的上半平面双曲模型 $\mathcal{H}^2 = \{(x,y) \in \mathbb{R}^2 \,|\, y > 0\}$，其中由弧微分给出的黎曼度量为

$$(\mathrm{d}s)^2 = \frac{(\mathrm{d}x)^2 + (\mathrm{d}y)^2}{y^2}.$$

由此度量可知两点 $P_1 = (x_1, y_1)$ 与 $P_2 = (x_2, y_2)$ 的距离为

$$d(P_1, P_2) = \mathrm{arccosh}\left(1 + \frac{(x_2 - x_1)^2 + (y_2 - y_1)^2}{2y_1 y_2}\right),$$

其中 cosh 是双曲余弦函数，其定义如下：

$$\cosh(x) = \frac{\mathrm{e}^x + \mathrm{e}^{-x}}{2},$$

而 arccosh 是反双曲余弦函数，即

$$\mathrm{arccosh}(x) = \ln(x + \sqrt{x^2 - 1}), \quad x \geqslant 1.$$

比如在此距离下，点 $(0,1)$ 到点 $(0,2)$ 的距离不是通常欧氏空间中的距离 1，而是

$$\mathrm{arccosh}\left(1 + \frac{1}{4}\right) = \mathrm{arccosh}\left(\frac{5}{4}\right) = \ln 2.$$

思考题

　点 $(1,1)$ 到点 $(2,1)$ 的距离是多少? 点 $(1,2)$ 到点 $(2,2)$ 的距离是多少? 点 $(1,3)$ 到点 $(2,3)$ 的距离是多少?

利用上面计算高斯曲率的公式，可以算得 (这个计算比上一个例子简单许多，非常值得读者一展身手) 庞加莱双曲模型 $\mathcal{H}^2$ 的高斯曲率为常数 -1，因此其上的 (测地) 三角形的内角和必然小于 π!

可以证明，庞加莱的上半平面双曲模型中的测地线 (即 "直线") 分为两类：一类是垂直于 x 轴的直线；另一类是圆心在 x 轴上 (注意：上半平面 $\mathcal{H}^2$ 不包含 x 轴) 且垂直于 x 轴的半圆弧. 于是，过已知 "直线" 外一点确实存在无穷多条直线与该已知直线平行! 比如，在 y 轴右侧的所有过点 $(1,1)$ 且与 x 轴垂直的半圆 (若设圆心为 $(a,0), a > 0$，则方程为 $(x - a)^2 + y^2 = (1-a)^2 + 1$，这都是 $\mathcal{H}^2$ 上的 "直线") 均与直线 y 轴平行! 因此该模型展示的几何是一类非欧几何.

上面两个模型均以 "高斯平行公设" 取代了 "第五平行公设"，并且曲率均为负常数. 不难证明 (当然需要一些数学准备)，贝特拉米–克莱因模型与庞加莱的上半平面模型是所谓共形等价的 (isomorphic under a conformal mapping)，即二者之

间有一个"共形"映射 (即保持形状, 一个的局部是另一个的局部通过旋转以及均匀伸缩而来), 因此两个模型给出的几何结构是同一种非欧几何, 即双曲几何.

否定第五平行公设导致椭圆几何与双曲几何有许多出人意料的结果, 此处仅举一例. 我们知道, 双曲几何中三角形的内角和均小于 π, 因此 π 与三角形内角和的差是一个正数, 称为该三角形的"亏格"(defect, 注意区分曲面的"亏格"(genus)). 双曲几何的一个神奇之处是"两个三角形亏格相同当且仅当它们全等", 因此相似三角形就是全等三角形! 让人目瞪口呆的是, 此定理对内角和大有盈余 (与 π 相比) 的球面几何依然成立!

形色各异的几何学在 1854 年被黎曼在哥廷根大学的著名求职演讲"几何学基础之假设"所统一: 现代几何学从此被称为黎曼几何 (Riemannian geometry). 1901 年, 希尔伯特证明, 任何双曲几何模型都不可能嵌入 3 维欧氏空间 $\mathbb{R}^3$ (请注意, 纳什的嵌入定理中, 欧氏空间需要更高的维数). 比如, 贝特拉米–克莱因模型以及庞加莱上半平面双曲模型使用的度量均非欧氏空间 $\mathbb{R}^3$ 中的欧几里得距离. 此与球面几何大为不同, 因为尽管球面可以有自己独立的球面度量, 但实现球面几何的实际模型中, 球面 S^2 上的度量是普通的欧几里得距离. 正是此点导致双曲几何模型的姗姗来迟 —— 人类文明史证明, 在任何发展阶段, 人类思维的触面与眼界的视野都会非常局限, 直至今日, 人类似乎仍未摆脱已经"深受其害"两千多年的欧氏几何.

5.5.3   神雕侠侣 ——3 维拓扑的几何结构与群表示

我们已经看到, 在瑟斯顿的几何化猜想中, "群"这一代数工具具有突出地位. 实际上, 群结构对高维双曲流形的影响是决定性的. 确切地说, 两个具有相同基本群的 $n (n \geqslant 3)$ 维双曲流形必定微分同胚. 此即莫斯托夫[1]于 1968 年证明的著名的**刚性定理**(rigidity theorem).

> **莫斯托夫刚性定理**   具有常负曲率的 $n (n \geqslant 3)$ 维闭流形的几何结构由其基本群唯一确定.

莫斯托夫的刚性定理后来被推广到了具有有限体积的高维双曲流形.

瑟斯顿注意到, 群结构除了在双曲流形中具有决定性的意义之外 (莫斯托夫刚性定理), 其他类型的 3 维流形也都可以利用群这一代数工具来刻画. 下面我们就来逐一分析瑟斯顿的 8 种几何.

标准球面 S^3   该流形是本书的三个明星之一 —— 庞加莱猜想的主题是 3 维球面 S^3. 我们在"拓扑学手术"一节已经看到, 肉眼无法看见的 3 维球面可以通

---

[1] George Daniel Mostow, 1923—2017, 美国著名数学家, 1987–1988 年任美国数学会主席, 2013 年沃尔夫奖得主.

过两个 3 维球 B^3 的不交并的商来实现, 即 $S^3 = B^3 \bigsqcup B^3/S^2$. 另一种理解 S^3 的办法是利用亚历山德罗夫 (正是那位受益于诺特的著名苏联数学家) 发明的所谓 "一点紧致化" (one-point compactification). 我们先以常见的球极投影(stereographic projection) 来说明这个精妙武器.

在 $\mathbb{R}^3$ 中考虑球心在 $(0,0,1)$ 的单位球面 $S^2 : x^2 + y^2 + (z-1)^2 = 1$. 所谓球极投影是指, 以 S^2 上的北极点 $N = (0,0,2)$ 为基础, 将除去北极点 N 的球面 $S^2 - \{N\}$ 投影到 xOy 平面的办法. 见如下示意图:

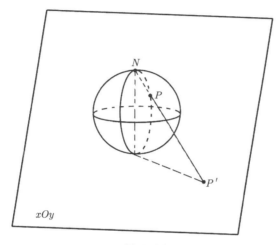

球极投影

设 $P \in S^2 - \{N\}$, 则过 P 与 N 的直线与 xOy 平面有唯一的交点 P', 称为 P 在 xOy 平面的投影. 显然, 球面 S^2 上除去 N 的每一个点均在 xOy 平面上有唯一的投影. 反过来, xOy 平面上的每一个点也都是球面上唯一的点的投影. 容易看出, 球极投影是一个连续映射 (见本节练习题的提示), 因此球极投影实际上给出了去掉一点的球面 S^2 与平面的同胚映射. 换句话说, 去掉一个点的球面是平面! 亚历山德罗夫的精彩在于其另一方面: 添上一点的平面是球面! 而球面是紧流形, 这就是所谓的 "一点紧致化" —— 加一点而将非紧流形变成紧流形! 加进去的点一般称为无穷远点, 记作 "∞", 对应于球面的 "北极点", 即有 $\mathbb{R}^2 \bigcup \{\infty\} = S^2$. "一点紧致化" 对普通直线 $\mathbb{R}^1$ 当然也适用, 即加进一个点 ∞ 的非紧直线 $\mathbb{R}^1$ 就变成了紧流形圆周 S^1, 即 $\mathbb{R}^1 \bigcup \{\infty\} = S^1$. 于是在 3 维情形, 有 $\mathbb{R}^3 \bigcup \{\infty\} = S^3$!

"一点紧致化" 确实是理解 S^3 的一种简单而巧妙的办法, 但 S^3 所拥有的异常丰富的数学结构 (因此 S^3 是最简单, 然而也是最有趣的 3 维流形之一) 无法通过 "一点紧致化" 表现出来. 反映 S^3 的数学结构的最好办法是利用威廉·汉密尔顿①的四元数. 四元数的全体 $\mathbb{H}$ 是实数域 $\mathbb{R}$ 上的 4 维线性空间, 其一组基为 $1, i, j, k$, 即 $\mathbb{H} = \mathbb{R} \oplus \mathbb{R}i \oplus \mathbb{R}j \oplus \mathbb{R}k$, 故四元数的形状为 $a_0 + a_1 i + a_2 j + a_3 k$, 其中 $a_i, 0 \leqslant i \leqslant 3$ 均为实数. 两个四元数的乘积定义如下:

$$(a_0 + a_1 i + a_2 j + a_3 k)(b_0 + b_1 i + b_2 j + b_3 k)$$
$$= (a_0 b_0 - a_1 b_1 - a_2 b_2 - a_3 b_3) + (a_0 b_1 + a_1 b_0 + a_2 b_3 - a_3 b_2)i$$
$$+ (a_0 b_2 + a_2 b_0 + a_3 b_1 - a_1 b_3)j + (a_0 b_3 + a_3 b_0 + a_1 b_2 - a_2 b_1)k.$$

即 1 是乘法的单位元, 而其余 3 个基向量 i, j, k 之间的乘法表为

×	i	j	k
i	-1	k	$-j$
j	$-k$	-1	i
k	j	$-i$	-1

可以看出, 四元数是复数的真正扩张 (取 $a_1 = a_2 = 0$ 或 $a_1 = a_3 = 0$ 或 $a_2 = a_3 = 0$ 都可得到所有复数), 但其乘法不再是交换的了. 和复数一样, 每个非 0 四元数均可逆, 因此四元数 $\mathbb{H}$ 构成一个乘法不交换的除环!—— 我们在第二章第二节 "开天辟地" 中不鼓励读者寻找这样的例子, 因为汉密尔顿需要苦思冥想 15 年方能在 1843 年发明四元数, 他因此抛弃他的主业物理学和天文学而将后半生全部奉献给了四元数.

每个四元数 $a_0 + a_1 i + a_2 j + a_3 k$ 的模定义为

$$|a_0 + a_1 i + a_2 j + a_3 k| = \sqrt{a_0^2 + a_1^2 + a_2^2 + a_3^2}.$$

现在, 我们的明星 ——3-球面 S^3 不是别的, 正是 $\mathbb{H}$ 中的所有模为 1 的四元数, 即

$$S^3 = \{x \in \mathbb{H} \mid |x| = 1\}.$$

注意到, 模为 1 的四元数的乘积与逆元素的模仍为 1, 因此上面的等式赋予 3-球面 S^3 一个群结构 —— 这和 1-球面 S^1 可以看成是所有模为 1 的复数而构成群非常类似, 差别只是 3-球面构成的群不满足交换律.

———————

思考题

　　试证明每个非零四元数均可逆.

———————

本章开始我们提到的庞加莱 (十二面体) 同调球即是标准几何 S^3 的一个模型. 庞加莱同调球的一种经典的构造思想是将正十二面体的每一对对面 (共 6 对) 粘合

———————

① William Rowan Hamilton, 1805–1865, 爱尔兰物理学家、天文学家、数学家, 以其发明的四元数闻名于世.

所得, 但由于正十二面体的每一对对面有一定的错位 (因其二面角约等于 $116.6°$), 所以需要扭转一定的角度. 我们知道 "粘合" 可以用 "商" 来表达. 正十二面体的对称群 I 是含 60 个元素的有限群, 其二元扩张 $I^* = I \times \mathbb{Z}_2$ (称为二元正二十面体群 —— 正十二面体与正二十面体互为对偶, 因此具有相同的对称群) 是 3-球面构成的群 S^3 的一个离散子群 (共 120 个元素), 庞加莱同调球恰好是商空间 S^3/I^*.

欧氏空间 $\mathbb{R}^3$　这是我们最熟悉的普通 3 维欧氏空间, 其上的度量为欧几里得距离 $(\mathrm{d}s)^2 = (\mathrm{d}x)^2 + (\mathrm{d}y)^2 + (\mathrm{d}z)^2$. 按照一点紧致化, $\mathbb{R}^3$ 虽然比 3-球面 S^3 仅少一个点, 但却拥有简单得多的拓扑结构. 从 $\mathbb{R}^3$ 出发, 我们可以通过 $\mathbb{R}^3$ 关于其离散子群 (即对该子群的任何元素均存在 $\mathbb{R}^3$ 的开子集包含该元素但不包含该子群的其他元素) $\mathbb{Z}^3$ 得到最为普遍的 2 维流形 2-环面 T^2 的 3 维类似物, 即 3-环面 $T^3 = S^1 \times S^1 \times S^1 = \mathbb{R}^3/\mathbb{Z}^3$, 再通过连通和即可得到 3 维的多环面 $T^3 \sharp T^3 \sharp \cdots \sharp T^3$.

双曲空间 $\mathcal{H}^3$　这是瑟斯顿的 8 种几何中与 3-球面齐名的最为复杂的流形. 与具有正常曲率 1 的球面 S^3 相反, $\mathcal{H}^3 = \{(x, y, z) \in \mathbb{R}^3 \,|\, z > 0\}$ 具有负常曲率 -1, 其黎曼度量由下式给出 (对照庞加莱上半平面双曲模型 $\mathcal{H}^2$):

$$(\mathrm{d}s)^2 = \frac{(\mathrm{d}x)^2 + (\mathrm{d}y)^2 + (\mathrm{d}z)^2}{z^2}.$$

请注意, 单从拓扑结构来说, 上半空间 $\mathcal{H}^3$ 当然与整个空间 $\mathbb{R}^3$ 是同胚的: 它们的差异在于度量大相径庭, 因此导致面目全非的几何结构.

以下两种几何由乘积给出, 故又称为 "乘积几何" 或 "积几何".

混合曲面 $S^2 \times \mathbb{R}$　这是由乘积给出的曲面, 其 2 个因子 2-球面 S^2 与 1 维欧氏空间 (即普通直线) $\mathbb{R}$ 的结构都非常简单, 是最简单的 3 维流形. 具有此种几何结构的紧流形一共只有两个: 其一是 $\mathbb{R}$ 关于其离散子群 $\mathbb{Z}$ 的商 $S^2 \times \mathbb{R}/\mathbb{Z}$ 给出的一个闭流形 $S^2 \times S^1$; 另一个是其子流形 $S^2 \times B^1$. 注意, 这个曲面是一个正常曲率的曲面与一个 0 曲率的曲面的乘积, 即球面几何与欧氏几何的混合体.

混合曲面 $\mathcal{H}^2 \times \mathbb{R}$　这是另一个由乘积给出的曲面, 其 2 个因子, 即双曲上半平面 $\mathcal{H}^2$ 与 1 维欧氏空间 (即普通直线) $\mathbb{R}$ 的结构我们都已经很熟悉了. 这是一个负常曲率的曲面与一个 0 曲率的曲面的乘积, 即双曲几何与欧氏几何的混合体.

注意, 瑟斯顿的 3 维流形分类中没有球面几何与双曲几何的混合体. 这是因为, 对 1 维流形 (即曲线) 来说, 曲率的正负完全是人为的: 回忆我们在高等数学中学过的曲线 $y = f(x)$ 的曲率为 $k = \dfrac{|f''(x)|}{(1 + f'(x))^{3/2}}$, 其中的绝对值只是为了保证曲线的曲率非负 —— 当然可以给这个曲率公式乘以 -1 以保证曲线的曲率均非正. 粗

略地说, 1 维几何均具有相同的几何结构. 对于 2 维流形, 其上一点处的曲率已经有无限种可能, 但正如高斯研究的那样, 高斯曲率足以确定曲面在此点处的局部几何结构. 但 3 维以后, 曲率将变得非常复杂, 我们将在下一节作初步介绍.

瑟斯顿 8 种几何的后 3 类称为"扭积几何"(twisted product), 均由矩阵群定义, 是几何与代数完美结合的绝佳体现. 它们与前 5 类几何的一个差别是其曲率不再是常数了.

特殊线性群 $\mathrm{SL}(2,\mathbb{R})$ 的万有覆盖 $\widetilde{\mathrm{SL}(2,\mathbb{R})}$. 实数域 $\mathbb{R}$ (类似地, 复数域 $\mathbb{C}$) 上的所有 n 阶可逆矩阵构成的群称为一般线性群, 记为 $\mathrm{GL}(n,\mathbb{R})$. 这实际上是 n 维线性空间 $\mathbb{R}^n$ 的所有可逆线性变换构成的群. 一般线性群有很多子群, 比如所有纯量矩阵构成的子群是其中心 (即其中的元素可以和任何矩阵交换), 所有正交矩阵构成的子群称为正交群 ($n = 2$ 时就是实平面 $\mathbb{R}^2$ 的旋转和反射生成的群). 在所有这些子群中, 行列式为 1 的矩阵构成的子群称为特殊线性群, 记为 $\mathrm{SL}(n,\mathbb{R})$, 它具有独一无二的重要地位. 这是因为对任意矩阵 $\boldsymbol{M} \in \mathrm{GL}(n,\mathbb{R})$, 均有 $\boldsymbol{M} = (a\boldsymbol{I}) \times \boldsymbol{M}_1$, 其中 $a\boldsymbol{I}$ 是对角元素均为 $a = |\boldsymbol{M}|^{1/n}$ 的纯量矩阵, 而 $\boldsymbol{M}_1 \in \mathrm{SL}(n,\mathbb{R})$. 注意, 在矩阵的乘法下, 纯量矩阵 $a\boldsymbol{I}$ 相当于数字 a, 因此矩阵 $\boldsymbol{M}$ 在一般线性群中的地位与行列式为 1 的矩阵 $\boldsymbol{M}_1$ 的地位完全类似 (仅相差一个非零常数 a 倍), 所以特殊线性群代表了一般线性群——"特殊"="一般". 这当然也说明了特殊线性群的复杂性.

2 阶的特殊线性群 $\mathrm{SL}(2,\mathbb{R})$ 具有一个特殊的几何结构. 任意 $\boldsymbol{M} \in \mathrm{GL}(2,\mathbb{R})$ 均可以表达为 4 个参数 x, y, u, v 的矩阵, 如下:

$$\boldsymbol{M} = \begin{pmatrix} u+y & x+v \\ x-v & u-y \end{pmatrix},$$

其中 $|\boldsymbol{M}| = -x^2 - y^2 + u^2 + v^2 \neq 0$. 而对于特殊线性群来说, $|\boldsymbol{M}| = 1$, 因此, $-x^2 - y^2 + u^2 + v^2 = 1$. 所以, 2 阶的特殊线性群 $\mathrm{SL}(2,\mathbb{R})$ 可以看成是 4 维实空间 $\mathbb{R}^4$ 中的一个满足方程 $-x^2 - y^2 + u^2 + v^2 = 1$ 的 3 维二次曲面. 以空间解析几何对二次曲面的分类作类比, 特殊线性群 $\mathrm{SL}(2,\mathbb{R})$ 还是一个"双曲面". 实际上, $\mathrm{SL}(2,\mathbb{R})$ 本身可以赋予如下的黎曼度量 (注意 $-x^2 - y^2 + u^2 + v^2 = 1$, 所以其微分 $\mathrm{d}(-x^2 - y^2 + u^2 + v^2) = 0$):

$$(\mathrm{d}s)^2 = -(\mathrm{d}x)^2 - (\mathrm{d}y)^2 + (\mathrm{d}u)^2 + (\mathrm{d}v)^2.$$

一般来说, 不是单连通的流形较之单连通的流形大为复杂 (尽管单连通的流形也可能足够复杂), 所以数学家希望能通过某种单连通的流形来理解其他 (可能非单连通) 流形. 确切地说, 对任意 n 维流形 X, 我们希望找到一个单连通的流形 $\widetilde{X}$, 使得 X 的每一个局部都与 $\widetilde{X}$ 的一个局部同胚, 这样一来, 复杂的流形 X 看起来就和简单的流形 $\widetilde{X}$ 差不多. 这个单连通的流形 $\widetilde{X}$ 称为 X 的"**万有覆盖**"(universal cover).

每个连通的流形都有唯一的万有覆盖. 最简单的例子是圆周 $S^1 = \{e^{ix} \,|\, 0 \leqslant x \leqslant 2\pi\}$ 的万有覆盖就是普通直线 $\mathbb{R}^1$, 这恰好是 $S^1 = \mathbb{R}^1/\mathbb{Z}$ 的最好解释, 因为在群 S^1, $\mathbb{R}$ 与 $\mathbb{Z}$ 之间有下面的群之间的映射 (称为群"同态", 意指映射保持群运算, 相当于平面几何中的"相似"):

$$\{0\} \longrightarrow \mathbb{Z} \xrightarrow{\iota} \mathbb{R} \xrightarrow{p} S^1 \longrightarrow \{1\}, \tag{5.5.2}$$

其中 ι 表示自然的包含映射 (也称为嵌入映射) $n \mapsto n$, p 表示普通的指数映射 $x \mapsto e^{i\pi x}$. 注意, 这两个群同态 ι 与 p 有一个非常好的关系:

$$\{z \in S^1 \,|\, p(z) = 1\} = \{y \in \mathbb{R} \,|\, y = \iota(x), \exists x \in \mathbb{Z}\},$$

即上面的同态序列 (5.5.2) 是所谓的"短正合列", 这恰好是 S^1 就是商 $\mathbb{R}/\mathbb{Z}$ 的纯代数表述.

当 $n \geqslant 2$ 时, 所有 n-球面都是单连通的, 因此它们都是自己的万有覆盖: $\widetilde{S^n} = S^n (n \geqslant 2)$. 亲爱的读者, 请您思考一下非单连通的环面 T^2 的万有覆盖是什么 (见本节练习题)?

由于双曲面不是单连通的 (平面上的双曲线与空间中的双叶双曲面甚至不是连通的), 可以推断 3 维的"双曲面" $\mathrm{SL}(2,\mathbb{R})$ 也不是单连通的, 因此其万有覆盖 $\widetilde{\mathrm{SL}(2,\mathbb{R})}$ 不是 $\mathrm{SL}(2,\mathbb{R})$ 本身, 这个单连通的流形会是什么呢? 几何化猜想断言, 这是一个新的基本 3 维流形, 其每个局部都是 3 维"双曲面" $\mathrm{SL}(2,\mathbb{R})$. 需要指出的是, 与 $\mathrm{SL}(2,\mathbb{R})$ 不同, $\widetilde{\mathrm{SL}(2,\mathbb{R})}$ 不再是矩阵群了, 因此无法再以简洁的矩阵形式表达出来, 数学家们都希望该基本流形有一个新名字, 也许 "$\mathcal{T}hu$" 是个选项, 因为瑟斯顿姓中的字母 "T" 实在是太忙了.

幂零几何 $\mathcal{N}il$(nilpotent geometry)　$\mathcal{N}il$ 中的点就是 $\mathbb{R}^3$ 中的点 (x,y,z), 但其平移运算 (即 $\mathcal{N}il$ 的群结构) 由下面的运算定义:

$$(x,y,z) * (a,b,c) = (x+a, y+b, xb+z+c).$$

可以看出这个平移运算不是交换的. 显然, 幂零几何 $\mathcal{N}il$ 中的 xOy 平面与普通 3 维空间 $\mathbb{R}^3$ 中的 xOy 平面完全相同, 故 $\mathcal{N}il$ 仅仅在第三条轴, 即 z 轴上出现了二次的扭曲. 幂零几何 $\mathcal{N}il$ 在物理学中鼎鼎有名, 实际上 $\mathcal{N}il$ 的另一个描述即是在量子力学中具有重要作用的所谓海森堡[①] 群, 即

$$\mathcal{N}il = \left\{ \begin{pmatrix} 1 & x & z \\ 0 & 1 & y \\ 0 & 0 & 1 \end{pmatrix} \Bigg| x,y,z \in \mathbb{R} \right\}.$$

[①] Werner Heisenberg, 1901–1976, 德国著名物理学家, 1931 年因建立量子力学而获得诺贝尔物理学奖.

此时的平移运算是自然的矩阵乘法, 即

$$
\begin{pmatrix} 1 & x & z \\ 0 & 1 & y \\ 0 & 0 & 1 \end{pmatrix}
\begin{pmatrix} 1 & a & c \\ 0 & 1 & b \\ 0 & 0 & 1 \end{pmatrix} =
\begin{pmatrix} 1 & x+a & xb+z+c \\ 0 & 1 & y+b \\ 0 & 0 & 1 \end{pmatrix}.
$$

"幂零几何"的命名有两个来历: 其一是代数学中的群论, 因为海森堡群是所谓的"幂零群"; 第二个来历也许更加平易近人, 即海森堡群中的每一个矩阵 $\begin{pmatrix} 1 & a & c \\ 0 & 1 & b \\ 0 & 0 & 1 \end{pmatrix}$ 都可以表示为一个幂零矩阵 $\begin{pmatrix} 0 & x & z \\ 0 & 0 & y \\ 0 & 0 & 0 \end{pmatrix}$ 的指数函数形式:

$$
\begin{pmatrix} 1 & a & c \\ 0 & 1 & b \\ 0 & 0 & 1 \end{pmatrix} = \mathrm{e}^{\boldsymbol{A}},
$$

其中 $\boldsymbol{A} = \begin{pmatrix} 0 & x & z \\ 0 & 0 & y \\ 0 & 0 & 0 \end{pmatrix}$. 这只需要取 $x=a, y=b, z=c-\dfrac{ab}{2}$ 即可. 幂零几何 $\mathcal{N}il$ 上的度量为

$$
(\mathrm{d}s)^2 = (\mathrm{d}x)^2 + (\mathrm{d}y)^2 + (\mathrm{d}z - x\mathrm{d}y)^2.
$$

所以 $\mathcal{N}il$ 的几何结构不是我们通常的 3 维空间, 尽管它们是同胚的拓扑空间. 具有幂零几何的流形虽然易于描述, 但它们的几何并不简单: 因为其局部曲率可正可负, 也可以为零.

> **可解几何** $\mathcal{S}ol$(solvable geometry) 与 $\mathcal{N}il$ 一样, $\mathcal{S}ol$ 中的点就是 $\mathbb{R}^3$ 中的点 (x, y, z), 但其平移运算 (即 $\mathcal{S}ol$ 的群结构) 由下面的运算定义:
>
> $$
> (x, y, z) * (a, b, c) = (x + \mathrm{e}^{-z}a, y + \mathrm{e}^{z}b, z+c).
> $$

这个平移运算与通常的 3 维空间 $\mathbb{R}^3$ 的平移运算自然大相径庭, 但其 z 轴与普通 3 维空间 $\mathbb{R}^3$ 中的 z 轴则保持一致. $\mathcal{S}ol$ 也可以表示为普通的矩阵群, 即

$$
\mathcal{S}ol = \left\{ \begin{pmatrix} 1 & x & y & z \\ 0 & \mathrm{e}^{-z} & 0 & 0 \\ 0 & 0 & \mathrm{e}^{z} & 0 \\ 0 & 0 & 0 & 1 \end{pmatrix} \middle| \, x, y, z \in \mathbb{R} \right\}.
$$

此时平移运算是自然的矩阵乘法, 即

$$\begin{pmatrix} 1 & x & y & z \\ 0 & \mathrm{e}^{-z} & 0 & 0 \\ 0 & 0 & \mathrm{e}^{z} & 0 \\ 0 & 0 & 0 & 1 \end{pmatrix} \begin{pmatrix} 1 & a & b & c \\ 0 & \mathrm{e}^{-c} & 0 & 0 \\ 0 & 0 & \mathrm{e}^{c} & 0 \\ 0 & 0 & 0 & 1 \end{pmatrix} = \begin{pmatrix} 1 & a+x\mathrm{e}^{-z} & b+y\mathrm{e}^{z} & c+z \\ 0 & \mathrm{e}^{-z-c} & 0 & 0 \\ 0 & 0 & \mathrm{e}^{z+c} & 0 \\ 0 & 0 & 0 & 1 \end{pmatrix}.$$

"可解几何"的命名与伽罗华理论有关, 因为可解几何 $\mathcal{S}ol$ 的矩阵群是一个"可解群", 即对应的多项式方程是"可解的", 其根可以用多项式系数的四则运算及根号表达出来 (这就是所谓"公式解"). 可解几何 $\mathcal{S}ol$ 上的度量为

$$(\mathrm{d}s)^2 = \mathrm{e}^{-z}(\mathrm{d}x)^2 + \mathrm{e}^{z}(\mathrm{d}y)^2 + (\mathrm{d}z)^2.$$

故 $\mathcal{S}ol$ 的几何结构不是我们通常的 3 维空间 $\mathbb{R}^3$, 尽管它们也是同胚的拓扑空间. $\mathcal{S}ol$ 在 xOy 平面上出现了指数尺度的扭曲: 随着 z 轴向上 (z 增大), x 方向的尺度急剧变大 (因而长度变小), 而 y 方向的尺度则急剧缩小 (因而长度变大); 如果随 z 轴向下 (z 减少), 则出现完全相反的变化. 与幂零几何包含一个欧几里得平面 (即 xOy 平面) 大为不同的是, 具有可解几何的流形是一个双曲主宰的世界, 比如截面 $x = x_0$ 或 $y = y_0$ 都与上半平面双曲几何 $\mathcal{H}^2$ 等距同构. 可解几何 $\mathcal{S}ol$ 与欧氏几何或球面几何老死不相往来: 任何具有可解几何的流形上不会存在 2 维球 B^2 (即圆盘), 更不会存在 2-球面 S^2.

通过以上分析, 读者可以看出, 除了 3-球面 S^3 和积几何 $S^2 \times \mathbb{R}$, 瑟斯顿的其余 6 种几何作为拓扑空间均与普通的 3 维欧氏空间 $\mathbb{R}^3$ 同胚, 因此瑟斯顿的 8 种几何作为拓扑空间仅有三类:

$$\mathbb{R}^3, \quad 3\text{-球面 } S^3, \quad 积几何 S^2 \times \mathbb{R}.$$

几何化猜想提出之时即已成为国际数学界的研究热点. 1994 年, 几何化猜想的大部分情形 (一般来说先吃掉的总是软柿子) 已被证明, 除了下面两种情形:

双曲化猜想　如果 M 是素流形, 其基本群 $\pi_1(M)$ 是非环状的 (即环面 T^2 的基本群 $\pi_1(T^2) = \mathbb{Z} \oplus \mathbb{Z}$ 不是 $\pi_1(M)$ 的子群) 无限群, 则 M 必是双曲的.

椭圆化猜想　如果 M 是素流形, 其基本群 $\pi_1(M)$ 是有限群, 则 M 必是球面, 即容许正常曲率. —— 蕴涵庞加莱猜想.

整个几何化猜想的进展一如瑟斯顿 1982 年所料: 再过 20 年, 我们来相会.

5.5.4　独辟蹊径 —— 哈密尔顿的瑞奇流

1981 年, 理查德·哈密尔顿[1]想到了一个研究光滑流形的妙计, 既然每个光滑流形 M 的拓扑结构被其黎曼度量 g 所唯一决定, 何不通过不改变拓扑结构而仅改变黎曼度量的办法, 使得被考查的流形越来越简单 (比如越来越圆), 从而最终形成的流形 M' 具有非常简单的黎曼度量 g' —— 简单到足以被其曲率所确定? 注意, M' 与起始流形 M 是同胚的, 因此 M 的拓扑结构昭然若揭. 我们已经知道, 对 3 维而言, 拓扑流形与微分流形是等价的, 因此任何 3 维流形都可以赋予一个光滑的黎曼度量 g. 所以, 哈密尔顿的主意对所有的 3 维拓扑流形都有效 (拓扑结构 = 几何结构, 因为维数为 3!).

哈密尔顿的这个绝妙想法就是所谓 **"瑞奇流"** (Ricci flow). 格里戈里奥·瑞奇[2]是现代数学、物理学等学科中最重要的理论与方法之一 "张量分析" 的奠基人. 哈密尔顿发现, 瑞奇流好比一个巨大的熔炉, 任何流形均可以通过瑞奇流这个 "熔炉" 的 "煅烧" 而最终铸造成型 —— 清晰可辨的型, 因此人们最终可以分辨该流形的几何形状 (稍后我们将介绍其细节). 1982 年哈密尔顿发表了宣告瑞奇流诞生的论文 "Three-manifolds with positive Ricci curvature" (见 J. Differential Geom. 17 (1982), no. 2, 255–306. 该论文获得 2009 年斯蒂尔研究奖), 并利用瑞奇流这个新武器得到了下述重要结论:

哈密尔顿正曲率定理　设 M 是一个具有严格正瑞奇曲率的 3 维紧黎曼流形, 则 M 同胚于一个具有正常曲率的黎曼流形.

该篇论文的重要性远远超出想象, 其引用率 (截止 2016 年 9 月底, MathSCINet 约 600 次, Google 学术约 2300 次) 甚至超过了瑟斯顿同年发表的 "几何化猜想" 的论文, 以及丘成桐解决卡拉比猜想并得以收获菲尔兹奖的 1978 年的著名论文 "On the Ricci curvature of a compact Kähler manifold and the complex Monge-Ampère equation. I." (见 Comm. Pure Appl. Math. 31 (1978), no. 3, 339–411). 数学大师丘成桐敏锐地意识到哈密尔顿的瑞奇流可以用来解决庞加莱猜想甚至瑟斯顿几何化猜想, 所以 1985 年他力邀哈密尔顿等人访问他所在的加州大学圣地亚哥分校共同讨论瑞奇流, 并三番五次督促比自己大 6 岁的哈密尔顿和自己的学生曹怀东等朝庞加莱猜想与几何化猜想挺进. 因好交女友而被丘成桐戏称为 "花花公子"(play boy) 的哈密尔顿坦言, 遇到丘成桐是其数学人生的转折 (尽管有发明瑞奇流如此重要的工作, 但在访问丘成桐之前, 已年逾不惑的哈密尔顿建树不多, 以至于 50 岁时方得到美国的终身教职).

为了理解哈密尔顿定理, 我们先考虑 2 维流形, 即曲面的哈密尔顿定理: 一个

[1] Richard Hamilton, 生于 1943 年, 美国数学家, 以发明瑞奇流而闻名.
[2] Gregorio Ricci-Curbastro, 1853–1925, 意大利数学家, 张量分析的奠基人.

具有正曲率的闭曲面必同胚于一个具有正常曲率的闭曲面. 什么样的闭曲面具有正常曲率? 最简单的当然是球面. 所以哈密尔顿定理是说具有严格正曲率的曲面可以变得越来越圆 (越来越像球面). 如何把一个闭曲面变得越来越圆? 容易想到的是吹气球. 一个瘪气球经过充气会变得越来越圆! 此时我们付出的代价是充气后的曲面, 其体积和之前相比可能将非常大. 能够让体积不增加甚至缩小吗? 留过学或者出过远门使用过 "真空储藏袋" 的读者可能熟悉与 "充气" 相反的想法, 即 "收缩", 用抽气筒将装有被褥或衣物的储藏袋中的空气抽干, 则储藏袋会收缩得非常紧 ("紧流形"!), 而且接近球面的形状 —— 这就是瑞奇流! 让具有正曲率的曲面收缩 (反之, 让具有负曲率的曲面膨胀), 就可以将曲面变得越来越圆. 3-球面 S^3 当然是 3 维流形中最圆的了. 要将一个具有正曲率的 3 维紧黎曼流形 M 变得越来越圆, 从而变成一个具有正常曲率的黎曼流形 M', 那么 M 上的黎曼度量 g 也将随之变成 M' 上的黎曼度量 g'. 因此为了 "让具有正曲率的曲面收缩", 必须使 "度量" g 的变化与曲率相反. 一般地, 瑞奇流使流形的曲率逐渐变为常数 —— 高曲率逐渐 "流" 向低曲率最终达到每点处的曲率相同. 这正是我们在第三章黎曼假设里介绍的 "热传导方程" 中温度变化的方式 —— 热往低处流! 瑞奇流正是一种热传导方程 —— 世上万物皆有缘, 方程拓扑根相连! 哈密尔顿经过多次尝试和反复计算, 最终发现黎曼流形 (M, g_0) 随时间变化得到的新流形 $(M_t, g(t))$ 的度量 $g(t)$ 应该满足下面的方程:

$$\frac{\partial g(t)}{\partial t} = -2\mathrm{Ric}(g(t)), \quad g(0) = g_0. \tag{5.5.3}$$

这实际上是微分方程的初值问题 (注意, 因为度量 g 不仅是时间 t 的函数, 还是曲面上每个点的函数, 所以是一个偏微分方程). 该方程称为瑞奇流方程 (Ricci flow equation), 而满足该方程的这一族用时间 t 作参数的度量 $g(t)$, 或更精确地说, 黎曼流形 $(M_t, g(t))$ 称为**瑞奇流**. 方程右端的 $\mathrm{Ric}(g(t))$ 表示度量 $g(t)$ 的**瑞奇曲率**——对于 $n\,(n \geqslant 3)$ 维流形, 描述 2 维曲面的高斯曲率 (其 2 倍称为高维流形的数量曲率 (scalar curvature)) 不再有意义而需要推广, 此时该流形上通过每个点处的所有 2 维曲面的高斯曲率可以决定流形在该点的局部弯曲性质, 其中的任何一个高斯曲率称为 (一个) "截面曲率"(sectional curvature). 一般来说, 确定所有的截面曲率非常困难, 因此数学家使用所有截面曲率的平均值的 $n-1$ 倍, 即瑞奇曲率张量, 简称瑞奇曲率. 3 维流形的一个特殊性在于其瑞奇曲率可以反过来确定所有的截面曲率. 但此结论对更高维的流形不再成立.

几何化猜想等于解偏微分方程! 数学乃至科学的各个分支总是以某种神奇的方式展示相互间的唇齿相依, 尽管局部战争从未间断 —— 比如 "胡–牛之争".

我们先来看负常曲率的流形 —— 庞加莱的双曲平面 $\mathcal{H}^2$, 这是瑞奇流的最简单

情形. 此时最终的瑞奇流方程 (5.5.3) 变为

$$\frac{\mathrm{d}R(t)^2}{\mathrm{d}t} = 2, \tag{5.5.4}$$

解得, $R(t) = \sqrt{R_0^2 + 2t}$. 因此瑞奇流使双曲平面 (负曲率) 随时间的增加 (即 $t \to \infty$) 而无限膨胀.

我们再来看具有正常曲率的 2 维球面. 大家知道, 以半径为 r、球心在原点的球面 $S^2(r)$ 可以建立空间解析几何中的球面坐标系. 在球面坐标系下的黎曼度量 (就是通常的欧几里得距离) 为

$$(\mathrm{d}s)^2 = (\mathrm{d}r)^2 + r^2((\mathrm{d}\theta)^2 + \sin^2\theta\mathrm{d}\phi),$$

其中 θ 是经度 (向量与 x 轴的夹角), 而 ϕ 是余纬度 (向量与 z 轴的夹角 = 纬度的余角). 因此, 单位球面 S^2 上的度量为 (此时 $r = 1$)

$$(\mathrm{d}s)^2 = (\mathrm{d}\theta)^2 + \sin^2\theta\mathrm{d}\phi.$$

于是半径为 R 的球面 $S^2(R)$ 上的度量为

$$(\mathrm{d}s)^2 = R^2((\mathrm{d}\theta)^2 + \sin^2\theta\mathrm{d}\phi).$$

故若以 $\bar{g}$ 表示单位球面的度量, 则半径为 R 的球面上的度量恰好是 $g = R^2\bar{g}$. 假定在时刻 t 时的球面半径为 $R(t)$, 则其瑞奇曲率 (此时就是高斯曲率, 因为维数 $n = 2$)

$$\mathrm{Ric}(g) = \frac{g}{R^2} = \bar{g}.$$

于是瑞奇流方程 (5.5.3) 变为

$$\frac{\partial R(t)^2\bar{g}}{\partial t} = -2\bar{g}, \tag{5.5.5}$$

即 (注意 $R(t)$ 是 t 的一元函数)

$$\frac{\mathrm{d}R(t)^2}{\mathrm{d}t} = -2. \tag{5.5.6}$$

因此 $R(t) = \sqrt{R_0^2 - 2t}$, 其中 R_0 是初始时刻 $t = 0$ 时的球面半径. 这就是说, 利用哈密尔顿的瑞奇流可以将半径为 R_0 的球面在时刻 t 时变为半径为 $R(t) = \sqrt{R_0^2 - 2t}$ 的球面. 所以瑞奇流确使球面 (正曲率) 随时间的增加而 (即 $t \to +\infty$) 收缩.

注意当 $t \to \frac{R_0^2}{2}$ 时, 球面将收缩成一个点 —— 瑞奇流的奇点! 于是, 瑞奇流无以为继. 这一时刻称为 **"奇异时刻"** (singular time), 或更形象地, 爆炸时刻 (blow-up time)——因为此时的曲率趋向于无穷大. 爆炸时刻形成的流形称为 **"奇异性"**. 这是一个异常重要的现象: 瑞奇流可能产生奇异性, 而且利用瑞奇流研究流形的所有复杂度正是源于奇异性. 当然, 为了区分各种流形在瑞奇流中爆炸时刻产生的各类奇异性, 可以限定体积, 即瑞奇流的时间的上界限定为流形的体积达到定值. 比如, 如果我们限定流形体积的最小值为 $\frac{4\pi}{3}$, 则上面例子中的时间间隔将为 $\left[0, \frac{R_0^2 - 1}{2}\right]$.

这样, 至少对球面这样的流形, 奇异性不会出现了, 或者说, 在爆炸时刻前我们已经可以清晰辨认其拓扑结构了. 不过, 我们将看到, 其他流形在瑞奇流中产生的奇异性的复杂性远远超出想象. 瑞奇流变化示意图如下:

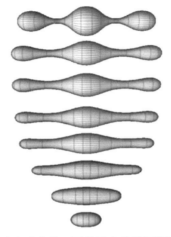

瑞奇流变化 (图片引自维基百科)

泼墨 50 页证明了上面的重要结论之后, 哈密尔顿对瑞奇流这个新式武器的信心倍增, 再接再厉利用瑞奇流攻克瑟斯顿几何化猜想的设想 (现被称为哈密尔顿瑞奇流纲领 (Ricci flow program)) 于是瓜熟蒂落: 随着连通黎曼流形 (M, g) 上瑞奇流的不断 "进化", (M, g) 将在有限时间内进化成最完美的流形 (M', g'), 以至于我们可以看清楚它的素分解的各个部件 (科内泽素分解定理中的素流形) 以及它们是如何沿着边缘 ——2-球面 S^2 或 2-环面 T^2—— 粘合起来的. 这些部件真的恰好就是瑟斯顿的 8 种几何吗? 青年时代流连百花丛、游戏数学间的哈密尔顿在小弟丘成桐大师的强劲支持下, 沿着他自己开创的瑞奇流, 终于迈步走向心中的圣地 —— 几何化猜想, 时间证明这的确是一条金光大道.

随后几年, 高举瑞奇流的哈密尔顿在 3 维以及高维流形领域所向披靡, 取得了一系列重要成就, 其中最接近解决庞加莱猜想的是下面的结论: (参见 R. S. Hamilton, Formation of singularities in the Ricci flow, Surveys in Diff. Geom. 2(1995),

7–136.)

哈密尔顿定理　设 3 维单连通紧黎曼流形 M 的瑞奇流方程在有限时刻 $t = T$ 产生奇异性, 则 M 必同胚于下述流形 (的商):

(1) 球面形式 S^3;

(2) 瓶颈形式 $S^2 \times \mathbb{R}$;

(3) 雪茄形式 $\Sigma \times \mathbb{R}$, 其中 Σ 为 2 维雪茄 (详见下文).

至此, 亲爱的读者一定看出来了, 如果在上面的定理中能够排除掉 "瓶颈" 与 "雪茄" 的话, 则哈密尔顿将证明庞加莱猜想! 但是, 通向绝顶的路必定荆棘丛生. 虽然哈密尔顿证明了他的瑞奇流保持 3 维流形曲率的正性, 但此性质对具有非正曲率的流形不再成立, 此时的瑞奇流可能产生非常复杂的现象. 哈密尔顿阻止了即将爆炸的 "奇点", 却始终未能绕过英雄本色的 "雪茄", 也未能躲开如影随形的 "瓶颈". 被理论物理学家, 特别是弦论学家称为**威腾黑洞**的 "雪茄" 是瑞奇流方程的一种特殊的解, 称为 "**瑞奇孤立子**", 即两个时刻 $t_1 < t_2$ 的度量 $g(t_1)$ 与 $g(t_2)$ 本质上是一样的, 确切地说, 存在正数 $\alpha > 0$, 使得 $(M, \alpha g(t_1))$ 与 $(M, g(t_2))$ 微分同胚, 并当 $\alpha < 1, \alpha = 1, \alpha > 1$ 时, 分别称为收缩 (shrinking)、稳定 (steady) 和膨胀 (expanding) 孤立子.

瑞奇孤立子是在瑞奇流的熔炉里保持几何结构不变的一类著名奇异性, 其中最简单的例子是 2 维雪茄, 即普通的 2 维平面 $\mathbb{R}^2$ 赋予下面的黎曼度量:

$$(\mathrm{d}s)^2 = \frac{(\mathrm{d}x)^2 + (\mathrm{d}y)^2}{1 + x^2 + y^2}. \tag{5.5.7}$$

据此度量可由公式 (5.5.1) 计算出 2 维雪茄的曲率总是正的. 此类被哈密尔顿记为 "Σ" 的流形当 $t \to +\infty$ 时不会越来越圆, 而是变成一个周长有限、在原点处缩为一点 (由此在原点处的曲率最大)、在远处变为圆柱面的一根 "雪茄", 一根在瑞奇流的熔炉里乐不思蜀、永葆青春的雪茄! 见示意图. 原始流形的拓扑结构无影无踪.

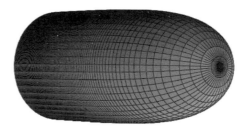

雪茄

在 3 维情形, 哈密尔顿仔细分析了所有可能的奇异性, 发现无法排除的奇异性之一就是 "3 维雪茄", 即 2 维雪茄的升级版 $\Sigma \times \mathbb{R}$. 回忆 2 维流形的拓扑学手术就是切除一个 2 维开球, 然后沿边缘 (= 1-球面, 即圆周) S^1 粘合, 而 3 维流形的拓扑学手术切除的可以是 3 维开球, 然后沿边缘 2-球面 S^2 粘合, 也可以切除 3 维实心环, 然后沿边缘 2-环面 T^2 粘合. 因此一旦出现雪茄, 拓扑学手术将无从下手, 而瑞奇流再也无力改变其几何结构, 因此对原始流形的拓扑结构将一无所获. 哈密尔顿几经努力, 但 "雪茄" 岿然不动.

　　哈密尔顿面临的另一个困难是所谓 "瓶颈". 考虑两个半径为 R 的 2-球面 $S^2(R)$ 各切去一个开圆盘并以一个半径为 r 的细长圆柱面粘合所得到的流形. (这是什么流形?) 如果球面半径 R 很大而圆柱面半径 r 很小, 则瑞奇流在球面半径 R 缩小不多的情况下, 使圆柱面半径 r 迅速接近 0 而形成所谓 "瓶颈", 即流形 $S^1 \times [0,1]$, 从而瓶颈最终将在瑞奇流的熔炉里轰然坍塌 (collapsing) 而变成一条线, 长度可能无限. 如果两个球面的半径不相同, 则半径小的球面将在有限时间内收缩成一个点, 于是和瓶颈一起变成角状 (horn). 无论哪种情形, 瑞奇流均被迫停止, 原始流形的几何与拓扑结构在被分辨之前即已灰飞烟灭.

瓶颈

　　同 2 维如出一辙的 3 维 "瓶颈" 即 $S^2 \times [0,1]$(请想象该流形的形状). 3 维瓶颈一旦在瑞奇流的熔炉里出现而又无法阻止其坍塌, 瑞奇流将寿终正寝. 哈密尔顿对瓶颈亮出了几何学的看家武器: 几何学手术. 结合几何学手术的瑞奇流称为带手术的瑞奇流 (Ricci flow with surgery) 或广义瑞奇流 (generalized Ricci flow), 其原理是一旦瑞奇流遭遇奇异性 (比如瓶颈), 则利用几何学手术将产生奇异性的部分切除并粘合适当的流形以使瑞奇流得以延续. 哈密尔顿证明, 使用带手术的瑞奇流可以解决满足较强条件的部分流形的瓶颈问题. 但他发现对于一般流形的瓶颈, 这些精妙的手术可能要做无穷多次, 而每次手术都有可能产生新的瓶颈! 所以几何学手术最终未能帮助哈密尔顿挣脱瓶颈的束缚.

　　年过半百的哈密尔顿使出浑身解数却终究对 "瓶颈" 与 "雪茄" 束手无策, 他和他的瑞奇流被迫抛锚在通往终点的金光大道上! 这对哈密尔顿虽然是无限遗憾, 却愈显其可敬与不凡, 毕竟进入新世纪时他已年近花甲, 而数学研究和交女朋友一样是需要体力的.

　　由于对几何化猜想的卓越贡献, 时年 53 岁的哈密尔顿于 1996 年获得三年一度的维布伦奖, 成为领奖时的年纪最长者, 与他一起获奖的是比哈密尔顿小 15 岁的我国著名旅美数学家田刚①. 2003 年, 哈密尔顿获得了克雷数学研究所颁发的克雷研究奖 (Clay research awards), 与他一起获奖的是比哈密尔顿小 32 岁的陶哲轩. 2011 年, 哈密尔顿获得了我国香港邵氏基金会颁发的邵逸夫数学奖 (Shaw prize for mathematical sciences).

而瑞奇流, 仍在等待驾驭它的王者.

本节练习题

1. (1) 设 S^2 上的直线恰好是所有大圆. 试说明 S^2 满足黎曼平行公设, 即所有直线均相交.

(2) 设 S^2 上的直线恰好是所有大圆. 试说明 S^2 上的三角形内角和大于 π. 又, 此时三角形的内角和有上界吗?

2. 试求球极投影的解析表达式, 并说明球极投影的连续性.

3. 试说明 2-环面 T^2 的万有覆盖为 $\mathbb{R}^2$, 因此 T^2 的几何是平的, 即欧氏几何.

4. 试研究具有常曲率 0 的流形 (比如平面) 在瑞奇流下的变化.

▉ 第六节   倚天屠龙 —— 从灵魂深处到宇宙之巅

征服几何学之巅 —— 庞加莱猜想, 或者更广地, 几何化猜想的是来自俄罗斯的青年数学家, 格里高利·佩雷尔曼②.

俄罗斯盛产杰出数学家. 自帕夫努季·切比雪夫③以来, 俄罗斯数学逐渐形成自己独特的风格, 并以众多独步世界的研究成果和创新而傲立于世界数学之林. 1978 年, 国际数学界最负盛名的终身成就奖 —— 沃尔夫数学奖的首届两得主之一 (另一位是我们前面介绍过的对黎曼假设有巨大贡献的德国数学家西格尔), 即是苏联数学家盖尔范德. 1980 年, 盖尔范德的老师安德列·柯尔莫哥洛夫④摘得第三届沃尔夫数学奖. 民间有一份 20 世纪在世的数学家排名, 柯尔莫哥洛夫活着的时候是第一名, 他去世后第一变成了他的学生盖尔范德, 盖尔范德去世后变成了柯尔莫

---

① 田刚, 生于 1958 年, 中国著名数学家, 国际数学家大会作 1 小时报告的第一位拥有中华人民共和国国籍的人 (2002 年).

② Gregori Perelman, 生于 1966 年, 俄罗斯著名数学家, 证明了几何化猜想 (蕴涵庞加莱猜想).

③ Pafnuty Lvovich Chebyshev, 1821–1894, 俄罗斯著名数学家和教育家, 俄罗斯现代数学的先驱, 彼得堡学派奠基人. 概率论中耳熟能详的切比雪夫不等式即以其命名. 其著名学生有亚历山大·庞德利亚金和安德列·马尔可夫.

④ Andrey Nikolaevich Kolmogorov, 1903–1987, 苏联著名数学家与教育家, 对几乎所有数学分支 (以及其他学科) 均有巨大贡献. 最为大众熟悉的现代概率论即是出自其手.

哥洛夫的另一个学生, 盖尔范德的师弟弗拉基米尔·阿诺德 ①⋯⋯ 惜乎阿诺德接师兄的班不足 1 年即去世. 一个流传甚广的说法是格罗滕迪克 "当然" 排名 20 世纪数学家之首, 这显然是所谓 "纯粹数学家" 用来打击排斥所谓 "应用数学家" 的幌子, 因为和上面几位对几乎所有数学领域都有卓越建树的数学家相比, 格罗滕迪克的研究很少涉及一些极其重要乃至不可或缺的数学分支, 比如微分方程, 更是从不涉及所谓 "应用数学", 而当代数学早已包罗万象. 当然, 格罗滕迪克对代数、拓扑与代数几何等确实有天才的革命性贡献, 其中一个例子是他与他的学生们引入的 "三角范畴" 等概念从某种角度回答了 "数学究竟是发现还是发明" 这个争论已久的问题. 时至今日, 这个概念即使对绝大多数职业数学家而言仍然是 "文学" 而非 "数学". 如果没有格罗滕迪克及其学派, 这样的革命性概念即使 "被发现", 恐怕也得若干年以后. 伟人乘鹤西去, 其数学却渐入佳境.

不过本节的主角、本世纪最火的数学家、几何化猜想的征服者 —— 佩雷尔曼, 对大神格罗滕迪克的 "革命" 如果不是无动于衷最多也是敬而远之, 因为从他所有公开发表的研究论文中几乎看不到格罗滕迪克革命的任何痕迹. 佩雷尔曼始终坚守在俄罗斯数学的传统优势领域 —— 以亚历山德罗夫空间 (这正是我们前文提到多次的那个以 "亚历山德罗夫" 命名的一种拓扑空间) 为其科学研究的根据地, 不断吸收西方的先进思想和方法 (不包括格氏的革命性理论), 最终成功驾驭哈密尔顿抛锚在半山腰的瑞奇流战车而登上了几何学的高峰.

5.6.1 惊艳登场 —— 佩雷尔曼与灵魂猜想

早在1993年, 取得博士学位不久的佩雷尔曼就以一篇仅 4 页的短文 (见 G. Perelman, Proof of the soul conjecture of Cheeger and Gromoll, J. DIFFERENTIAL GEOMETRY, 40(1994)209–212.) 精彩地证明了著名的 "灵魂猜想" (soul conjecture).

灵魂猜想 若开流形 M 的截面曲率处处非负, 且存在点 $P \in M$, 使得 P 点的截面曲率均为正, 则 M 微分同胚于 $\mathbb{R}^n$.

该点 P 称为 M 的 "灵魂". 事实上, 佩雷尔曼证明的结论现称为 "灵魂定理" (soul theorem) 比灵魂猜想广泛得多. 我们知道, 非紧流形 (比如开流形) 较之紧流形的复杂度不可同日而语, 很难得到如此简洁深刻的结论, 因此已成为大佬的瑟斯顿惊呼 "如此简单, 为什么我没想到?" 来表示对后辈佩雷尔曼的欣赏. 佩雷尔曼因此受邀在当年于苏黎世召开的国际数学家大会上作了 45 分钟邀请报告 —— 这即使对于资深数学家来说也是很大的荣耀, 遑论 "乳臭未干" 的佩雷尔曼!

不过佩雷尔曼并非一战成名, 1982 年, 他即以满分为苏联代表队获得数学奥林

① Vladimir Igorevich Arnold, 1937–2010, 苏联著名数学家、教育家与科普作家, 后移居法国. 19 岁时解决了希尔伯特第 13 问题.

匹克竞赛的金牌, 并在 1991 年获得圣彼得堡数学会青年数学家奖. 从小听歌剧长大的佩雷尔曼朋友不多, 因此他惯于独立思考. 佩雷尔曼的博士导师尤里·布拉格①评价说: "格列沙 (格里高利的爱称) 周围有一群才华横溢、言先于思的年轻人. 格列沙则与众不同, 他的思考深刻而缜密, 他的回答永远正确. 他的思维并不敏捷, 但速度什么也不是, 数学依赖于深度而不是速度." (见 Sylvia Nasar, David Gruber, Manifold Destiny-A legendary problem and the battle over who solved it. New Yorker, 2006.8.28.)

颇有建树的佩雷尔曼于 1992 年获得资助而开始了他在美国的 3 年研究工作. 其间佩雷尔曼在普林斯顿和伯克利等地多次参加哈密尔顿关于瑞奇流的系列报告, 并数次求教于哈密尔顿. 哈密尔顿大度地将自己后来才发表的许多研究成果都告诉了佩雷尔曼, 甚至包括令其大伤脑筋的"瓶颈"与"雪茄". 佩雷尔曼非常钦佩, 于是将自己认为对解决几何化猜想有益的一些思想和研究成果讲给哈密尔顿听, 其中包含一个后来被证明是非常重要的技术, 即所谓**"局部不塌"** (local noncollapsing). 但讲者有心听者无意, 佩雷尔曼很快意识到哈密尔顿的研究可能已趋停滞以至他根本没兴趣听自己在说什么 —— 虽然当时哈密尔顿并非鼎鼎有名, 但他发明的瑞奇流业已誉满全球, 要哈密尔顿去研究其时仍是无名之辈的佩雷尔曼的论文自然是天方夜谭, 更不用说佩雷尔曼早期的研究几乎都是发表在俄罗斯本土期刊上的俄语论文! 哈密尔顿显然对"自古英雄出少年"的中国谚语缺乏了解, 其实"自古数学出少年"更是客观历史. 哈密尔顿不是不信任佩雷尔曼的数学, 他是不信任自己青年时代的数学.

佩雷尔曼于 1995 年结束了在美国的 3 年研究工作, 满载而归. 其间他拒绝了美国多所大学提供的职位, 其中拒绝斯坦福大学的理由是: "如果他们知道我的工作, 那就不需要我的简历; 如果他们需要我的简历, 那说明他们不了解我的工作."

1996 年, 羽翼已丰的佩雷尔曼亮剑几何化猜想. 他向哈密尔顿发出邀请, 详细解释了自己的研究计划和思路, 希望两人能携手攻克这个举世瞩目的难题. 然而石沉大海, 哈密尔顿没有任何回复. 佩雷尔曼知道, 哈密尔顿的研究不是深陷于"瓶颈"的狭缝而不能自拔, 就是笼罩在"雪茄"的浓雾而晕头转向, 不大可能与自己共赴征程. 恣意青春的哈密尔顿终于在已知天命的年纪与本世纪最卓越的数学俊杰失之交臂, 也因此与征服庞加莱猜想的最后机会擦肩而过. 当然, 早已安于寂寞的佩雷尔曼不会因此而放缓脚步, 他决定独闯虎龙潭, 孤剑上天山!

5.6.2　禁烟孤旅 —— 负熵不增

佩雷尔曼明白, 根据哈密尔顿定理, 征服几何化猜想的关键在于阻止楚腰纤细的"瓶颈"并掐灭雾锁烟迷的"雪茄". 洞悉瑞奇流秘密的佩雷尔曼亮出了他的第

① Yuri Burago, 生于 1936 年, 俄罗斯数学家.

一招: "熵"(entropy).

熵是热力学的三大概念 (另外两个是时间与能量) 中最为难解 (所以在当代被广泛移植应用于各种学科)、最为纠结 (熵理论的最重要的推动者路德维希·玻尔兹曼[1]因之抑郁继而自杀, 对熵理论的追逐与批判从未停止), 当然也是最为神奇的一个, 由鲁道夫·克劳修斯[2] 于1854年首次提出—— 使用 "等效值"(equivalent value) 一词, 其数学表达为 $\frac{Q}{T}$, 其中 Q 为可逆循环系统的热量, 而 T 为温度, 或更确切地表示为

$$\mathrm{d}S = \frac{\delta Q}{T},$$

其中 δQ 是系统在温度 T 时的热量. 1865 年, 克劳修斯提议使用源于希腊语的"entropy"一词, 表示 "转化" 或 "变换"(transformation). 克劳修斯解释说, "熵" 与 "能量" 这两个概念在物理学中的联系是如此紧密, 所以它们理应有非常相似的名字: "entropy"与"energy". 显然无法再使用字母 "E" 来表示"entropy", 克劳修斯选择了 "S". 这个词在1923年被胡刚复[3]先生创造性 (此前汉语无此字) 地译为 "熵", 这绝对是科学史上叹为观止的佳译. 热力学四大定律中的后两个都与熵有关, 其中第三个即热力学第二定律亦被称为 "熵定律"(law of entropy).

热力学第二定律　孤立系统中的熵只增不减.
热力学第三定律　完美晶体在绝对零度时的熵为零.

克劳修斯的本意是用熵来描述一个孤立系统中的 "无效能量". 因为根据能量守恒定律的热力学版本, 即热力学第一定律, 热能也守恒, 在热能转化的过程中不参与做功而被耗损的部分能量即所谓"无效能量". 这个解释自然不能被广泛认可, 于是1877年玻尔兹曼给出了下面的解释:

玻尔兹曼熵公式　设 S 是系统的熵, k 为玻尔兹曼常数, W 为系统的微观状态数, 则

$$S = k \log W.$$

此公式刻在玻尔兹曼的墓碑上, 被玻尔兹曼的粉丝普朗克称为玻尔兹曼熵公式, 其中的对数是自然对数, 大于等于1的微观状态数 W 又称为"热力学概率"—— 统计力学本质上是概率, 但数学上的概率不会大于1. 根据玻尔兹曼熵公式, 系统的熵随着微观状态数 W 的增加而增加, 而系统微观数的增加可以理解为系统紊乱程度的增加 (试卷袋里的50份卷子在监考老师手中时微观状态数为1, 系统的熵为 $S =$

[1] Ludwig Eduard Boltzmann, 1844–1906, 奥地利著名物理学家与哲学家, 热力学与统计力学的奠基人.
[2] Rudolf Julius Emanuel Clausius, 1822–1888, 德国著名物理学家与数学家, 热力学的主要奠基人.
[3] 胡刚复, 1892–1966, 中国著名物理学家与教育家, 设有胡刚复物理学奖.

$k \log 1 = 0$; 当试卷分发到 50 名考生手中时, 系统的熵急剧增加至 $S = k \log 50$, 因此上海交通大学的某考场出现过 6 位监考老师 —— 其中就有本书的一位作者). 换句话说, 熵即 "混沌"(chaos), 或通俗地, 熵即无序 (disorder). 混沌是什么? 就是混混沌沌, 就是什么也说不清 —— 最最混沌的, 自然是 "沉默是金", 什么也不说. 玻尔兹曼的这个解释自然甩开克劳修斯几十条街, 于是被所有认识此字的人奉为圭臬 —— 凡是出现 log 的东西统统被冠以 "熵", 不过大多使用字母 "H", 因为玻尔兹曼自己使用 "H".

熵的高峰有三座, 第一座当然就是玻尔兹曼熵公式; 第二座是克劳德·艾尔伍德·香农[①]于 1945 年建造的信息熵.

> **香农信息熵公式**   设连续型随机变量 X 的密度函数为 $f(x), x \in (-\infty, +\infty)$, 则 X 的信息熵为
> $$H(X) = \int_{-\infty}^{+\infty} x \log x \mathrm{d}x.$$
> 特别地, 如果离散随机变量 X 的分布律为 $p_i = P(X = x_i), \sum_i p_i = 1$, 则 X 的信息熵为
> $$H(X) = -\sum_i p_i \log p_i.$$

此处对数的底数多取 2, 因为目前使用的计算机系统、数字通信或网络系统均采用二进制. 香农信息熵的单位是 "比特"(bit).

由香农的信息熵公式, 若随机变量 X 取 x_1 与 x_2 的概率均为 $\frac{1}{2}$, 则 X 的信息熵为
$$H(X) = -\left(\frac{1}{2}\log_2\frac{1}{2} + \frac{1}{2}\log_2\frac{1}{2}\right) = 1,$$
即 X 包含 1(比特) 信息量. 但假如 X 仅取一个值, 则它的信息熵为 0, 因为 X 完全确定, 根本不包含任何信息! 反过来, 如果 X 以概率 $\frac{1}{n}$ 平均地取每一个值, 即 X 服从均匀分布, 则它的信息熵将达到最大值
$$H(X) = \log_2 n.$$
因为对于此 X, 一切都有可能, 我们什么都不知道! 所以香农的熵就是不确定性.

香农的信息熵奠定了现代通讯技术的理论基础 (见 Shannon, Claude. Communication Theory of Secrecy Systems, Bell System Technical Journal 28 (4)1949: 656–715), 不仅对当代科学技术影响深远, 对开拓人类思维也具有无可估量的作用.

[①] Claude Elwood Shannon, 1916–2001, 美国著名数学家与科学家, 信息论之父.

　　熵的第三座高峰是 20 世纪 60 年代由伊利亚·普利高津[①]的耗散结构理论和爱德华·洛伦茨[②]建立的混沌理论.

　　普利高津的耗散结构理论认为, 逾越 "Energy—— 能" 而成为非热平衡系统的第一概念的 "Entropy—— 熵" 是开放系统 "从混沌到有序" (普利高津的名著之一 *Order out of Chaos*) 的源泉, 其一个应用是直接推翻了由热力学第二定律的 "能衰熵盛" 导致的宇宙终将走向死亡的 "热寂说", 因为越来越多的证据表明我们的宇宙在无限膨胀, 因此是一个无限开放的系统. 与克劳修斯和玻尔兹曼提出的导致系统越来越乱的 "坏熵" 不同, 普利高津的 "熵" 可以使系统从混乱逐渐 "有序", 因此是 "好熵" —— 普利高津称之为 "负熵" (negative entropy).

　　混沌理论被洛伦茨偶然发现于一次省略 6 位小数后 3 位的 "偷懒": 将小数 "0.506127" 输入为 "0.506", 这导致计算机输出的结果发生了天翻地覆的变化. 洛伦茨自己将此现象描述为: "一只蝴蝶在巴西扇动翅膀引发了德克萨斯的一场龙卷风" —— 此即所谓 "蝴蝶效应". 大为惊讶的洛伦茨仔细研究了该现象的内在规律, 发表了标志混沌理论诞生的著名论文 "确定性非周期流" (见 A. Lorenz, Deterministic nonperiodic flow, Journal of the Atmospheric Science, Vol 30, March 1963, 130–141.)(Google 显示该论文被引数超过 14000 次!), 文中包含现被称为洛伦茨系统(Lorenz system) 的下述大气模型 (洛伦茨用 X' 表示 X 对时间的导数 $\dfrac{\mathrm{d}X}{\mathrm{d}t}$):

$$X' = -\sigma X + \sigma Y,$$
$$Y' = -XZ - rX - Y,$$
$$Z' = XY - bZ,$$

其中 σ, r, b 是特定的常数. 洛伦茨系统被证明是自然界的普适性规律, 其解包含著名的奇异吸引子 (strange attractor), 如下图:

奇异吸引子与蝴蝶效应

---

① Ilya Prigogine, 1917–2003, 比利时著名化学家、物理学家, 1977 年诺贝尔化学奖得主, 耗散结构理论的奠基人.

② Edward Lorenz, 1917–2008, 美国著名数学家与气象学家, 混沌理论之父.

欲显身手的读者可尝试洛伦茨系统的一个简化模型, 即所谓 "逻辑斯蒂映射" (logistic map):

$$x_0 \in [0,1], \quad x_{n+1} = 4x_n(1 - x_n).$$

比如, 取 $x_0 = 0$ 或 $x_0 = 1$, 则所有的 $x_n = 0$. 再取 $x_0 = 0.5$, 则 $x_1 = 1$, 从而我们又回到 $x_0 = 1$ 的老路. 再取 $x_0 = 0.25$, 则 $x_1 = 0.75 = x_2 = x_3 = \cdots$. 最后, 如果取 $x_0 = \dfrac{1}{\sqrt{2}}$, 则将出现令您绝对意外的现象. (请查看洛伦茨的原始论文 A. Lorenz, The problem of deducing the climate from the governing equations, Tellus, XVI, 1964, 1–11.)

用一个例子即可体现混沌理论对人类思维的革命: 长期的天气预报或地震预报等只能是我们美好的愿望.

符合天人合一思想的耗散结构理论在 20 世纪 80 年代左右誉满神州大地, 被充满争议地认为是继牛顿力学、爱因斯坦相对论与海森堡量子力学后的第四次物理学革命. 鉴于从普利高津的耗散结构中居然难以搜到一个像样的原创数学公式, 而从牛顿的 $F = ma$ 到爱因斯坦的 $E = mc^2$ 再到香农的 $H = -\sum p \log p$, 科学的成功无一不是数学的成功, 因此读者不必对耗散结构革命的成功抱过多幻想. 但若加上洛伦茨系统展示的美妙数学, 则耗散结构理论和混沌理论一起无疑是人类文明史上的又一次成功革命.

继普利高津与洛伦茨之后, 佩雷尔曼再次祭出 "熵" 的大旗. 佩雷尔曼观察到, 瑞奇流本质上是梯度流 (gradient flow), 因此他首先定义了一个 $\mathcal{F}$ 函数, 如下:

$$\mathcal{F} = \int_M (R + |\nabla f|^2) \mathrm{e}^{-f} \mathrm{d}V,$$

其中 M 是 n 维流形, R 是其数量曲率, f 是 M 上的光滑函数, ∇ 是纳布拉算符, $\nabla f = \left(\dfrac{\partial f}{\partial x_1}, \dfrac{\partial f}{\partial x_2}, \cdots, \dfrac{\partial f}{\partial x_n} \right)$ 是 f 的梯度向量, 而 $\nabla^2 f = \nabla(\nabla f) = \sum_i \dfrac{\partial^2 f}{\partial x_i^2}$.

利用 $\mathcal{F}$ 函数, 佩雷尔曼证明, 如果 M 的瑞奇流方程存在稳定或膨胀的瑞奇孤立子, 则函数 $\mathcal{F}$ 中的光滑函数 f 只能是常函数, 而这样的光滑函数只需要满足条件:

$$\int_M \mathrm{e}^{-f} \mathrm{d}V = 1.$$

因此 M 只能是孤立点. 于是佩雷尔曼的 $\mathcal{F}$ 函数轻而易举地使熏倒哈密尔顿的 "雪茄" 消失于无形, 此即

佩雷尔曼无通气孔定理　设 M 是闭流形, 则瑞奇流方程不存在稳定或膨胀的瑞奇孤立子.

哈密尔顿的"雪茄"就是一类稳定孤立子, 所以无通气孔定理排除了"雪茄"的存在性. 读者请注意, 佩雷尔曼通篇论文使用物理学上的"通气孔"(breather, 术语为呼吸子) 一词来替代"雪茄"一词.

我们在前文中介绍, 通气孔有三种类型, 即稳定、膨胀与收缩通气孔. 所以要堵死所有的通气孔, 佩雷尔曼还需要处理最为复杂的收缩通气孔. 佩雷尔曼使出了他最后的神器 ——"熵函数", 这是 $\mathcal{F}$ 函数的升级版, 其定义如下:

$$\mathcal{W}(g, f, \tau) = \int_M [\tau(|\nabla f|^2 + R) + f - n](4\pi\tau)^{-\frac{n}{2}} \mathrm{e}^{-f} \mathrm{d}V,$$

其中 M 是 n 维流形, g 是其黎曼度量, R 是其数量曲率, f 是 M 上的光滑函数, 以及

$$\int_M (4\pi\tau)^{-\frac{n}{2}} \mathrm{e}^{-f} \mathrm{d}V = 1, \quad \tau > 0.$$

该函数 $\mathcal{W}$ 被佩雷尔曼类比为物理学中的熵. 因为如果令 $p = \mathrm{e}^{-f}$, 则 $f = -\log p$, 于是佩雷尔曼的熵函数将变为

$$\mathcal{W}(g_{ij}, p, \tau) = \int_M A(\tau) u \log u \, \mathrm{d}V + J,$$

其中 $A(\tau)$ 是与 τ 有关的常数, J 是其他的项. 读者从中可以看出函数 $\mathcal{W}$ 与各种经典熵之间的形似之处. 当然, 更重要的是佩雷尔曼的熵与经典熵之间的神似之处, 即它们都只增不减, 因为佩雷尔曼的熵 $\mathcal{W}$ 关于时间 t 的导数为

$$\frac{\mathrm{d}\mathcal{W}}{\mathrm{d}t} = \int_M 2\tau \left| R + \nabla\nabla f - \frac{1}{\tau}g \right|^2 (4\pi\tau)^{-\frac{n}{2}} \mathrm{e}^{-f} \mathrm{d}V,$$

其中 R 是瑞奇曲率. 特别地, 熵函数 $\mathcal{W}$ 单调不减, 即

$$\frac{\mathrm{d}\mathcal{W}}{\mathrm{d}t} \geqslant 0.$$

利用熵函数 $\mathcal{W}$ 的单调性, 佩雷尔曼构造了下述辅助函数:

$$\mu(g, \tau) = \inf_f \left\{ \mathcal{W}(g, f, \tau) : \int_M (4\pi\tau)^{-\frac{n}{2}} \mathrm{e}^{-f} \mathrm{d}V = 1, \ \tau > 0 \right\}.$$

佩雷尔曼进而证明, 如果瑞奇流方程存在收缩孤立子, 则 $\lim\limits_{\tau \to 0} \mu(g, \tau) = +\infty$. 然而, 在闭流形 M 上, 永远有 $\mu(g, \tau) < 0$ 且 $\lim\limits_{\tau \to 0} \mu(g, \tau) = 0$, 矛盾. 所以, 收缩孤立子也不存在. 所有的通气孔终于都被堵死.

佩雷尔曼的熵在现阶段当然不可能如"热力学熵"或"信息熵"家喻户晓 —— 绝大多数美丽的数学尚未成熟到"妇孺皆知". 但庞加莱的愿望, 已经被证明是数学上的又一座高峰. 佩雷尔曼可以轻松堵死收缩"通气孔"的诀窍在于他的熵如

同普利高津的"好熵"——这是可以拯救宇宙的熵, 佩雷尔曼称之为负熵 (minus entropy)!

负熵使佩雷尔曼的禁烟征程势如破竹, 亦使哈密尔顿的瑞奇流纲领起死回生. 现在, 佩雷尔曼需要炸开通向巅峰的最后一道难关: 哈密尔顿的瓶颈.

5.6.3　锐不可当 —— 破瓶利器: 局部不塌定理

我们知道, 瓶颈 $S^2 \times [0,1]$ 的特点是其在有限时间 $[0,T)\,(T < \infty)$ 内收缩成直线, 这等价于每个同胚于 2-球面 S^2 的切片 $S^2 \times \{x\}\,(x \in [0,1])$, 其半径趋向于 $0\,(t \to T)$, 佩雷尔曼将此定义为 "在时刻 T 局部坍塌(local collapsing)".

然而佩雷尔曼的熵在局部坍塌的瓶颈中依然熠熠生辉, 因为熵的单调性将阻止瓶颈在有限时间内坍塌, 确切地说, 佩雷尔曼能够利用他的熵的单调性证明下面的关键定理:

> **局部不塌定理**(no local collapsing theorem)　设 M 是闭流形且 $T < +\infty$. 若 $g(t), t \in [0,T)$ 是 M 的瑞奇流方程的一个解, 则 g 在时刻 T 局部不塌.

至此, 佩雷尔曼只需要对付无限时间, 即 $T = +\infty$ 的情形. 正如我们在第一章中所述, 世上无难事, 只要均有限. 与此呼应, 世事之坚, 莫如无限. 无敌如所向披靡的佩雷尔曼的熵, 也不足以对付无限时空中的瑞奇流瓶颈.

佩雷尔曼发现, 要想炸开无限时空中的瑞奇流瓶颈, 只有举起哈密尔顿带手术的瑞奇流. 带手术的瑞奇流的确是一把无比锋利的手术刀, 当然用好这把刀, 佩雷尔曼需要多种辅助工具, 其中一种是被佩雷尔曼命名为 "简化长度函数" 的辅助手术钳. 确切地说, 设 (M, g) 是黎曼流形, $\gamma(\tau), 0 < \tau_1 \leqslant \tau \leqslant \tau_2$ 是 M 上的一条曲线, 则 γ 的佩雷尔曼简化长度函数为

$$\mathcal{L}(\gamma) = \int_{\tau_1}^{\tau_2} \sqrt{\tau}[R(\gamma(\tau)) + |\dot{\gamma}(\tau)|^2]\mathrm{d}\tau.$$

由此简化长度函数, 佩雷尔曼定义他的 "简化长度" 为

$$\ell(q, \tau) = \frac{\mathcal{L}}{2\sqrt{\tau}}.$$

佩雷尔曼在命名他的 "简化" 长度时多少体现出幽默感, 因为普通长度的积分表达式显然更 "简化" 一些, 如下式:

$$l(\gamma) = \int_{\tau_1}^{\tau_2} |\dot{\gamma}(\tau)|\mathrm{d}\tau.$$

注意, 对每个时刻 $t > 0$, 简化长度实际上是一个时空函数, 即有

$$\ell_{(x,t)} : M \times [0, t) \to \mathbb{R}.$$

利用"简化长度"这把手术钳, 佩雷尔曼可以继续制造另一把极为关键的手术剪, 即所谓"简化体积" $\widetilde{V}$:

$$\widetilde{V}_{(x,t)}(U \times \overline{t}) = \int_{U \times \overline{t}} \overline{\tau}^{-3/2} \mathrm{e}^{-\ell(q,\overline{\tau})} \mathrm{d}V,$$

其中 U 是流形 M 的开子集, $q \in U, \overline{\tau} = t - \overline{t}$.

备齐所有必要的辅助工具后, 佩雷尔曼要用带手术的瑞奇流这把刀切开使哈密尔顿裹足不前的所有瓶颈. 佩雷尔曼证明了他的简化体积如同他的负熵一样, 关于时间 t 只增不减, 因此确保对 $T = +\infty$ 成立另一种形式的局部不塌定理. 而局部不塌定理保证仅需要有限次几何学手术即可使得瑞奇流的熔炉将原有流形 (M, g_0) 煅烧成型. 佩雷尔曼终于看到了流形 M 关于连通和的每个素分支都具有瑟斯顿的 8 种几何结构, 因为他证明了下面的定理:

> **佩雷尔曼厚–薄分解定理**(Thick-Thin decomposition theorem) 任意 3 维闭流形 M 容许一个厚–薄分解
>
> $$M = M_{\text{thick}} \bigcup M_{\text{thin}},$$
>
> 其中 M_{thick} 局部不塌从而同胚于一个体积有限的双曲流形, 而 M_{thin} 同胚于一个图流形.

所谓"图流形"是一种较早即被几何学家充分研究并完全分类的简单的"好"流形, 特别地, 图流形均满足几何化猜想. 因此佩雷尔曼的厚–薄分解定理实际上就是几何化猜想被证明的宣言!

这一时刻定格在中国的"光棍节"——2002 年 11 月 11 日, 不过那时的光棍节仅局限于大学校园.

5.6.4 遗世独立 —— 佩雷尔曼消失于宇宙之巅

1995 年之后的 7 年间, 佩雷尔曼从数学界蒸发, 不再参加任何会议, 没有讨论班, 也没有任何论文 (回忆: 怀尔斯亮剑费马大定理后 5 年没有论文), 直到 2002 年的第一场雪 ……

2002 年 11 月 11 日, 佩雷尔曼在著名科学预印本网站"arXiv.org"挂出了下面的论文:

Perelman, Grisha (11 November 2002). The entropy formula for the Ricci flow and its geometric applications. arXiv:math.DG/0211159 [math.DG]. (葛利沙·佩雷尔曼, 瑞奇流的熵公式及其几何应用) 这是一篇迅速搅动国际数学界的论文, 因为在该论文长达 4 页的引言最后包含下面的句子:

"Finally, in section 13 we give a brief sketch of the proof of geometrization conjecture." (最后, 我们在第 13 节给出几何化猜想证明的一个梗概.)

与此同时, 几何化猜想领域的十几位执牛耳者都收到了一封只有一行字和一个链接 "http://arxiv.org/pdf/math/0211159.pdf" (该链接至今依然有效) 的匿名邮件: "你能看一下我的论文吗? "

没有人能够无视这篇论文, 因为几何学界的每个人都知道灵魂猜想的精彩证明正是出自这位已经消失多年的前国际数学家大会 45 分钟报告者之手. 任教于麻省理工学院的田刚立即认识到佩雷尔曼论文的重要性, 并回信请教了佩雷尔曼几个问题. 作为回应, 佩雷尔曼在 2003 年 3 月 10 日又挂出了第二篇论文:

Perelman, Grisha (10 March 2003). Ricci flow with surgery on three-manifolds. arXiv:math.DG/0303109 [math.DG].

佩雷尔曼在这篇论文中解释了第一篇论文中的若干重要细节 —— 这些细节后来被多位几何学大牛著文著书解释, 其中最有名的当属摩尔根和田刚几乎 500 页的专著:

John W. Morgan, Gang Tian, Ricci Flow and the Poincare Conjecture, Published by the American Mathematical Society, Providence, RI, 2007.

田刚随即邀请佩雷尔曼前来访问. 2003 年 4 月, 佩雷尔曼应邀在麻省理工学院、普林斯顿大学、纽约大学石溪分校 (杨振宁是该校 3 位诺奖得主之一)、哥伦比亚大学巡回演讲, 期间他只字未提所有在场者都心知肚明的几何化猜想, 人们期待的 "庞加莱猜想被证明" 的豪情壮语更是杳无踪迹. 世界一片死寂. 还记得怀尔斯宣布费马大定理被证明时响彻大西洋两岸的掌声吗? 彼时怀尔斯宣布的其实是一个有重大错误的证明.

心静如水的佩雷尔曼完成了他在美国的巡回演讲之后回到圣彼得堡, 随即又挂出了第三篇论文:

Perelman, Grisha (17 July 2003). Finite extinction time for the solutions to the Ricci flow on certain three-manifolds. arXiv:math.DG/0307245 [math.DG].

佩雷尔曼在这篇 7 页的论文中宣布 "椭圆化猜想" —— 即庞加莱猜想被证明:

Our argument also gives a direct proof of the so called "elliptization conjecture". (我们也给出了所谓 "椭圆化猜想" 的证明.)

围绕佩雷尔曼这三篇论文 (主要是前两篇, 因为第三篇论文实际上是前两篇论文的应用) 有多个著名研究小组, 其中受克雷数学研究所资助的摩尔根与田刚研究小组于 2004 年 9 月 10 日给佩雷尔曼发出了一封电子邮件, 确认他的证明是正确的.

2006 年, 国际数学家联盟主席约翰·鲍尔爵士[①]亲赴圣彼得堡劝说佩雷尔曼接受菲尔兹奖并出席马德里国际数学家大会, 但被佩雷尔曼断然拒绝. 最终, 佩雷尔曼被缺席授予 2006 年菲尔兹奖.

① John Macleod Ball, 生于 1948 年, 英国数学家, 2003–2006 任国际数学家联盟主席.

　　2010年, 克雷数学研究所宣布因解决千禧年百万美元问题之一的庞加莱猜想而奖给佩雷尔曼一百万美元, 但遭到佩雷尔曼拒绝. 随后, 佩雷尔曼踏雪无痕, 消失在茫茫人海 ⋯⋯

　　佩雷尔曼犹如数学天空的璀璨流星, 在拓扑的疆域迸爆出万丈光芒后转瞬即逝，而拓扑学将再次飞临宇宙之巅: 瑞士皇家科学院宣布将 2016 年诺贝尔物理学奖授予三位出生于英国的美国科学家, 以表彰他们在 "物质的拓扑相变和拓扑相方面的理论发现." 拓扑学从此成为全人类的宠儿. 数学从此成为每个人的本能.《数学的天空》从此⋯⋯

　　衷心感谢每一位读者!

本节练习题

　　1. 证明: (1) 线段与圆弧同胚;

　　(2) 任何两个多边形 (即包括内部和边的平面图形) 与圆盘同胚.

　　2. (1) 证明: 去掉圆周上的一个点的曲线与直线同胚. (直译: 去掉一个点的圆周是直线.)

　　(2) 利用球极投影证明: 去掉球面上的一个点的曲面与平面同胚. (直译: 去掉一个点的球面是平面.)

主要参考文献

[1] AMIR D. Aczel, Fermat's last theorem–unlocking the secret of an ancient mathematical problem. Dell Publishing, 1997.

[2] 马汀·艾格纳 (Martin Aigner), 刚特·齐格勒 (Günt M Ziegler). 数学天书中的证明. 冯荣权, 等, 译. 北京: 高等教育出版社, 2011.

[3] Peter Borwein, Stephen Choi, Brendan Rooney, Andrea Weirathmueller. The Riemann Hypothesis: A Resource for the Afficionado and Virtuoso Alike. CMS Books in Mathematics, Springer, 2008.

[4] 冯克勤. 代数数论简史. 长沙: 湖南教育出版社, 2005.

[5] 冯克勤. 代数数论. 北京: 科学出版社, 2000.

[6] Kato K, Kurokawa N and Saito T. Number theory 1. Fermat's dream, Iwanami Series in Modern Mathematics. American Mathematical Society, Providence, RI, 2000.

[7] Kato K, Kurokawa N and Saito T. Number theory 2. Introduction to class field theory, Iwanami Series in Modern Mathematics. American Mathematical Society, Providence, RI, 2011.

[8] 马科斯·杜·索托伊 (Marcus du Sautoy). 素数的音乐. 孙维昆, 译. 长沙: 湖南科技出版社, 2007.

[9] Titchmarsh E C. The theory of the Riemann zeta-function. 2nd ed. The Clarendon Press Oxford University Press, 1986.

[10] Morgan John, Gang Tian. Ricci Flow and the Poincaré Conjecture. Clay Mathematics Institute, 2007.

[11] 多那尔·欧谢 (Donal O'Shea). 庞加莱猜想. 孙维昆, 译. 长沙: 湖南科学技术出版社, 2010.

[12] 潘承洞, 潘承彪. 模形式导引. 北京: 北京大学出版社, 2002 年.

索　引